U0082124

動態系統運行安全性分析與技術

柴毅，張可，毛永芳，魏善碧 著

崧燁文化

智慧製造

前言

動態系統在現代化工業中廣泛存在，如冶金、化工、核電等大型工業過程，運載火箭、航天器、大型客機、高速鐵路等複雜裝備系統。 這種大型化的複雜動態系統是維持民生、國家經濟穩定發展的重要組成部分，是國家支柱產業構成的重要內容。 動態系統結構複雜，其運行故障和事故的發生，會造成環境污染、設備損壞、財產損失、人員傷亡等重大問題。 因此，保障大型工業過程與複雜裝備系統的運行安全和長期無事故，具有重要的實際工程意義和學術研究價值。

大型工業過程和複雜裝備是一類典型的動態系統，通常由時間演化子系統和事件驅動子系統相互作用組成，包含大量的連續過程和若干調度決策過程。 這類系統體系結構和運行受不同性質的過程交替作用，故障機理和傳播路徑愈加複雜。 實踐表明，動態系統的整體安全性與其規模和複雜度成反比，細微的異常或故障就可能造成災難性的後果，或導致巨大的損失。 如何對系統運行安全性進行定量分析和評價，是動態系統運行安全工程實踐和理論研究的關鍵問題。

本書基於這一需求，以大型工業過程與複雜裝備系統為對象，開展動態系統運行安全性研究，涉及控制、機械、電氣、系統科學、管理等學科的熱點、難點方向。全書共分為 7 章，圍繞動態系統運行安全性，分別針對系統安全性的概念、運行安全危險分析及事故演化、檢測訊號處理、運行異常工況識別、運行故障診斷、系統運行安全分析與評估、系統安全運行智慧監控關鍵技術與應用等內容進行了深入分析和論述。

第 1 章為概述。 分析了大型工業過程與複雜裝備系統的運行安全需求，闡述了動態系統事故、故障與運行安全性等相關概念，介紹了運行安全事故分析、危險特性與影響、運行危險因素、運行安全性分析與評估、運行安全保障等研究內容與現狀。

第 2 章為系統運行安全危險分析及事故演化。 介紹了不同目的和環境下的危險源分類體系、危險分析方法、危險源辨識與控制，以系統運行安全事故典型分析方法為例，探討了安全事故傳播與演化過程，並給出了相應的典型案例。

第 3 章為運行系統檢測訊號處理。 討論了運行系統檢測訊號降噪、一致性分析、訊號處理等問題。 介紹了強噪聲環境下基於小波的檢測訊號降噪方法；運行系統多點冗餘採集造成動態訊號採集衝突下的動態訊號一致性檢驗和聚類分析方法；非平穩訊號的希爾伯特變換、固有時間尺度分解、線性正則變換方法。

第 4 章為系統運行異常工況識別。 討論了如何根據監測數據識別出運行系統工況異常。介紹了基於統計分析的異常工況識別方法、基於訊號分析方法的異常工況識別方法以及基於模式分類的異常工況識別方法，給出了應用案例和必要的對比分析。

第 5 章為系統運行故障診斷。討論了系統在運行過程中出現的故障問題。分別以機械傳動系統、電氣系統、驅動控制系統以及過程系統等常見動態系統作為對象，介紹了基於小波理論、深度置信網路等故障診斷方法，並透過應用實例對幾種故障診斷方法的優缺點進行了分析。

第 6 章為系統運行安全分析與評估。介紹了運行安全風險表徵與建模和系統運行安全分析方法，從系統運行過程安全分析的角度，闡述了故障和人在回路誤操作兩種情況下的運行過程安全分析方法。概述了安全性評估體系構建的思路，介紹了安全評估指標體系及評價體系的構建方法和典型的安全性評估方法。

第 7 章為動態系統安全運行智慧監控關鍵技術及應用。分析了動態系統運行安全監測資訊化需求；在需求分析的基礎上定義了包括數據採集、數據存取管理、數據處理、狀態監測與異常預警、故障分析與定位、健康狀態評估與預測、安全管控決策等系統應用功能模塊；以航天發射飛行安全控制決策為典型案例，闡述了一種針對動態系統的運行安全控制決策的技術方法和任務流程，並給出了測試及實施結果。

本書是作者多年來在該領域從事理論研究與實踐的總結，同時綜合了中國國內及國外相關技術理論及工程應用的最新發展動態。內容上力求做到深入淺出，理論與應用並重，具有較強的系統性、完整性、實用性和技術前瞻性。本書作者希望透過從技術理論和工程實踐等方面的詳盡闡述，使廣大讀者能夠從抽象和具象方面對動態系統運行安全性分析與技術有系統和深入的理解和認識。

本書第 1、7 章由柴毅撰寫，第 2、6 章由張可撰寫，第 3 章由魏善碧撰寫，第 4、5 章由毛永芳、柴毅撰寫，全書由柴毅統稿。課題組研究人員重慶大學尹宏鵬教授、郭茂耘副教授、胡友強副教授、屈劍鋒副教授，以及博士研究生朱哲人、唐秋、任浩、李豔霞、劉玉虎、王一鳴、劉博文和碩士研究生賀孝言、朱燕、朱博等在文稿和圖表整理等基礎工作中付出了辛勤的工作，林慶老師做了大量審稿組織工作，這裡一併表示感謝!

由於作者水準有限，書中不妥之處在所難免，誠懇廣大讀者批評指正，以便今後改正和完善。

著　者

目錄

第1章

概述

1.1 引言

隨著資訊科學技術與傳統工業技術的相互融合和快速發展，人類所設計的認識自然、改造自然、利用自然的設備與系統的複雜度日益提升。例如，核電廠、石化廠、鋼鐵廠、航天器、大型飛機、高速鐵路等，均是自動化、資訊化技術高度集成的大型工業系統和複雜裝備系統。這些對象功能多結構複雜，投資大，價格昂貴，運行中涉及高能、高溫、高壓、高速等特性，安全性要求特別高。在運行狀態下，如果不能及時發現並處理異常或故障，使得危險源出現在危險過程中，將會產生能量的突發釋放，從而導致安全事故的發生。現代大型複雜系統在多設備互聯、相互耦合以及分布集成的結構下，往往呈現出系統拓撲結構網路化、故障因素多元關聯化等特點，過程異常與故障相互影響，導致系統部分功能失效，將危險源暴露於危險過程中（在初始安全狀態下危險源與危險過程是相互安全隔離的），引發安全事故，即系統運行安全事故。如何發現危險因素，防止危險源出現於運行過程中，預防運行安全事故的發生，是動態系統運行安全性研究的主要內容。

本節將在 1.1.1 與 1.1.2 節中以大型工業過程與複雜裝備系統為例，詳細剖析動態系統運行安全性的重要性。

1.1.1 大型工業過程的運行安全需求

現代大型工業過程是複雜動態系統的典型代表，主要包括冶金、化工、核電等不同的工業過程，是維持民生、國家社會經濟發展的重要組成部分。因此，保障大型工業過程運行安全穩定尤為重要。

（1）核能發電系統

核能發電系統由多層次多類型的子系統或單機設備組成，並且透過控制系統將各單機設備與子系統有效連接，形成相互制約與保障的關係。核能發電依賴於核裂變反應。因此，任何安全隱患、人員誤操作以及系統故障，都可能導致運行事故甚至災禍，造成巨大的人員傷亡和經濟損失，產生極為嚴重的影響。

自福島核事故之後，國際原子能機構（IAEA）在年度《核電安全評論》中表示應加強核動力設備安全標準。中國召開國務院常務會議，聽取福島核事故的情況匯報，迅速制定核電安全規畫，調整與完善國家核電開發、利用與安全控制的中長期發展綱要與規劃，並明確提出了「核電發展要把安全放在第一位，確保核動力設備絕對安全」這一核心安全戰略。

利用有效的在線監測與安全分析、評估方法，及時發現核能發電系統的安全隱患與危險因素，不斷優化、完善系統智慧維護策略，延長系統平均無故障時間，增加各子系統、關鍵部件與單機設備的壽命，透過以上措施保障核能發電系統運行安全性。

(2) 石油化工生產過程

化工過程是一類自帶危險源的工業過程，石油化工生產原料與產物大多不是環境友好型的，部分石化過程產物甚至具有毒性、腐蝕性、易燃易爆特性，此外，在催化、裂化反應過程中，往往都要求處於高溫或高壓狀態，所以化工過程本身就是危險過程。在運行中，一旦系統出現故障、誤操作等，極易發生對人員、物資、財產以及環境破壞性強的運行安全事故（如爆炸、大面積燃燒等）。

隨著人們對化工產品的需求越來越高，在新產品和新工藝推動下，新的生產方式和技術不斷被採用，生產過程長期穩定可靠運行的控制與管理面臨挑戰。

在系統運行過程中應實時監測系統運行狀態，在線發現系統運行異常或故障，透過準確的安全評估，快速制定有效的安全控制決策，解決化工過程或化工系統運行安全性問題，保障系統安全運行。

(3) 冶金生產過程

冶金過程所涉及的工藝複雜、設備繁多，是一類高熱能、高勢能的生產過程，具有毒性、易燃易爆性、高溫高壓等危險特性，一旦出現誤操作或故障，所發生的各類異常能量逸散事故危害極大。

研究面向冶金過程與系統的運行安全性分析、評估、控制與維護技術，保障冶金過程及其系統的安全運行，提高過程與系統的運行安全性，是當前伴隨冶金工業可持續發展的重要環節之一。

1.1.2 複雜裝備系統運行的安全需求

(1) 航天發射系統

航天發射系統是一個典型的涉及多人、多機、多環境的大規模複雜裝備系統[1]，該系統主要由航天器（例如通訊衛星、載人飛船、空間站等）、運載火箭和航天發射場系統等多個子系統組成。在發射過程中，一旦出現任何安全隱患、設備或系統故障，都可能導致運行事故甚至災難。航天工程的探索性、試驗性、危險性和社會性決定了航天發射系統的安全具有非常重要的地位。航天運載器事故的發生伴隨著巨大的人員傷亡和經濟損失，將會造成極為嚴重的影響。

因此，在航天發射過程（如點火發射、主動飛行階段、箭體分離等）中，如何針對航天運載器及發射設備設施的隱患、系統故障等危險因素進行檢測、識別、定位，對其運行安全性進行分析、實時評估、控制與預防，一直是航天發射的重要研究內容和實際需求。

(2) 高速鐵路

高速鐵路是現代化的先進交通工具，作為一種典型的動態系統，主要由車體、動力系統、控制系統、牽引制動系統等子系統組成，結構複雜且自動化、資訊化集成程度高。由於高速鐵路成體系運行，其載客量大、線路長、速度快、要求準點，若存在安全隱患極易影響鐵路系統的有效運行，進而引發嚴重的人員傷亡、財產損失、環境破壞等事故。

鑒於高速鐵路長時間大負荷持續運行的安全需求，在運行過程中快速準確處理運行故障、制定安全決策、確保列車安全等方面存在諸多挑戰。需要在實時監測列車運行過程的基礎上，形成一套可靠精準且智慧化程度高的高速鐵路運行在線安全分析、評估、控制與維護體系。

綜上所述，本節以大型工業過程系統與複雜裝備系統為例，闡述了研究複雜動態系統運行安全性的重要性。同時，複雜動態系統的運行安全性研究，也是機械、電氣、系統科學、管理、控制等學科的熱門研究方向。本書圍繞著複雜動態系統運行安全性，開展了對系統安全性的概念、運行危險分析、事故演化、運行狀態監測、面向系統故障安全的故障診斷、系統安全性分析與評估等內容的介紹與分析。

1.2 系統運行安全性

本節所涉及的系統安全性，主要是關注在控制科學與工程學科背景下，運用系統與控制、管理與工程等多學科的分析方法，有效認識和處理危險，保障大型工業系統和複雜裝備系統等處於最優安全狀態。

從定義上看，系統運行安全是指系統在運行過程中，不受偶然或突發的原因而遭受損害、可以連續可靠地運行且不對內部與外部造成損害和風險的狀態；從過程上看，系統運行安全是指動態系統在輸入、輸出和擾動以及危險因素等相互作用下，能夠保持其正常運行狀態及工況，而免受非期望損害的現象；從結果上看，系統運行安全是使系統本身及其相關的設備、裝置、環境、人員等，在系統運行過程中可能受到的損害和危險均在預期可接受的範圍內。

作為衡量系統性能的一個重要指標，系統運行安全性一直以來都廣受工業界和學術界的關注[2]，主要聚焦於可導致人身及健康受到傷害、財產損失、設備設施損毀、環境資源破壞及污染等安全事故的危險因素。在系統運行工作條件下，這些危險因素主要體現為由於系統元部件（機械、電氣、硬體、軟體）故障等引起的部件或功能失效以及故障發生後的後續影響。

本書以實際工業過程中系統的運行安全性需求為切入點，以大型工業過程和複雜裝備系統為對象，開展「動態系統運行安全性」的分析和技術研究。

1.2.1 故障

在系統運行過程中，尤其在具有高安全要求的控制系統中，除了可靠性技術之外，需要使用故障安全技術診斷、預測系統運行存在的各類故障。國際自動控制聯合會（IFAC）的技術過程故障診斷與安全性委員會將故障定義為偏差，即偏離了正常的運行值。普遍認為，故障是「系統至少一個特性或參數出現較大偏差，超出了可接受的範圍，此時系統的性能明顯低於其正常水準，難以完成其預期的功能」[3]。具體地，故障是系統在運行過程中出現了不希望出現的異常現象，或是引起系統運行性能下降、元器件失效的一種現象或一類事件。而在特定操作條件下，作為一種非預期的異常，由於故障引起功能單元執行要求功能的能力降低，使系統持續喪失完成給定任務的能力，致使功能上的運行錯誤或完全喪失，繼而形成風險（即存在遭受損失、傷害、不利或毀滅等事件的可能性）。

因此，故障對於系統安全性是一個非常重要的因素。根據故障本身的特性，將其按照不同的方式進行分類。

（1）按時間特性分類

根據故障隨著時間的變化而變化的特性不同，可以將故障分為以下 3 類，如圖 1-1 所示。

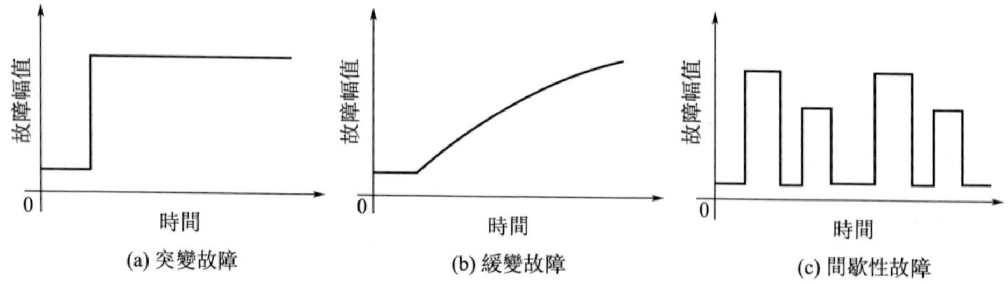

圖 1-1 時間特性下的故障類型

① 突變故障：具有特徵明顯、發生比較突然、造成嚴重影響、難以預測等

特點。

② 緩變故障：具有隨時間推移可以早期發現並排除故障，可以預測變化趨勢等特點。

③ 間歇性故障：具有隨機產生隨機消失，對系統影響與噪聲類似，具有累積效應、可逐漸演化、單次持續時間短、不易檢測分離、難以在線檢測等特點。

(2) 按故障發生的不同位置分類

結合故障發生的不同位置，可以將故障分為以下 4 類。

① 感測器故障：因感測器工作異常導致測量值與實際值出現偏差。

② 執行器故障：因執行機構工作異常導致輸入命令與執行動作出現偏差。

③ 控制器故障：因控制單元工作異常導致控制指令與被控量出現偏差。

④ 系統故障：因前述 3 類故障單一或複合導致被控對象實際工作與預期目標出現偏差。

(3) 按故障間的相互關係分類

按故障間的相互關係，可以將故障分為單故障、多故障，或是分為獨立故障和複合故障。

(4) 按故障引發系統性能下降的嚴重程度分類

按故障引發系統性能下降的嚴重程度，可以將故障分為永久性故障和瞬態故障。

(5) 按故障的不同發生形式分類

按故障的不同發生形式，可以將故障分為加性故障和乘性故障。

除此之外，以下相關故障概念也是了解和研究系統運行安全性的重要基礎。

動態系統故障[4]：狀態隨時間而變化的系統在運行過程中發生的故障，其特徵為系統的狀態變量隨時間有明顯的變化，故障是時間的函數。

動態系統故障診斷[4]：根據動態系統的時間特性，進行故障檢測、故障分離、故障辨識等行為。

複合故障[5]：至少 2 個系統變量或特性偏離了正常範圍，但是在系統的異常表現上，複合故障並不能在故障分離之前與單一故障準確區分。

複合故障診斷[5]：故障模式識別存在多輸出可能性的求解問題。

微小故障[6]：故障徵兆觀測值的偏離程度較小的故障。與徵兆偏離程度顯著的故障相對。

微小故障診斷[6]：對只有微小異常徵兆卻可危及系統安全運行的小故障進行及時有效的監控。

上述所列類型故障在動態系統中廣泛存在且不易使用傳統故障診斷方法進行處理，對系統安全性具有相當大的影響（因此，這些故障是系統安全性分析的難點)。

1.2.2 事故

事故一般定義為意外的損失或災禍。在管理學科中，事故是造成死亡、災難、傷害、損壞或其他損失的意外情況；在工程領域中，事故被定義為系統或設備完成某項活動過程中，導致活動過程正常運行狀態被打斷，且會對人員、物資、財產造成損失以及對環境造成破壞或損害的意外事件。通常，在危險出現後，由於控制方法與處理方案不合理、執行有偏差等情況，會引起事故。因此，將危險定義為存在引發事故風險的狀態，是事故發生的基本條件。危險是由系統自身所具有的物質、系統運行的環境以及人員參與系統操作的活動等單一或多元共同作用而產生的。

因此，事故具有動態性。事故和故障一樣，通常可以分為突發性事故與緩發性事故。突發性事故是由不可預知的外力作用引發的。例如，高速飛行客機的發動機受飛鳥撞擊而發生損毀，化工廠突遇高強度地震導致系統大面積破壞。而緩發性事故的發生通常都存在一定的演化機理與路徑。例如，化工系統裡所使用的泵，其關鍵部件——軸承出現裂紋，進而發展為斷裂，最終導致系統局部損毀。

設備出現事故是工業系統、裝備系統等複雜動態系統最為常見的事故類型。設備事故指的是正式投入使用的設備，在運行過程中由於設備零部件損壞或損毀導致設備運行中斷，無法繼續使用的現象或事件。而在運行過程中當設備內置的安全防護裝置正常執行動作，但其由於安全件損壞或損毀而導致運行中斷卻不造成其他設備損壞或損毀的事件，不可被歸為設備事故。因此，設備事故發生具有緩發性或突發性，其中緩發性事故是可以透過建立事故樹或系統狀態方程來進行刻畫描述的。

1.2.3 運行安全性

安全性是系統在運行過程中維持安全狀態的性能或能力，是除了穩定性、可靠性之外系統處於運行狀態下的基本屬性之一。本書認為，運行安全性是指動態系統在處於運行過程時不因設計缺陷、故障、誤操作等危險因素被激發，而導致系統設備損毀、環境破壞、人員傷亡、財產損失等破壞性事故的能力或特性。可描述為

$$S=f(G_{\mathrm{i}},G_{\mathrm{e}},G_{\mathrm{h}},G_{\mathrm{f}}) \tag{1-1}$$

$$G_{\mathrm{e}}=\varphi(G_{\mathrm{i}}) \tag{1-2}$$

$$G_{\mathrm{h}}=\phi(G_{\mathrm{i}}) \tag{1-3}$$

$$G_f = \theta(G_i) \tag{1-4}$$

$$G_i = \vartheta(F, E_u, P_m) \tag{1-5}$$

式中，S 為運行安全狀態，且滿足 $S \in [0,1]$（0 為完全不安全狀態，1 為完全安全狀態）；G_i 為系統與設備損壞程度、損壞位置等；G_e 為環境污染程度；G_h 為人員傷亡數量；G_f 為財產損失；$f(\cdot)$ 為運行安全狀態與設備損壞、環境污染、人員傷亡、財產損失之間的非線性映射關係；$\varphi(\cdot)$、$\phi(\cdot)$、$\theta(\cdot)$ 分別為設備損壞與環境污染、人員傷亡、財產損失的非線性映射關係（表徵設備損壞是造成環境污染、人員傷亡、財產損失的原因）；F 為系統運行故障，E_u 為誤操作；P_m 為工藝參數異常；$\vartheta(\cdot)$ 為運行故障、誤操作、工藝參數異常等與系統設備損壞之間的非線性映射關係（表徵運行故障、誤操作、工藝參數是引發事故的危險因素）。

(1) 運行安全性要求

運行安全性要求系統在壽命週期內符合 GJB 900《系統安全性通用大綱》的要求。各動態系統要滿足所屬系統類型的標準，例如電氣系統的運行安全性需要達到國標 GB/T 20438. 1—2017/IEC 61508 的要求。

本書對於運行安全性最基本的要求是系統具有下述維持運行安全性的能力：透過及時的系統運行狀態異常識別和故障診斷與預測，盡早發現引發事故的故障與誤操作，採用預測性或主動安全防護策略（主要是透過維修的方式），有效避免危險事件或事故的發生。

(2) 運行安全性內涵

GB/T 20438. 1—2017/IEC 61508-1 中利用傷害、危險（危險情況與危險事件）、風險（允許風險和殘餘風險）、安全（功能安全與安全狀態）及合理的可預見的誤用等術語對電氣/電子/可編程電子安全相關系統的功能安全進行刻畫，為保證系統安全，不僅要考慮各系統中元器件的問題（如感測器、控制器、執行器等），而且要考慮構成安全相關系統的所有組件。

當前，複雜工業系統的動態運行過程安全分析與預測實現仍存在巨大的挑戰。一方面，大規模工業系統中的溫度、流量、液位和壓力等過程變量之間相互耦合，系統動態運行數據存在多時空、多尺度特性；另一方面，外界擾動、環境變化、人因誤操作等因素也可能使系統出現新的未知潛在安全隱患。因此，利用安全風險分析、動態安全域等安全性分析方法與手段，盡早發現複雜系統動態運行過程中存在的安全隱患，實時監測系統危險因素是否處於被觸發狀態，是保證動態系統運行安全性的重要研究內容。

(3) 系統運行安全性基本指標

系統運行安全性基本指標是度量系統運行安全程度的重要參量。常用的運行安全性基本指標有危險概率、危險嚴重度、運行安全風險、運行安全域以及安全可靠度等。

① 危險概率　危險概率是對一段時間內，動態系統運行時發生危險事件次數的統計解釋。危險事件是系統發生功能喪失、結構破壞等引起狀態改變性質的事件。例如，毒氣洩漏、著火、爆炸等。因此本書將動態系統可能出現的危險事件等價為事故。

在本書涉及的動態系統中，危險概率等價於事故概率。事故概率[2] 被定義為：在規定的條件下和規定的時間內，系統的事故總次數與壽命單位總數之比，用下式表示為

$$\text{事故概率}=\frac{\text{事故總次數}}{\text{壽命單位總數}} \tag{1-6}$$

② 危險嚴重度　危險嚴重度是衡量或評估危險事件（或事故）發生對於動態系統內設備、其所在環境的破壞程度、經濟損失、人員傷亡以及社會影響等多方面因素的綜合指標。一般地，危險嚴重度用「輕微」「中度」「嚴重」等程度詞彙描述。因此，對於危險嚴重度數學模型的建立與計算，通常使用隸屬函數與模糊數學，也可以使用置信度等統計方法描述。

③ 運行安全風險　運行安全風險是綜合當前時刻事故發生的可能性（危險概率）、發生時間的緊迫程度以及事故發生後的嚴重程度（危險嚴重度），用以衡量系統運行過程安全狀態或安全水準而形成的評價指標（詳見本書 6.2.1 節）。

④ 運行安全域　運行安全域是透過概率或運行狀態數據描述系統安全運行範圍的一個基本指標。假設系統可用下式描述：

$$\dot{\boldsymbol{x}}=f(\boldsymbol{x},\boldsymbol{u},t) \tag{1-7}$$

式中，$\boldsymbol{x}$ 為系統的狀態；$\boldsymbol{u}$ 為系統輸入；t 為系統運行時間；$f(\boldsymbol{x},\boldsymbol{u},t)$表示系統狀態在時域內變化受系統狀態自身、系統輸入與運行時間等多元共同作用且具有一般非線性特性（其中線性變化是非線性變化的一種特例）。設定系統的狀態集為 $\boldsymbol{X}\subseteq\boldsymbol{R}^n$，安全集為 $\boldsymbol{X}_{\mathrm{s}}\subseteq\boldsymbol{X}$，不安全集為 $\boldsymbol{X}_{\mathrm{u}}\subseteq\boldsymbol{X}$。通常，我們將運行安全集稱為運行安全域。

對於單一狀態變量或概率描述的動態系統，其運行安全域則為狀態變量或概率範圍的上下限。對於多狀態變量描述安全運行的系統，其運行安全域的維數通常等於狀態變量的個數。

動態系統在整個運行過程中通常具有不同的運行工況或運行狀態，每個運行工況的運行安全域都不完全一致，因此動態系統的運行安全域也具有因工況改變而變化的特性。同時，由於系統內各組件在運行過程中會受到各種物理或化學方式作用下的性能退化，導致運行安全域的邊界會隨著系統的性能退化而內縮。因此，運行安全域的確定需要同時考慮上述兩種特性（即運行安全域因工況不同而

變化的特性和因系統性能退化而變化的特性)。

目前有兩種常用的運行安全域邊界確定方法。一種是,當系統受到一個已知的故障或擾動影響時,利用動態安全域(dynamic security region,DSR)方法,找到系統動態穩定區域的邊界。通常我們將邊界內的區域定義為安全域,因此安全域往往是開集。DSR 方法需要透過挖掘或計算出系統所有的不穩定點,因此這樣的方法對於難以精確建模且狀態空間維度高的複雜系統並不適用。同時,由於 DSR 方法是基於非線性系統穩定性分析角度研究安全性的,其所確定動態系統的安全域是包含於運行安全域內的。因此,基於 DSR 方法的安全性分析或評估具有一定的保守性。此外,由於 DSR 方法是利用系統穩定性來解決安全性問題的,容易將穩定性和安全性相互混淆,不利於此方法的應用推廣。另一種是,利用基於障礙函數(barrier function)的安全校驗(safety certificate)法研究安全分析與安全控制,透過確定不安全集的邊界,將邊界以及邊界內的區域定義為不安全域,運行安全域是不安全域關於系統狀態域的相關補集。

在化工過程等複雜系統中,例如燃料加注等過程,採用的是相對簡易的方法:主要利用各工況下所有工藝參數的上限值來確定運行安全域的邊界。該方法的工藝參數上限來源於設計,通常無法探知其極限臨界值,因此也具有一定的保守性。

⑤ 安全可靠度　安全可靠度 R_s[2] 是指在規定的一系列任務剖面中,無事故(專指由系統或其設備故障所造成的事故)系統或其設備故障造成的事故執行規定任務的概率,可表示為

$$R_s = e^{-\lambda_a t_m} \tag{1-8}$$

式中,λ_a 為造成事故的系統或其設備故障的故障率;t_m 為執行任務的時間。此外,安全可靠度在工程中還具有一個經驗近似公式:

$$P_s = \frac{N_w}{N_T} \tag{1-9}$$

式中,P_s 為在規定時間內安全執行任務的概率;N_w 為在規定時間內無此類事故執行任務的次數;N_T 為在規定時間內執行任務的總次數。

(4) 系統運行安全規範

針對大型工業過程與複雜裝備系統,國外主要研究機構與標準委員會已發布了眾多有關安全的手冊、指導書及行業標準,如表 1-1 所示。其中,國際電工委員會就以 IEC 61508 為基礎,頒布了各行業有關運行安全性的技術標準。例如,在過程工業系統中,普遍採用的是安全儀表系統來保障系統運行的安全性(IEC 61511—2003),對應國標 GB/T 21109—2007《過程工業領域安全儀表系統的功能安全》。本書以此標準為基礎,闡述與工業過程運行安全有關的規範。

表 1-1 國外主要研究機構與標準委員會發布的有關安全的手冊、指導書及行業標準統計

機構	手冊、指導書及行業標準	內容及涵蓋領域
美國國家航空航天局(NASA)	MIL-STD-882C	適用於關鍵的電腦系統,主要是系統安全的詳細軟體架構,並提供了一個軟體風險評估過程(美國國家航空航天局,1984)
	NASA-GB-1740.13-96	提供了更多應用 1984 年標準的詳細資訊(美國國家航空航天局,1995)
	NASA-STD-8719.13A	提供了保障系統軟體安全的方法,是整個系統安全計畫的重要組成部分(美國國家航空航天局,1997)
國際電工委員會(IEC)	IEC 61508	在沒有應用部門國際標準的情況下,提供了電氣/電子/可編程電子系統的相關安全標準;是一類促進應用部門間的發展的國際標準(國際電工委員會,1998)
	DO-178B	在機載工業中開發與安全相關的軟體,為機載系統提供了指導方針(軟體考慮,1992)
	IEC 61511	應用於過程工業安全相關系統的標準
	IEC 60601	應用於醫療器械設備工業安全相關系統的標準
	IEC 62061	應用於機械工業和類似用途的安全相關系統的標準
	IEC 60335	應用於家用和類似用途的安全相關系統的標準
	IEC 61513	應用於核電和類似用途的安全相關系統的標準
	EN 50129	鐵路設施通訊、訊號傳輸和處理系統安全標準
	ISO 26262	道路車輛功能安全

從工業過程系統安全定義來看，安全描述的是系統的一種功能，因此必然涉及故障與失效問題。確切地說，故障是描述可能引起功能單元執行要求功能的能力降低或喪失的異常狀況，而失效則意味著功能單元執行一個要求功能能力的終止。因此，故障不一定會引起安全功能系統的失效，但必然會降低安全完整性等級。

表 1-2 IEC 61511《過程工業領域安全儀表系統的功能安全》中有關系統安全的規範

標號	名稱	英文名	概念
1	基本過程控制系統	basic process control system	對來自過程的、系統相關設備的、其他可編程系統的和/或某個操作員的輸入訊號進行響應,並使過程和系統相關設備按要求方式運行的系統,但它並不執行任何具有被聲明的 $SIL \geqslant 1$(safety integrity level,SIL)的儀表安全功能
2	傷害	harm	由財產或環境破壞而直接或間接導致的人身傷害或人體健康的損害
3	危險	hazard	傷害的潛在根源
4	風險	risk	出現傷害的概率及該傷害嚴重性的組合

續表

標號	名稱	英文名	概念
5	故障	fault	可能引起功能單元執行要求功能的能力降低或喪失的異常狀況
	故障避免	fault avoidance	在安全儀表系統安全生命週期的任何階段中為避免引入故障而使用的技術和程序
	故障裕度	fault tolerance	在出現故障或誤差的情況下,功能單元繼續執行要求功能的能力
6	失效	failure	功能單元執行一個要求功能的能力的終止
	危險失效	dangerous failure	可能使安全儀表系統交替地處於某種危險或功能喪失狀態的失效
	安全失效	safe failure	不會使安全儀表系統處於潛在的危險狀態或功能故障狀態的失效
	系統失效	systematic failure	與某種起因以確定性方式有關的失效,只有對設計或製造過程、操作規程、文檔或其他相關因素進行修改才能消除這種失效
7	安全	safety	不存在不可接受的風險
	安全狀態	safe state	達到安全時的過程狀態
	安全功能	safety function	針對特定的危險事件,為達到或保持過程的安全狀態,由安全儀表系統、其他技術安全相關系統或外部風險降低設施實現的功能
	安全完整性等級	safety integrity level	用來規定分配給安全儀表系統的儀表安全功能的安全完整性要求的離散等級(4 個等級中的一個),SIL-4 是安全完整性的最高等價,SIL-1 為最低等級
	功能安全	functional safety	與過程和基本過程控制系統有關的整體安全的組成部分,其取決於安全儀表系統和其他保護層的正確功能執行
	功能安全評估	functional safety assessment	基於證據調查,以判定由一個或多個保護層所實現的功能安全
8	人為失誤	human mistake	引發非期望結果的人的動作或不動作

由表 1-2 可知，工業過程系統安全是指在系統壽命期間內辨識系統的危險源，並採取有效的控制措施使其危險性最小，從而使系統在規定的性能、時間和成本範圍內達到最優。更通俗地講，安全性用來衡量系統「是否可用，是否敢用」，可由以下 4 點來理解。

① 系統安全是相對的，不是絕對的。系統是由相互作用連接和相互作用的若干元素組成的、具有特定功能的有機整體，任何元素都包含有不安全的因素，具有一定的危險性，系統安全的目標就是在保證系統發揮其最大性能指標的同時，達到「最佳的安全程度或允許的限度」。

② 系統安全貫穿於整個系統的壽命週期。在一個新系統的構思階段就必須考慮其安全性，制定並開始執行安全性工作，並將其貫穿於整個系統的壽命週期中，直到系統退役。

③ 危險源是可能導致事故發生的、潛在的不安全因素，系統中不可避免地會存在著某些種類的危險源。事故的發生會造成大量的人力、物力和財力損失。為避免事故的發生，保證系統安全運行，應採取必要的技術手段，辨識系統中存在的危險源，並予以消除或控制。然而，不可能徹底消除一切危險源，但是可採取有效措施，監測並隔離危險源，不使危險源出現在危險過程中，從而減少現有危險源的危險性，降低系統整體的運行風險。

④ 不可靠是不安全的原因，可靠與安全不等價。安全性是判斷、評價系統性能的一個重要指標，是系統在規定的條件下與規定的時間內不發生事故、不造成人員傷害或財產損失的情況下，完成規定功能的性能。在許多情況下，系統不可靠會導致系統不安全，但是系統可靠不一定說明系統安全性高，系統不安全一定說明系統不可靠。

⑤ 故障與異常是工業過程系統必須要考慮的可能會引起運行過程不安全行為或危險後果的兩個因素。在實際工業過程中，主要採用過程監控系統來實現故障診斷與異常識別。就故障與異常而言，安全性的概念比兩者的概念要寬泛得多，其分析與評估也必須要考慮兩者對系統運行安全性的影響。

為科學、合理地預防安全事故發生，傳統的方法已不能滿足於對事故發生可能性進行定性評估，而是需要定量地預測事故的發生及其後果，評估系統的安全狀況，這就要求深入研究新的事故預測及安全評價理論與方法。

1.3 系統運行安全性分析及評估

本節主要透過分析系統運行安全事故、運行危險特性與影響以及運行危險因素，從而簡述影響、削弱與破壞系統運行安全性的來源，並對目前系統運行安全性分析技術與評估方法的研究現狀進行概述。

1.3.1 系統運行安全事故分析

隨著現代工業過程與裝備系統的大規模集成化發展，高溫、高壓、高能等狀態下的生產和控制等模式變得更為複雜，故障和事故的發生會造成環境污染、設備損壞甚至人員傷亡等問題。

系統運行安全事故（如圖 1-2 所示）是在生產運行過程中發生的事故，指生產過程中突然發生的、傷害人身安全和健康或者損壞設備設施，導致原生產過程暫時中止或永遠終止的意外事件。一般地，系統運行安全事故的發生需經歷孕育、發展、發生、傷害（損失）等過程，主要特徵表現為以下幾個方面。

① 事故主體的特定性：僅限於生產單位在從事生產活動中所發生的。

② 事故的破壞性：事故發生後會對事故現場的人員與事故發生單位的財產等造成一定程度的損害，並產生嚴重的影響。

③ 事故的突發性：事故不是在某種危險因素長期作用下引起的損傷事件，而是在短時間內突然引發的具有破壞性的事件。

④ 事故的過失性：主要是人的過失造成的事故，這裡過失指的是不安全生產操作行為。此外，因設備故障造成的安全事故也可被歸為過失行為，這是由於生產單位管理者並沒有針對設備故障制定正確的維修決策或開展正確及時的維修行為，從而導致事故的發生。

⑤ 事故致因多樣性：以單一的事故結果如爆炸來分析，對引發爆炸的原因就有多種，如管道壓力超限，易爆物質洩漏與靜電接觸或接觸火源等。因此，事故致因是具有多種情況的。

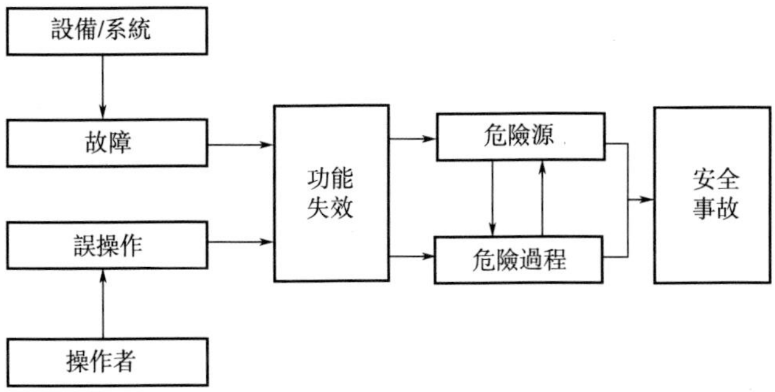

圖 1-2　系統運行安全事故成因示意圖

1.3.2 系統運行危險特性與影響

動態系統在設計、研製、生產和使用乃至退役處理的全生命週期內都可能存在著導致事故的潛在危險。在 GB/T 20438.1—2017/IEC 61508-1 標準中指出，危險分析、安全風險分析以及功能安全評估是保障 E/E/PE 安全相關系統達到並保持所要求的功能安全實現的方法。其中，危險包括危險過程、危險環境等。在系統運行過程中，構成系統的危險特性主要有：

① 系統使用或自身組成的一種及以上材料的固有特性；

② 設計缺陷；

③ 製造缺陷；

④ 使用缺陷；

⑤ 非恰當的維修策略與行為。

通常情況下，對於系統使用的一種及以上材料的固有特性所形成的危險特性是動態系統無法避免的。這裡的「使用」一般指的是物料。例如，航天工程中低溫加注過程的低溫燃料、石油化工中的石油及其產物以及核電工程中的核物質等。這類材料往往具有易燃、易爆、有毒等特性，被稱為危險材料。針對這類危險特性，設計者以及系統運行操作者應設置安全措施，有效防止危險源被觸發。

設計缺陷是上述特性中最為主要的。設計者不僅可能在對系統本身設計時形成了系統缺陷，從而產生系統的危險特性，也可能是由於沒有制定正確的控制或者保護機制。

製造缺陷是由於不正確生產或工藝技術不到位而形成的。

而在維修中也可能由於維修操作失誤造成系統的危險特性。

一般來說，具有特性①的系統組成或環境物質，被稱為第一類危險源；而具有特性②、③或④的危險源，被稱為第二類危險源；特性⑤一般出現在第三類危險源中（具體內容將在本書第 2 章中具體展開）。

本書總結了危險源與危險特性，認為動態系統運行危險特性，可被歸結為是一類因系統運行一段時間後由於性能退化產生的系統運行故障或是人因誤操作而造成的危險特性。具有這類危險特性的危險源屬於第二類危險源與第三類危險源的並集。因此，這類危險特性，是動態系統運行狀態下的固有特性，是無法避免的，但卻可以透過先進的故障診斷與預測技術、系統運行狀態監測技術等手段及時發現與維修，在危險產生前被有效控制、「治癒」。本書將形成這類動態系統運行危險特性的因素稱為面向動態系統運行安全的危險因素，具體內容將在 1.3.3 節中介紹。

1.3.3 系統運行危險因素

核能發電、化工過程、航天發射系統等大型工業過程與複雜裝備系統通常都具有諸多子系統，各個子系統之間存在著複雜強烈的耦合關係，且系統中往往除了電氣連接以外，還傳輸有易燃、易爆、有毒等極端物質。這種類型的運行過程被稱為危險過程。而當工藝參數異常、故障以及誤操作等情況下，危險源出現在危險過程中，就會引發安全事故。因此本書將工藝參數異常、故障以及誤操作等因素稱為危險因素。這類系統常具有高精度、高安全、高可靠的要求，及時對系統運行中危險因素的產生和影響進行識別和預警，避免和預防安全事故發生，是其運行安全性研究面臨的嚴峻挑戰。

(1) 參數超限與運行工況異常

大型工業過程與複雜裝備系統結構龐大，技術程度高，複雜性強，具有非線性、大遲延、分布式、隨機、連續與離散過程並存等特性。

例如，化工過程系統、生物制藥過程系統等，出現運行異常是過程/設備運行參數偏離運行限額（上、下值）或者停運等狀況。以管路液體輸送這一共性過程為例，根據工藝對過程/設備的運行限額做出了詳細的規定，分為設備超正常運行動態限額、超高（低）報警限額或超緊急停運限額等情況。設備參數變化(如超限額)，以及液體濃度探測報警，儲罐液位、溫度異常監測，儲罐進出閥門或管道出現滲漏，或工藝指標出現異常（如液體的溫度、壓力、流量異常）等情況，以及操作中突然發生人為因素的差錯（如誤動開關、截止閥開度、操作順序等）都會導致系統運行異常。及時分析識別運行工況和設備狀況，對異常運行工況實時預警，為有效避免事故發生提供技術支撐。

所以，工藝參數超限是動態系統運行過程出現運行故障、人因誤操作等運行異常的綜合表現形式，也是運行異常達到一定程度後的直覺的狀態表示。研究動態運行安全性，提前預測運行過程的安全演化趨勢，就應提前發現系統的運行工況異常。因此，運行工況異常識別，不僅僅是根據參數超限這樣的一定程度危險積累後的數據表象，而應更加關注系統運行工況的細微變化。這樣的變化，可能是由系統自身自然退化引起的，也可能是早期故障產生後的變化，或僅僅只是由干擾或噪聲所帶來的虛警。

目前，隨著現代檢測技術的不斷發展與完善，我們可以利用大量運行監測數據進行動態系統異常運行工況識別。常用數據驅動的異常工況識別方法，有以PCA為內核的方法、小波奇異訊號檢測的方法、聚類識別方法等。本書第4章將針對上述動態系統異常運行工況識別方法展開詳細介紹。

(2) 運行故障

大型工業過程和複雜裝備系統等動態系統的運行過程表現出服役時間長、使用條件嚴苛、部分環境惡劣等特點，其故障多發、模式多樣。由於難以直接採用「浴盆曲線」的早期故障率階段、穩定狀態階段和損耗階段進行分析，導致系統安全性保障存在困難。

動態系統的運行故障具有如下特徵。

① 多發性：指同一運行過程中可能會發生多次故障。

② 並發性：短時間內多個不同源故障的同時（或相繼）發生，某一簡單故障在同一時間點上導致多個子系統功能異常，以及多種類型故障的並發與相互轉

化等。

③ 故障模式多樣性：由於子系統之間的強耦合，可能出現影響強烈的突發性故障，也可能在發生強烈故障的同時出現局部的持續性、漂移性、洩漏性故障，或由小故障漸變到質變導致災難的發生。

動態系統運行故障診斷的要求和難點如下。

① 高準確性：運行故障危害巨大，對安全性、可靠性有著苛刻的要求。其難點在於研究實時故障診斷和維修策略。

② 快速性：對故障處置具有實時性。其難點在於盡早發現故障，盡快定位故障，及時決策處理。

③ 故障決策風險性：對運行故障的誤檢、誤判和錯誤處理，往往潛伏著巨大的風險。

大型、複雜動態系統長期運行下，已積累了大量的數據，這些數據規模大、類型多、價值高，通常使用常規的方法難以對其進行有效的處理，發現有價值的知識。數據驅動的動態系統運行故障診斷方法，能夠有效地利用在過程系統中測量得到的大量數據挖掘過程的關鍵性能指標，發現、辨識、定位故障。

數據驅動的動態系統故障診斷，有基於小波、線性正則變換等訊號處理應用於離散製造裝備的故障診斷方法，也有基於深度學習等智慧計算應用於流程工業系統的故障診斷方法，還有例如 PCA、聚類、SVM 等基於數據分析的故障診斷方法。本書第 5 章將重點針對前兩類運行故障診斷方法展開介紹。

1.3.4 系統運行安全性分析

目前面向動態系統常用的安全分析實現方法包含事件樹分析、失效模式與影響分析、危險與可操作分析、人的可靠性分析、安全檢查等，但多數方法是基於靜態的安全分析思想，很大程度上難以反映系統實際運行情況，如電力系統靜態安全分析方法，只考慮了針對一組預想事故集合下，系統是否出現支路過載或電壓越限，沒有考慮當前運行狀態出現較大波動時是否失穩。

在實際工業過程中，安全分析工作仍依賴於專家的經驗知識，且所獲的分析結論往往定性的較多、定量評價較少。因此，從可信度、精確性等角度評價，在一些高安全性要求的工程或工業系統中，現有的安全分析無法滿足需求。

目前動態安全分析主要有數值解法、直接法、人工智慧法及動態安全域等方法[7-11]。核能發電領域的動態安全分析實現則是在傳統風險分析方法的基礎上引入時序概念，如 D. R. Karanki[12] 等人利用改進的動態故障樹分析方法實現反應堆冷卻劑事故場景的動態處理分析；F. A. Rahman[13] 等人利用模糊可靠性分析方法評估系統故障樹的故障概率分布，克服了傳統故障樹分析在核電廠概率安全評估應用中的限制。石油化工等系統的過程故障傳播存在強非線性，動態安全運行分析實現更為複雜，U. G. Oktem[14] 等人提出了系統結構靜態分析與故障演化機理動態分析相結合的分層故障傳播模型，解決了煉油系統運行異常原因難以辨識與定位的問題。已有動態安全性分析方法大多存在計算量大的特點，難以滿足複雜大規模系統安全分析實時性的要求，S. J. Wurzelbacher[15] 等人將離線大數據分析方法與動態風險分析方法相結合，解決了列車分布式控制系統和緊急剎車系統運行過程中缺陷檢測與識別困難的問題。

由於過程複雜龐大從而導致建立精確模型比較困難，且實際工業過程系統的強非線性以及由此給系統帶來的複雜特性，傳統的安全分析主要關注系統穩態下的變量狀態，較少從系統動態運行的角度思考安全性問題。現有動態系統考慮安全性問題主要有兩種方法：一種是從系統動態穩定性角度[7] 出發的；另一種是從基於障礙函數（barrier function）的安全證書（safety certificate）理論出發的。

從動態穩定性角度分析系統運行安全性，無疑是非常符合控制學科的思想與理論的。但是，動態非線性系統可能具有多穩態點、極限環、分岔、混沌等複雜現象，因此大大增加了動力學系統分析的複雜度與難度。

實際系統在運行過程中容易出現不穩定振盪現象。不穩定振盪的產生容易引起系統的安全問題，降低或破壞系統的安全性。因而，部分學者提出利用動態安全區域（dynamic security region，DSR）分析系統運行安全性的方法。這類方法的關鍵在於需要透過計算系統所有不穩定平穩點來確定系統動態安全域的邊界。因而，對於大部分難以精確建模的複雜系統，無法使用 DSR 方法。目前，只在電力系統中得到一定的應用。

分岔分析也可以分析過程系統的動態穩定性。分岔現象目前主要出現在化工或生物領域內的帶有反應釜或反應器的系統中。有部分學者在研究中發現，透過分析或監測上述系統或其類似過程系統中出現的分岔現象可以判別系統運行過程的安全性。傳統的分岔分析方法實時性較差，且並不適合分析多參數同時變化的情況。有學者為了利用分岔分析方法在線分析系統運行過程的安全性，將分岔臨界曲面設定為約束邊界，透過尋優的方式，大大減少了原有方法的計算量。

這兩類方法都是基於系統若處於動態穩定則系統處於運行安全的判定，這使得基於動態穩定性的方法具有一定的保守性，同時還缺乏動態穩定性與運行安全性的定量建模，因此目前仍處於發展階段。

從基於障礙函數（barrier function）的安全校驗理論[16] 出發分析系統運行

安全性，目前正處於理論方法研究階段，並沒有投入實際運用，且主要研究的對象為一般非線性系統、混雜系統等系統。從該角度出發的方法，主要透過尋找滿足某些條件的障礙函數來分析驗證系統的安全性。系統的狀態方程如式(1-7) 所示，系統狀態集為 $\boldsymbol{X}$，安全集為 $\boldsymbol{X}_s$ 且系統的初始狀態 $\boldsymbol{x}_0$ 滿足 $\boldsymbol{x}_0 \in \boldsymbol{X}_s$，不安全集為 $\boldsymbol{X}_u$。我們認為：當 $t \in [0,T]$ 時（T 表示某一時刻），若對於任意 t 都有系統狀態 $\boldsymbol{x}(t) \cap \boldsymbol{X}_u = \varnothing$，則系統在 T 時刻內處於安全狀態。若存在 $B(\boldsymbol{x})$，滿足以下條件：

$$
\begin{aligned}
&B(\boldsymbol{x}) \leqslant 0, \forall \boldsymbol{x} \in \boldsymbol{X}_s \\
&B(\boldsymbol{x}) > 0, \forall \boldsymbol{x} \in \boldsymbol{X}_u \\
&\dot{B}(\boldsymbol{x}) < 0, \forall \boldsymbol{x} \in \boldsymbol{X}
\end{aligned}
\tag{1-10}
$$

則系統處於運行安全狀態。使用該類方法的主要難點在於障礙函數 $B(\boldsymbol{x})$ 的構建。學術界並沒有獲得一個普遍認可的障礙函數 $B(\boldsymbol{x})$ 基本構建法。目前，學者們的研究重心主要集中在針對不同的系統對象運用該定理進行安全控制律設計方面（且該理論仍處於理論發展與完善階段，只作為拓展閱讀內容，本書後續內容中不具體展開）。

1.3.5 系統運行安全性評估

對系統展開安全評估工作是建立在對系統進行安全分析工作完成的基礎上的，因此安全分析是安全評估的基礎與前提。安全評估的主要內容是運用定量計算的方法刻畫對象（系統、過程或產品）的安全度。根據目前安全評估的主流方向來看，安全評估通常可被視為對安全風險的評估，因此很多安全評估的方法是基於風險概率的。也有一部分學者的研究是透過計算對象（系統、過程或產品）的可靠度來描述安全的。安全評估工作一般有以下三部分內容：

① 對系統歷史安全狀態的評估；

② 在設計時對對象（包括系統、過程與產品）的安全風險評估；

③ 當系統處於運行過程時對系統的安全狀態或安全風險進行評估。

如何定量計算或刻畫系統或過程的安全或危險程度，是系統或過程的安全評估研究的核心問題。現在主流的安全評估方法都需要建立安全評估指標體系或指標集。根據系統的不同、過程工況與環境特性的不同，所需要的指標個數也不盡相同。查閱已有的學術論文或相關文獻發現，學者們在建立系統或過程的安全評估指標集時，通常都會使用諸如事故概率、狀態演化到危險狀態的狀態距離（當前狀態點與危險狀態點的範數距離）、故障發生概率、故障發生的後果嚴重度等指標。因此，安全狀態或安全等級往往是離散的、非二分的（二分即只有安全狀態與不安全狀態)。此外，工業過程或裝備系統的工業參數也是描述系統運行安全性的關鍵量，例如，物料流量、管道或裝置的壓力與溫度等。這些關鍵工藝參數易於得到安全限或安全域，因而能夠透過計算運行過程中關鍵參數的監測數值與其安全域的範數距離綜合評估系統運行是否處於安全狀態。

複雜動態系統有別於其他一般系統，其系統運動特性難以透過機理分析獲得，且時變特性較強，其安全事故或危險往往只發生在運行過程中。因此為了保證系統動態安全運行，解決運行安全實時評估問題顯得極為重要。動態運行安全實時評估的結果直接關係到系統所需完成的任務是否按計畫進行，甚至直接關係到事故能否被避免，可見運行安全評估在動態系統運行過程中的重要地位。目前，各類複雜動態系統運行的安全評估理論和方法主要包括如下幾方面。

① 基於定性分析的運行安全評估方法，包括故障樹分析方法、風險評估指數法、安全檢查表、預先危險分析、故障模式與影響分析、危險可操作性分析等。

② 基於定量分析的運行安全評估方法，包括事件樹法、馬爾可夫法、事件序列圖法、邏輯分析方法、模擬仿真方法等。

③ 綜合安全評估方法，包括風險協調評審和概率風險評估方法等。

定性安全評估方法雖然可以快速高效地進行危險辨識、後果分析，但大多偏重於設計階段的靜態分析且只針對單一故障，而動態系統存在多工況運行過程特性，不同工況下故障模式多樣且設備之間不是簡單的一一對應關係，因而基於定性分析的安全評估難以建立對象多因素作用下的動態系統安全評估模型，也難以給出安全風險事件的重要度排序及其不確定影響和系統的累加風險值。定量安全評估方法以動態系統發生事故的概率或性能分析為基礎，雖然能夠求出風險率，以風險率的大小衡量系統危險性的大小及安全度，但複雜動態系統由於設施設備類型多、服役時間長、使用環境惡劣等特點，其失效模式複雜、誘因多、難以量化和預測，使得定量分析法難以準確地評估系統的運行安全。綜合安全評估方法雖然能夠全面且深入地了解複雜動態系統的運行特性，透過脆弱性分析發現系統的脆弱點，從而有效提高系統的安全性，為風險決策提供有價值的定量資訊，但尚未從動態系統實時運行狀態、運行多工況等方面系統深入地研究動態系統的運行安全性。

因此，如何根據動態系統異常工況和失效（故障、誤操作）分析，構建系統運行安全性評估指標體系，系統全面地研究動態系統的運行安全性實時評估方法，是亟須研究與解決的問題。

1.3.6 系統運行安全保障

一般來說，大型工業過程與複雜裝備系統運行安全保障主要分為主動安全控制決策和被動安全防護技術。被動安全防護技術是指設置安全「防火牆」，諸如安全柵等，對已發生的事故進行隔離，防止其演化至其他區域。而主動安全控制決策主要是指採用控制技術，利用已有的系統設備或者第三方設備，對安全風險臨界狀態進行控制，使其向內轉移至安全區域。可見，主動安全控制決策是系統運行安全的重要手段，在安全事故發生前，有效地將其控制在萌芽狀態。

系統安全作為現代安全工程理論和方法體系，起源於 1950～1960 年代美國研製兵式洲際導彈的過程中，後續推廣至美國陸軍和海軍中，並於 1969 年頒布《系統安全大綱要求》，且 1984 年和 1993 年進行了兩次修訂，形成新版本的 MIL-STD-882C，是系統安全產生和發展的一個重要標誌，如表 1-1 所示。眾多研究學者在這一階段中開發了許多以系統可靠性分析為基礎的系統安全分析方法，可定性或定量地預測系統故障或事故。

歐洲共同體在 1970～1980 年代頻繁發生的重大事故的背景下，於 1982 年頒布了《關於工業活動中重大事故危險源的指令》，即塞韋索指令，要求各加盟國、行政監督部門和企業等承擔在重大事故控制方面的責任和義務。1988 年國際勞工局頒布了《重大事故控制指南》，以指導世界各國的重大事故危險源控制工作。中國自 1970 年代末、1980 年代初開始了系統安全分析與評估方面的研究與應用，並與工業安全的理論、方法緊密結合，使得原本為解決大規模複雜系統安全性問題的系統安全工程得到了迅速的推廣與普及。

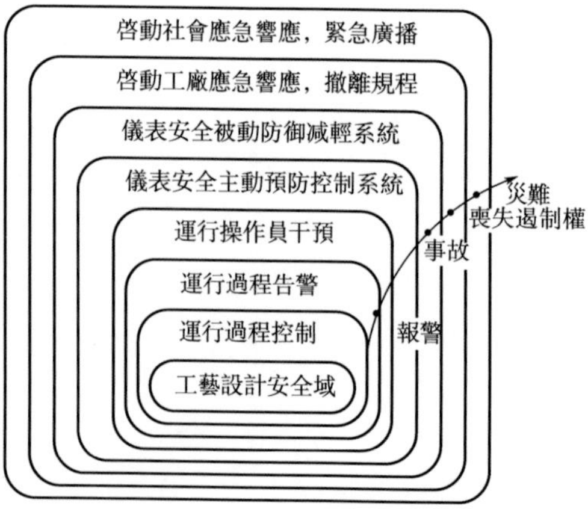

圖 1-3 工業過程系統的安全保障層及其影響

大量的事故調查分析表明，科學合理的動態系統的安全性分析與評估對於切實保障大型工業過程及複雜裝備系統的運行安全、運行可靠性和經濟性具有十分重要的意義。圖 1-3 展示了工業及工程系統的安全保障層及其影響，它是一個保護層的基本控制系統，透過獲取過程安全性的資訊，發現潛在隱患威脅，最終目標是指導現場操作、管理人員採取適當有效措施，保證工業及工程繼續健康安全地運行。

參考文獻

[1] 柴毅，李尚福. 航天智慧發射技術——測試、控制與決策[M]. 北京：國防工業出版社，2013.
[2] 周經倫. 系統安全性分析[M]. 長沙：中南大學出版社，2003.
[3] 周東華，葉銀忠. 現代故障診斷與容錯控制[M]. 北京：清華大學出版社，2000.
[4] 張萍，王桂增，周東華. 動態系統的故障診斷方法[J]. 控制理論與應用，2000，17（2）：153-158.
[5] 張可，周東華，柴毅. 複合故障診斷技術綜述[J]. 控制理論與應用，2015，32（9）：1143-1157.
[6] 李娟，周東華，司小勝，等. 微小故障診斷方法綜述[J]. 控制理論與應用，2012，29（12）：1517-1529.
[7] 葉魯彬. 工業過程運行安全性能分析與在線評價的研究[D]. 杭州：浙江大學，2011.
[8] Qin Z，Hou Y，Lu E，et al. Solving long time-horizon dynamic optimal power flow of large-scale power grids with direct solution method[J]. Iet Generation Transmission & Distribution，2014，8（5）：895-906.
[9] Saeh I. Performance evaluation of deregulated power system static security assessment using RBF-NN technique[J]. Jurnal Teknologi，2013，64（1）.
[10] Gholami M，Gharehpetian G B，Mohammadi M. Intelligent hierarchical structure of classifiers to assess static security of power system[J]. Journal of Intelligent & Fuzzy Systems，2015，28（6）：2875-2880.
[11] Chen S，Chen Q，Xia Q，et al. N-1 security assessment approach based on the steady-state security distance[J]. Iet Generation Transmission & Distribution，2015.
[12] Karanki D R，Kim T W，Dang V N. A dynamic event tree informed approach to probabilistic accident sequence modeling：dynamics and variabilities in medium LOCA[J]. Reliability Engineering & System Safety，2015，142：78-91.
[13] Rahman F A，Varuttamaseni A，Kintner-Meyer M，et al. Application of fault tree analysis for customer reliability assessment of a distribution power system[J]. Reliability Engineering & System Safety，2013，111（3）：76-85.
[14] Oktem U G，Seider W D，Soroush M，et al. Improve process safety with near-miss analysis[J]. Chemical Engineering Progress，2013，109（5）：20-27.
[15] Wurzelbacher S J，Bertke S J，Ms M P L，et al. The effectiveness of insurer-supported safety and health engineering controls in reducing workers' compensation claims and costs[J]. American Journal of Industrial Medicine，2014，57（12）：1398-1412.
[16] Romdlony M Z，Jayawardhana B. Stabilization with guaranteed safety using Control Lyapunov-Barrier Function[J]. Automatica，2016，66（C）：39-47.

第2章

系統運行安全危險分析及事故演化

事故與系統運行安全有著直接聯繫，提升系統運行安全性的目的是阻止事故發生或降低事故的發生概率。對於事故的分析需要全面認識並區分危險因素在過去、現在、將來三種時態中的正常、異常、緊急等狀況，在充分考慮危險因素的時空特性的基礎上，發現潛在的危險源、分析可能存在的危險並刻畫安全事故的演化流程。

本章從危險及危險源分析、安全事故演化、安全事故分析方法三個方面研究系統運行安全事故風險分析，並以兩個典型對象作為案例分析。

2.1 概述

大型工業過程和複雜裝備系統結構龐大、變量間相互耦合導致系統具有不確定性、非線性等特性，一個微小的局部故障或異常可能傳播並擴散至整個系統，導致安全事故的發生。

事故致因理論表明，誘發事故的原因多種多樣並在整個系統中無處不在，表現於環境狀態、物質狀態和人員活動狀態以及它們的各種組合之上（這類狀態被視為事故的危險因素）；當系統在某個時刻運行於某個符合危險因素的觸發條件的特定工況時，即有可能導致事故發生（這種可能性與事故後果的組合被視為風險）；同時，事故具有突發性，其發生是危險因素累積到一定程度後引起的變化，並在發生後透過持續性變化擴大事故規模或引發其他事故（這種變化過程被視為事故的演化）。

在危險因素中，危險源是危險的根源，是可能導致事故發生的能量或能量載體。通常按照各種能量或能量載體造成事故時是否需要發生轉化，將危險源分為顯性危險源和隱性危險源兩種，其中能量控制不平衡導致顯性危險源的能量釋放將直接作用於運行系統並導致事故，而隱性危險源的能量本身並不能造成事故，需要先轉化為顯性危險源再作用於運行系統。識別危險源在運行系統中的存在狀態並確定其導致事故的觸發方式，是危險因素控制的前提。

由於複雜動態系統通常存在易燃、易爆、有毒等極端物質，或處於高溫、高壓、強電、重負荷等惡劣環境中，當工藝參數異常、故障以及人因誤操作時，各類危險因素在能量域和時域上累積，引發安全事故，該過程具有持續性。因此，在確定危險源後，需要從事故致因因素動態行為方面去考慮從危險到事故的演化過程。考慮到危險因素對事故發生的動態影響，需要建立危險因素-事故的演化模型，從工藝參數異常、故障、人因誤操作等 3 類危險因素作用於系統的影響進行分析。

安全事故的發生具有隨機性和不確定性，在特定的時間、空間範圍內形成的一種由初始事故引發一系列次生事故的連鎖和擴大效應，是事故系統複雜性的基本形式。一般地，大型工業過程和複雜裝備系統多具有結構多層級、大時延、非線性等特性，我們可以透過分析系統的安全事故演化過程，為掌握安全事故的致因及發展本質、事故能量轉換提供理論支撐，並為事故損失測量提供定量依據。

綜上所述，系統運行安全事故及致因分析是一個涉及危險源、事故演化等多方面的複雜研究內容。本章主要透過分析系統運行安全事故觸發模式，討論各類危險源的組成、指出相關的辨識方法及控制技術；透過系統運行故障危險分析、人因誤操作危險分析和外擾作用危險分析，挖掘危險因素與事故的關聯關係；分析危險因素-事故的演化機理，探討安全事故傳播與演化過程。

2.2 危險源分析

2.2.1 危險源分類

危險源定義為由危險物質、能量及傳遞能量或者承載其物質的生產設備（設施、物體、裝置、區域或場所等）共同構成的體系。危險源是客觀存在於生產系統並具有一定邊界的實體，其邊界大小由實際需要決定[1]。危險源的確定對於防範安全事故的發生具有重要意義，根據前述，針對顯性危險源，可透過建立危險源與運行過程的隔離、預警和冗餘系統並切斷能量在運行系統的傳播路徑來控制。針對隱性危險源，需要先分析初始觸發危險源到顯性危險源的轉化過程，然後分別建立隔離、預警和冗餘系統或者切斷初始危險源轉化過程中能量的傳播路徑，預防事故的發生或減弱事故造成的影響。

需要注意的是，危險源的定義中僅包含有限種類和數量的危險物質能量，並不能直接作為安全事故發生概率以及後果規模的量綱，僅當多個危險物質相互作用且能量值達到危險控制標準閾值才會轉化為實際危險源，而實際危險源亦根據其功能、機理、組成等特徵有所區分。一般地，動態系統中的危險源具有以下基本特徵。

① 一個危險源包含至少一種危險物質或能量。例如，旋轉機械運行時消耗電能並產生機械能，其中機械能可能造成軋傷事故；水力發電廠由水帶動葉片轉動是勢能向動能的轉化，其中動能可能造成超速損毀事故，它們都是危險源。

② 一個危險源包含至少一種事故模式，如上述旋轉機械可能導致軋傷、觸電、擊打、燙傷等多種事故類型。

③ 多個危險因素的相互耦合作用增加了事故的發生概率，且事故危險性大小受多個危險因素的共同影響，其中能量種類、性質和數量對事故影響較大。

研究危險源研究的目的是了解危險源的特點、性質及其危險程度，並提出科學的、有效的危險源管理控制措施。依照不同目的和環境，危險源有如下分類[2]。

① 根據危險源的存在狀態種類不同，危險源劃分為物質型危險源、能量型危險源、混合型危險源三類。物質型危險源包括但不完全是危險化學品、設備等，如危險化學品儲藏罐、旋轉機械、燃料倉庫；能量型危險源如聲能、熱能、光能、動能、勢能、電能等能量的儲存和放送設備設施，如高壓電氣設備、鍋爐等；混合型危險源不僅存在危險物質，而且具有危險能量，如危險物質傳輸管道、高溫高壓反應裝置等工業生產過程中的眾多工藝設備和設施。

② 根據危險源的主要危險物質能量持續時間長短，危險源劃分為永久危險源和臨時危險源兩類。臨時危險源如檢修施工、設施安裝、臨時物品搬運存放等過程中形成的危險源，其危險物質能量存在時間相對較短，而永久性危險源是生產系統正常生產過程中必需的設施裝備，一般持續伴隨著生產系統的整個生命週期，危險物質或能量存在的時間相對較長。

③ 根據危險源中主要危險物質的種類、數量、空間位置變化情況，將危險源劃分為靜態危險源和動態危險源兩類。靜態危險源的危險物質的數量、種類、空間位置在正常情況下不易發生改變，如一般企業的生產裝置和生產設施。動態危險源的危險物質的種類、數量、空間位置隨生產過程改變而改變，如地下巷道、礦井下的掘進工作面、回採工作面，建築工地的高空作業場所等。

④ 根據現場是否有人員操作，危險源分為有人操作危險源和無人操作危險源。對於有人操作危險源，物質能量、物質缺陷及管理和操作人員的不安全行為是危險因素分析和控制的重點。無人操作危險源一般為具有遙控操作功能和自動控制的生產裝置和設施，物質能量、物質缺陷等相關問題是其危險因素分析及控制的重點。

⑤ 根據能量載體或危險物質因素，危險源可劃分為物理環境、物體故障因素、組織管理因素等三類危險源。第一類危險源包括系統中引起財物損失、人員傷亡、環境惡化的能量、能量載體和危險物質，也是導致事故發生的直接原因；第二類危險源作用於物質和環境條件的誘發因素超過閾值，導致第一類危險源失

控，也是導致事故發生的間接原因。第三類危險源包括了系統擾動、管理缺陷、人為失誤、決策失當等，可導致危險源系統損壞、畸變、無序。

目前，三類危險源劃分理論是目前最為通用的危險源劃分理論，這三種危險與事故發展過程緊密相關，但對事故的影響各不相同。對某一類危險源的不當控制可能會引發其他危害，而且兩類危險源共同起作用才會導致事故的發生。第一類危險源是事故的前提，即釋放的能量或意外的危險物質的存在是事故發生的前提。第一類危險源的規模與危害性直接決定事故後果的嚴重程度，但僅有第一類危險源不直接導致事故。第二類危險源是導致事故發生的必要條件，且通常伴隨第一類危險源發生，但是出現的難易程度和概率大小決定事故發生可能性的大小。第三類危險源作為事故發生的組織性前提，也是導致事故發生的本質原因。第三類危險源是前兩類危險源特別是第二類危險源的更深層次原因，在一定條件下決定了前兩類危險源的危險程度和風險等級。以上三類危險源在時間和空間兩個維度上相互影響，可能導致事故發生概率增大。危險源與事故之間的關係如圖 2-1 所示。

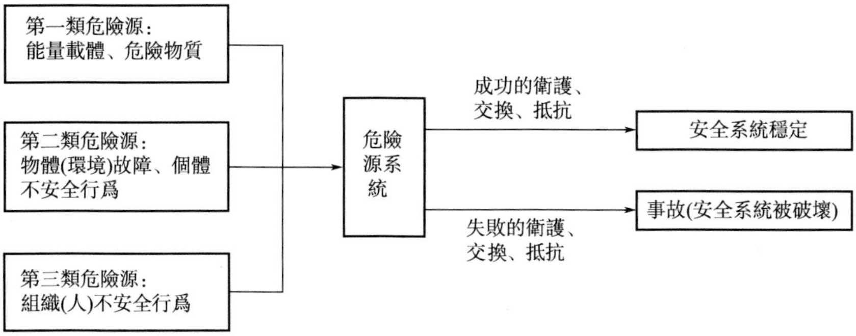

圖 2-1　危險源與事故之間的關係

2.2.2　危險源識別與控制

（1）危險源識別

危險源識別用於確定系統中所有危險源的存在狀態及類型，同時確定在研究系統中危險源導致事故的觸發方式。目的是透過分析危險物質或能量導致事故的觸發因素、運行條件、轉化過程和規律，確定能量聚集單元、危險源存在狀態和危害程度，同時進行風險評價，確定風險等級，制定針對性的控制措施，實現事故預防與管控。危險源識別的內容包括對工藝要求、操作動作、設備及所涉及物料的危險性進行定性或定量的分析，從狹義上來說，危險源識別是分析並確定可能造成損害的所有狀態與活動；從廣義上來說，危險源識別就是分析並確定危險的根源，即危險的能量和能量載體。

在系統運行中，危險源識別首要考慮系統對象自身的固有危險特性、安全狀況、運行條件及環境因素、相對於對象自身的固有危險特性等[3]。環境因素和運行條件這類外部危險特性亦是重點考慮的內容，如周邊人員密集程度、安全防護條件、人員操作能力、安全管理水準等，均可能對事故的發生提供決定性的觸發條件，並影響事故規模。

危險源識別的範圍不局限於當前時刻，針對正常運行下的系統，更應該全面考慮過去、現在以及將來三種時態中的正常、異常和緊急狀態下的所有潛在危險源，即在對現有危險源識別時，要分析過去遺留的危險、當前時刻以及計劃中的活動可能帶來的危險。三種狀態包括正常生產過程即正常狀態，設備維修、裝置當機等異常狀態，以及發生部分損毀、自然災害等緊急狀態[4]。

當前，對於危險源的識別多採用定性方法，需要詳細了解系統的運行過程。透過研究目前的事故分析成果並結合專家經驗知識，引入危險源識別基數 R 和危險源的影響因子 K_i，建立危險源識別的數學模型，實現危險源識別的量化指標危險源識別指數 H 的計算，其表達式如下：

$$H = \left| 1 + \frac{\sum_{i=1}^{5} K_i}{R} \right| \tag{2-1}$$

其中，i 是識別影響因子序號，取值範圍為小於等於 5 的整數（有 5 類影響因子，如在典型的定義中，K_1 為設備發生事故可能造成的設備直接操作人員的致亡因子；K_2 為事故可能波及的周邊人員致亡因子；K_3 為事故可能造成的直接經濟損失和環境破壞因子；K_4 為設備使用年限的影響因子，在重大危險源識別中，其權重相對較低；K_5 表示特殊設備的安全管理因子[5]）。當 H 超過預定義的閾值範圍時，即被確認為重大危險源。

在式(2-1) 中，危險源識別基數 R 反映了待識別系統或設備的潛在危險特性或固有危險特性，它決定了危險源的危險程度和發生概率，是危險源識別的關鍵指標，其值由設備或辨識單元自身決定，不隨環境、操作和管理等外界條件變化，固有危險性與辨識基數值成正比關係。

(2) 危險源控制理論

大型工業過程和複雜裝備系統內部存在大量且形式各異的潛在能量，能量控制不平衡就可能引發事故。為有效隔離危險源，預防危險源導致事故發生，或減輕事故造成的人員傷害和財產損失，需要進行危險源控制。危險源控制主要從工程技術和管理兩方面出發，管理是透過計劃、組織、指揮、協調任務或資源實現對人、物和環境的控制；相關工程控制技術是透過調整工藝變量和過程參數約束、限制系統中的能量，保持能量控制的平衡，避免或減輕能量控制不平衡造成的人或物的傷害。

事故致因理論表明，危險源分布於生產過程各環節，因此需要使用系統的方法全面評估工藝操作動作、設備運行情況、環境條件、人員操作情況，識別並預警系統運行中的危險源，透過切斷能量傳播路徑、降低危險源能量到控制限以下、隔離危險源與危險過程等方式控制危險源，保證系統安全運行。

根據理論狀態危險源是否有明確的控制限，將其劃分為已辨識狀態和未辨識狀態，並分別進行控制。從圖 2-2 中可知，已辨識的危險源一旦超過其控制限即轉化為實際狀態危險源，透過及時切斷能量傳播路徑或降低危險源能量等控制措施，便能使其轉移到理論狀態危險源狀態；若控制措施無效，便成為事故致因，而在不明確未辨識狀態危險源的控制限時，無法判斷其是否是實際的危害，大概率會轉化為事故致因。

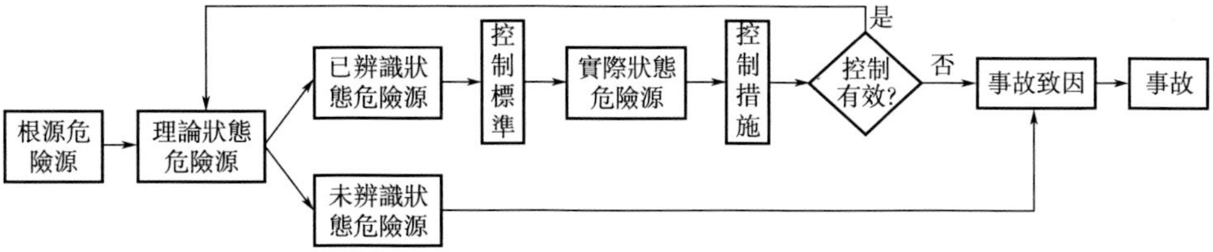

圖 2-2 基於危險源的事故致因機理

分析危險源導致事故的發展過程，對危險源的預防控制手段主要有三類[6]：

① 加強識別根源危險源和理論狀態危險源的能力，並確定危險源的控制限；

② 實時監控有控制標準的危險源，保證能量控制平衡的同時採取有效手段控制危險源在安全限以下，防止其轉化為實際的危害；

③ 有針對性地制定各類危險源對應的控制措施，並及時採取動作，消除或降低轉化為實際狀態危險源可能導致的事故的影響，保證系統恢復安全和穩定的狀態。

有的直接危險源的能量不需要轉化就可以造成生命財產損失或系統結構破壞，而有的危險源能量必須轉化為特定類型後才能造成事故損失。因此，依據直接危險源作用於系統是否發生轉化，將其分為隱性直接危險源和顯性直接危險源兩類。如軋傷事故中的機械能、輻射事故中的輻射能在正常生產中即以機械能、輻射能存在，這類損害如觸電、物體打擊、輻射、機械傷害等都是顯性直接危險源；而如化學爆炸事故中的化學能和物理爆炸事故中密閉環境內氣體分子內能等則為隱性直接危險源，其在正常生產中的能量狀態並不會導致事故，只有在危險因素（如洩漏、過壓）作用下才轉換為導致事故的能量。因而對該兩類危險源的控制亦有差異。

① 顯性直接危險源控制：顯性直接危險源如航天發射加注過程中的液氫液氧、風力發電廠中高速運轉的葉輪、化工過程中的有毒物等在能量控制不平衡下，會直接導致事故。正常情況下透過約束並限制能量狀態及大小，使其按照規定流動、轉換和做功。而在人因誤操作、環境缺陷或設備故障等情況下，會導致能量控制不平衡，使得其突破約束或限制造成能量的意外釋放或作用於錯誤位置，導致事故的發生。

為預防顯性直接危險源導致事故的發生，不同能量類型需要針對性的控制措施來切斷危險源在運行系統中的傳播，透過一定手段（包含空間、時間和物理上的各類相關技術方法）隔離危險源和運行系統或者切斷危險源能量的傳遞路徑。從事故致因上來看，顯性直接危險源的觸發導致事故就是隔離作用被破壞導致了能量不被期望的傳遞或釋放。

圖 2-3 給出了顯性直接危險源的觸發流程，並形成系統控制模型。

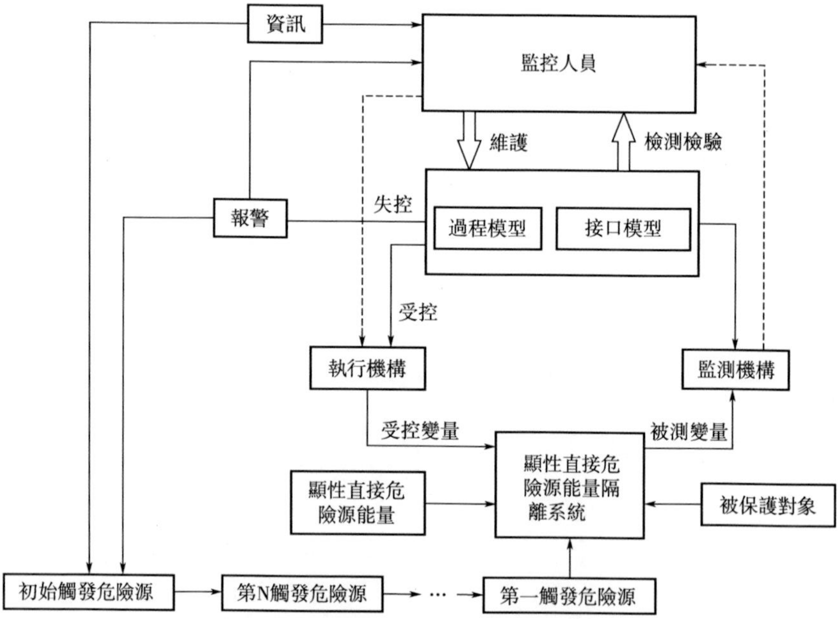

圖 2-3　顯性直接危險源事故控制模型

從圖 2-3 中可以看到，主要從三個方面預防顯性直接危險源導致事故的發生：a. 針對各類顯性直接危險源能量，在運行系統和危險源能量之間設置隔離系統；b. 分析初始觸發危險源到第一觸發危險源之間的各類觸發危險源隔離系統，識別會導致隔離失效的危險，切斷事故觸發及傳播路徑，同時降低第一觸發危險源的能量到控制限以下；c. 針對隔離系統，分別建立檢測、報警和修復系統，當隔離系統失效或性能受損時及時報警，無法及時修復即採用物理冗餘替換或修復隔離系統，提高危險源控制系統的靈敏度和可靠性。上述三個系統組成了完備、有效的顯性直接危險源事故控制結構[7]。

② 隱性直接危險源控制理論：隱性直接危險源由於其能量存在狀態不會直接導致事故的發生，必須先要轉換成可以直接造成傷害的若干種能量表示。因此，根據控制對象的不同，隱性直接危險源控制技術主要有兩種：第一種採取工程技術或管理措施阻止隱性直接危險源的能量轉化為事故能量；第二種，在能量發生轉化後，建立隔離監測系統，保證能量控制平衡與正常使用。第二種類同於顯性危險源控制方法，差異在於時機不同，屬於「治標」，而第一種方法從源頭上阻斷危險進程，屬於「治本」。

第一觸發危險源的能量在超過某一臨界值時才會導致隱性直接危險源能量轉化為事故能量。例如，封閉物體的實時壓力超過其承受範圍才會導致爆炸事故，當操作人員與在運行的旋轉機械有不期望的接觸時才會導致傷害事故，溫度達到易燃物品的著火點才會導致火災和化學爆炸。也就是說，事故發生前一刻，隱性直接危險源的能量被平衡控制，第一觸發危險源的控制限決定了系統維護自身穩定狀態的能量，是系統穩定性的體現。當第一觸發危險源作用的能量（或功）超過控制限後，控制作用失效，系統的能量平衡被打破，並向新的平衡和穩定狀態發展，在此過程中，隱性直接危險源的能量轉換為可能導致事故的能量。圖 2-4 是隱性直接危險源事故控制模型。

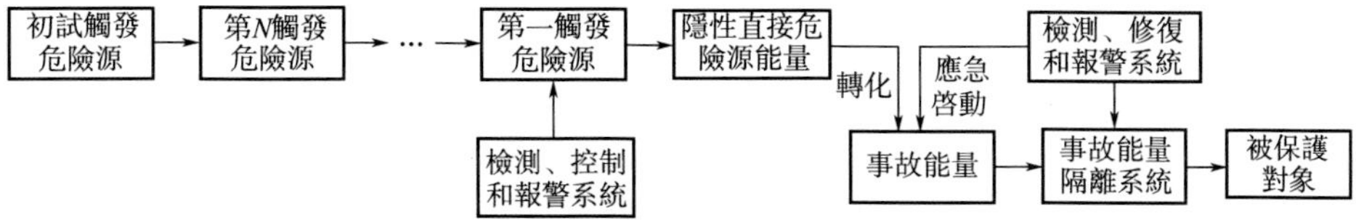

圖 2-4 隱性直接危險源事故控制模型

必須要說明的是，隱性直接危險源的能量轉化為事故能量後並不一定會導致事故，這取決於它轉換的能量大小和最終作用於被保護對象的能量強度。如化工生產中氯乙烯是極易燃氣體，與空氣可形成爆炸混合物，在高溫和高壓條件下，即使沒有空氣仍可能發生爆炸反應。其中火災、中毒等事故中隱性直接危險源能量轉化為事故能量的過程是緩慢漸進的，可以透過減少參與轉化的能量有效控制事故。另一方面，如液氫爆炸、高空墜落、設備撞擊等事故中的隱性直接危險源能量向事故能量轉化的過程是短暫突發的。因此，減少參與轉化的隱性直接危險源能量的數量也可以有效降低事故損失。

對比圖 2-3 和圖 2-4 發現，隱性直接危險源事故中觸發的是隱性直接危險源本身，而顯性直接危險源事故中的觸發鏈作用於隔離系統，同時觸發鏈還可能作用於事故能量隔離系統，但是由於該隔離系統只有在隱性直接危險源能量發生轉化後才起作用，因此，保證隔離系統的檢測、修復和報警系統完好，是降低事故後果的重要途徑。

綜上所述，隱性直接危險源事故控制系統包含四個子系統：a. 第一觸發危險源的檢測、控制和報警系統，及時檢測出觸發危險源並報警，採取措施切斷事故觸發和傳播路徑，控制危險源能量在標準限範圍內；b. 分析從隱性直接危險源能量到顯性直接危險源的演化機理，設置隔離系統防止或降低參與轉化的隱性直接危險源能量；c. 針對已經轉化為顯性直接危險源的情況，建立並啓動隔離系統，阻止被保護對象與轉化後的能量的接觸；d. 為第三步中的隔離系統建立應急啓動、檢測、報警和修復子系統。

2.2.3 系統危險因素分析

危險因素分析要求應盡可能全面有效地辨識和評估全部危險，即除了要求分析應盡可能廣泛，還需要盡可能準確澈底地分析單個危險。然而脱離了系統運行的動態特性的危險因素分析並不能全面表現危險的發展全過程，因此，針對設備或系統的不同運行階段，系統安全性準則確定了初步危險分析、分系統危險分析、使用與保障危險分析、職業健康危險分析這幾種危險因素分析方法，這些方法充分結合了安全事故的演化過程來揭示相關危險類型。

為了使系統具有最高的安全性，有關系統危險的所有可能的資訊需要在系統運行過程中盡可能早提供，相關的系統性分析方法包括：最終影響法、危險評價法、自下而上分析法、自上而下分析法、能值法、檢查表法等，並盡可能準確地預計其影響，提出最有效的消除或控制危險影響的措施。

2.3 系統運行危險分析

危險分析是安全性分析的重要組成部分，也是系統安全性大綱的核心所在。透過危險分析識別危險源及其影響，採取針對性的措施消除或控制系統長週期運行階段的危險。一方面，危險分析透過分析設備設計、使用和維修的資訊，確定並糾正系統設計的不安全狀態，並確定所有與危險有關的系統接口，指導設計製造。另一方面，危險分析能夠指出控制危險的最佳方法，並減輕危險所產生的有害影響。透過前一節的危險源分析，可以確定危險源的類型和各類危險源對系統的作用，本節主要從圖 2-5 中描述的人員、資訊、管理、設備、環境等方面進行系統運行危險分析研究，探索尋找從危險到事故的一般演化過程。

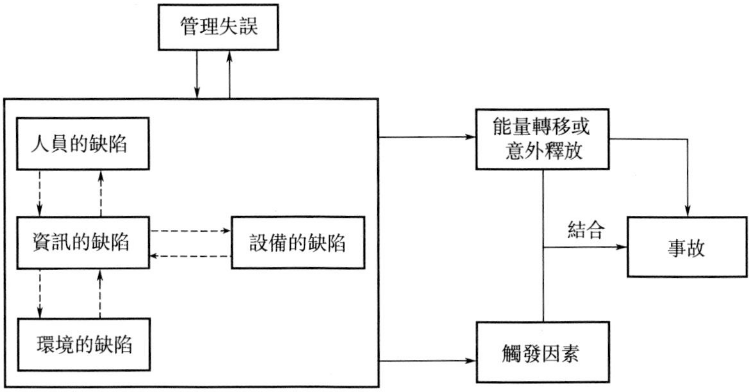

圖 2-5　事故致因模型

2.3.1 運行危險分析方法

目前常用的危險風險評價方法有安全檢查表分析法、失效模式與效應分析法、灰色評價方法分析、故障模式影響及危害性分析、概率風險評價分析方法、故障危險分析、層次分析法、故障樹分析、事件樹分析九種，本節重點介紹以下五種方法[8]。

① 故障模式影響及危害性分析（failure mode effects & criticality analysis，FMECA）：故障模式影響及危害性分析最初用於系統的可靠性分析，後來逐漸發展為一種卓有成效的安全性分析技術，廣泛應用於系統危險分析中。該分析方法一般用來確定產品或系統潛在的故障原因和故障模式及其對工作人員健康安全的影響。危害性分析是故障影響分析的延續，可根據產品結構從定性或定量角度獲得數據的情況。FMECA 透過評價故障模式的嚴重程度、發生的可能性以及它們在產品或系統上所具有的危害程度，進而對每種故障模式進行分類。故障影響分析和危害性分析這兩部分組成故障模式影響及危害性分析，其中故障影響分析是一種定性分析技術，根據系統研製情況，可採用功能分析法或硬體分析法，用於分析因硬體故障導致的事故。危害性分析在基於故障影響分析的完成情況上，綜合考慮了每種故障模式的嚴重程度和發生概率，以便確定由每種故障模式造成

危險情況的風險程度。

② 故障危險分析（fault hazard analysis，FHA）：故障危險分析要求在對系統的組成、工作參數、目標全面了解的基礎上，先透過分析系統元件會出現故障的故障類型及其可能造成的危險，然後歸納出多個元件的故障分析結果，提出控制故障的有效措施。該方法可用於確定產品或系統組件的危險狀態及其原因，以及該危險形式對產品、系統及其使用的影響，包括故障、人為失誤、危險特性和有害環境影響都可透過這種方法分析得出。較多的應用為：a. 由於組件故障、危險產品或系統操作特性、不良故障情況以及可能導致事故的任何人員或操作失誤而導致的所有產品或系統故障；b. 未能完全掌握能夠控制或消除其不利影響的故障措施和安全裝置的潛在影響；c. 上游故障引起的事故和事件。

③ 概率風險評價方法（probability risk assessment，PSA）：概率風險評價方法是一種定量的高精度安全評價方法，如圖 2-6 所示，該方法利用失效的故障累積數據，根據綜合分析獲得系統最小單元的設計、運行性能和災害結構之間的關係，並計算整個系統的失效或事故概率，綜合得到系統風險狀態，並將其作為評價系統安全性和制定安全措施的依據。該方法的優點在於能夠明確描述系統的危險狀態和潛在的事故發展過程的可能性，並及時計算各種風險因素引發的事故概率風險。缺點在於涉及大量數據的複雜計算，過程非常繁瑣。由於部分複雜系統具有眾多不確定因素並且具有高度非線性，分解完整的系統相當困難，因此概率風險評價方法的使用具有較大程度的限制。

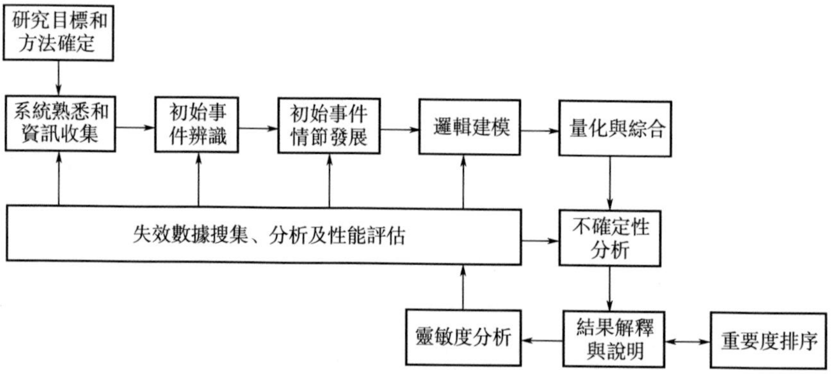

圖 2-6　概率風險評價流程圖

④ 灰色評價方法（theory of grey system analysis，TGSA）針對具有非線性、離散和動態因素的系統進行定量分析和綜合安全評估具有準確結果。相較於靜態分析方法，TGSA 考慮不同事件序列對參考序列的動態影響，並給出量化

結果，準確有效地實現了多因素系統危險源分析。然而，大多數灰色評價模型使用人工方法來確定灰色問題的白化功能，在一定程度上限制了該方法的準確性。

⑤ 層次分析法（analytical hierarchy process，AHP）最初用於運籌學，是一種定性分析方法，經過多年發展後被廣泛地應用於工程領域。AHP 適用於多標準、多目標複雜問題的決策分析，符合主要危險源分級評價的特點。該分析法從系統工程的角度出發，利用模糊數學理論的同時又綜合考慮影響重大危險源危險程度的因素，然後運用層次分析法對其進行綜合評價，提出了評價和分類重大危險源的新方法。

總的說來，針對不同目的和要求，運行危險分析可從定性和定量角度來分類。其中定性分析是用來檢查、識別並分析可能的危害類型及影響，並提出針對性的控制措施。定量分析必須以定性分析作為依據，用於確定特定事故發生的概率及其可能造成的影響，目前主要用於比較不同方案所達到的安全目標，為安全性保障方案的更改提供決策支持。上述的故障樹分析、事件樹分析和故障模式影響及危害性分析等方法均可用從定性與定量兩方面展開分析。

2.3.2 「危險因素-事故」演化機理分析與建模

安全事故的發生與發展是系統中各種危險因素與系統相互作用與耦合的複雜動力學演化過程，通常從能量變化角度來描述演化模型。如化工生產中氯乙烯是一種易燃易爆、有毒有害化學品，遇明火、高溫等危險因素可導致燃燒、爆炸事故。這是一類動態系統運行過程中，從能量變化角度演化為事故的典型案例。對此類事故的分析，必須考慮由危險因素到事故的演化過程。以主要危險事故為研究對象，分析事故發生的能量變化過程，建立能量變化模型。分析子系統事故能量傳遞特性，獲得基於能量守恆和突變拓撲空間的運行安全事故分析模型。從能量變化的角度，提取溫度、壓力、危險物質/能量等。

從系統控制角度，事故演化分析需要針對運行過程中出現的工藝參數異常、故障以及誤操作等危險因素，分析其在系統運行中發生、擴散、導致事故的過程中參數和狀態行為的特徵變化，透過系統運行監測參數和子系統機理模型，對運行安全事故的演化機理和演化條件，建立描述系統性能和工藝指標劣化、誤操作、異常工況和系統故障的多時空多尺度事故演化模型（包括能量積累模型、危險因素的量化模型），分析運行過程的系統運動規律和狀態運動規律。

（1）能量積累模型

在動力能量-質量等輸入輸出作用下的被控執行系統動態過程，受到動量平衡、能量平衡、質量平衡、反應動力學等機理所驅動，變量相互關聯耦合，傳統的統計方法因其假定變量之間相互獨立，難以解決這類問題。實際上大多數工業等複雜過程都是用更少的維數來監控的，如溫度、壓力、重量、流量、載荷等具有能源、動力、物質等動力能源數據。

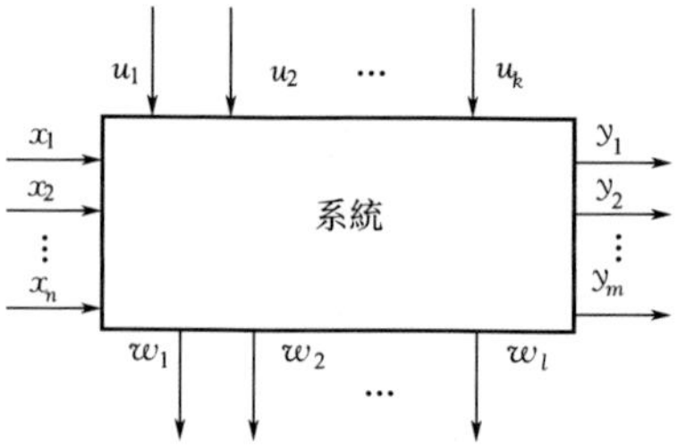

圖 2-7　MIMO 系統的組成圖

考慮多輸入多輸出（MIMO）的系統，如圖 2-7 所示，其輸入分別為 $\boldsymbol{x}=(x_1,x_2,\cdots,x_n)$，$\boldsymbol{u}=(u_1,u_2,\cdots,u_k)$，輸出為 $\boldsymbol{y}=(y_1,y_2,\cdots,y_m)$，$\boldsymbol{w}=(w_1,w_2\cdots,w_l)$。

對該系統引入一類能量核函數 $\Psi(r,t)$，滿足三個條件，即連續性、有限性、單值性。假設該系統工作過程中，沒有受到任何的干擾，則有如下能量平衡模型：

$$\sum_{i=1}^{n}\left|\Psi_x(x_i,t)\right|^2+\sum_{i=1}^{k}\left|\Psi_u(u_i,t)\right|^2$$
$$=\hat{F}\left|\boldsymbol{x}\right\rangle+\hat{F}^{\dagger}\left|\boldsymbol{x}\right\rangle+\hat{F}^{\dagger}\left|\boldsymbol{u}\right\rangle+\sum_{j=1}^{l}\left|\Psi_w(w_j,t)\right|^2+\sum_{j=1}^{m}\left|\Psi_y(y_j,t)\right|^2 \quad (2\text{-}2)$$

式中，$\sum_{i=1}^{n}\left|\Psi_x(x_i,t)\right|^2$ 為輸入向量 $\boldsymbol{x}=(x_1,x_2,\cdots,x_n)$ 的能量值；$\sum_{i=1}^{k}\left|\Psi_u(u_i,t)\right|^2$ 為輸入向量 $\boldsymbol{u}=(u_1,u_2,\cdots,u_k)$ 的能量值；$\sum_{j=1}^{l}\left|\Psi_w(w_j,t)\right|^2$ 為輸出向量 $\boldsymbol{y}=(y_1,y_2,\cdots,y_m)$ 的能量值；$\sum_{j=1}^{m}\left|\Psi_y(y_j,t)\right|^2$ 為輸出向量 $\boldsymbol{w}=(w_1,w_2,\cdots,w_l)$ 的能量值；$\hat{F}$ 為能量湮沒算符，以 $\hat{F}|\boldsymbol{x}\rangle$ 為例，它表示系統由狀態 $|n\rangle$ 變到狀態 $|n-1\rangle$，即系統處於能量狀態 $|n\rangle$ 的輸入向量 x 的分量個數減少一個，該算符反映了系統能量的減少；$\hat{F}^{\dagger}$ 為能量產生算符，以 $\hat{F}^{\dagger}|\boldsymbol{x}\rangle$ 為例，它表示系統由狀態 $|n\rangle$ 變到狀態 $|n+1\rangle$，即系統處於能量狀態 $|n\rangle$ 的輸入向量 x 的分量個數增加一個，該算符反映了系統能量的增加。

由上述模型還可以得到系統各輸出分量的對於系統的敏感性，即

$$\Theta_{w_j}=\frac{\left|\Psi_w(w_j,t)\right|^2}{\sum_{i=1}^{n}\left|\Psi_x(x_i,t)\right|^2+\sum_{i=1}^{k}\left|\Psi_u(u_i,t)\right|^2}$$

$$\Theta_{y_j}=\frac{\left|\Psi_y(y_j,t)\right|^2}{\sum_{i=1}^{n}\left|\Psi_x(x_i,t)\right|^2+\sum_{i=1}^{k}\left|\Psi_u(u_i,t)\right|^2} \tag{2-3}$$

式中，Θ_{w_j} 為輸出分量 w_j 對於系統的敏感性；Θ_{y_j} 為輸出分量 y_j 對系統的敏感性。

(2) 危險因素的量化模型

透過過程質量平衡、能量平衡、物料平衡、溫度平衡、壓力平衡等過程平衡機理的研究，分析工藝參數異常、故障、誤操作等不同危險因素下的系統狀態變化，建立危險因素的定量描述。$x(t)$、$u(t)$、$y(t)$ 分別為系統的狀態、輸入和輸出，系統參數矩陣和輸出矩陣分別為 $\boldsymbol{A}$ 和 $\boldsymbol{C}$，系統的非線性項表示為 $\gamma(x(t), u(t))$，$h(t)$ 表徵組件功能退化及潛在微弱故障等系統異常造成的系統運行結構變化，$f(t)$ 表徵不同發生部位的感測器、執行器和系統故障，$m(t)$ 表徵人在回路下操作人員自身原因或無法接收正確指令造成的人因誤操作。將危險因素量化為系統結構的變化 $\Lambda_{\boldsymbol{A}}$ 和 $\Lambda_{\boldsymbol{C}}$。$\Sigma(*)$ 和 $\theta(*)$ 分別表示系統中故障和參數的退化函數。在故障、隱患和人誤操作共同作用下系統的狀態空間方程為：

$$\begin{cases}\dot{x}(t)=\boldsymbol{A}(\Lambda_{\boldsymbol{A}}(t))x(t)+\gamma(x(t),u(t))+\\ T_\tau(x(t-h(t)))+T_{\boldsymbol{A}}(x(t),u(t))\\ y(t)=\boldsymbol{C}(\Lambda_{\boldsymbol{C}}(t))x(t)+T_S(x(t),u(t))\end{cases} \tag{2-4}$$

其中結構變化函數為 $\Lambda(t)=\partial\Sigma(f(t),h(t),m(t))$，參數變化函數表示為 $\gamma(t)=\partial\theta(f(t),h(t),m(t))$；$T_{\boldsymbol{A}}(*)$ 為執行器故障，$T_S(*)$ 為感測器故障；$T_\tau(*)$ 為過程故障。

2.3.3 系統運行故障危險分析

系統本身的不安全狀態在各個階段都可能存在，涉及從設計開始，經各種加工程序，直到正式使用的各個過程。系統設備的本身不安全狀態主要包含如下三方面原因。

① 設計缺陷。設計缺陷是一種隱藏度非常高的危險因素，據統計，化工設備由於品質問題導致的事故約有 50%是設計方面的原因。設備材料選擇不當、條件估計失誤、強度計算以及產品結構上的缺陷對產品品質有決定性影響。

② 製造缺陷。化工設備的製造缺陷主要包括加工工藝、加工技能以及加工方法三方面的缺陷。隨著相關技術的成熟，純粹的製造缺陷在所有缺陷中的占比日益減少。

③ 維保缺陷和使用缺陷。使用時間的延續、設備的磨損、耗傷和腐蝕等客

觀因素將會導致故障發生。除此之外，使用時超過額定負荷、操作技術生疏以及缺乏安全意識等均會引發設備的不安全狀態，進一步增大設備傷人的概率。這也是系統運行過程中占比最高的危險因素。

複雜系統設備結構不僅形式多樣，而且類型繁多。由工作形式的不同，設備可以分為兩大類：第一類是靜設備，指沒有驅動機帶動的非轉動或移動的設備，如爐類、換熱設備類、儲罐類、反應設備類、塔類；第二類是動設備，指有驅動機帶動的轉動設備（亦即有能源消耗的設備），如風機、泵、壓縮機等，其能源可以是蒸汽動力、電動力、氣動力等。

由於以上所述故障缺陷種類繁多，可以透過基於模糊綜合評價法的系統運行故障危險分析計算危險源引起事故的概率大小[9]：

假設系統有 n 個危險源，記為 $W_1,W_2,\cdots,W_n$，危險源可能導致的 m 個潛在不良後果記為 $H_1,H_2,\cdots,H_m$，這裡一個危險源可對應多個不良後果，而且每個危險源引發潛在風險的嚴重性和可能性由 X 名專家打分。假設第 i 個危險源 W_i 引發的風險 H 有 t 個，每個專家對 t 個潛在風險的嚴重性和可能性分別打分，相應的每個潛在風險只有 1 個嚴重性分值和 1 個可能性分值，因此第 i 個危險源有可能具有 t 個風險值。鑒於我們在風險評估中總是考慮最嚴重的情況，因此從每個危險源中取多個風險值中的最大值作為評判標準，即：

$$F_i=\max_{j\in[1,t]}(F_{ij}),\forall i\in[1,n] \tag{2-5}$$

假設每個專家已給出所有危險源的風險向量，並且第 k 位專家給出的風險向量為：

$$\boldsymbol{f}^{(k)}=[F_1^{(k)},F_2^{(k)},\cdots,F_n^{(k)}] \tag{2-6}$$

在評判過程中，各個專家所做出的評判品質必然存在差異，這是因為受到評判水準、知識結構和自身偏好等其他客觀因素的影響，因此基於這些差異對專家進行賦權相對於專家的主觀賦權必然具有優越性。由於專家的評價體系體現了專家間的差異，因此可以根據專家所給出風險向量間的差異來確定專家的權重。

假定有 X 位專家對風險進行評判，定義 θ_{kl} 為 $\boldsymbol{f}^{(k)}$ 和 $\boldsymbol{f}^{(l)}$ 之間的向量夾角，有

$$C_{kl}=\cos\theta_{kl}=\frac{\boldsymbol{f}^{(k)}\boldsymbol{f}^{(l)}}{\|\boldsymbol{f}^{(k)}\|\ \|\boldsymbol{f}^{(l)}\|}=\frac{\sum_{i=1}^{n}F_i^{(k)}F_i^{(l)}}{\sqrt{\sum_{i=1}^{n}F_i^{(k)2}\sum_{i=1}^{n}F_i^{(l)2}}},\forall k,l\in[1,X] \tag{2-7}$$

C_{kl} 代表 $\boldsymbol{f}^{(k)}$ 和 $\boldsymbol{f}^{(l)}$ 之間的相似程度，$C_{kl}\in[-1,1]$，一般來說 C_{kl} 與相似程度成正比。

將所有專家的風險向量計算出來得到如下所示的矩陣：

$$\boldsymbol{C}=(C_{kl})_{X\times X}=\begin{bmatrix} 1 & C_{12} & \cdots & \cdots & C_{1X} \\ C_{21} & 1 & & & \\ \cdots & & \cdots & & \\ \cdots & & & \cdots & \\ C_{X1} & & & & 1 \end{bmatrix} \tag{2-8}$$

式中，$\boldsymbol{C}$ 為對稱矩陣，定義 $C_k=\sum_{i=1}^{X}C_{ki}$，它表示 $\boldsymbol{f}^{(k)}$ 與其他所有風險向量總的相似程度，並且 C_{kl} 與相似程度成正比關係，因此 α_k 可以被用來表示第 k 位專家的權重大小：

$$\alpha_k=\frac{C_k}{\sum_{i=1}^{X}C_i},\forall k\in[1,X] \tag{2-9}$$

結合專家權重及相對應的風險向量，根據式(2-10) 計算每個危險源引發的風險：

$$F_i=\sum_{k=1}^{X}\alpha_k F_i^{(k)} \tag{2-10}$$

式中，F_i 為第 i 個危險源引發潛在風險的概率大小。

2.3.4 人因誤操作危險分析

人為差錯定義為與正常行為特徵不一致的人員活動或與規定程序不同的任何活動。在系統運行安全事故中，人為差錯是造成系統事故的主要原因。世界民航組織對民航飛機災難性事故的原因分析表明，大約有一半的災難性事故是人為因素造成的。表 2-1 中列出了在飛機事故中人為差錯引起事故的原因。由於人為差錯對系統的影響隨著系統的不同而不同，因此在研究人為差錯時必須對人為差錯的特點、類型及後果進行分析，給出定量的發生概率以便於評價和改進[10]。

表 2-1 飛機事故中人為差錯分類

事故原因	百分比/%	備註人因主體
未能按規定程序操作	34	空勤人員
誤判速度、高度、距離	19	空勤人員
空間定向障礙	8	空勤人員
未能看見並避開飛機	4	空勤人員
飛行監視有誤	5	空勤人員

續表

事故原因	百分比/%	備註人因主體
飛行前準備及計劃不當	7.5	空勤人員
空勤人員的其他差錯	10	空勤人員
錯誤維修及其他	12.5	地勤人員
共計	100	

造成人為差錯或降低人-機接口安全性的因素很多，歸納起來有如下一些方面：①操作人員缺少應有的知識和能力；②訓練不足、訓練缺乏；③操作說明書、手冊和指南不完善；④工作單調、缺乏新鮮感；⑤超過人員能力的操作要求；⑥外界訊號的干擾；⑦不舒適、不協調的作業環境；⑧控制器和顯示器布置不合理；⑨設施或資訊不足。

如前所述，大量事故是人為差錯引起的，其不確定性和表現的差異性遠較設備故障複雜，因此需要從使用和維修兩方面來理解和預計人為差錯對系統安全性的影響，在系統危險分析中應將所有其他故障模式分析與人為差錯分析相結合。

在人為差錯分析中，人為差錯率預計技術是目前應用較廣的人為差錯分析技術。它可預計由人為差錯造成的整個系統或分系統的故障率。這種預計技術從分析一項工作開始，把系統劃分成為一系列的人-設備功能單元。被分析的系統用功能流程圖來描述，對每個人-設備功能單元分析其預計數據，利用電腦程序來計算工作完成的可靠性和完成的時間，並考慮到完成工作中的非獨立和冗餘的關係。進行這種分析的步驟如下：

① 確定系統故障及影響後果，每次處理一個故障；

② 列出並分析與每個故障相關的人的動作（工作分析）；

③ 估算相應的差錯概率；

④ 估算人為差錯對系統故障的影響，在分析中應考慮硬體的特性；

⑤ 提出對人-設備系統（被分析系統）的更改建議再回到第 3 步。

表 2-2　人為差錯率估計數據

活　動	概率估計值
選擇一個鍵式開關(不包括操作人員因理解錯誤導致的誤判)	10^{-1}
不存在決斷錯誤的前提下的一般誤操作,如選擇一個與所要求的開關在形狀上或位置上不同的開關	10^{-3}
一般的執行人為差錯。例如,讀錯標記而選錯開關	3×10^{-3}
一般疏忽性人為差錯,例如,維修後沒有把手動操作的實驗閥恢復到正常的位置	10^{-2}
疏忽的產品夾在過程中而不是在過程終結的疏忽性差錯	3×10^{-2}
在自行核算時未在另一張紙上重複的簡單算術錯誤	3×10^{-2}
在危險活動正在迅速發生時高度緊張下的一般差錯率	0.2～0.3

表 2-3 某類設備操作的人為差錯概率

操作說明	人為差錯概率
讀圖表記録儀的顯示	6×10^{-3}
讀模擬儀表	3×10^{-3}
讀數字式儀表	1×10^{-3}
讀指示燈顯示	1×10^{-3}
讀列印記録儀(有大量參數和圖表)	5×10^{-2}
讀圖表	1×10^{-2}
高應力下擰錯控制旋鈕	0.5
使用核查清單	0.5
擰接插件	1×10^{-2}
閥關閉不當	2×10^{-3}
儀表故障,無指示報警	0.1

目前人為差錯分析中的主要問題是缺少有效數據，表 2-2 和表 2-3 列出的一些人為差錯估計數據是根據系統的維修活動進行研究的結果[11]。目前的人為差錯概率估計值主要是根據專家意見的主觀數據或按需要補充以主觀判斷的客觀數據。人為差錯分析的結果可用叙述格式、列表格式或邏輯樹等形式表示，這取決於所提供的人為差錯資訊和安全分析的要求。

2.3.5 外擾作用下的危險分析

系統運行工況描述了系統在運行過程中的狀況、工藝條件或設備在與其動作有直接關係的條件下的工作狀態。來自外部的干擾與系統運行工況沒有直接關係，但能在一定程度上使系統運行過程的各類工作狀況出現異常，進而影響各功能模塊和元件的工作狀態，或使其成為危險因素。通常對系統由外擾作用造成的運行危險進行分析，需要監測對象在某一時刻的運行狀況（如負荷超過額定值時的運行狀態），在正常情況下，系統的運行參數或變量是按照工藝要求或者根據設備性能要求給定的一組額定參數，而在存在外擾時，如果仍以此為準則對運行工況進行判斷，就會出現依據單一參數超限而對系統進行運行異常的誤判。

根據存在於系統的時間長短，將外擾作用劃分為暫態擾動和週期性擾動，函數形式有階躍函數、斜坡函數、正弦函數等，外擾作用在運行系統內傳播可能導致系統控制精度下降、運行工況不穩定和產品品質下降，嚴重情況下甚至導致安全事故的發生，如設備在外擾作用下意外啓停時導致的短路電弧爆炸事故。外擾作用的類型以及外擾在系統中作用的對象、時間長短不同，造成的影響程度也不相同。因此，分析外擾作用的危害性需要有效辨識上述性質。分析外擾作用對系統的危害性主要從擾動訊號去噪、基於時間窗的擾動時段劃分、外擾作用建模與分析等方面出發。

針對暫態擾動可透過動態測度計算檢測訊號的畸變點，確定擾動出現的時間和類型，但該方法對噪聲環境下的訊號分析失效。分形分析可透過濾除訊號中的隨機和脈衝噪聲辨識擾動訊號，確定擾動類型和幅度並提出針對性的保障措施。針對週期性擾動分析，傅立葉變換透過分析訊號的幅頻特性如所含諧波的次數、幅值、初相角等，可有效提取由於交直流變換設備等造成的週期性諧波干擾特徵，實現擾動對運行系統造成的影響及危害分析。

2.4 系統運行安全事故演化分析

系統運行安全事故演化是人們在研究事故發展中最關注的問題，透過溯源可以定位事故的源點和發現事故的起因，而透過追蹤可以預測事故未來的發展方向。安全事故演化與事故觸發因素密切相關，這類非安全因素源自人的非安全行為、設備的非安全表現、環境的非安全管理失誤。

在生產過程中，現場人員和設備本身既是需要保護的對象，自身非安全行為又是觸發事故的主要因素，是最重要且最難控制的要素。同時由於系統結構複雜、變量間相互關聯，危險源被觸發導致事故的過程也是危險源傳播和擴散影響系統安全的過程，因而系統運行安全性事故演化分析的首要任務就是研究事故動態演化過程。

本節透過分析故障傳播及演化機理，分別建立基於圖論的故障傳播模型和小世界聚類特性的故障傳播模型。利用事故鏈建立重大事故鏈式演化模型並分析其階段性演化機理。針對大型工業過程和複雜裝備系統具有的結構多層級、變量間高度耦合、非線性等特性，導致系統表現出極大的不確定性問題，建立了複雜動態系統的動力學演化模型。

2.4.1 事故動態演化

在事故動態演化過程中，故障的作用可以透過建模進行分析。由於系統發生故障的隨機性大、傳播性強，任何一個微小的局部故障都可能透過傳播和擴散而導致整個系統的安全問題，故本節將介紹幾種事故演化機理的建模方法，分析故障導致的事故傳播與演化對系統的影響，並將詳述基於圖論、K 步擴散、小世界聚類特性的故障傳播及基於 Petri 網等的故障傳播建模方法以及動態演化機理。

（1）事故動態演化機理

目前，事故傳播機理建模與分析的理論發展集中於以下三個方面。

① 基於過程先驗知識的系統建模，包括結構方程模型、因果圖模型（如有向圖、鍵合圖、時序因果圖、定性傳遞函數等）、基於規則的模型、基於本體論的模型等。該類模型透過反映底層事件和中間事件失效與頂層失效之間的邏輯作用關係來分析事故動態演化過程。

② 基於過程數據的系統拓撲結構獲取方法，包括交叉相關性、Granger 因果分析、頻域理論方法、資訊熵方法、貝氏網路、Petri 網等。

③ 基於模型的事故推理方法，包括圖遍歷方法、基於專家系統的推理方法、基於貝氏網路的推理方法、基於本體模型的查詢方法、基於小世界網路的推理方法等。其中，小世界網路模型是基於人類社會關係的網路模型，是從規則網路向隨機網路過渡的中間網路形態。

（2）故障傳播及演化機理

故障傳播的本質是網路中故障訊號的流動過程，網路中各組成單元之間的依賴關係決定了故障訊號具有可傳播性。

複雜系統中各個元部件透過各種介質將離散的節點連接成相互關聯且高度耦合的複雜網路[12]，其中故障的傳播路徑不固定且不統一，沿著若干條路徑進行傳播，所有節點的故障都能夠在傳播路徑上同時朝多個方向傳播，因此複雜系統的故障傳播過程實質上是一種分步擴散過程，如圖 2-8 所示。當系統內某節點發生故障時，首先會在同一子系統內迅速傳播，其次透過邊界節點逐步擴散到其他子系統中去，最終導致整個系統的失效。

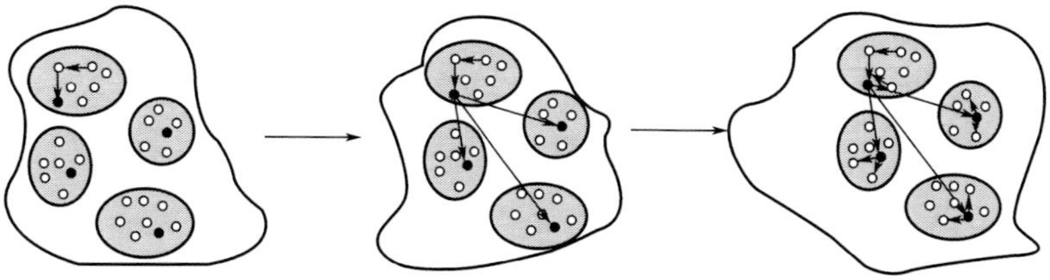

圖 2-8　複雜系統故障傳播擴散過程

系統中節點包含輸入/輸出的設備、部件、子系統、模塊等。當節點有故障輸出時，若節點 v_i 的故障輸出經過 T_{ij} 時間單位後可引起節點 v_i 的故障輸出，則稱 v_i 將故障傳播到 v_j，節點 v_i 到 v_j 的故障傳播概率 $X_{ij}=T_{ij}$。設存在故障的系統節點同時具有故障傳播性，具體判斷節點有沒有故障可以透過物理或邏輯的方法來診斷，假設在一次故障診斷中可以診斷到系統中所有的故障源，對故障進行恢復和處理後，若下次診斷出現新故障源，則認為與前次故障影響無關，即具有獨立性。單點故障會以故障源節點為中心向四周傳播，網路中其他節點自身沒有故障，只負責傳播故障源產生的故障訊號。如此反覆傳播，在一次故障診斷中可以發現一個或多個故障源。

傳統的故障傳播分析方法認為故障的傳播方向優先選擇傳播概率較大的邊進行傳播，但實際情況中，某些發生概率大但是規模小的故障的危害遠遠低於概率小規模大的故障所造成的危害，即在運行過程中某些支路傳播故障概率雖然很小，但故障一旦經其傳播，產生危害就會很大，引發的後果十分嚴重。因此對於複雜系統除了考慮節點之間的故障傳播概率外，還需要考慮支路對故障傳播的影響。

(3) 故障傳播及演化模型

① 基於圖論的故障傳播模型　基於圖論的故障傳播模型透過樹和圖表示系統結構，分析故障傳播機制。從理論的角度去看，樹和圖這種抽象模型可以表示系統任何要素間的故障傳播關係，對於規模比較大的設備集成系統，在其內部，各個部件間的關係比較繁雜，將系統用圖或樹的模型來構建的工作量很大，並且工序很繁瑣。該故障傳播模型適用於關聯度不大的簡單系統。

符號有向圖（signed directed graph，SDG）是一種定性模型，用來描述系統變量之間的因果關係，主要透過節點之間的有向線段表示，具有包容大規模潛在資訊的能力。在 SDG 中，如果該支路本身的符號等於一條支路初始節點的符號與終止節點的符號之積，則該支路為相容通路，即傳播故障的通路，故 SDG 的故障推理就是完備且不得重複地在 SDG 模型中搜索所有的相容通路。由於故障只能透過相容通路進行傳播，所以透過對相容通路的搜索，就可以發掘出故障在複雜系統中的傳播擴散過程，並據此找到故障源和故障原因。另外還可以透過引入故障傳播強度來反映這兩個因素，傳播強度越大，表示故障透過此支路傳播的後果越嚴重。

假設 SDG 模型的節點數為 n，節點 v_i 直接傳播到節點 v_j 的故障概率為 $P(e_{ij})$。節點 v_i 與節點 v_j 之間支路的重要度為 $l(e_{ij})$，可以用 1、0.8、0.6、0.5、0.4、0.2、0 來表示。定義 SDG 節點之間支路的故障傳播強度 I_{ij} 如式(2-11) 所示。

$$I_{ij}=w_{\mathrm{s}}\left[w_{\mathrm{p}}P(e_{ij})+w_{\mathrm{i}}l(e_{ij})\right] \tag{2-11}$$

式中，$i \geqslant 1$，$j \leqslant i$；w_p 為故障傳播概率的權重；w_i 為支路重要度的權重；$w_s(\geqslant 1)$ 為跨簇傳播係數，用於強化故障跨簇傳播時的擴散強度，故障傳播強度可透過將其組成支路的傳播強度進行加權和得到。

對於複雜系統的故障傳播分析來說，需要依據建立的 SDG 模型，基於深度優先搜索策略找出所有的相容通路。

找出複雜系統中由故障節點引發的所有潛在的相容通路，可以分別計算故障傳播路徑的故障傳播強度和傳播時間來判斷其是否會成為高風險高傳播路徑，而對於高風險傳播路徑，必須在其最短傳播時間內採取控制和保護措施。

② 小世界聚類特性的故障傳播模型　本方法突出複雜動態系統中網路模型自身的拓撲結構特性對故障傳播的影響，以及從整體上研究故障發生、傳播和放大的根本原因和內在機理。

a. 傳播模型。若要建立故障傳播模型，需要對系統進行結構分解，將系統拆成多個相互關聯的子系統。同樣，進一步地分解子系統，用集合 $\boldsymbol{T}=\{s_1,s_2,\cdots,s_n\}$ 表示不同級別系統。$\boldsymbol{T}$ 中的基本單元稱為元素，同時將系統的結構模型記為 $\{\boldsymbol{T},R\}$，其中 R 為元素間的相互關係。為了方便電腦計算，此時透過鄰接矩陣對 $\{\boldsymbol{T},R\}$ 表示，鄰接矩陣 $\boldsymbol{A}$ 中的元素規定為：

$$a_{ij}=\begin{cases}1, & \text{元素 } i \text{ 和 } j \text{ 相鄰}\\ 0, & \text{元素 } i \text{ 和 } j \text{ 不相鄰}\end{cases}$$

得到鄰接矩陣，透過引入小世界聚類特性來構建系統故障傳播模型（見圖 2-9）。

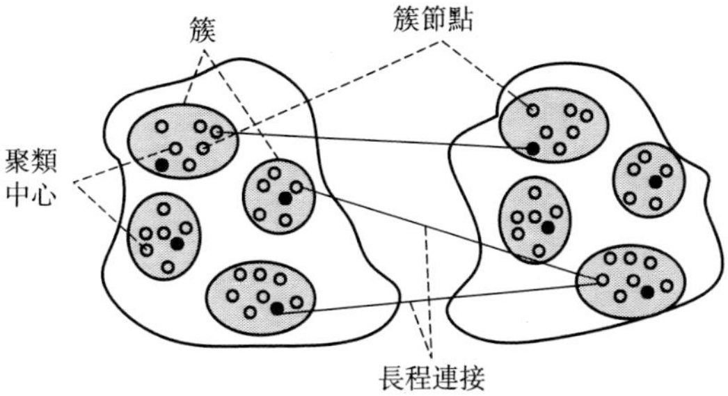

圖 2-9　小世界聚類特性的故障傳播模型

圖 2-9 中不同級別的結構模型使用簇的形式進行描述，使用 $\boldsymbol{T}$ 中的元素代表節點，元素之間的關係 R 透過節點間的連接邊表示，透過鄰接矩陣確定不同基本單元之間的連接關係，分析兩個節點之間是否存在連接邊。同一個簇內，如果節點之間的聯繫較為緊密，則聚類係數比較高，不同簇透過邊界節點的遠距離邊進行連接，從而構成模型的主體。透過計算網路節點的度數，可以得到不同簇的聚類中心。為了對故障傳播過程進行分析，提出假設：存在著結構連接關係的基

本單元之間必然存在故障傳播途徑。

b. 擴散過程。若複雜系統產生故障，複雜網路中某節點會率先出現變化，故障會透過一定的路徑向相關節點擴散。在故障擴散的過程中，透過故障歷史數據及系統參數估計，可以得知故障會優先選擇傳播概率較大的邊進行擴散。節點之間的故障傳播概率與傳播路徑長度有關，當傳播路徑長度 L_K 逐漸增大時，傳播概率成數量級減小，當節點之間的傳播概率低於 10^{-8} 時，則可以認為該節點安全。機電系統網路具有小世界特性，需要同時考慮節點間的傳播概率、節點的度數以及節點間的長程連接，在實際的生產過程中，小概率大規模的故障風險足以與大概率小規模故障的風險總和相提並論。因此，在分析故障傳播過程時，引入了故障擴散強度 I_{ij}^k 來整合這兩個因素，並且擴散強度越大，故障越容易透過該邊緣傳播，傳播範圍越大。

設網路總節點數為 N，在第 k 步擴散過程中，故障由節點 v_i 直接傳播到節點 v_i 的概率為 P_{ij}^k，若 2 個節點之間沒有連接邊，則 P_{ij}^k 等於 0。故障擴散強度公式為：

$$I_{ij}^k = w_s \left| w_p P_{ij}^k + \frac{w_d d_j^k}{\sum\limits_{j \in F_k} d_j^k} \right|, i \in F_{k-1} \tag{2-12}$$

式中，w_p、w_d 分別為傳播概率和節點度數對應的權重；F_k 表示第 k 步擴散將波及的故障節點集合；d_j^k 表示 F_k 中第 j 個節點的度數；w_s（大於等於 1）為跨簇傳播係數，用於強化故障跨系統傳播時的擴散強度，並根據具體情況（比如系統重要度）確定。對 I_{ij}^k 進行歸一化處理後，得到故障擴散強度的表達式為：

$$I_{ij}^k = \frac{I_{ij}^k}{\sum\limits_{j \in F_k} I_{ij}^k}, i \in F_{k-1} \tag{2-13}$$

在系統故障傳播過程中，系統的節點和邊組成一個複雜網路，透過對複雜網路的改進，找到複雜系統中起重要作用的傳播路徑及關鍵節點。

(4) 事故的動態演化模型

① 多米諾效應事故演化模型　多米諾效應指出在事故發生的過程中，一個非常小的初始能量引起一連串的反應，積累到事故發生，並且各個事故結果之間有某種特定的關係。在系統運行中，總是存在著各種危險因素，系統運行故障、人員誤操作、環境等諸多危險因素都會對系統的工作狀態造成影響，在系統運行過程中的某一狀態點，受到激勵，積蓄的能量釋放，都會引發一場連鎖反應，引發事故。在實際系統中，部分事故的發生可以由多米諾效應解釋，如圖 2-10 所示。

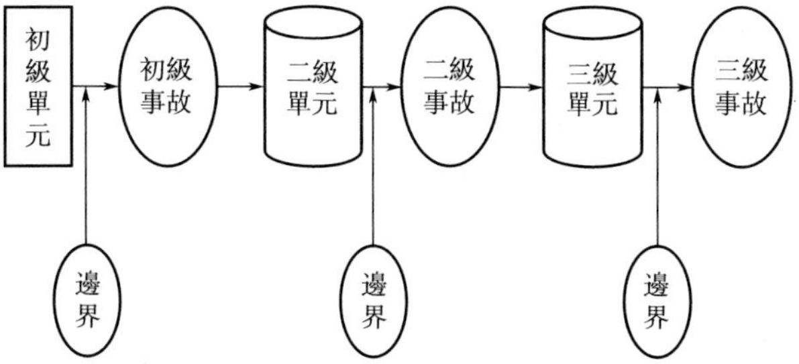

圖 2-10 多米諾效應演化簡圖

② 能量釋放事故演化模型 能量釋放演化模型認為事故是由於某種原因導致能量失控而引發的。根據不同的能量釋放模式，能量釋放的形式可以分為聚集和輻射釋放演化模型。從初始事故 A、B 和 C 到目標物體 D 的能量擴散是一個收斂的釋放演化模型。例如，某儲存區域中的多個氯儲罐同時洩漏並集中在一個方向，則這種情況可以用聚集釋放演化模型來解釋。初始事故 A 的能量輻射到目標物體 B、C 和 D，形成輻射釋放演化模型。又如，某儲罐洩漏氯氣，或者多個儲罐洩漏，但是儲罐之間沒有相互影響，則這種情況可以用輻射釋放演化模型來解釋。能量釋放的具體演化模型如圖 2-11 所示。

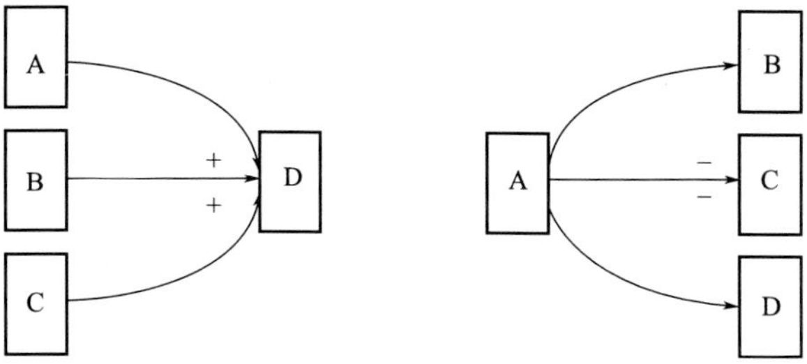

(a) 能量聚集釋放演化模型 (b) 能量輻射釋放演化模型

圖 2-11 能量釋放演化模型

③ 事故演化突變模型 突變理論主要是研究突然發生事故時的一種演化理論，是一種不連續變換的數學模型。如果系統中的某個函數為定值，或者系統能量處於最小值（當熵值最大時），此時系統處於穩定狀態。隨著系統中的參數不斷變化，函數極值有不同的取值，這種狀態表明系統處於不穩定的狀態，可以理解為，系統中參數的改變影響著系統的狀態變化，系統在狀態之間躍遷的一瞬間稱為突變，突變是系統的狀態不連續變化的特性。

以化學工業中的氯氣洩漏事故為例，可以看出氯氣洩漏在擴散階段受到周圍不確定環境的影響總是處於連續突變的不穩定狀態。當其滿足爆炸條件時，洩漏的氯氣將處於爆炸階段，某一氯基團的能量將積累到臨界值，這將觸發其周圍的相關氯基團，導致氯基團的連鎖爆炸。這種狀態類似於原子的裂變過程，但是由於氯氣的爆炸不規則，這種狀態的變化突然不連續。因此，突變理論能夠更好地揭示實際工況下洩漏後氯氣的擴散和爆炸狀態，並清晰地描述事故的演變規律。

在實際情況下，突變理論不僅可以用作定性分析，也可以進行定量描述。當對某一實際狀況進行定量描述時，一般透過建立勢函數，選用合適的理論方法，將該狀態下的勢函數歸結為經典類型，透過構建恰當的數學模型，對其結果進行計算。一般來說定量描述的難點是需要建立大規模的統計數據來進行模型的求解。在事故定性分析中，通常根據過去的經驗、計算結果和事故症狀建立初步突變模型，然後根據現有數據參數擬合新的計算模型，最後透過實際驗證，檢驗該模型是否符合當前狀態。

上述事故演化模型從不同的側重點揭示了特定模型下事故的動態演化規律，但仍有很大的不足，如表 2-4 所示。

表 2-4　動態演化規律

事故演化模型	事故演化模型的不足
多米諾效應事故演化模型	揭示了事故發生的因果關係，初始事故可以演化為次生事故，但該模型無法回答初始事故是怎樣導致周圍設備、人群等發生事故的
能量釋放事故演化模型	難以全面統計各種能量形式，在定量分析各類能量方面存在困難，因此該演化模型只能對洩漏事故過程能量釋放大小做定性分析
事故演化突變模型	主要研究各種不連續變化的數學模型，描述系統處於某種狀態。但在實際事故演化過程中，中間某一狀態沒有詳細的參數，因此不能準確預測下一個狀態的演化方向

④ 構建系統事故動態演化模型　為了使分析更具有普遍性，可以適用於多工況系統的研究，根據系統理論的觀點，透過結合以上三種事故的演化模型來構建系統演化模型。新的系統演化模型稱為系統事故動態演化模型。

系統事故動態演化模型：以人員-設備-環境的異常工作狀態作為觸發點，不受控制的能量作用在目標對象上，從而導致了目標對象發生一系列衍生事故。同時，突變效應使得三個層級發生自下而上的演變。該模型能夠彌補上述三種單一演化模型的片面性，全面地描述事故動態演化過程，具體如圖 2-12 所示。

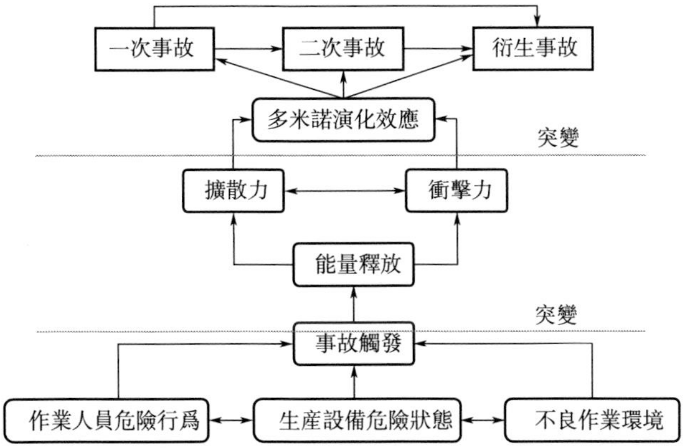

圖 2-12 系統事故動態演化模型

2.4.2 事故鏈式演化

一般認為，事故的發生和發展是系統內外各種因素透過某種規則鏈相互作用的結果，即導致災難的物質（可造成損害的物質）和避免災難的物質（可避免或減少損害的物質）之間以及它們與人和環境之間相互作用的出現和波動。這種鏈式演化的現象往往出現在具有大規模損害的事故上。

目前，中國國內及國外對事故鏈演化機理的研究主要集中在以下幾個方面：①事故致因理論，如事故因果連鎖模型、「瑞士奶酪」（Swiss cheese）模型、STAMP 模型、「2-4」模型、「R-M」模型等。雖然事故致因理論已經在事故預防和安全管理實踐中得到證明和應用，並形成了比較完善的理論體系，但在事故的演化機理方面還有待進一步研究。②在事故演變方面，多米諾骨牌鏈分析、事故鏈模型均從持續演化及變化方面考慮了事故發展的動態性。

上述模型多以實例作為參考，各自有較獨立的針對性。而事故鏈的概念模型以形式化的方式表徵了事故演化的機理和特性，透過抽象和假設研究對象和內容，將分散的和非結構化的知識轉化為系統的、結構化的和可讀的基礎理論知識。人們希望以這樣的形式來認識事故的發展規律，在本節中，主要以熵理論為基礎，綜合考慮事故鏈的物質、能量和資訊的複雜耦合，研究事故鏈的形成機制、事故鏈載體的反映和事故鏈的演化，將事故演化的研究思路從傳統的「靜態-描述-解釋」轉變為「動態-建模-揭示」，從而構建事故防控框架，完善事故演化機制的理論體系，推動事故預警和預控、決策支持和應急救援遵循事故演化發展的客觀規律[13]。

(1) 事故鏈定義及內涵

在事故發生過程中，各致因因素在時空上的相互作用促使了事故進程的推進，對此展開分析發現，致因因素、事故對象、防止措施與事故發展有根本性聯繫：事故系統的致因因素、事故對象、防止措施在事故後，根據各自的內涵形成一種兩兩關聯和兩兩制約的關係，類如一個三角形的三個頂點，若能對其中一個頂點進行改變，即能改變事故狀態，促使或阻斷事故的發展，合理的匹配可以阻止事故的繼續發生（使用合理的防止措施可以使事故中斷）；但若匹配不合理（如不符合標準地改變致因因素引起事故對象的作用時間、作用空間和作用強度的變化，將進一步加劇事故程度；而事故對象又有可能引發其他的致因因素出現，如失火後引發的爆炸，爆炸引發的坍塌），極有可能引發二次和衍生事故，並形成一種鏈式的事故演化進程。

透過以上分析，事故鏈是指事故系統（如果將整個事故視為一個連續變化的系統）致因因素、事故對象、防止措施之間不合理匹配而在特定的時間、空間範圍內形成的一種由初始事故引發一系列次生事故的連鎖和擴大效應，是事故系統複雜性的基本形式。事故鏈內涵解析如下。

① 在事故系統中，事故鏈可以被視為複雜事故系統的重要組成部分和基本特徵，事故系統的子系統由系統事故鏈組成。事故鏈的發展趨勢取決於致因因素的危險性、事故對象的暴露和脆弱性、防止措施的不確定性、環境的不穩定性以及人類主觀能動性在時間和空間上的複雜耦合效應。

② 事故鏈必須滿足三個條件：a. 發生初始事故，新的致因因素會在初始事故後產生。b. 新的致因因素對事故對象產生作用，致使至少發生一次二次事故，並蔓延到其他對象上。c. 二次事故增加了最初事故的嚴重性，即一次或多次二次（或三次）事故造成的事故比最初事故的後果更嚴重。

③ 事故鏈的演變過程有兩方面的特殊性：a. 初次事故發生後，二次事故是否發生具有一定的隨機性，但這不是一個完全隨機的現象，因為事故有因果關係和觸發關係。由於約束的隨機性將產生複雜性風險，因此可能進一步增加事故系統的複雜性。b. 事故鏈具有時間連續性和空間擴展，導致事故規模的累積擴展。

(2) 事故鏈式演化模型構建

① 事故鏈載體反映　根據對相關嚴重事故調查報告的分析，事故鏈關係演變的本質是媒體載體的轉變，載體對事故鏈之間關係的反映是對事故鏈規律的客觀理解。因此，透過將事故鏈演化的研究放在首位，掌握事故過程中載體的演繹規律和本質，我們可以了解整個事故演化過程及其本質，為能量轉換和事故損失測量提供定量依據。

根據協同理論[14]，事故系統的形成與內部要素、子系統之間以及系統與外部環境之間的相互作用關係密切相關，其特徵主要表徵為物質、能量和資訊之間的交換。因此，透過物質流、能量流和資訊流之間的相互作用，可以從時間、空間、功能和目標等方面對事故系統的特定結構進行描述。事故鏈的載體反映如下。

a. 物質載體主要分為三種類型：固體、液體和氣體。事故鏈在形成過程中，存在單一類型物質不同演繹狀態或多種物質聚合、耦合和多重疊加等演變狀態。其中，各類物質透過其內容、轉化形式和時空位置的演變形成了物質之間的互相轉換傳遞過程（物質流），這樣的過程使得事故鏈關係的演繹具有多樣性和複雜性的特點。

b. 能量是物質流動和轉化的必要條件。在物質和能量的轉化循環過程中，無論是物理還是化學的，都存在各種各樣的能量收集、耦合、傳輸和轉化，這種能量流動過程形成能量流，是物質載體演化的一大特徵。

c. 物質流和能量流會產生大量資訊，因此，基於物質和能量的資訊反饋也是事故鏈的載體反饋。

② 事故鏈式演化概念模型　事故鏈載體是事故演變過程中的重要媒介。在基於事故鏈載體的進化系統中，「核心循環」由物質流、能量流和資訊流組成，而事故鏈進化的概念模型（如圖 2-13 所示）則由其他因素如人類和環境因素等「外環因素」共同構成。外部環境（外環因子）和載體核心循環（內環效應）的共同作用使事故鏈載體最終實現了鏈式演變。

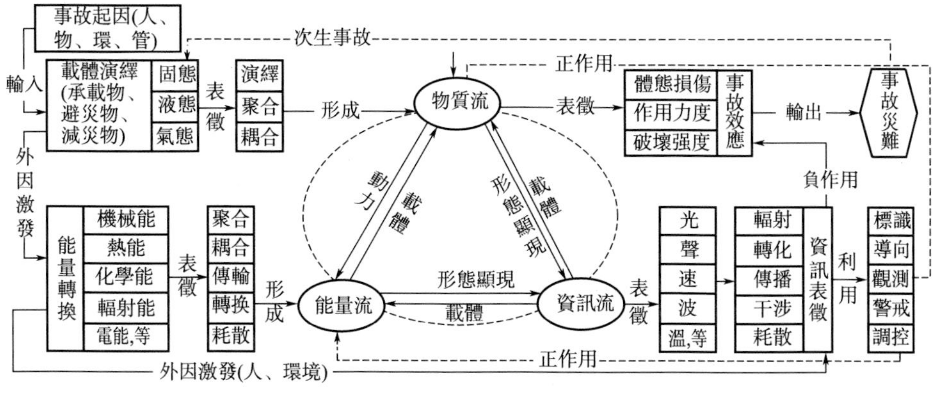

圖 2-13　事故鏈式演化概念模型

a. 核心環流。在安全生產活動中，主體對客體的理解主要是透過能量流或物質流作為獲取、傳遞、轉換、處理和利用資訊的載體來實現的。透過資訊流標記、引導、觀察、警告和調節來控制、操縱、調節和管理系統中的物質流和能量流，這是事故預防和控制的本質（積極效果），錯誤反映系統中物質流和能量流狀態的資訊將導致事故或導致事故處理失敗（消極效果）。因此，我們應該充分發揮和利用資訊流來引導和控制物質流和能量流。

b. 外環因素。系統中的物質流、能量流和資訊流可以在正常的安全條件下以正常有序的方式排列和控制，即在一定的安全閾值範圍內系統中的物質、能量和資訊能夠不斷與外部系統交換。如果物質、能量和資訊的正常交換由於某些觸發條件而失控，物質流、能量流和資訊流將會處於無序和紊亂狀態，這將導致事故的發生。

③ 事故鏈式階段性演化機理　事故鏈在孕育和進化過程中分為不同的階段，而不同階段的事故鏈載體的轉變呈現不同的狀態。因此，在事故演變過程中，透過載體特徵識別事故是可行的。按一般規律，事故演變可分為四種類型：階段演變、擴散演變、因果演變和情景演變。根據事故載體反映與事故鏈演變的關係，將事故鏈演變按時間順序也分為四個階段：事故鏈潛伏期、事故鏈爆發期、事故鏈蔓延期和事故鏈終結期[6]。

在熵理論中，熵代表系統中物質、能量和資訊的混沌和無序狀態。在無序系統中，系統的熵值更大。耗散結構理論討論了系統從無序向有序轉變的機理、條件和規律。從事故鏈的演化特徵可以看出，事故系統的演化過程與熵的演化和耗散過程有很多相似之處。從潛伏期到蔓延期的事故鏈是熵增加到熵減少的過程，而終結期是熵減少多於熵增加的過程。根據事故鏈載體反映和安全物質學理論，事故系統可分為五個系統：物質流子系統、能量流子系統、資訊流子系統、人流子系統和環境子系統。根據熵的可加性，事故系統的總熵可以表示為：

$$E=E_{\mathrm{M}}+E_{\mathrm{E}}+E_{\mathrm{I}}+E_{\mathrm{H}}+E_{\mathrm{C}} \tag{2-14}$$

式中，E 為事故系統的總熵；E_{M} 為物質流子系統的熵；E_{E} 為能量流子系統的熵；E_{E} 為資訊流子系統的熵；E_{H} 為人流子系統的熵；E_{C} 為所處外部環境系統對事故系統的輸入或輸出熵。

系統的混亂程度取決於系統熵增（正熵，「E^{+}」）和熵減（負熵，「E^{-}」）。因此，可以進一步表述為：

$$E=(E_{\mathrm{M}}^{+}+E_{\mathrm{M}}^{-})+(E_{\mathrm{E}}^{+}+E_{\mathrm{E}}^{-})+(E_{\mathrm{I}}^{+}+E_{\mathrm{I}}^{-})+(E_{\mathrm{H}}^{+}+E_{\mathrm{H}}^{-})+(E_{\mathrm{C}}^{+}+E_{\mathrm{C}}^{-})=E^{+}+E^{-} \tag{2-15}$$

根據以上分析，構建事故系統熵的階段性變化規律如圖 2-14 所示（圖中的時間段不代表實際時間長短）。

a. 潛伏期（$0\sim t_2$）：$0\sim t_1$ 時間段，$E=0$，系統的進化處於平衡狀態。此時，秩序趨勢和無序趨勢是平衡的，這可以理解為系統的秩序和無序可以在這種狀態下被抵消，並且系統大致處於穩定狀態，這是安全管理和事故預防的最理想狀態。然而，隨著這兩種狀態的相互作用和各種條件的變化，這種臨界狀態的平衡將被打破。

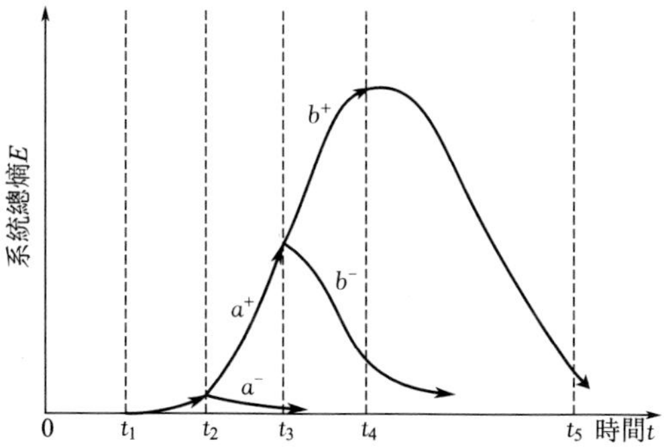

圖 2-14 事故系統熵的階段性變化規律

$t_1 \sim t_2$ 時間段，$E>0$，由於系統一直存在一些危險因素，如不合理的設計、規劃和管理缺陷，系統中的事故因素不斷積累，系統正熵產生的無序效應大於負熵產生的有序效應，系統逐漸進入不穩定狀態。這時，系統有兩種情況：第一種，它可以快速發現事故載體資訊的異常演化，並採取相關的安全措施來增加系統的負熵，從而使系統能夠恢復平衡狀態，系統能夠恢復正常，如圖中的 a^- 曲線所示；第二種，如果事故載體資訊的進化趨勢沒有及時發現，系統將繼續朝著增加正熵的方向進化，導致事故並進入事故爆發階段，如圖中的 a^+ 所示。

b. 爆發期（$t_2 \sim t_3$）：事故系統的總熵迅速擴大，事故從可能性到全面爆發階段成為現實，造成人員傷亡和財產損失。存在兩種情況：第一種，根據事故鏈演化載體的資訊，採取正確的措施，向事故系統輸入負熵，使得事故系統的有序效應大於無序效應，事故得到控制，系統的總熵回零，系統恢復平衡，如圖中 b^- 所示；第二種，如果沒有採取措施來輸入負熵，或者負熵不足以抵消正熵，事故鏈將繼續進化，並進入事故鏈擴展期，如圖中 b^+ 所示。

c. 蔓延期（$t_3 \sim t_4$）：由於事故的連鎖演變，事故系統的總熵逐漸增加。這時，二次和衍生事故將會發生，事故造成的損失將會越來越大。對事故的處理效率與事故的嚴重程度決定了事故蔓延的時間跨度。如果事故鏈演變能夠被有效控制，蔓延將不會造成嚴重後果；反之，會導致事故發生，造成嚴重後果，並不斷加劇。

d. 終結期（$t_4 \sim t_5$）：事故系統總熵可能因為物質、能量的耗散而自行趨於0（事故鏈式演化過程自行終結），或在人為干預下重新變為0（事故鏈式演化過程因為人為控制和干預而終結）。事故鏈自行終結所造成的損失通常大於人為干預造成的損失，事故鏈式演化終結的時間主要取決於物質、能量、資訊的混亂程度以及事故造成的破壞強度和人為干預力度。

(3) 事故鏈式演化模型的應用

基於事故鏈演變的概念模型，並結合典型行業的應急救援，可以看出，事故前預防、事故控制和事故後救援不僅需要抑制物質流、能量流、資訊流、人流和環境因素產生的正熵，還需要透過各種措施使這些因素產生負熵。根據事故鏈階段演變的特點，提出了潛伏期的「預防」、爆發期和擴展期的「斷鏈控制」、終結期的「管理」，即掌握事故鏈的演變路徑，在事故潛伏期採取斷鏈預防和控制措施，消除事故的萌芽和發展階段。在上述分析的基礎上，以事故階段的連鎖演變為起點，構建了事故預防和控制的框架。

每種類型的事故鏈在進化過程的每個階段都有其特定的進化形式和性能特徵。因此，進化階段可以透過監測物質、能量和資訊的聚集和轉化，分析事故系統的各個要素或子系統之間的相互關係以及事故系統與環境之間的相互關係，找到事故預防和控制的切入點來確定應急響應方法和對策（如表 2-5 所示）。

表 2-5 事故鏈式演化階段性對策

階段	階段性對策
潛伏期	透過識別、分析和評估系統風險，根據資訊流的標記、引導、觀察、預警和調節，引導和控制系統中的物質流、能量流、人流和環境，並採取斷鏈措施增加有效負熵和抑制正熵，防止事故和事故鏈的形成
爆發期	兩種情形：①為了更好地了解即將發生的事故的過程和機理，並掌握可靠的技術來控制事故的動態變化，可以透過人工控制事故的破壞過程（導致事故發生）來輸送材料和能量，以最大限度地減少事故損失；②最初的事故已經發生了。此時，重點是消除和控制二次事故鏈的形成和傳播，並盡可能減少人員傷亡和財產損失
蔓延期	將事故鏈演變控制在最小範圍內：①控制危險源的措施，透過在最短時間內及時有效地控制危險源，控制事故系統總熵繼續增加的源頭；②隔離措施，將事故系統熵增限制在某個區域；③增阻措施，增加事故系統熵增阻力。採取控制危險源、阻隔、增阻使系統有效負熵增加，正熵減少，有效控制事故鏈蔓延
終結期	根據耗散結構理論，終結期應該導致事故系統中的負熵，抵消爆炸過程中產生的正熵，並將系統從無序不穩定狀態變為有序穩定狀態，並且使受影響物體的損害開始減弱，直到事故結束

2.5 系統運行安全事故典型分析方法

事故的發生與發展是系統中各種危險因素相互作用於系統的複雜動力學演化過程，是功能故障的直接結果，因此本節結合系統的功能耦合關係、結構關係，重點考慮以故障作為事故的主要致因因素，分析系統在運行過程中的故障的傳播與擴散規律。

2.5.1 典型分析方法 1：事故樹分析方法

前文已經提及，引發系統運行安全事故的致因因素有多種類型，在事故分析結果未能明確之前，無法區分致因因素的類別，透過事故鏈的分析可以追溯事故致因的源頭，然而很難從一個單純的致因因素來推斷即將發生的事故，而且也無法就所有的致因因素來窮盡所有事故的可能性。

因此，對於實際中系統運行安全事故的分析，主要仍是以事故結果為基礎的事後分析為主。考慮到事故的發生與發展是系統中各種危險因素系統相互作用與耦合的複雜動力學演化過程，可以被視為功能故障的直接結果，因此本節及 2.6 節將結合系統的功能耦合關係、結構關係，重點考慮以故障作為事故的主要致因因素，分析系統在運行過程中的故障的傳播與擴散規律，並給出實例進行分析。

（1）事故樹分析概述

① 事故樹分析的概念　事故樹由圖論發展而來，由可能發生的事故開始，逐層分析尋找引起事故的觸發事件、直接與間接原因，直到找出基本事件，同時尋找事故發生之間的邏輯關係，透過邏輯樹圖將事故原因及邏輯關係表示出來。事故樹分析法是演繹分析的方法，透過結果尋找原因。其本質是布爾邏輯模型，透過樹結構描繪系統中各事件之間的聯繫，這些事件最終將導致某種結果的產生，即頂事件。在系統安全分析過程中，頂事件通常為人們不希望發生的事件。

② 事故樹分析的程序　為了預防再次發生同類事故，在事故樹分析過程中，需要分析正在發生的或者已經發生的事故，搜尋事故發生的原因，透過分析事故發生的趨勢與規律，採取必要的預防措施。在分析過程中，需要按一定的流程進行分析，保證事故分析的全面性以及系統性。

a. 確定頂事件。作為不希望發生的事件，頂事件是分析過程中的主要分析對象。在收集和整理過去的事故和未來可能發生的事故的基礎上，選擇容易發生並造成嚴重後果或者不常發生但後果嚴重或不太嚴重的事故作為首要事件。但是對於為頂事件，必須明確事故發生的系統與發生類別。

b. 充分了解系統。作為分析對象存在的必要條件，應該掌握被分析系統在分析過程中的狀態，並詳細了解系統的三個組成部分，即人、機器和環境，這是編制事故樹的基礎和依據。

c. 調查事故原因。透過對系統的人、機和環境的分析，了解事故原因。在構成事故的各種因素中，不僅需要注意因果因素，同時還需要注意相關關係的因素。

以上步驟屬於事故樹分析的準備階段，是分析的基礎，它決定著事故樹分析是否符合實際，其分析結論是否正確。

d. 編制事故樹圖。在繪製事故樹圖的過程中，需要遵循演繹分析原則，以頂事件為起始，逐層向下分析直接原因事件，透過彼此間的邏輯關係，使用邏輯門連接上下層事件，直至達到要求的分析深度，最終形成一棵形如倒放的樹的圖形，即各致因因素均是樹根的分支，透過不斷匯聚到系統（主幹）之上，又散發為多個不同的事故（樹枝和枝葉）。

e. 定性分析。定性分析作為事故樹分析的核心部分，主要目的是透過研究某類事故的發生規律及特點，求得控制事故的可行方案。其主要內容包括：求解事故樹的最小割集、最小徑集、基本事件的結構重要度以及制定預防事故的措施。

f. 定量分析。根據各事件發生的概率，求解頂事件的發生概率，在輸出頂事件概率的基礎上，求解各基本事件的概率重要度和臨界重要度。

事故樹分析包括了定性和定量分析。定量分析難以得到準確的分析結果，定性分析往往能夠為事故的發展表現邏輯關係。

基於事故樹的分析技術在定性分析方面對大系統級、系統級、分系統級故障、部件級和系統間接口的事故都有一定的有效性，特別地，該項技術在故障分析和診斷上主要適用於以下 3 種情況：①出現故障的系統很複雜；②引起故障的潛在因素很多；③故障不能只憑簡單的直覺、工程判斷來隔離。

在複雜動態系統運行過程中，碰到上述情況中的故障，使用一般的故障診斷技術往往是困難的，因為問題的複雜性，容易出現誤判或漏判。這時使用基於事故樹分析的故障診斷技術是有用的，而且是必需的。

(2) 診斷步驟和分析方法

通常因故障診斷對象、診斷精細程度不同，故障診斷步驟也略有不同，但一般按如下步驟進行。

① 收集相關資料，特別是整理確認故障現象。

② 抓住故障現象本質，正確選擇頂事件。

③ 分析系統或設備工作原理和故障現象，建造事故樹。

④ 建立事故樹數學模型。

⑤ 定性分析。

⑥ 定量計算。

⑦ 結合其他故障診斷技術對事故樹分析所得的所有故障模式（最小割集）進行逐一檢測、隔離，最終進行故障定位。

(3) 事故樹的數學模型

假設所研究的元、部件和系統只能取正常或故障兩種狀態，並假設各元、部件的故障相互獨立。現在研究一個由 n 個相互獨立的底事件構成的事故樹。

設 x_i 為表示底事件的狀態變量，x_i 僅取 0 或 1 兩種狀態。Φ 表示頂事件的狀態變量，Φ 僅取 0 或 1 兩種狀態，0 代表不發生，1 代表狀態發生。有如下定義：

$$x_i=\begin{cases}\text{底事件 } i \text{ 發生(即元、部件故障)}(i=1,2,\cdots,n)\\ \text{底事件 } i \text{ 不發生(即元、部件正常)}(i=1,2,\cdots,n)\end{cases} \tag{2-16}$$

$$\Phi=\begin{cases}\text{頂事件發生(即系統故障)}\\ \text{頂事件不發生(即系統正常)}\end{cases} \tag{2-17}$$

事故樹頂事件狀態 Φ 完全由底事件狀態$(x_1,x_2,\cdots,x_n)$所決定。

① 與門的結構函數：

$$\Phi=\bigcap_{i=1}^{n} x_i \tag{2-18}$$

式中，n 為底事件樹。

當 x_1 僅取 0、1 時，結構函數也可以寫為：

$$\Phi=\prod_{i=1}^{n} x_i \tag{2-19}$$

② 或門結構函數：

$$\Phi=\bigcup_{i=1}^{n} x_i \tag{2-20}$$

當 x_1 僅取 0、1 時，結構函數也可以寫為：

$$\Phi=1-\prod_{i=1}^{n}(1-x_i) \tag{2-21}$$

(4) 事故樹定性分析

事故樹定性分析主要應用於尋找導致頂事件發生的原因，分析識別出所有頂事件發生的故障模式。在分析過程中，幫助判別潛在故障，指導故障診斷。完整的事故樹能顯示出事件發生的機理與演化過程，但人們不能快速從事故樹中找出直接導致故障的全部原因。因此在分析過程中，有必要對事故樹進行分析，達到判別和確定各種可能發生的故障模式的目的。事故樹定性分析常用方法有最小割集診斷法、邏輯推理診斷法、子樹法和分割法等[15]。

最小割集診斷法是指在故障診斷過程中，利用求解事故樹所得到的最小割集，逐個分析、檢測最小割集的底事件，即對事故樹的各個故障模式逐一進行檢測，直至隔離故障源，最終定位故障及原因。

邏輯推理診斷法採用自上而下的層次邏輯推理和檢測方法，即從事故樹頂事件開始，首先分析最初的中間事件，根據其導致頂事件發生的可能性，進行分析、檢測，由分析、檢測結果判斷該中間事件是否故障。如果該中間事件故障，再分析、檢測下一層的中間事件是否故障，如此依次逐級向下進行，直到分析、檢測底事件，最終定為故障及原因。

就一個具體系統而言，如果事故樹中與門多，最小割集就少，說明這個系統是較為安全的；如果或門多，最小割集就多，說明這個系統是較為危險的。對這兩類系統，事故樹定性分析應區別對待。與門多時，定性分析最好從求取最小割集入手，這樣可以較為容易地得到最小割集，進而比較最小割集包含的基本事件的多少，採取減少事件割集增加基本事件的辦法，提高系統安全性。如果事故樹中或門多，定性分析從求取最小徑集入手比較簡便，也便於選擇控制事故的最佳方案。因為我們選擇的頂事件大多為多發性事故，所以事故樹中或門結構較多是必然的。

(5) 事故樹定量分析

事故樹定量分析的任務是計算或估計頂事件發生的概率。在確定事故樹全部最小割集後，可利用相關數據進行定量分析。定量分析的對象往往是兩狀態事故樹，對於多狀態事故樹，通常先將其轉換為兩狀態再進行分析。在事故樹的定量計算時，可以透過底事件發生的概率直接求頂事件發生的概率，也可透過最小割集求頂事件發生的概率。常用方法有最小割集測試法和部件測試法。

最小割集測試法是指為提高故障診斷效率，減少檢測工作量，可利用最小割集重要度進行分析，對那些重要度值很小的最小割集的故障模式，可先不必測試。對需檢測的故障模式，可按重要度值由大到小的順序進行檢測。

部件測試法是指在事故樹定量分析的基礎上，計算出所有部件的最小割集重要度，然後對部件進行排序，並按從大到小的順序進行檢測、隔離，從而較快地定位故障部件。

事故樹分析既能分析硬體的影響，還能分析軟體、環境、人為等因素的影響；不僅能夠反映單元故障的影響，而且能夠反映幾個單元故障組合的影響；還能夠把這些影響的中間過程用事故樹清楚地表示出來。

① 與門結構壽命分布函數：

$$\begin{aligned} F_g(t) &= E[\Phi(x)] = E\left[\prod_{i=1}^{n} x_i(t)\right] \\ &= E[x_1(t)]E[x_2(t)]\cdots E[x_n(t)] \\ &= F_1(t)F_2(t)\cdots F_n(t) \end{aligned} \tag{2-22}$$

式中，$F_i(t)$ 為在 $[0,t]$ 時間內發生的概率（即第 i 個部件的不可靠度），E[・] 為數學期望。

② 或門結構壽命分布函數：

$$\begin{aligned} F_g(t) &= E[\Phi(x)] = E\left\{1-\prod_{i=1}^{n}[1-x_i(t)]\right\} \\ &= 1-E[1-x_1(t)]E[1-x_2(t)]\cdots E[1-x_n(t)] \\ &= 1-[1-F_1(t)][1-F_2(t)]\cdots[1-F_n(t)] \end{aligned} \tag{2-23}$$

2.5.2 典型分析方法 2：失效模式與影響分析

失效模式和影響分析（failure mode effects analysis，FMEA）是安全系統工程中重要的分析方法之一，主要用於系統安全設計。根據故障模式（失效模式也稱為故障模式），分析影響系統的所有子系統（或元件）的故障，研究每個故障的模式及其對系統運行的影響，提出減少或避免這些影響的措施。故障模式和影響分析本質上是一種定型的、歸納的分析方法，為了能將它適用於定量分析，又增加了危險度分析（criticality analysis，CA）的內容，最終發展成為故障模式、影響及危險度分析（FMECA）。

1960 年代，美國將故障模式和影響分析應用於飛機發動機分析上。隨後，航天航空局和陸軍都要求承包商進行故障模式、影響及危險度分析。此外，航天航空局還把故障模式、影響及危險度分析作為保證宇宙飛船可靠性的基本方法。目前這種方法已經廣泛應用於核電、動力工業、儀器儀表等工業中。

（1）故障模式

故障模式和影響分析源於可靠性技術，用於航空、航天、軍事和其他大型項目[16]。現在它已經廣泛應用於很多重要的工業領域，如機械、電子、電力、化學工業、交通運輸等。故障模式和影響分析是分析系統的每個組成部分，即子系統（或元件），找出它們的缺點或潛在缺陷，然後分析每個子系統的故障模式及其對系統（或上層）的影響，以便採取措施防止或消除它。因此，有必要詳細闡述這種方法中涉及的一些概念。

① 元件　元件是構成系統、子系統的單元或單元組合，分為以下幾種。

零件：不能再進行分解的單個部件，具有設計規定的性能。

組件：由兩個以上零部件構成，在子系統中保持特定性能。

功能件：由幾個到成百個零部件組成，具有獨立的功能。

當系統中某個組件出現故障時，它可能表現出不止一種模式。例如，如果閥門出現故障，可能會導致內部洩漏、外部洩漏、打開或關閉故障，所有這些故障都會不同程度地影響子系統甚至系統。

② 故障模式　故障模式是發生故障的狀態，即故障的表現。通常對故障模式的分析需要考慮以下幾方面：a. 運行過程中的故障；b. 過早地啓動；c. 規定時間內不能啓動；d. 規定時間內不能停車；e. 運行能力降級、超量或受阻。

以上各種故障還可分為數十種模式。例如變形、裂紋、破損、磨耗、腐蝕、脫落、咬緊、松動、折斷、燒壞、變質、洩漏、滲透、雜物、開路、短路、雜音等都是故障表現形式，都會對子系統產生不同程度的影響。

③ 元件發生故障的原因　透過分析元件發生故障的原因，可以將發生原因

分為以下五類：

a. 系統設計中的缺點。進行設計時所採取的原則與技術路線不當。

b. 工業製造中的技術缺點。加工方法不當或組裝方面的失誤。

c. 品質管理方面的缺點。檢驗不夠或失誤以及工程管理不當等。

d. 人為操作缺點。人的誤操作等人為因素。

e. 維修方面的缺點。維修過程中的誤操作或檢修程序不合理等。

(2) 故障模式和影響分析的格式

故障模式和影響分析的標準格式見表 2-6。

表 2-6 標準的故障模式和影響分析格式

系　統＿＿＿＿ 子 系 統＿＿＿＿				故障模式和影響分析			頁號＿＿＿＿ 日期＿＿＿＿ 制表＿＿＿＿ 批准＿＿＿＿	
1	2	3	4	5	6	7	8	9
對象	功能	故障模式	設想原因	故障影響 子系統/系統	檢測方法	補償措施	危險度	備註

在表頭欄裡填寫所列系統、子系統的名稱等內容。此表可用於子系統中的組件或零件，因此僅列出子系統名稱。表頭中分別記録制表人和負責人的姓名。下面依次描述每個項目。

① 對象——設備、組件、零件等　一次列出一個組成子系統的單元。記住它在預先繪製的邏輯圖上的編號或者在設計圖上的零件編號，這兩者都可以輸入或者只有一個可以輸入。我們目前看到的一些例子還包括標題欄中的框圖。如果子系統很簡單，這可以做到。

② 功能　指示第 1 欄中列出的對象要完成的功能。開發初期功能的失效模式和影響分析尚未確定，因此沒有第 1 欄，只能從該欄開始分析。設計確定後，可以列出分析對象，也可以省略該列。

③ 故障模式　典型的故障模式有：短路、開路、無輸出和電氣元件不穩定；機械系統中的變形、磨損和黏結；流體系統中的洩漏、污染等。在故障模式和影響分析中，不同時考慮兩個以上的故障，但是對於同一對象，考慮兩個以上的故障模式，但是每次只能列出一個故障模式來分析和指定列 1 中所列對象應該完成的功能。開發初期功能的失效模式和影響分析尚未確定，因此沒有第 1 欄，只能從該欄開始分析。當功能分析確定後，只需列出分析對象，在大多情況下也可以省略該列。

④ 設想原因　寫下分析後設想的原因，僅包括意外故障的原因和意外外力的原因（環境、使用條件），並考慮製造方向或潛在缺陷。維護部門有大量關於

這些問題的資訊。

⑤ 故障影響　假設第 3 欄中列出的故障模式已經發生，本欄用於描述其對更高級別的影響。首先，很容易記錄直接連接到它的上層硬體的影響，然後對其進行更高層次的分析。有時也填寫對系統的影響來完成任務。此外，當生命和財產受到威脅時，通常會單獨設立一欄來記錄影響。

⑥ 檢測方法　上述故障發生後，用什麼方法查出故障，例如透過聲音變小和儀表讀數的變化進行檢查，又如對人造衛星透過遙測技術等進行檢查。

⑦ 補償措施　此欄與前一欄類似，記述在現有的設計中對故障有哪些補償措施，例如可用手動代替自動功能等。

⑧ 危險度　是指故障結果會產生何種程度的危險，在此欄內要根據一定的標準或尺度確定危險度等級，一般多以故障發生的頻率及影響的重要度作為分級標準，有的還進一步考慮了對應的時間裕度（緊迫性）。多數情況是根據系統的特性及其所承擔任務的性質來決定級別。

⑨ 備註　這一欄是為了記載上述各欄尚未說清楚的事項或對閱表人有用的輔助性說明。

(3) 分析程序

進行故障模式和影響分析時，一般應遵循以下程序。

① 熟悉系統。熟悉系統是所有系統安全分析方法的先決條件。這裡提到的熟悉系統主要是了解系統的組成，系統的劃分，子系統和組件，各部分的功能及其關係，系統的工作原理、工藝流程和相關的可靠性參數等，並關注系統的故障。

② 確定分析的深度。根據分析目的，確定失效模式和影響分析深度。對於系統的安全設計，必須進行詳細的分析，並且不能放過每一個部件。對於系統的安全管理，特別是現有系統的安全管理，允許分析更粗略，並且可以將由幾個組件組成的具有獨立功能的所謂功能部件（例如泵和馬達）作為組件進行分析。根據分析目的確定分析深度不僅可以避免安全設計中不必要的遺漏，還可以減少安全管理人員不必要的複雜分析過程。

③ 繪製系統功能框圖或可靠性框圖。繪製這兩種方框圖的目的是從系統功能或可靠性的角度明確系統的構成情況和完成功能的情況，並將其用作故障模式和影響分析的起點。繪製框圖可以是功能框圖，也可以是可靠性框圖。功能框圖是根據系統的每個部分的功能和它們的相互關係來表示系統的整體功能的框圖。系統可靠性框圖是根據系統可靠性的相關性繪製的一種框圖。

④ 列出所有故障模式並分析其影響。根據框圖繪製與系統功能和系統可靠性相關的組件，結合過去的經驗和相關故障資訊列出所有可能的故障類型，分析它們對子系統、系統和人員的影響。

⑤ 分析構成故障模式的原因及其檢測方法，並制成故障模式和影響分析表。

(4) FMEA 分析

FMEA 分析的流程如圖 2-15 所示。

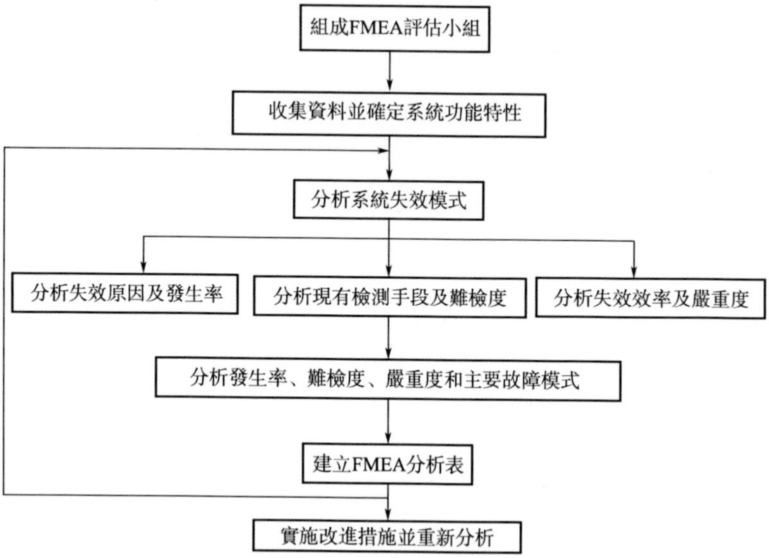

圖 2-15 FMEA 分析流程圖

① FMEA 步驟

a. 系統結構與功能分析。完整的系統是由眾多子系統構成的，其中各個子系統又可劃分為若干設備，設備包含大量的零部件。各個不同層次的構成部分有著不同的功能，底層結構支持上層結構，透過分析確定各層間的聯繫構建功能結構圖。結構劃分得越多，有助於提高系統結構缺陷分析和風險評估的準確率，同時會增加工作量，增加成本負擔。

b. 缺陷分析。對於被分析的組件，由於系統的下層單元全部功能失效，隨後的單元功能失效，該故障導致系統執行所需功能受限甚至無法執行。因此構建失效結構圖需要反向構建，由最底層組建開始，逐步分析底層系統失效對上層系統單元的影響，並最終繪製出完整的失效結構圖。

c. 風險評估。透過風險順序數對風險進行度量。風險優先數的計算公式如下：

$$RPN = G \times P \times D \tag{2-24}$$

式中，G 為缺陷後果的嚴重程度，範圍從 1～10，數值越大，缺陷後果越嚴重；P 為缺陷發生的頻率，範圍從 1～10，數值越大，發生越頻繁；D 為缺陷的探知程度，範圍從1～10，數值越大，越難以發現。

d. 改進措施。透過對風險大小程度的判別，分析系統是否需要改進，如果需要改進，對所需改進的部分依據程度影響進行排序，從而明確系統改進的優先等級。

② FMEA 的種類　失效模式與影響分析是一個逐步分析的過程，貫穿整個產品開發的過程，是從系統層面到設計層面最終到工程層面的深入過程，如表 2-7 所示。

表 2-7　失效模式與影響分析

項目	系統 FMEA	設計 FMEA	工程 FMEA
目的	產品總體	產品分析系統和零部件	工程實際操作
實施階段	確保系統設計的完整性；各分系統相互影響的評估	確保設計的完整性；找出產品的故障形態及修改對策	確保設計的完整性；找出工程、材料和操作的故障形態及修改對策
故障預測階段	概念設計階段	概念設計階段；詳細設計階段	詳細設計階段；試驗驗證階段
故障預測對象	系統；分系統；部件	分系統；部件；零部件	工程；作業；材料
影響	產品（系統）性能	產品性能	產品性能
審核	概念設計階段審核；詳細設計階段更新；試驗驗證階段更新	詳細設計階段更新；試驗驗證階段更新	試驗驗證階段更新
共同點	用表格整理；相對評價發生頻率、影響度、探知程度等，找出主要故障模式；籌劃修改各種故障模式對策		

在大型複雜產品的研發過程中，為了降低產品的風險，必須要對目標產品進行失效模式與影響分析，以此保證產品的成功研發。複雜系統的特性使得簡單的失效模式與影響分析在分析失效模式的影響和原因時效率比較低；與失效機制模型結合，有利於識別產品的失效原因，提高對關鍵因素的識別，有助於對複雜產品的改進。

(5) 應用故障模式和影響分析注意事項

① 在故障模式和影響分析之前，應了解故障模式發生概率、故障模式嚴重程度、故障模式檢測難度等。通常根據不同的產品（系統）劃分為實際等級，並確定評估標準。在評估標準中通常採用投票方法。如果沒有這個標準，實施團隊在定量評估故障模式時就無法用通用標準找出關鍵故障模式。

② 故障模式嚴重度的等級劃分，即使是對同一產品，系統層次的故障模式和影響分析與零件層次的故障模式和影響分析不同，也應採用分別劃分評定標準

的方法。若從系統的故障模式和影響分析起到零件的故障模式和影響分析都用同一評定標準進行分析，對故障模式的評估將會混亂，不同級別的嚴重程度將會模糊不清。

③ 在與人身事故無關的、一般零件的故障模式嚴重度評級中，受到法規限制的故障模式，原則上評定其危險度為最高等級。

與限制排出氣體的法規、環境保護法、電器用品限制法等限制有關的項目，必須要滿足其全部要求。

④ 對零件（元素）數較多的產品（系統），首先要進行全面的系統層次的故障模式和影響分析，明確不希望發生的故障模式（設計方案上的強弱環節），對其中原因不明的致命性的故障模式，應當利用事故樹分析法，澈底地追查其發生的途徑和原因，並採取對策。

若進行從系統層次起至零件層次止的全部的故障模式和影響分析，則其工作量增大，要耗費相當多的時間。

⑤ 在故障模式的評價中，分析層次取到什麼程度合適，應因情況不同而各異，原則上，嚴重度和危險優先級非常低的模式是可以去掉的。至於故障模式和影響分析的研究到何處為止，以研究小組取得一致意見為宜。

2.5.3 典型分析方法 3：因果分析法

（1）因果圖理論

因果圖（cause-and-effect diagram）又稱為石川圖和魚刺圖等。因果分析法逐步探究事物之間的因果關係，透過因果圖（如圖 2-16 所示）表現出來，因果圖直覺、醒目地反映了原因與結果之間的關係。

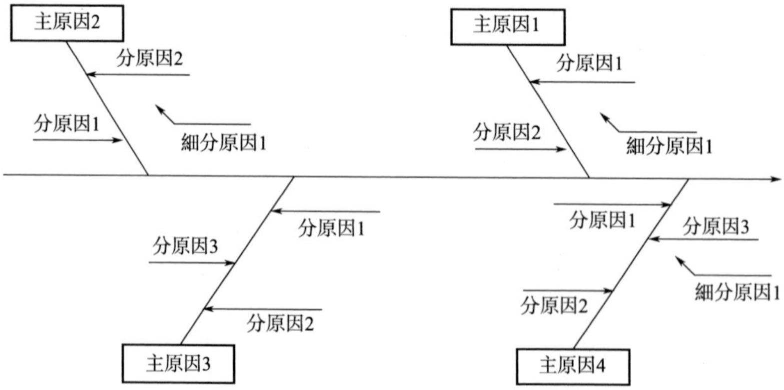

圖 2-16　因果圖

因果分析圖由若干骨幹組成，骨幹大小的不同代表著不同程度的原因。應用因果圖的步驟如下：

① 明確要分析的問題，畫出骨幹圖，使用帶有方向的箭頭的線表示；

② 分析確定影響問題的大骨（大原因）、中骨（中原因）、小骨（小原因）、細骨（更小原因），並依次用箭頭逐個標注在圖上；

③ 透過逐步分析事件，找出其中的關鍵性原因，加以文字說明。因果分析圖透過整理問題與原因的層次來標明關係，避免了使用數值來表示問題，因此在描述定性問題時更具有優勢。

當前，因果圖已發展成了一個能夠處理離散變量和連續變量的混合因果圖模型。因果圖具有以下顯著的特點。

① 使用概率論知識，具有良好的理論支撐。

② 可以處理因果環路特殊結構。因果圖表達的是隨機變量間的因果關係，因此因果圖可以處理圖形的拓撲結構。

③ 因果圖採用直接因果強度表示問題，從而避免了條件概率需要給定知識間的相關性問題，從而更有利於專家獲取知識。

④ 因果圖引入了動態分析，可以根據在線資訊動態變換結構，使之更為準確地表達每一時刻的實際情況。

⑤ 因果圖的推理方式更為靈活，可以從因至果，也可由果到因，同樣可以因果混合。

透過分析因果的特徵可以得知，因果圖的知識表示與系統的故障特徵相對應，因果圖的知識表示既可以準確地表達複雜系統的故障知識，同時也可以透過靈活的推理得到有效的推理算法。因此，透過對複雜系統採用因果圖分析法，可以縮短故障診斷時間，達到提高故障處理效率的目的，在實際生產中具有較高的應用價值。

(2) 故障影響傳播圖

對複雜系統進行故障診斷，多值因果圖又可以稱作故障影響傳播圖。多值因果圖與常規因果圖的不同之處在於：

① 使用節點事件變量表示可觀測訊號。將節點事件變量定義為連續數值或高數值，對應檢測點的不同狀態（如多種異常表現），一旦變量與初始值（默認檢測點正常）不同，即認為存在異常。該定義是故障影響傳播的資訊來源。

② 基本的事件變量表示系統組件的故障狀態。該方法將事件變量定義為初因事件和非初因事件兩種，在構建故障影響傳播圖時，主要關注一個初因事件與若干非初因事件的結合所形成的基本事件變量（多個初因事件同時發生為小概率事件），此時明確地表徵了系統由正常狀態向某一個異常狀態的轉變。該定義降低了故障狀態的搜索空間。

③ 連續事件變量表示原因變量對結果變量的故障影響關係。該方法嚴格要求連接事件變量與原因變量一一對應，即使用一種「非此即彼」的關係（連接性事件發生的概率為 1 或 0）來表現某個狀態一定與某個原因變量相關，這種強連接關係是以明確刻畫出故障的起因及傳播路徑。

分析故障影響傳播圖可以獲得以下重要資訊：研究故障的傳播途徑，推導出已有條件下所有可能發生的故障。透過定量描述故障之間傳播的影響程度，計算故障各狀態變量之間的聯合概率分布，得出故障發生的概率大小，為決策提供可靠的分析基礎。

2.5.4 典型分析方法 4：事件樹分析

事件樹分析起源於決策樹分析，是系統工程中重要的安全性分析方法，按時間進程採用追踪方法，對系統各要素的狀態進行逐項邏輯分析，推測出可能出現的後果，從而進行危險源的辨識。

（1）事件樹分析程序

① 確定系統初始事件　事件樹分析是動態的分析過程，在分析過程中透過分析初始事件和後續事件之間的時序邏輯關係，研究系統變化的過程，查出系統中各要素對事故發生的作用，判別事故發生的可能途徑。初始事件指的是系統運行過程中，造成事故發生的最初原因，初始事件可能是系統故障、設備失效、工藝參數超限、人的誤操作等。在實際生產應用中通常透過以下兩種方法確立系統的初始事件：

a. 透過分析系統的設計、評價系統安全性、生產經驗確定；

b. 根據系統故障或運行事故樹分析，從初始事件或中間事件選擇。

② 初始事件的安全功能　複雜系統運行過程中有很多安全保障措施，以減小初始事件的產生對系統運行帶來的負面影響，從而保證系統的安全運行。普遍的運行系統中，有如下的安全功能措施：

a. 對初始事件做出自動響應，如自動泊車等；

b. 在初始事件發生時，系統自動報警；

c. 操作人員按照系統設計要求或操作程序對報警做出響應；

d. 設置緩衝裝置以減輕事故的嚴重程度；

e. 設計工藝限制初始事件的影響程度。

③ 構建事件樹　構建事件樹時，從初始事件出發，以事件發展順序為依據，自左向右依次繪製，以樹枝代表事件的發展途徑。構建事件樹，需要考察在初始事件發生時，將最先做出響應的安全功能措施並發揮作用的狀態作為頂部分支，將沒有發揮作用的狀態作為下面分支。隨後依次檢查後續的所有安全功能的狀

態，上面的分支代表有效狀態（即成功狀態），下面的分支代表著不能正常發揮功能的狀態（即失敗狀態），直到系統發生故障或事故。

④ 簡化事件樹　構建事件樹時，部分安全功能可能與初始事件無關，或其功能關係相互矛盾、不協調，此時，需要根據工程知識與系統設計知識來進行辨識，這些事件不列入事件樹的樹枝中。當某系統已經完全失效，其後的各個系統已經不能減緩後果時，則在此以後的系統也不需要再分叉。構建事件樹的過程中，需要對樹枝上的各狀態進行標注，需要將事件過程特徵標注於橫線之上，成功或失敗的狀態需要在橫線下面體現。

(2) 事件樹的定性分析

使用事件樹分析，需要以客觀條件和事件特徵為根據，做出客觀的邏輯推理，透過使用與事件有關的技術確認事件可能發生的狀態，因此繪製事件樹時必須對各發展過程和事件發展的途徑作初步的可能性分析。

事件樹構建完成後，需要找出事故發生的途徑與類型，分析預防事故的對策。

① 找出事故連鎖　事件樹的分支代表著系統運行過程中初始事件發生之後事件的發展途徑，事故連鎖指的是最終導致事故發生的途徑。一般情況下，在系統運行過程中，各個途徑都可能會導致事故的發生，事故連鎖中包含的初始事件與安全功能在後續發展過程中具有「邏輯與」的關係，因此，系統中事故連鎖越多，系統越危險，反之亦然。

② 找出預防事故的途徑　在事件樹的分析中，透過分析事件樹中安全的路徑，制定預防事故發生的措施。保證成功連鎖中安全功能有效，可以避免事故的發生。通常，一個事件樹中會有許多成功連鎖，因此，可以透過若干種方法保證系統的安全運行。在事件樹中，成功連鎖個數越多，該系統安全性越高，反之亦然。

事件樹代表著事件之間的時序邏輯關係，保證系統運行安全需要從優先做出有效反應的功能入手。

(3) 事件樹的定量分析

事件樹定量分析是指依據系統運行過程中各事件發生的概率，透過計算各路徑下事故發生的概率，對各概率進行比較，確定最易發生事故的途徑。通常情況下，如果各事件獨立，則系統的定量分析比較簡單。若事件之間統計不獨立（如共同原因故障、順序運行等），此時，系統的定量分析變得異常複雜。

① 各發展途徑的概率　事件樹中各途徑發生的概率為自初始事件開始時，各狀態發生概率的乘積。

② 事故發生概率　事件樹定量分析中，事故發生概率等於導致事故的各發展途徑的概率和。定量分析要有事件概率數據作為計算的依據，而且事件過程的

狀態又是多種多樣的，一般都因缺少概率數據而不能實現定量分析。

(4) 事故預防

透過對系統的事件樹進行分析，可以準確了解系統發生事故的過程，此後，需要透過設計預防方案，制定相關的預防措施，達到保障系統安全運行的目的。

由事件樹可知，事故是一系列危害和危險作用的結果，從某一環節中斷該過程的發展就可以避免事故的發生。因此，在各個階段應該採取相應的安全措施，減少危害或危險的發生，避免最終事故的發生，保證系統的安全運行。

在事件的不同發展階段制定不同的措施，阻止系統轉化為危險狀態，能在初期將危險消滅，從而避免後期各種危險事件頻發的狀態。但有時因為各種原因無法滿足要求，此時，需要在後續過程中採取多種控制措施。

(5) 事件樹分析法的功能

① 事件樹分析法可以提前預測事故及系統中的不安全因素，估計事故的可能後果。

② 事故發生後使用事件樹分析法，能快速找出事故原因。

③ 事件樹的分析資料既可以用於安全教育，也可以為相似事故提供解決方案。

④ 透過對大量事故資料的模擬，可以提高事件樹分析法的分析效率。

⑤ 事件樹分析法在安全管理決策上比其他方法更有優勢。

2.6 典型案例分析

2.6.1 案例一：基於事故樹的低溫液氫加注事故演化分析

低溫液氫加注系統是指在規定的時間內，將規定數量、規定溫度、規定品性的低溫液氫，以可控的流動狀態輸運至目標儲箱中，如圖 2-17 所示[17]。在低溫液氫加注系統中，加注密封功能起到至關重要的作用：一方面如果密封功能失效，所加注燃料對象的品性不達標；另一方面，可能會造成不同程度的洩漏，導致空氣中燃料濃度過大，發生爆炸事故（爆炸的體積濃度為 4%～75.6%）。

(1) 加注密封失效危險因素分析

一般來說，低溫密封子系統貫穿整個加注系統，任何密封子系統出現失效，將會導致整個加注系統密封失效，引發洩漏、堵塞、燃料品性不達標等一系列加注事故。低溫密封功能包括壓力補償子系統、儲罐密封子系統、加注管路密封、過冷器密封子系統、各種閥控密封等。

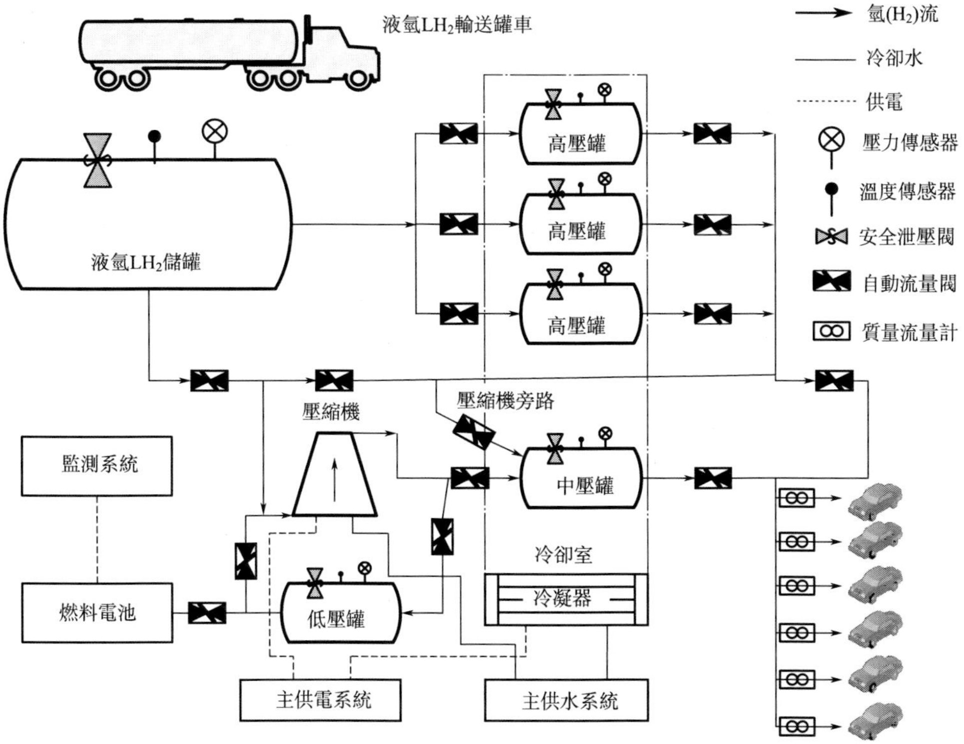

圖 2-17　新能源燃料汽車液氫加注系統示意圖

每個密封子系統又都涉及各個方面的密封失效問題，但基本包括儲罐、管路、閥控等設備的密封問題。針對低溫液氫加注系統，由於每個功能包括一個或多個目標、一個或多個設備、一個或多個方法以及一個或多個約束，因此可以將目標、設備、方法以及約束等作為不同層級的對象進行處理，而每一個目標、設備、方法和約束又包含一種或多種功能，將目標自頂向下逐層展開。從整體功能結構上構建裝備系統和不同層次裝備體系模型，形成底層的加注密封失效的危險因素集。

本節以低溫加注系統密封功能為研究對象，研究加注系統「危險因素（設備故障)-功能故障-事故」的演化機理，構建加注系統的事故演化過程。

（2）構建低溫液氫加注密封功能失效事故樹

事故樹是由圖論理論發展而來的。由可能發生的事故開始，逐層分析尋找引起事故的觸發事件、直接與間接原因，直到找出基本事件，同時尋找事故發生之間的邏輯關係，透過邏輯樹圖將事故原因及邏輯關係表示出來。事故樹分析法是演繹分析的方法，透過結果尋找原因。其本質是布爾邏輯模型，透過樹結構描繪系統中各事件之間的聯繫，這些事件最終將導致某種結果的產生，即頂事件（在系統安全分析過程中，頂事件通常為人們不希望發生的事件）。

為研究低溫燃料加注系統「功能故障-安全事故」演化機理，從功能層面將加注系統分為設備級（或部件單機級）、子系統級、系統級，透過子系統之間的耦合、子系統與系統間的關聯關係，以及系統功能故障的產生原理，利用事故樹分析方法，以「與」「或」的邏輯運算符描述同層級元素間的關聯關係（獨立關係為或，耦合關係為與），建立低溫液氫加注系統「功能故障-安全事故」演化機理模型。

在繪製事件樹圖的過程中，需要遵循演繹分析原則，以頂事件為起始，逐層向下分析直接原因事件，透過彼此間的邏輯關係，使用邏輯門連接上下層事件，直至達到要求的分析深度，最終形成一棵倒放的樹的圖形。分析過程中，作圖是關鍵部分，只有繪製正確的事件樹圖，才可以做到準確分析。透過對加注密封失效危險因素的分析，可建立低溫加注密封功能失效的事件樹圖，如圖 2-18 所示。

(3) 低溫液氫加注密封功能故障的事故樹分析模型

假設在加注系統中只能取正常或故障兩種狀態，設各元、組件的故障相互獨立。基於低溫液氫加注密封功能事故樹模型，列出邏輯關係式，求出最小割集，找出引發加注系統密封安全事故的可能路徑，用布爾代數法求密封事故的最小割（徑）集。

① 求事故樹最小割集。最小割集是指能夠引起頂事件發生的最低數量的基本事件的集合。利用布爾代數表達式，求出加注系統密封事故發生的可能途徑。

$$T=A_1A_2A_3A_4A_5A_6A_7 \tag{2-25}$$

② 求事故樹最小徑集。最小徑集是能夠使頂事件不發生的最低數量的基本事件的集合，其結構函數為：

$$T=A_1'+A_2'+A_3'+A_4'+A_5'+A_6'+A_7' \tag{2-26}$$

③ 結構重要度分析。結構重要度反映基本事件在事故樹中的重要性，即影響程度。事故樹一旦建立，各事件間的邏輯關係就確定了，不考慮基本事件發生概率，只與事故樹的結構有關，基本事件結構重要度的計算公式如下。

由於底事件 x_i 的狀態取 0 或 1，當 x_i 處於某一狀態時，其餘 $n-1$ 個底事件組合系統狀態為 2^{n-1}，因此底事件 x_i 的結構重要度定義為：

$$I_\varphi(i)=\frac{1}{2^{n-1}}\left[\sum\varphi(1_i x)-\sum\varphi(0_i x)\right] \tag{2-27}$$

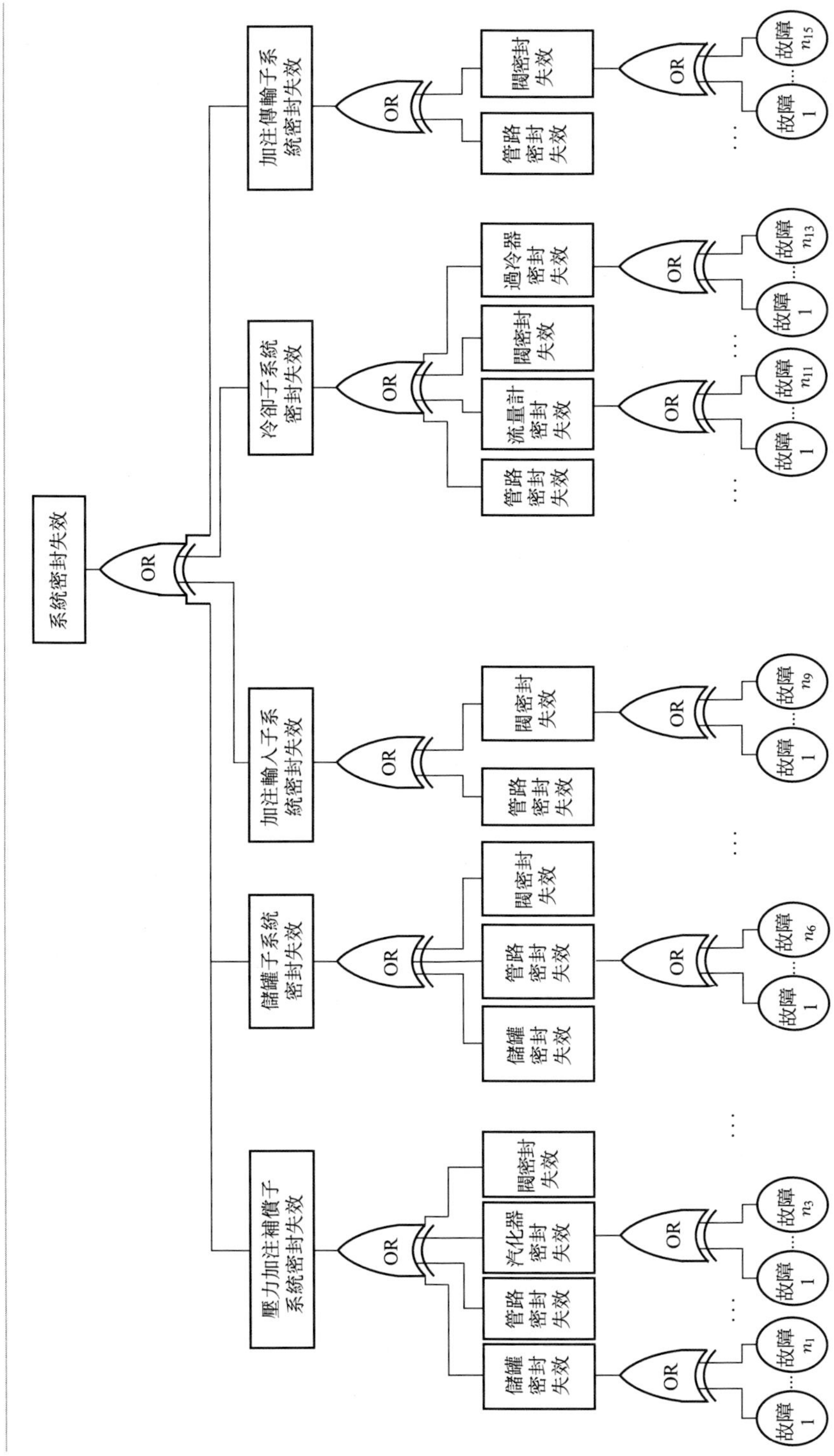

圖 2-18　液氫加注系統密封功能失效事故樹

式中，$I_{\varphi}(1_i x)=(x_1,x_2,\cdots,x_{i-1},1_i,x_{i+1},\cdots,x_n)$，即第 i 個底事件為 1；$I_{\varphi}(0_i x)=(x_1,x_2,\cdots,x_{i-1},1_i,x_{i+1},\cdots,x_n)$即第 i 個底事件為 0。

2.6.2 案例二：基於層次分解方法的複雜系統漏電分析

運載火箭系統中並列的分系統多，每個分系統又分為若干個邏輯層次，在結構和功能上具有多層次性，其系統級和分系統級之間緊密耦合，作為一個整體分析起來困難大，所以在問題求解策略上應採用面向對象的問題約簡法，將整個診斷問題按已定策略分解為比較容易解決的若干子問題。

(1) 基於結構與行為的層次分解數學模型

複雜設備由若干相互聯繫的分系統按某種特定方式組成，並且具有一定的功能和特徵。因此，可把複雜設備系統模型化為層次結構有向圖的層次集合。

設 $\boldsymbol{S}$ 表示控制系統，對 $\boldsymbol{S}$ 按結構與功能進行層次分解後，$\boldsymbol{S}$ 在結構上可表示成為一個層次集合：

$$\boldsymbol{S}=\{\boldsymbol{S}_1,\boldsymbol{S}_2,\cdots,\boldsymbol{S}_i,\cdots,\boldsymbol{S}_n\},i=1,2,\cdots,n \tag{2-28}$$

$\boldsymbol{S}$ 進行層次分解的一個層次結構有向圖 D 定義為：

$$D=(\boldsymbol{V},\boldsymbol{E}) \tag{2-29}$$

式中，$\boldsymbol{V}=\{\boldsymbol{S}_1,\boldsymbol{S}_2,\cdots,\boldsymbol{S}_n\}$為結點集合，$\boldsymbol{E}=\boldsymbol{S}\times\boldsymbol{S}$ 為連接結點的有向邊集合，由各分系統 $\boldsymbol{S}_i$ 之間的銜接關係 R 所組成。

銜接關係 R 是定義在 $\boldsymbol{S}$ 上的，其中 $R\in\boldsymbol{S}\times\boldsymbol{S}$，並且 $\boldsymbol{S}_i R\boldsymbol{S}_j$，$\boldsymbol{S}_i$，$\boldsymbol{S}_j\in\boldsymbol{S}$。這種銜接關係構成了控制系統 $\boldsymbol{S}$ 中的故障傳播的所有路徑。層次結構有向圖 D 的結點集 $\boldsymbol{V}$ 由可監視結點集 $\boldsymbol{V}_M$ 和不可監視結點集 $\boldsymbol{V}_N$ 組成，並且滿足：

$$\boldsymbol{V}=\boldsymbol{V}_M\cup\boldsymbol{V}_N \text{ 且 } \boldsymbol{V}_M\cap\boldsymbol{V}_N=\varnothing \tag{2-30}$$

D 中由 $\boldsymbol{S}_j$ 到 $\boldsymbol{S}_k$ 的有向邊用 $e_{jk}=(\boldsymbol{S}_j,\boldsymbol{S}_k)$ 表示，並且

$$e_{jk}\in\boldsymbol{E} \text{ 且 } \boldsymbol{S}_i R\boldsymbol{S}_j \tag{2-31}$$

層次結構有向圖 D 的銜接矩陣 $\boldsymbol{A}$ 表示為：

$$\boldsymbol{A}=\{a_{jk}\} \tag{2-32}$$

式中，$a_{jk}=\begin{cases}1, & e_{jk}\in E\\ 0, & \text{其他}\end{cases}$。

由銜接矩陣 $\boldsymbol{A}$ 可計算系統 $\boldsymbol{S}$ 的可達性矩陣 $\boldsymbol{M}$：

$$\boldsymbol{M}=[m_{jk}]=[\boldsymbol{I}+\boldsymbol{A}]^k=[\boldsymbol{I}+\boldsymbol{A}]^{k+1} \tag{2-33}$$

式中，$k\geqslant k_0$，k_0 是一個正整數，$\boldsymbol{I}$ 是單位矩陣。祖輩結點集和後代結點集是層次結構有向圖 $\boldsymbol{D}$ 中結點集 $\boldsymbol{V}$ 上的兩個函數，它們分別定義如下：

$$\boldsymbol{A}_M(\boldsymbol{S}_j)=\{\boldsymbol{S}_k \mid m_{jk}\neq 0,m_{jk}\in\boldsymbol{M},\boldsymbol{S}_j,\boldsymbol{S}_k\in\boldsymbol{V}\} \tag{2-34}$$

$$\boldsymbol{D}_M(\boldsymbol{S}_j)=\{\boldsymbol{S}_k \mid m_{kj}\neq 0, m_{kj}\in \boldsymbol{M}, \boldsymbol{S}_j, \boldsymbol{S}_k\in \boldsymbol{V}\} \tag{2-35}$$

運用可達性矩陣 $\boldsymbol{M}$，層次結構有向圖 $\boldsymbol{D}$ 中的結點集 $\boldsymbol{V}$ 可分解成 m 個層次級別 $\boldsymbol{V}_1, \boldsymbol{V}_2, \cdots, \boldsymbol{V}_m$，其中：

$$\boldsymbol{V}_i=\{\boldsymbol{S}_j \mid \boldsymbol{D}_M\cap \boldsymbol{A}_M(\boldsymbol{S}_j)=\boldsymbol{A}_M(\boldsymbol{S}_j)\} \tag{2-36}$$

$$\boldsymbol{V}_i=\{\boldsymbol{A}_M(\boldsymbol{S}_j)-\boldsymbol{V}_1-\cdots-\boldsymbol{V}_{k-1}\}, k=2,\cdots,m \tag{2-37}$$

這裡 $m(\leqslant n)$ 是使 $\boldsymbol{V}-\boldsymbol{V}_1-\cdots-\boldsymbol{V}_m=\varnothing$ 的正整數，稱為層次結構。這種對象滿足下列性質：

① $\bigcup_{i=1}^{m}=\boldsymbol{V}$；

② $\boldsymbol{V}_i\cap \boldsymbol{V}_k=\varnothing$，$j\neq k$；

③ 對於 $\boldsymbol{S}_j$，$\boldsymbol{S}_k\in \boldsymbol{V}$ 下列條件之一成立：若 $m_{jk}=m_{kj}=1$，則 $\boldsymbol{S}_j$ 與 $\boldsymbol{S}_k$ 在同一閉環路中；若 $m_{jk}=m_{kj}=0$，則 $\boldsymbol{S}_j$ 與 $\boldsymbol{S}_k$ 不互相銜接；

④ 離開對象 V_j 中的結點的邊只能到對象 $\boldsymbol{V}_k$ 中的結點。

分解從系統級開始，然後從各分系統、各子分系統、各部件級和各元件逐級展開。具有單一結點複雜設備系統 S 本身構成層次分解模型的第一層次級，而層次結構有向圖 D 構成控制系統層次分解模型的第二層次級。在此基礎上，根據上述的層次分解模型，繼續對每個分系統按結構與功能進行層次分解，得到相對應的 n 個層次結構有向圖：

$$D(\boldsymbol{V}_j, \boldsymbol{E}_j), j=1,\cdots,n \tag{2-38}$$

這 n 個層次結構有向圖組成的集合 $\{D_j\}$ 構成層次分解模型的第三層次級。依次類推，層次分解模型第 i 層次級上與第 $i-1$ 層次級上的結點 V 相對應的層次結構有向圖可表示為：

$$D_{ijk}=(\boldsymbol{V}_{ijk}, \boldsymbol{B}_{ijk}), j=1,\cdots,n \tag{2-39}$$

綜上所述，控制系統 $\boldsymbol{S}$ 按結構與功能進行層次分解的數學模型可描述成

$$\boldsymbol{H}=\{L_i\}, i=1,2,\cdots,l \tag{2-40}$$

式中，l 表示分解模型的層次級數，L_i 表示分解模型的第 i 層次級，並且

$$L_i=\{D_{ijk}\}, j=1,\cdots,n; k=1,\cdots,m_j \tag{2-41}$$

採用上述層次分解模型，對控制系統 $\boldsymbol{S}$ 按結構與功能進行分解後，第 1 層次級是控制系統本身，第 2 層次級是組成控制系統 $\boldsymbol{S}$ 的各分系統 $\boldsymbol{S}_j$，第 3 層次級是組成各分系統 $\boldsymbol{S}_j$ 的各子分系統 $\boldsymbol{S}_{jk}$，…，第 i 層次級是組成與第 $i-1$ 層次對應的各子分系統的各部件，依此遞推逐級分解直至所需要的層次級為止。

(2) 基於層次分解方法構建系統的條件故障圖

為滿足描述資訊的完備性及描述形式的規範性，提出條件故障圖的描述模型，以利於用電腦進行自動化描述和自動化分析。

① 狀態關係描述　故障圖是以故障模式為結點，以故障模式間的關係為有

向邊的一類有向圖，可表示為 $GN=<\boldsymbol{V}_N,\boldsymbol{R}_N>$。式中，$\boldsymbol{V}_N$ 為故障模式的集合，故障模式既有系統中的各種原發故障，又有表現故障；既可以是部件或子系統的實在的故障形式，又可以是系統中某些參數的異常偏離；$\boldsymbol{R}_N$ 為故障模式間的二元關係集合，它主要描述的是故障模式間的因果傳遞關係。建立條件故障圖，首先要描述系統中各種狀態之間的關係。可將狀態分為系統狀態和部件狀態兩種類型。系統狀態是對系統工作的整體狀態的稱謂。它首先包括系統全狀態，即系統工作的所有狀態的總稱，全狀態又可以被分解為若干分狀態，分狀態又可以包含自己的子分狀態，從而建設起基於狀態包含關係的狀態層式結構，在層式結構中，任何下層狀態都包含於其上層狀態，而上層狀態也由其下層狀態疊加構成。可用集合來表示這種包含關係：以所有的最底層狀態集合為其集建立集簇，則任何系統狀態都是此集簇的元素，表示為 $\boldsymbol{Q}(i)$，而系統狀態集 $\{\boldsymbol{Q}\}$ 是此集簇的子集。因而若狀態 i 是 j 的上層狀態，則有 $\boldsymbol{Q}(j)\subset\boldsymbol{Q}(i)$。為滿足自動化分析的需要及與故障圖的匹配，將這種狀態關係描述為樹結構。

定義 2.1　狀態根樹。有向根樹 $T=<\boldsymbol{V},\boldsymbol{R}>$，它的結點與系統狀態集 $\{\boldsymbol{Q}\}$ 的元素一一對應，即結點 v_i 對應狀態 $\boldsymbol{Q}(v_i)$，且滿足：若 $r(v_j,v_i)\in\boldsymbol{R}$，則 $\boldsymbol{Q}(v_j)\cap\boldsymbol{Q}(v_i)=\varphi$。稱有向樹 T 為狀態集 $\{\boldsymbol{Q}\}$ 的狀態根樹。

通俗地說，狀態根樹是狀態層式結構的樹狀描述，根結點表示系統狀態全集，葉結點集合則表示系統狀態基集。運載火箭的控制系統共有三種單相一次電源，電源與電源之間以及它們與運載火箭箭體殼之間採用絕緣浮地方式。電源母線在地面分別為 $\pm M_1$、$\pm M_2$、$\pm M_3$，箭上分別對應 $\pm B_1$、$\pm B_2$、$\pm B_3$。運載火箭發射前要在下面 10 個狀態下分別進行檢測。狀態 1：導通絕緣檢查；狀態 2：關瞄準窗；狀態 3：分系統；狀態 4：控制與遙測匹配；狀態 5：控制、遙測、低溫動力三大系統匹配；狀態 6：總檢 Ⅱ 狀態總檢查；狀態 7：總檢 Ⅰ 狀態總檢查；狀態 8：總檢 Ⅲ 狀態總檢查；狀態 9：常規加注後；狀態 10：發射。同時，每種狀態下接入控制系統的元部件不一樣，而且不同狀態下元部件發生漏電故障的狀態權值不同，界於兩狀態之間的測試項目以前一狀態進行故障診斷。例如，根據上面的分析可以建立電源 I 負母線供電模型（見圖 2-19）。

定義 2.2　狀態樹。有向樹 T 的結點的集合為 $\mathbf{V}$，對於狀態集合 $\{\boldsymbol{Q}\}=\{\boldsymbol{Q}_B\}+\{\boldsymbol{Q}_S\}$，如果存在 $\mathbf{V}_1\subset\mathbf{V}$，且滿足：

a. $\mathbf{V}_1$ 的結點和 $\mathbf{V}_1$ 在有向樹 T 中的內邊構成 $\{\boldsymbol{Q}_S\}$ 的一個層根樹，且其中出度為 0 的結點在有向樹 T 中出度也為 0；

b. $\mathbf{V}-\mathbf{V}_1$ 與 $\{\boldsymbol{Q}_B\}$ 一一對應，且 $\forall v-v_1,d^-(v)\neq 0$；

c. $\forall v\in\mathbf{V}$，如果存在邊 $r(v_j,v_i)$，則 $\boldsymbol{P}(v_j)\subset\boldsymbol{P}(v_i)$；如果 $\boldsymbol{P}(v_j)\subset\boldsymbol{P}(v_i)$，則必有通路 $v_j\rightarrow v_i$。則稱有向樹 T 為 $\{\boldsymbol{Q}\}$ 的狀態樹。

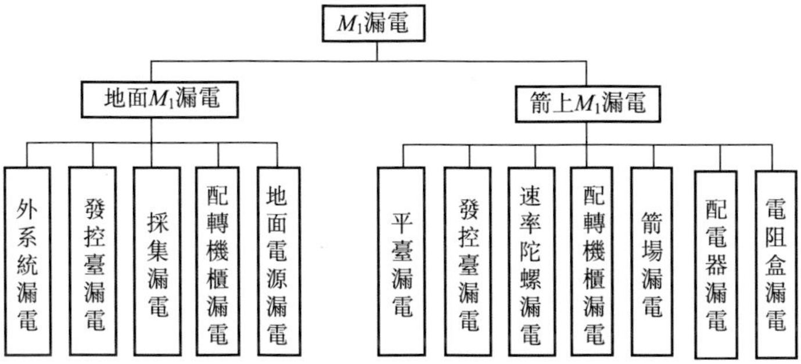

圖 2-19 M_1 漏電查找故障的層次結構模型

通俗地說，狀態樹就是以系統狀態根樹為核心，將部件狀態並聯描述出來的一個樹狀結構。

② 條件故障圖結構

定義 2.3 條件故障圖。一個有向圖 $G_K=<\boldsymbol{V}_K,\boldsymbol{R}_K>$及一個狀態樹 $T_u=<\boldsymbol{V}_u,\boldsymbol{R}_u>$，若 $\boldsymbol{V}_K$ 包括兩類結點，即：$\boldsymbol{V}_K=\boldsymbol{V}_N+\boldsymbol{V}_T$，且對於任意的 $v_i\in\boldsymbol{V}_T$，存在唯一對應結點的 $v_u\in\boldsymbol{V}_u$，使得 v_t 間滿足 v_u 間的狀態關係。同時滿足：

a. 結點集 $\boldsymbol{V}_N$ 及其內邊構成一個故障圖 G_{KN}；

b. $\forall v_T^{(i)}\in\boldsymbol{V}_T$，$v_N^{(i)}\in\boldsymbol{V}_N$，不存在$(v_T^{(i)},v_N^{(i)})\in\boldsymbol{R}$；

c. 如果$(v_T^{(i)},v_N^{(i)})\in\boldsymbol{R}$，則有如下兩項條件連通規則：如果結點 $v_N^{(j)}$ 在結點集 $\boldsymbol{V}_N$ 沒有入點，則結點 $v_T^{(i)}$ 是結點 $v_N^{(j)}$ 的條件結點，表示結點 $v_T^{(i)}$ 是結點 $v_N^{(j)}$ 的存在條件；如果結點 $v_N^{(j)}$ 在結點集 $\boldsymbol{V}_N$ 有入點 $v_N^{(g)}$，則結點 $v_T^{(i)}$ 是邊 $v_N^{(g)}$、$v_N^{(j)}$ 的條件結點，表示結點 $v_N^{(j)}$ 是 $v_N^{(g)}$ 同 $v_N^{(j)}$ 間有直接連通的條件，則稱此有向圖 G_K 為建立條件樹 T_u 上的條件故障圖。

在故障圖中融入了狀態條件結點，使得故障傳播成為了條件傳播，在傳播過程中，條件的交匯中重疊形成新的條件傳播，在傳播過程中，條件的交匯或重疊就形成新的條件。按照狀態關係特點，狀態條件的傳遞規則主要包括：

a. 一個條件故障圖 G_K，其中 G_{KN} 內存在一個通路 $v_N^{(i)}\rightarrow v_N^{(j)}$，令 $\boldsymbol{V}_T$ 為通路 $v_N^{(i)}\rightarrow v_N^{(j)}$ 中經歷的結點與邊和條件與邊的條件結點集合，則$\cap\boldsymbol{P}(V_t)|v_t\in\boldsymbol{V}_T$ 為通路 $v_N^{(i)}\rightarrow v_N^{(j)}$ 的條件。

b. 如果兩個通路 $v_N^{(i)}\rightarrow v_N^{(j)}$ 和 $v_N^{(g)}\rightarrow v_N^{(j)}$ 在 $v_N^{(i)}$ 點相交，兩個通路的條件量分別為 $\boldsymbol{P}_1$、$\boldsymbol{P}_2$，則定義結點 $v_N^{(i)}$ 在兩個通路下的條件量：如果結點 $v_N^{(i)}$ 為「與關係」結點，則條件為 $\boldsymbol{P}_1\cap\boldsymbol{P}_2$；如果結點 $v_N^{(i)}$ 為「或關係」結點，則條件為 $\boldsymbol{P}_1\cup\boldsymbol{P}_2$。

參考文獻

[1] Walter P. Mendenhall. DC Arc hazard mitigation design at a nuclear research facility[J]. IEEE Transactions on Industry Applications，2015，51,69-72.

[2] 劉詩飛．重大危險源辨識與控制[M]. 北京：冶金工業出版社，2012：105-118.

[3] GJB 450A—2004. 裝備可靠性工作通用要求[S].

[4] 羅雲，裴晶晶．風險分析與安全評價[M]. 北京：化學工業出版社，2016：166-173.

[5] 束鈺．重大危險源概率風險評價應用研究[D]. 天津：天津理工大學，2011.

[6] 張躍兵，王凱，王志亮．危險源理論研究及在事故預防中的應用[J]. 中國安全科學學報，2011，21(6)：10.

[7] 張躍兵，王凱，王志亮．直接危險源控制理論研究初探[J]. 中國安全生產科學技術，2012，8(11)：33-37.

[8] He Haoyang，Gutierrez，Yadira. The role of data source selection in chemical hazard assessment：a case study on organic photovoltaics[J]. Journal of hazardous materials，2018，365，227-236.

[9] 丁子洋，張嘉亮．中國危險化學品管理現狀及對策研究[J]. 廣東化工，2016，43(16)：291-292.

[10] 張翔昱．航空維修系統危險源識別和風險分析方法[J]. 中國安全生產科學技術，2013，9(3)：104-107.

[11] Acharyulu P V S，Seetharamaiah P. A framework for safety automation of safety-critical systems operations [J]. Safety Science，2015，77：133-142.

[12] 黃浪，吳超，王秉．基於熵理論的重大事故複雜鏈式演化機理及其建模[J]. 中國安全生產科學技術，2016，12(5)：10-15.

[13] Kabir S. An overview of fault tree analysis and its application in model based dependability analysis [J]. Expert Systems with Applications，2017，77：114-135.

[14] Setiawan T H，Adryfan B，Putra C A. Risk analysis and priority determination of risk prevention using failure mode and effect analysis method in the manufacturing process of hollow core slab [J]. Procedia Engineering，2017，171：874-881.

[15] Zhang Q，Zhang Z. Dynamic uncertain causality graph applied to dynamic fault diagnoses and predictions with negative feedbacks[J]. IEEE Transactions on Reliability，2016，65(2)：1030-1044.

[16] 樊友平，陳允平，黃席樾，等．運載火箭控制系統漏電故障診斷研究[J]. 宇航學報，2004，25(5)：507-513.

[17] Richardson I A，Fisher H T，Frome P E，et al. Low-cost，transportable hydrogen fueling station for early market adoption of fuel cell electric vehicles [J]. International Journal of Hydrogen Energy，2015，40(25)：8122-8127.

第3章

運行系統檢測訊號處理

動態系統運行安全分析與評估依賴於動態系統運行監測或檢測數據。然而由於各種工況和運行環境的影響，原始採集訊號的有效資訊通常會被淹沒在噪聲中；且運行過程受摩擦阻力、負載、間隙等非線性因素的影響，實際獲取的檢測數據往往都具有非線性非平穩特性。如何利用訊號降噪、動態訊號一致性檢驗、非平穩訊號處理等方法，是保障動態系統運行數據準確可靠，為系統運行工況異常識別、運行故障診斷、運行安全分析等提供支撐的關鍵。本章將在介紹強噪聲環境下基於小波的運行系統檢測訊號降噪、多點冗餘採集造成動態訊號採集衝突下的動態訊號一致性檢驗和聚類分析方法的基礎上，給出面向非平穩訊號的希爾伯特變換、固有時間尺度分解、線性正則變換方法等主要處理方法及其應用。

3.1 概述

現代工業生產過程中，設備越來越大型化、複雜化、網路化和智慧化。這些設備結構複雜，各系統間耦合程度越來越強，一旦發生故障往往造成巨大的經濟損失和人員傷亡，如挑戰者號航天飛機災難、福島核洩漏事故等。而當這些大型設備出現安全故障時，維修費用及停工損失將大幅上升。在設備安全運行中進行監測可有效地對工況進行識別並及時地消除隱患，減少故障和事故發生。因此，為保障複雜系統安全可靠地以最佳狀態運行，設備和系統運行檢測及訊號處理成為了工業界和學術界的研究熱點[1-3]。

系統運行檢測及訊號處理通常包含以下問題：訊號降噪、訊號一致性校驗、訊號分析等。

在強噪聲環境下，尤其是當數據的訊號雜訊比過低的時候，數據中有價值的訊號甚至會被噪聲完全淹沒，難以獲取這部分數據的某些重要特徵。另外，在微弱訊號情況下，噪聲與有效訊號混合（耦合），所需要獲取的資訊非常微弱時，有用訊號無法從噪聲中提取，對它們的精準測量就變得十分困難。例如，在大型旋轉機械的故障診斷過程中，若能在發現功能部件出現異常現象或異常具有發展趨勢時，就診斷出該部件具有故障發生的可能性，並在故障發生早期採取相應措施，則可防止災難性故障的發生進而避免重大安全事故與經濟損失[4]。

由於在動態運行環境下，過程工藝和工況等參數有多個測量點，如何保證訊號一致性對系統故障診斷具有重要意義。透過動態系統訊號一致性校驗以及聚類分析方法，降低故障誤診斷的概率，提高診斷的準確性。

訊號分析對於運行設備和系統而言，難點之一在於非平穩訊號處理。傳統傅立葉變換是訊號處理中的最重要的工具，經過眾多學者的不斷研究，傅立葉變換下的卷積、採樣、不確定性、離散化、時頻與頻移、抽取與插值等基本理論已經很完備地建立起來，並且已經廣泛應用到實際工程中。其中抽取與插值理論是傳統傅立葉變換下訊號處理領域中的重要原理之一，它們是多抽樣率數字訊號處理的核心基礎，可以降低計算複雜度和減少儲存量。然而傅立葉變換域的抽取與插值分析只適用於平穩訊號的分析。在現代訊號處理中，非平穩訊號分析已經成為研究的熱點與難點[5]。

大型設備在運行過程中受摩擦阻力、負載、間隙等非線性因素的影響會產生大量反映設備運行狀態的非線性非平穩數據，即使在設備正常運行條件下受系統噪聲和環境噪聲的影響所產生數據仍具有非線性非平穩特性，因此非平穩訊號有效的特徵提取在故障診斷中起著至關重要的作用。而非平穩訊號的頻譜特性是隨時間變化的，傅立葉變換方法難以對其充分刻畫，多分辨率分析和局部訊號的特徵分析方法受到越來越多的重視。時頻分析方法將時域分析和頻域分析相結合，透過構造二維函數將一維訊號映射至二維時頻平面中表示，不僅能夠在時域和頻域上對訊號的變化情況進行表示，還能夠反映訊號能量隨時間和頻率的分布情況。而線性正則變換作為一種新穎的訊號分析工具，含有三個自由參數，具有更強的靈活性，並且在非平穩訊號的分析上具有獨特優勢，已經成為重要的非平穩訊號分析工具，能夠克服經典傅立葉變換體系下的採樣與頻譜分析理論對非平穩訊號不能取得滿意效果的缺點[6,7]。

3.2 訊號降噪

由於測量設備的狀態、傳輸信道、檢測環境的影響（電磁干擾等）等原因，最終獲取的訊號上疊加了非平穩非高斯噪聲和白噪聲。對於這些噪聲的處理，基於傳統處理方法，在某些時段、某些特定條件下處理出的數據曲線仍存在一定的毛刺，出現實際不存在的數據跳點，使得對數據的分析結果不準確，或者根本無法獲取這部分數據的某些重要特徵。

在系統實際運行過程中，由於干擾致使檢測結果不能完全符合真實情況。如激光陀螺的隨機噪聲是由白噪聲和分形噪聲組成的，分形噪聲是非平穩隨機過程，採用傳統的方法很難去除，利用訊號處理軟體補償來提高實際使用精度的趨勢變得更為實用。隨著對數據處理要求（導航系統精度）的不斷提高，將訊號降噪方法用於系統運行訊號的處理以克服傳統方法存在的不足是十分有意義的。

小波去噪方法能夠在頻域內對訊號進行有效的分解，從而方便地去除無效噪聲資訊，進而對訊號的有效成分進行有效估計。而對於源訊號不可知性和對訊號混合方式未知，小波消噪問題更為複雜[8]。

3.2.1 噪聲在小波變換下的特性

傳統的基於傅立葉變換的方法不能在時域中對訊號作局部化分析，難以檢測和分析訊號的突變，且在頻域內對訊號進行處理的同時也將夾帶在訊號中的噪聲視作有用訊號一起分解了，當要獲得數據訊號的局部特徵時，勢必將數據真實特徵和噪聲同時放大；同理，減少噪聲影響的同時也會縮小訊號的局部特徵。相對於傅立葉變換，小波變換因具有時頻局部化特性，可以根據需要調節時域窗口和頻域窗口的寬度，而成為數據降噪領域中的重要方法。

設 $x(t)$ 為噪聲，在對其進行小波分解後，其低頻部分會對後續小波分解的最深層和低頻層產生影響，小波分解後的高頻部分只會對其後續小波分解的第一層細節有所影響。如果訊號 $x(t)$ 只是由高斯白噪聲構成，那麼隨著小波分解層次的增加，訊號中高頻係數的幅值會迅速地衰減，顯然，該小波係數的方差的變化趨勢也是同樣的。此處，用 $C_{j,k}$ 表示對噪聲進行小波分解後所得到的小波係數，其中，k 為時間下標，j 為尺度下標。透過分析，可得到將此離散時間訊號 $x(t)$ 視為噪聲後的下列特性：

① 當 $x(t)$ 是零均值、平穩、有色的高斯型噪聲的時候，對 $x(t)$ 進行小波分解後所得到的小波係數也應是一個高斯序列，並且對於每一個小波分解尺度 j，與之相應的小波分解係數同樣是一個平穩、有色的序列；

② 當 $x(t)$ 是由高斯型噪聲所構成的時候，$x(t)$ 經小波分解後所得到的小波係數應服從高斯分布，並且它們互不相關；

③ 當 $x(t)$ 是零均值、平穩的白噪聲的時候，$x(t)$ 經小波分解後所得到的小波係數應是相互獨立的；

④ 當 $x(t)$ 是由已知相關函數的噪聲所構成的時候，$x(t)$ 經小波分解後可以根據相關函數計算出相應的小波分解係數序列；

⑤ 當 $x(t)$ 是由已知相關函數譜的噪聲所構成的時候，$x(t)$ 經小波分解後就可以透過相關函數譜計算出對應小波係數 $C_{j,k}$ 的譜以及相應的尺度 j 和 j' 的交叉譜；

⑥ 當 $x(t)$ 是由零均值且固定的自回歸滑動平均（autoregressive and moving average，ARMA）模型所構成的時候，$x(t)$ 經小波分解後，對於其中的每一個小波分解尺度 j，與之相應的小波分解係數 $C_{j,k}$ 同樣是零均值且固定的 ARMA 模型，該小波分解係數的特性只取決於小波分解尺度 j。

3.2.2 基於閾值決策的小波去噪算法步驟

基於閾值決策的小波去噪過程一般可分為以下 2 個步驟：

① 選擇一個合適的小波基並確定分解層次，然後對其進行小波分解。在合理選擇小波基對訊號進行小波分解後，需要在分解的不同尺度上對小波係數進行閾值處理，其中在粗尺度下進行小波係數的閾值處理可能會消除訊號當中的重要特徵，而在細尺度下進行的小波係數閾值處理則有可能引起去噪的程度不足。因此，分解層次的選擇與小波基的選擇同樣重要。一般認為小波分解的層次為 $n=\log_2 m-5$，其中 m 表示訊號長度。

② 對各個分解尺度下的小波係數選擇一個閾值進行閾值量化處理。閾值處理主要分為以下兩種：硬閾值法和軟閾值法。

3.2.3 閾值的選取及量化

(1) 閾值方式

小波閾值去噪主要有硬閾值和軟閾值兩種處理方式。採用硬閾值處理方式的缺點在於進行閾值消噪時由於閾值的選取有可能同時過濾掉訊號中部分有用成分，特別地，當訊號中夾帶著瞬時變量資訊時，採用此方法進行小波重構的精度較差；而採用軟閾值處理方式，透過稍微減少所有係數的幅值來減少所加的噪聲以使閾值的選取風險有所下降，從而盡可能地保留原始訊號中的瞬變資訊，但是採用此方法所取得的以上優勢是以犧牲對噪聲的去噪效果換來的。式(3-1) 和式(3-2) 所示分別為硬閾值與軟閾值小波係數去噪方式。

$$F(W_f,T)=\begin{cases}W_f, & |W_f|\geqslant T\\0, & |W_f|<T\end{cases} \tag{3-1}$$

$$F(W_f,T)=\begin{cases}\operatorname{sign}(W_f)(|W_f|-T), & |W_f|\geqslant T\\0, & |W_f|<T\end{cases} \tag{3-2}$$

對式(3-2) 做以下變形，可得式(3-3)：

$$F(W_f,T)=\begin{cases}\operatorname{sign}(W_f)\left(1-\dfrac{T}{|W_f|}\right)|W_f|, & |W_f|\geqslant T\\0, & |W_f|<T\end{cases} \tag{3-3}$$

式中，$F(\cdot)$ 為進行小波變換；W_f 為小波係數，T 為閾值。

由式(3-3) 可以看出，採用軟閾值進行數據處理的原理是將大於閾值的那部分小波係數按照一定比例在數軸上向零方向收縮，而不是直接將這部分小波係數過濾掉。在多數情況下，為了降低對閾值選取的風險，從而增強小波閾值去噪的魯棒性，一般採用軟閾值的方式。

(2) 閾值規則

由式(3-1)～式(3-3) 可以看出，閾值 T 的選取直接影響到去噪後訊號的質量。閾值 T 的選取有四種規則：通用閾值規則、無偏似然估計（SURE）規則、啓發式閾值規則、最小極大方差閾值。

① 通用閾值規則（sqtwolog 規則） 閾值選取算法公式為：

$$T=\sigma\sqrt{2\ln N} \tag{3-4}$$

式中，令 J 為小波變換的尺度，N 為實際測量訊號 $x(t)$ 經過小波變換分解在尺度 $1\sim n(1<n<J)$ 上得到小波係數的個數總和；σ 為附加噪聲訊號的標準差。實驗證明，通用閾值規則在軟閾值處理函數中能夠得到很好的降噪效果。

② 無偏似然估計規則（rigrsure 規則） 無偏似然估計規則是一種軟體閾值估計器，是一種基於 Stain 的無偏似然估計（二次方程）原理的自適應閾值選擇。對一個給定的閾值 T，先找到它的似然估計，然後再將其最小化，從而得到所選的閾值。具體的閾值選取規則如下。

令訊號 $x(t)$ 為一個離散的時間序列，$t=1,2,\cdots,N$，再令 $y(t)$ 為 $|x(t)|^2$ 的升序序列。閾值的計算公式如下：

$$\begin{cases} R(t)=\left(1-\dfrac{t}{N}\right)y(t)+\dfrac{1}{N}\left[N-2t+\sum\limits_{i=1}^{t}y(i)\right] \\ T=\sqrt{\min R(t)} \end{cases} \tag{3-5}$$

③ 啓發式閾值規則（heursure 規則） 啓發式閾值規則是無偏似然估計規則和通用閾值規則的折中形式。當訊號雜訊比較大時，採用無偏似然估計規則，而當訊號雜訊比小的時候，採用固定閾值。

具體公式如下：

$$T=\begin{cases} T_1, & \dfrac{\|x(t)\|^2}{N}<1+\dfrac{1}{\sqrt{N}}(\log_2 N)^{3/2} \\ \min(T_1,T_2), & \dfrac{\|x(t)\|^2}{N}\geqslant 1+\dfrac{1}{\sqrt{N}}(\log_2 N)^{3/2} \end{cases} \tag{3-6}$$

式中，N 為訊號 $x(t)$ 的長度；T_1 為通用閾值規則得到的閾值；T_2 為無偏似然估計規則得到的閾值。

④ 最小極大方差閾值（min-max） 這種閾值選取規則同樣也是一種固定的閾值，它能在一個給定的函數集中實現最大均方誤差最小化。算法公式如下：

$$T=\begin{cases}\sigma[0.3936+0.1829\ln(N-2)], & N\geqslant 32\\ 0, & N<32\end{cases} \tag{3-7}$$

$$\sigma=\frac{\text{middle}(W_{1,k})}{0.6745}, 0\leqslant k\leqslant 2^{j-1}-1 \tag{3-8}$$

式中，N 為對應尺度上的小波係數的個數；$W_{1,k}$ 表示尺度為 1 的小波係數；j 為小波分解尺度；σ 為噪聲訊號的標準差，即為對訊號分解出的第一級小波係數取絕對值後再取中值。

⑤ 數值實驗 以一個訊號雜訊比 $SNR=4$ 的矩形波檢測訊號為例，對其進行基於以上四種閾值規則的小波閾值去噪，圖 3-1(a)、(b) 分別顯示了原始訊號與染噪的 Blocks 訊號。圖 3-2(a) 顯示的是基於 min-max 規則的小波閾值去噪效果，圖 3-2(b) 描述了基於 rigrsure 規則的小波閾值去噪效果，圖 3-2(c) 表示基於 sqtwolog 規則的小波閾值去噪效果，圖 3-2(d) 顯示了基於 heursure 規則的小波閾值去噪效果。

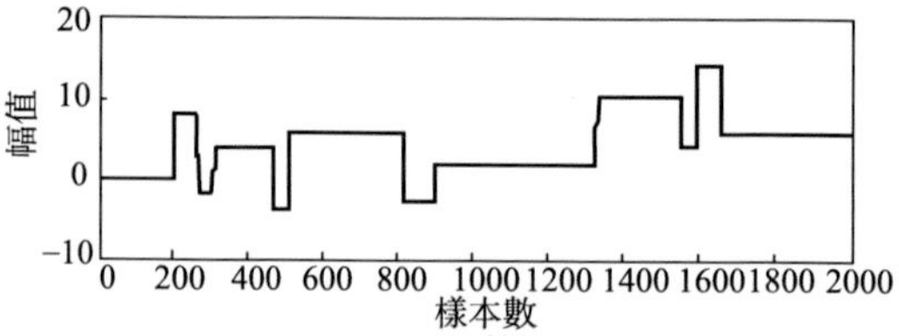

(a) 原始訊號

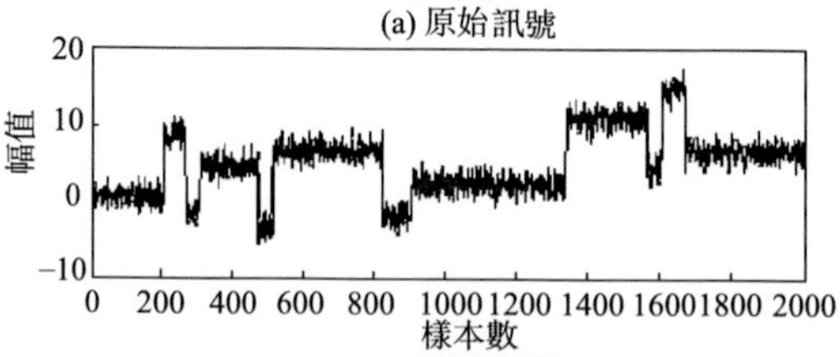

(b) 染噪訊號

圖 3-1 Blocks 原始訊號及其染噪訊號

從圖 3-2 中可以看出，基於四種閾值規則的小波去噪效果差別不大，實際運用中應該具體情況具體分析，選擇合適的閾值，最大程度地保留有用訊號的細節部分，並且最大限度地消除噪聲干擾。

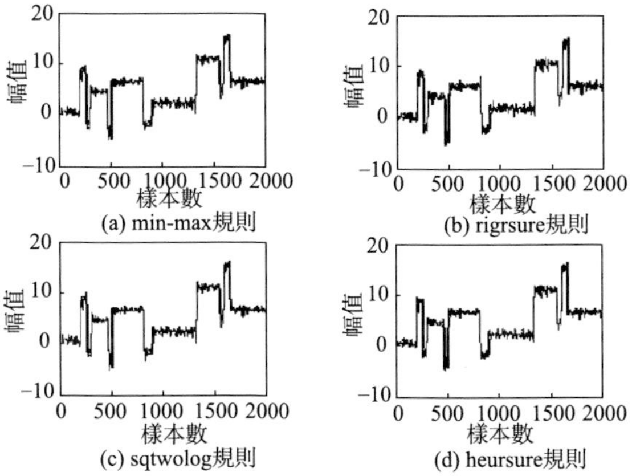

圖 3-2　基於四種閾值規則的 Blocks 訊號消噪圖

3.2.4 小波去噪的在線實現

與傳統的濾波方法相比，基於閾值決策的小波濾波方法的濾波效果較好。在實際的工程中，在線的小波閾值濾波要比離線的小波閾值濾波更具有價值和意義。在線多尺度濾波之所以要比離線小波濾波優越，其原因在於該方法中含有邊緣校正濾波器及二進長度 $N=2^n$（這裡 n 表示正整數）的滑動窗口這兩個關鍵要素。對傳統的小波濾波器來說，其設計理念都是屬於非因果的，在實際濾波過程中，當前時刻的數據小波係數除了依賴於現在時刻和過去時刻的數據，將來時刻的數據其實也對其存在著不可忽視的影響，因此這類小波濾波器在計算小波係數方面明顯存在著時間上的延遲。相比之下，對於在線多尺度濾波來說，在實際的濾波過程中，採用了一種特殊的邊緣校正濾波器，透過這個邊緣校正濾波器，在線多尺度濾波算法不僅可以消除濾波過程中所出現的邊緣效應，而且由於它的設計理念是屬於因果濾波器，從而在其濾波過程中不必知道將來時刻的數據資訊就能夠透過濾波器本身算法計算出當前時刻的數據小波係數。

在線多尺度濾波算法可分為以下 4 步：

① 在長度為 $N=2^n$ 的窗口範圍內用邊緣校正濾波器對待分析的數據進行小波多尺度分解；

② 採用閾值公式(3-7) 對訊號分解所得到的小波係數進行閾值處理，然後根據這些閾值處理後的數據進行完全重構，得到相應的重構訊號；

③ 保留完成重構的訊號的最後一個數據點，這樣做的目的是增加算法的靈活性，使其能適應其他的在線應用；

④ 在濾波器接收到新的數據後，透過移動數據窗口使其包含最新時刻的採樣數據，但需要保證最大的窗口長度為 2^k（$k=n$ 或 $k=n+1$），當數據窗口移到這個長度後就不再增加。

下面以一個長度為 $N=8$ 的訊號為例來介紹二進長度的滑動窗口的基本原理，其變化情況如圖 3-3 所示。每一行代表數據窗以及它所包含的數據，i 表示第 i 個數據，加黑的數字框代表所採樣到的最新數據塊。每當採樣到一個新的數據塊時，相應的數據窗就要向後移動一次，移動的規則是保持已經設定好的最大 $N=2^n$ 長度。這是因為隨著採樣到的數據的增多，數據窗口的長度會相應地逐漸增長，但數據窗口的長度越長，濾波算法的計算量就越大，時間開銷和電腦物理開銷也會相應增加，因此當數據窗口增大到一定程度時，這個數據窗口就要保持不變，此時只需要在保持數據窗口長度不變的前提下，滑動數據窗口使其包含最新時刻的數據就可以了。從理論上來講，只要當前時刻的噪聲水準固定不變時，濾波器的每個數據窗口內的小波閾值也就不變，此時數據窗口的長度就可以維持原來的長度。

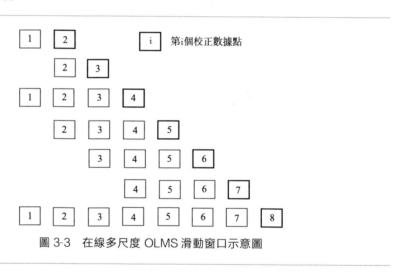

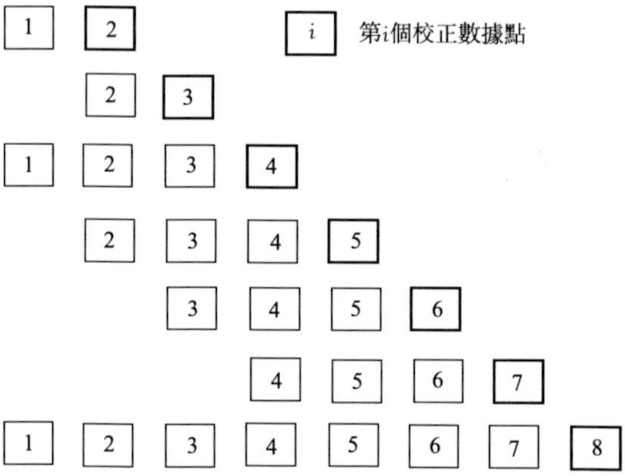

圖 3-3 在線多尺度 OLMS 滑動窗口示意圖

3.3 訊號一致性檢驗

一致性分析是對檢測數據進行正確性和可靠性分析的重要手段。本節對檢測數據一致性定量分析方法進行了一些嘗試性的研究，充分利用歷史檢測數據分析參數的一致性，著重分析測量參數的聚類分析方法[8]。

3.3.1 動態系統訊號一致性檢驗

在輸入訊號相同的情況下，對儀器的多組輸出序列進行兩兩比對分析，衡量輸出數據的一致性程度，從而判斷儀器的工作性能。如果能夠獲得理論輸出數據序列，透過這種方法還可以判斷儀器的實際輸出與理論輸出的一致性。

（1）統計假設檢驗方法

統計假設檢驗是統計推斷的核心內容之一，數理統計中稱有關總體分布的論斷為統計假設，它是根據來自總體的樣本來判斷統計假設是否成立，在理論研究和實際應用上都占有重要地位。此處應用該方法以比較兩組數據的一致性。已知兩組長度相等的數據 x_i 和 y_i，對應的兩個數據的差異僅是由測量本身所引起的，現分別作各對數據的差 $d_i=x_i-y_i$，並假設 $d_1,d_2,\cdots,d_n$ 來自正態總體 $N(\mu_d,\sigma^2)$，這裡 $N(\mu_d,\sigma^2)$ 均屬未知。若 x_i 和 y_i 相等，則各對數據的差異 $d_1,d_2,\cdots,d_n$ 為隨機誤差，可認為其服從均值為零的正態分布，因而問題可歸結為假設檢驗：

$$H_0:\mu_d=0 \quad H_1:\mu_d\neq 0 \tag{3-9}$$

分別記 $d_1,d_2,\cdots,d_n$ 的樣本均值和樣本方差為 $\bar{d}$、$\bar{\sigma}^2$，則由單個正態總體均值的 t 檢驗可知其拒絕域為：

$$|t|=\left|\frac{\bar{d}-0}{\hat{\sigma}/\sqrt{n}}\right|>t_{\mathrm{a}}(n-1) \tag{3-10}$$

式中，$\hat{\sigma}$ 為樣本方差；t_{a} 為拒絕域臨界值。

若檢驗結果未落入拒絕域，即原假設成立，則說明兩組數據無明顯差異，認為它們是一致的。一般使用的 t 分布表中 n 在 45 以下，當樣本容量很大（如大於 50）時，由中心極限定理知，當 H_0 成立時，統計量 $U=\dfrac{\overline{X}-\mu_d}{s/\sqrt{n}}$ 漸近地服從 $N(0,\ 1)$，知其拒絕域為：

$$|U|=\left|\frac{\overline{X}-0}{\hat{\sigma}/\sqrt{n}}\right|>U_d \tag{3-11}$$

式中，s 為樣本方差；$\overline{X}$ 為樣本均值，U_d 為拒絕域臨界值。

因而可對該統計量來進行假設檢驗。一般情況下總體方差未知，需用樣本方差來對總體方差作估計。這時至少要求樣本容量大於 100，才能利用極限分布來求近似的拒絕域。實際上，當樣本容量很大時，正態分布和 t 分布近似相等。

在許多情況下，假設檢驗拒絕與否在很大程度上取決於顯著檢驗水準 α 值的大小。α 值越大，如接受假設，則兩組數據的相似程度就越高，拒絕假設的可能性也就越大，認為數據達不到要求，可能得出與事實相悖的結論。若 α 值過小，則又容易把不合格的數據認為合格。我們可以根據 α 值劃分數據的一致性等級。常取的幾個 α 值有 0.1、0.05、0.02、0.01、0.001 等，如將 α 值由高到低依次劃分為優、優良、良、合格等，這樣就可以定量地評價兩組數據一致性的好壞，進而對儀器的工作品質進行評價。

（2）動態關聯分析法

動態關聯分析法的基本思想是：把相同輸入條件下所獲得的兩組輸出數據看成一個動態過程——時間序列，然後構造一個關於這兩組數據序列的標量函數，以此作為衡量兩組數據一致性和動態關聯性的定性指標。具體描述如下。

設 x_i 和 y_i 為兩組輸出序列，並取數據長度為 N，定義如下標量函數作為 TIC（Theil 不等式係數，Theil inequality coefficient）係數：

$$\rho(x,y)=\frac{\sqrt{\frac{1}{N}\sum_{i=1}^{N}(x_i-y_i)^2}}{\sqrt{\frac{1}{N}\sum_{i=1}^{N}x_i^2}+\sqrt{\frac{1}{N}\sum_{i=1}^{N}y_i^2}}=\frac{\sqrt{\sum_{i=1}^{N}(x_i-y_i)^2}}{\sqrt{\sum_{i=1}^{N}x_i^2}+\sqrt{\sum_{i=1}^{N}y_i^2}} \tag{3-12}$$

顯然，$\rho(x,y)$ 具有如下幾個性質。

① 對稱性：$\rho(x,y)=\rho(y,x)$。

② 規範性：$0\leqslant\rho(x,y)\leqslant 1,\rho=0$ 表示對所有的 N，兩組數據序列完全一致，$\rho=1$ 表示兩組數據序列之間的一種最不相關的情況。

③ ρ 越小表明兩組數據序列一致性越好。這一方法屬於非統計方法，對所要求的時間序列本身沒有限制條件，運用起來比較方便。

本節所提到的方法已經過工程化處理，可直接在試驗任務的數據比對工作中廣泛應用。其分析結果能夠提供數據一致性的定量結論，對產品性能評估、故障排除及關鍵環節的品質控制具有一定意義。

3.3.2 訊號的相似程度聚類分析

針對數據的相似程度進行聚類，將聚類結果中屬於同一類的參數取值按時間求平均，以該平均值曲線作為對系統工作狀況進行分析的依據。將歷史檢測數據與新檢測數據進行聚類，能分析新檢測數據的一致性，並對未來檢測數據進行預測。

（1）K 均值聚類算法

① 設 x_l 為待聚類的數據，其中 $l=1,2,\cdots,N$。從中隨機選取 K 個值為初始聚類中心，記為 $Z_1(1),Z_2(1),\cdots,Z_K(1)$。$Z_i(m),i=1,2,\cdots,K$，表示第 m

次迭代得到第 i 個聚類中心。

② 從 x_l 中將逐個待聚類的數據，按最小距離原則分配給以上 K 個聚類中心。即：如果 $\| x-Z_j(m) \| = \min\{\| x-Z_i(m) \|, i=1,2,\cdots,K\}$，則 $x \in C_j(m)$。m 為迭代次數，$C_j(m)$ 為經過第 m 次迭代得到的第 j 個聚類，其聚類中心為 $Z_j(m)$。

③ 新聚類中心：

$$Z_j(m+1)=\frac{1}{N_j}\sum_{x_h \in C_j(m)} x_h, j=1,2,\cdots,K, h=1,2,\cdots,N_j, N_j<N \tag{3-13}$$

式中，N_j 為第 j 個聚類的 $C_j(m)$ 所包含的樣本數，$x_h \subset x_l$。

④ 如果 $Z_j(m+1) \neq Z_j(m), j=1,2,\cdots,K$，則令 $m=m+1$，重複步驟②、③，直至 $Z_j(m+1)=Z_j(m)$。

(2) 基於 K 均值聚類算法的測量參數曲線聚類分析

① 曲線相似的度量　對於兩條曲線，其相似程度可以用其取值的接近程度和變化趨勢的接近程度來描述。

如圖 3-4 所示，對於曲線 L_a 和 L_b，其取值相似程度可以定義為：

$$\mathrm{Sim_V}(a,b)=\frac{1}{K}\sum_{k=0}^{T}[F_a(t_k)-F_b(t_k)]^2 \tag{3-14}$$

式中，$F_a(t_k)$ 和 $F_b(t_k)$ 為曲線 L_a 和 L_b 在 t_k 時刻的取值。其變化趨勢的相似程度可以定義為：

$$\mathrm{Sim_T}(a,b)=\frac{1}{K}\sum_{k=1}^{T}\{[F_a(t_k)-F_a(t_{k-1})]-[F_b(t_k)-F_b(t_{k-1})]\}^2 \tag{3-15}$$

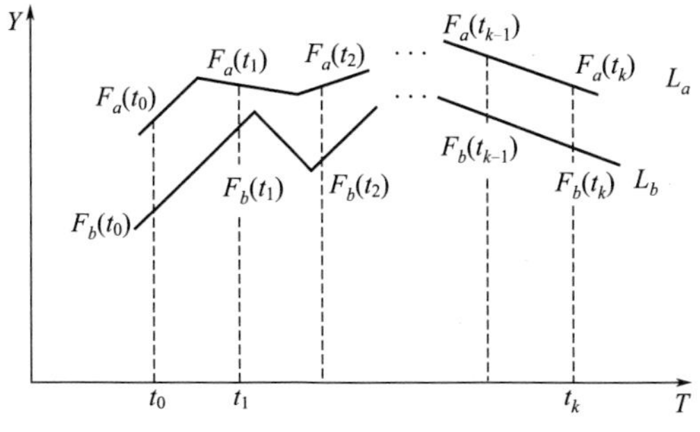

圖 3-4　測量參數曲線相似性分析圖

② 參數曲線相似程度的表示　對於歷史數據，將各採樣點的參數值記為：

$$F_n(1), F_n(2), \cdots, F_n(t_k), \cdots, F_n(T)$$

式中，$F_n(t_k)$ 為第 n 次測量中，參數在 t_k 時的取值；T 為本次測量計時結束時間。進一步，在第 n 次測量中，參數在 t_k 時刻，其取值的變化趨勢 $Y_n(t_k)$ 為：

$$Y_n(t_k) = F_n(t_k) - F_n(t_{k-1}), t_k = 1, \cdots, T$$

於是，得到：

$$Y_n(1), Y_n(2), \cdots, Y_n(t_k), \cdots, Y_n(T)$$

其中 $Y_n(t_k)$ 為計時點的取值，T 為測量結束時間。因此，綜上所述，參數曲線的採樣值及其變化可描述如下：

$$S_n = [F_n(0), F_n(1), \cdots, F_n(T), Y_n(1), Y_n(2), \cdots, Y_n(T)] \quad (3\text{-}16)$$

③ 算法步驟

a. 野值剔除。

b. 選取 K 個初始聚類中心：

$$Z_1(1) = [S_{a1}], Z_2(1) = [S_{a2}], \cdots, Z_K(1) = [S_{aK}]$$

其中，括號內的序號為搜索聚類中心的迭代次數，初始時為 1。隨機選取系統歷史運行中的 K 條曲線所對應的 $S_{a1}, S_{a2}, \cdots, S_{aK}$ 為初始聚類中心。

c. 根據式(3-14) 描述曲線相似程度，按最小距離原則將所有歷史曲線對應的 S_n 分配給以上 K 個聚類中心。

$\| S_n - Z_j(m) \|_2 = \min \{ \| S_n - Z_i(m) \|_2, n = 1, 2, \cdots, N, i = 1, 2, \cdots, K \}$，則 $S_n \in C_j(m)$。其中，$C_j(m)$ 為第 m 次迭代得到的第 j 個聚類，其聚類中心為 $Z_j(m)$；N 為發射次數。

d. 新聚類中心為

$$Z_j(m+1) = \frac{1}{N_j} \sum_{S_l \in C_j(m)} S_l, j = 1, 2, \cdots, K \quad (3\text{-}17)$$

式中，N_j 為第 j 個聚類的 $C_j(k)$ 所包含的曲線數。上式表示第 j 個聚類中心的值為屬於該聚類中心的各個曲線的 S_n 的均值。

由式(3-16) 可以得到：

$$S_l = [F_l(0), F_l(1), \cdots, F_l(T), Y_l(1), Y_l(2), \cdots, Y_l(T)]$$

因此式(3-17) 可以表示為：

$$Z_j(m+1) = \frac{1}{N_j} \Bigg\{ \sum_{S_{l1}, \cdots, S_{Nj} \in C_j(m)} [F_{l1}(0) + F_{l2}(0) + \cdots + F_{lN_j}(0)], \cdots,$$
$$\sum_{S_{l1}, \cdots, S_{Nj} \in C_j(m)} [F_{l1}(T) + F_{l2}(T) + \cdots + F_{lN_j}(T)],$$
$$\sum_{S_{l1}, \cdots, S_{Nj} \in C_j(m)} [Y_{l1}(1) + Y_{l2}(1) + \cdots + Y_{lN_j}(1)], \cdots,$$

$$\left.\sum_{S_{l1},\cdots,S_{Nj}\in C_j(m)}\left[Y_{l1}(T)+Y_{l2}(T)+\cdots+Y_{lN_j}(T)\right]\right\}$$

式中，N_j 為第 j 個聚類的 $C_j(m)$ 所包含的樣本數。

e. 如果 $Z_j(m+1)\neq Z_j(m), j=1,2,\cdots,K$，則令 $m=m+1$，重複步驟 c、d，直至 $Z_j(m+1)=Z_j(m)$，得到最終聚類 $C_j(m+1), j=1,2,\cdots,K$。

可以得到第 j 個（$j=1,2,\cdots,K$）聚類中心對應的曲線：

$$z_j(t_k)=\frac{1}{N_j}\left\{\sum_{S_{l1},\cdots,S_{Nj}\in C_j(m)}\left[F_{l1}(0)+F_{l2}(0)+\cdots+F_{lN_j}(0)\right],\cdots,\right.$$

$$\left.\sum_{S_{l1},\cdots,S_{Nj}\in C_j(m)}\left[F_{l1}(T)+F_{l2}(T)+\cdots+F_{lN_j}(T)\right]\right\}$$

式中，$t_k=1,\cdots,T$。

對圖 3-5 所示的某參數變化曲線聚類分析，得到三個聚類中心曲線，如圖 3-6 所示。

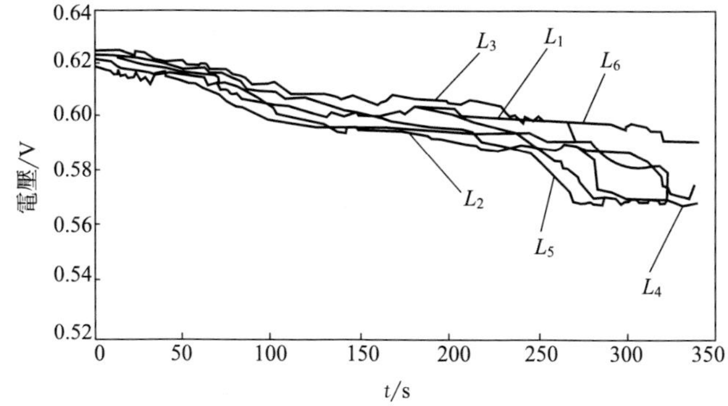

圖 3-5 某參數變化曲線

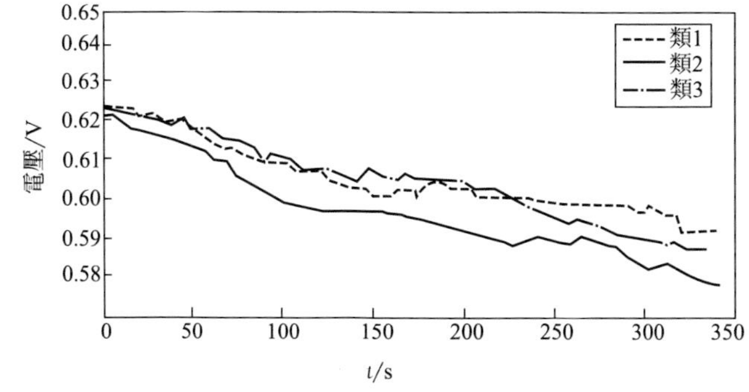

圖 3-6 正常數據的聚類結果

(3) 基於聚類分析的參數動態預測

透過對歷史數據的聚類分析，可以得到某參數歷史的正常值趨勢，如圖 3-6 所示，其變化狀況可以得到 3 個不同的聚類，每一個類具有相似性。利用聚類分析得到的參數正常歷史數據分類結果，可對系統中該參數的工作狀況進行預測。

用 $F_{\text{new}}(t_i)$ 表示當前獲取的某參數數據，當前時刻 t_k 以前的實測參數為 $s_{\text{new}}(t_{k-1})=[F_{\text{new}}(0),F_{\text{new}}(1),\cdots,F_{\text{new}}(t_{k-1})]$。根據式(3-18) 計算其與聚類中心對應的曲線相似程度如下：

$$d(i,j)=\| s_{\text{new}}(i)-z_j(i) \|_2 \tag{3-18}$$

其中，$z_j(i)$ 為第 j 個聚類中心對應曲線在 i 時刻以前的取值，$z_j(i)=\frac{1}{N_j}\left\{\sum_{S_{l1},\cdots,S_{Nj}\in C_j(m)}[F_{l1}(0)+F_{l2}(0)+\cdots+F_{lN_j}(0)],\cdots,\sum_{S_{l1},\cdots,S_{Nj}\in C_j(m)}[F_{l1}(i)+F_{l2}(i)+\cdots+F_{lN_j}(i)]\right\}$；$d(i,\ j)$ 為在 i 時刻 $s_{\text{new}}(i)$ 與第 j 個聚類中心 $z_j(i)$ 的距離。

在 $[0,t_k)$ 時段內，當前實測曲線與聚類結果中的第 j 類 S_j 距離最近的次數用 $T(j)$ 表示，其中 $j=1,2,\cdots,K$。其計算規則如下。

① 當 $i=1,2,\cdots,K$ 時，計算 $\min[d(i,1),d(i,2),\cdots,d(i,K)]$中當前實測數據 $F_{\text{new}}(t_i)$ 在 t_i 時刻與第 j 個聚類中心對應曲線的最小值距離次數 $T(j)$，$j=1,2,\cdots,K$。

② 統計 $T(j)$ 中的極大值。對得到的 $T(1),T(2),\cdots,T(K)$排序，求得 $T(j)$ 取最大值時的 j。

③ 如果此時 j 有多個取值。則將 $[0,t_k)$ 時間段右移 1 個時刻，即 $[1,t_k)$，再重複步驟①、②，直到 j 有唯一取值。

透過以上計算可得到 $T(j),j=1,2,\cdots,K$。對應於 $T(j)$ 取最大值時的 j，將第 j 個聚類中心所對應曲線在 t_{k+1} 時刻的取值作為該參數在 t_{k+1} 的參考取值。

由於聚類曲線描述了系統工作正常時，參數變化與時間的關係，因此，可以用其作為系統工作狀態的預測。透過上述算法得到實測值與距離最近的聚類曲線，如果這時某參數 $d_{\min}(t_k,j)<\delta$，δ 是該參數允許的變化範圍，則可做齣目前時刻 t_k 和下一時刻 t_{k+1} 系統的工作狀況正常的預測。當某參數在 t_k 時刻 $d_{\min}(t_k,j)>\delta$ 偏離聚類曲線，則可做出系統出現異常的報警，在某時刻 t_k 後連續出現 $d_{\min}(t_{k+1},j)>\delta$，$d_{\min}(t_{k+2},j)>\delta,\cdots,d_{\min}(t_{k+n},j)>\delta$，則可以預測系統的工作狀況異常。

如圖 3-7 所示為某實測參數的實際數據（正常數據）與該參數的聚類趨勢線比較。結果表明，實際參數值的變化與歷史數據的聚類趨勢一致，在規定的變化範圍內，系統工作狀況是正常的。

圖 3-8 給出了某系統工作狀態異常時，實測數據與聚類趨勢線的比較結果。在 330s 前實測數據與聚類曲線的值趨勢一致，其變化範圍在聚類趨勢曲線的鄰域內，即處於正常變化範圍內，可以認為在該時段系統工作正常。但在 330s 後，實測數據與聚類趨勢線的偏差逐漸加大，可以預測出該參數開始出現異常，即可以預測系統工作狀況開始出現異常。

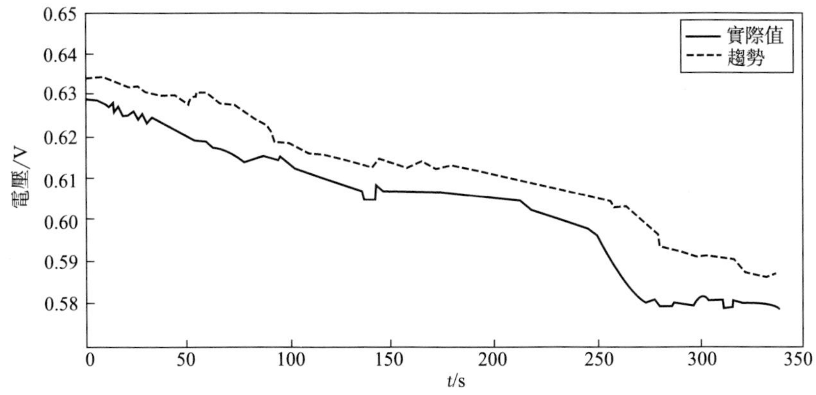

圖 3-7　正常數據與聚類趨勢線的比較

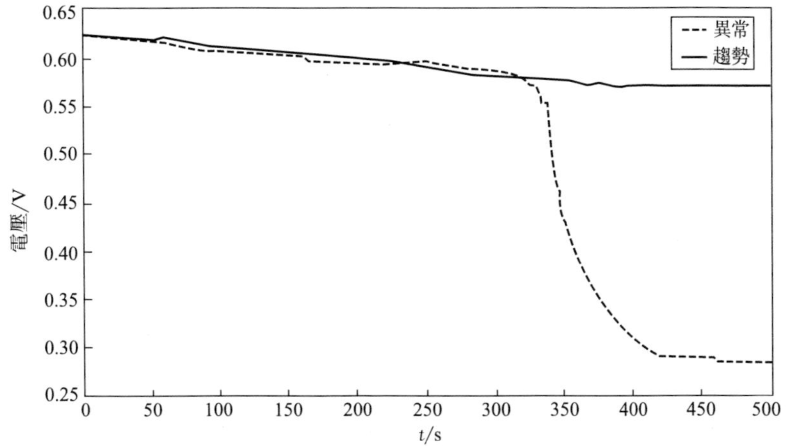

圖 3-8　異常數據與聚類趨勢線的比較

3.4 非平穩訊號分析

3.4.1 希爾伯特變換

(1) 基本概念

① 瞬時頻率　瞬時頻率與傳統頻率的概念有很大區別，在傳統譜分析中，頻率是對週期訊號一段時間內的特徵進行表示。採用傳統頻率方法對非平穩訊號進行分析時，可能出現虛假訊號和假頻問題，因此需採用瞬時頻率對訊號局部特徵進行表示。傅立葉分析中認為至少需要一個週期的正弦或餘弦訊號來定義頻率，而瞬時頻率與此理論衝突，導致該概念的提出受到很大阻礙。另外，學者們提出的瞬時頻率均存在局限性，難以全面解決問題。目前最常用的方法是透過對解析訊號相位求導求取，其中解析訊號由希爾伯特變換確定[9,10]。

對於訊號 $x(t)$，其希爾伯特變換為：

$$y(t)=\frac{1}{\pi}P\int_{-\infty}^{+\infty}\frac{x(\tau)}{t-\tau}\mathrm{d}\tau \tag{3-19}$$

式中，P 為柯西主值積分。

用訊號 $x(t)$ 和 $y(t)$ 構造原訊號的解析函數 $z(t)$：

$$z(t)=x(t)+iy(t)=a(t)\mathrm{e}^{i\phi(t)} \tag{3-20}$$

式中，幅值函數和相位函數定義如下：

$$a(t)=\sqrt{x(t)^2+y(t)^2}$$

$$\phi(t)=\arctan\frac{y(t)}{x(t)} \tag{3-21}$$

對相位函數求導得：

$$\omega(t)=\frac{\mathrm{d}\phi(t)}{\mathrm{d}t} \tag{3-22}$$

或

$$f(t)=\frac{1}{2\pi}\times\frac{\mathrm{d}\phi(t)}{\mathrm{d}t} \tag{3-23}$$

瞬時頻率是一個基本的物理概念。從式(3-22) 中可以看出，瞬時頻率僅隨時間變化，即在任意時間點上存在唯一頻率值，但從物理學角度而言存在一定的歧義。當訊號為單分量或某些窄帶訊號時，對解析訊號相位求導是具有物理意義的。但在許多情況下難以用式 (3-22) 對訊號瞬時頻率進行求取，因此尋找一種物理上實現簡單且能有效識別單分量訊號的方法是十分必要的。

② 本徵模態函數　為使得希爾伯特變換求取的瞬時頻率有意義，許多學者對訊號進行了條件約束。但大多數約束條件均是在全局意義上提出的，缺乏局部意義。Huang 基於訊號的局部特性，提出了本徵模態函數（Intrinsic Mode Function，IMF）的概念[10]。IMF 需滿足如下基本條件。

a. 在整個訊號序列中，極值點數目 N_e 與穿越零點的次數 N_z 相等或最多差 1。

$$(N_z-1)\leqslant N_e\leqslant(N_z+1) \tag{3-24}$$

b. 在任意的時間點 t_i，基於局部極大值和局部極限值定義的上下包絡線 $f_{\max}(t)$ 和 $f_{\min}(t)$ 的均值為 0，即訊號關於時間軸局部對稱。

$$[f_{\max}(t_i)+f_{\min}(t_i)]/2=0, t_i\in[t_a, t_b] \tag{3-25}$$

IMF 分量在每個週期上都僅有一個波動模態，而不存在多模態共存的現象。因此，IMF 分量在任意時刻均只有唯一頻率值，透過希爾伯特變換可對其進行求取。一個典型的 IMF 分量如圖 3-9(a) 所示，對應的瞬時頻率如圖 3-9(b) 所示。

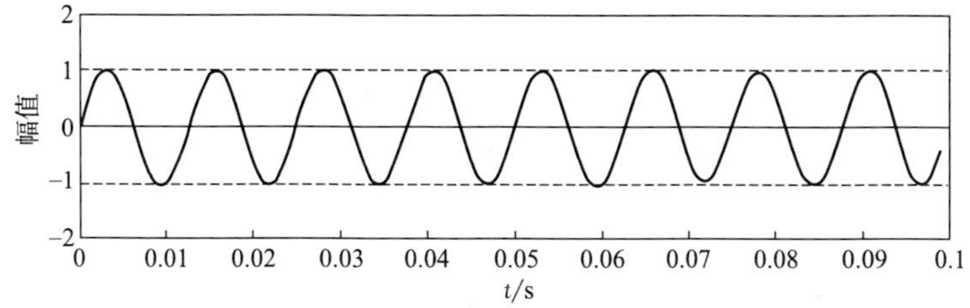

(a) 典型IMF分量

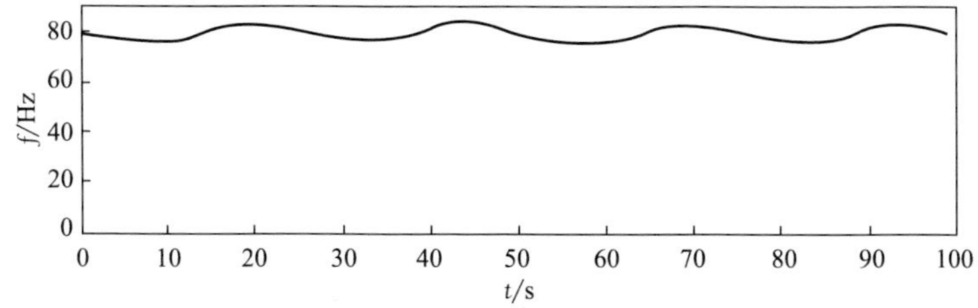

(b) 對應瞬時頻率

圖 3-9　典型的 IMF 分量及其瞬時頻率

(2) 經驗模態分解

由上述可知，對滿足條件的 IMF 分量進行希爾伯特變換，可得到有意義的瞬時頻率。但自然界中大多數訊號是不滿足上述條件的，難以透過希爾伯特變換直接求取瞬時頻率，須先將原訊號分解為 IMF 分量。在給出 IMF 定義的基礎上，Huang發展了將任意訊號分解為IMF分量的方法，即經驗模態分解(EMD)。相較於其他訊號處理方法，EMD算法具有直覺、直接和自適應特性。採用EMD方法對訊號進行分解須假定原訊號存在極大值和極小值點，若訊號無極值點，先對其微分再對結果積分來求取分量，且特徵時間尺度為相鄰極值點間的時間間隔[10]。EMD分解是對訊號篩分的過程，其流程如圖3-10所示，具體分解步驟如下。

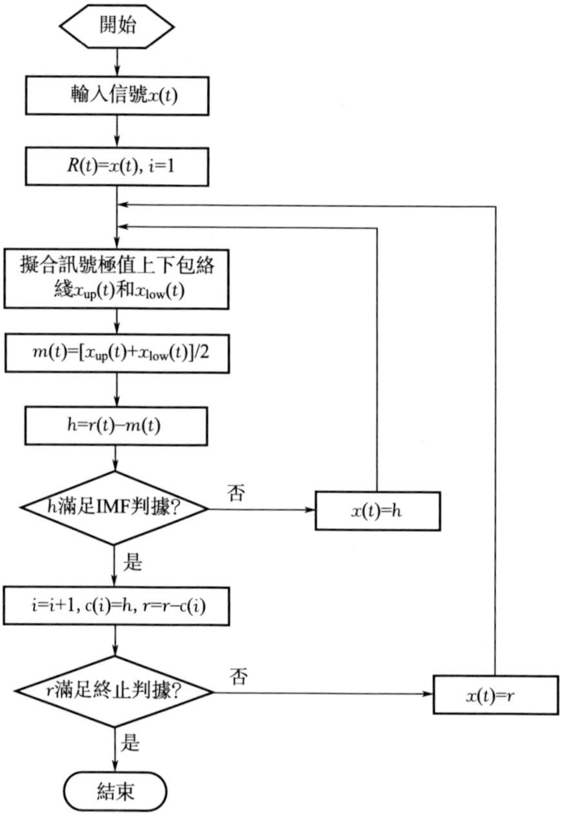

圖 3-10　EMD分解流程

① 對任一給定訊號 $x(t)$，首先找出 $x(t)$ 上的所有極值點，採用三次樣條曲線分別連接所有極大值和極小值點形成上下包絡線 $x_{up}(t)$ 和 $x_{low}(t)$。

② 計算上下包絡線均值 $m_1(t)$，將 $x(t)$ 減去 $m_1(t)$ 得到 $h_1(t)$，即

$$h_1(t)=x(t)-m_1(t) \tag{3-26}$$

③ 將 $h_1(t)$ 視為新的 $x(t)$，不斷重複上述步驟 k 次，直至 $h_{1k}(t)$ 滿足IMF條件。定義 $c_1(t)=h_{1k}(t)$，即得到第一階IMF分量，$c_1(t)$ 包含原始訊號

中最高頻分量。

在篩分過程中，若重複次數太多會使 IMF 分量變為純粹的調頻訊號，其幅值也會變為定值。因此，須設置停止處理準則，該準則可選擇為如下標準差：

$$S_{\mathrm{d}}=\sum_{t=0}^{T}\frac{\left|h_{1(k-1)}(t)-h_{1k}(t)\right|^{2}}{h_{1(k-1)}^{2}(t)} \tag{3-27}$$

式中，T 為訊號的時間跨度；$h_{1(k-1)}(t)$和 $h_{1k}(t)$ 為篩分 IMF 過程中兩個連續的處理結果；S_{d} 為篩分門限值，Huang 建議取值範圍為 0.2～0.3，當其小於某一預設值時便結束此次篩分操作。

④ 從原始訊號中分離出分量 $c_1(t)$，即 $r_1(t)=x(t)-c_1(t)$。將 $r_1(t)$ 作為新訊號，按上述方法進行重複處理，得到訊號 $x(t)$ 的 N 個 IMF 分量，即：

$$\left.\begin{array}{c} r_1(t)-c_2(t)=r_2(t) \\ r_2(t)-c_3(t)=r_3(t) \\ \cdots \\ r_{N-1}(t)-c_N(t)=r_N(t) \end{array}\right\} \tag{3-28}$$

當殘餘訊號 $r_N(t)$ 為單調函數，不能再篩分出 IMF 分量時，篩分停止。$x(t)$ 最終可表示為：

$$x(t)=\sum_{i=1}^{N}c_i(t)+r_N(t) \tag{3-29}$$

式中，$r_N(t)$ 為趨勢項或常量；各 IMF 分量 $c_i(t)$ 為訊號從高到低不同頻段的成分。

EMD 算法中每個 IMF 在不同時刻的瞬時頻率是不同的，可充分反映原訊號的瞬時頻率特徵。其打破了傅立葉級數展開中固定幅值和固定頻率的限制，是一個幅值和頻率都可變的訊號描述方法。EMD 算法中的 IMF 分量是隨訊號本身而改變的，具有自適應性，不同訊號分解後得到不同的 IMF 分量。因此，EMD 算法在訊號自適應分解過程中可以取得很好的效果。

(3) 經驗模態分解算法改進研究

HHT 算法是一種很直覺合理且適用性很強的訊號分析方法，產生了許多成果，但作為一種經驗算法仍處於發展階段，其理論和算法仍需不斷完善。Huang 在提出 HHT 算法的同時，也指出其存在的一些問題，如邊界處理、包絡線擬合和模態混疊等。在本節中，主要對 EMD 模態混疊和端點效應問題進行分析。

① 模態混疊　EMD 方法的分解過程依賴於訊號本身含有的時間特徵尺度資訊，能將不同時間尺度的成分自適應地分離為基本模態分量。Huang 在實驗過程中是以均勻分布的白噪聲為訊號對 EMD 算法進行分析研究的。EMD 方法能夠將白噪聲分解為具有不同中心頻率的有限個 IMF 分量，而其中心頻率為上一

個的一半。在這種分析中白噪聲的尺度是均勻分布在整個時間和頻率上的，而當數據不是純白噪聲時，分解中一些時間尺度會丟失，造成 EMD 分解的混亂，即模態混疊問題。在 EMD 分解過程中，若所得 IMF 分量中包含了不屬於同一頻段的多個頻率時，EMD 尺度就會發生混亂，造成模態混疊現象。從訊號角度分析，是由於訊號的間斷引起的，但實際是 EMD 時間尺度的丟失，導致各階 IMF 分量失去應有的物理意義。

Huang 在研究白噪聲的基礎上提出了聚合經驗模態分解（ensemble empirical mode decomposition，EEMD）方法。EEMD 原理是：當訊號加上均勻分布的白噪聲時，不同尺度的訊號區域將映射到與白噪聲相關的適當尺度上去。分解後得到的分量中都包含了訊號本身與白噪聲，透過多次檢測求全體均值的方法，將噪聲抵消，實現訊號的有效分解。EEMD 方法可以使訊號中添加的白噪聲相互抵消，將 IMF 保持在正常的動態濾波範圍內，對模態混疊現象進行抑制，並保持 IMF 的動態特性。EEMD 方法利用了白噪聲的統計特性和 EMD 的尺度分離原則，極好地改進了 EMD 方法。EEMD 算法步驟如下：

a. 在目標訊號 $y(t)$ 中加入白噪聲序列 $n_i(t)$，即：

$$y_1(t)=y(t)+n_i(t) \tag{3-30}$$

b. 採用 EMD 方法將加入白噪聲的訊號 $y_1(t)$ 分解為 IMF 分量：

$$y_1(t)=\sum_{j=1}^{n} c_{1j}+r_{1n} \tag{3-31}$$

c. 每次加入不同的白噪聲序列，不斷重複上述過程 n 次：

$$y_i(t)=\sum_{j=1}^{n} c_{ij}+r_{in} \tag{3-32}$$

d. 對 n 次分解得到的各 IMF 求均值，將其作為最終結果：

$$c_j=\frac{1}{n}\sum_{i=1}^{n} c_{ij} \tag{3-33}$$

式中，n 為加入白噪聲的次數。白噪聲應符合如下規律：

$$e=a/\sqrt{n} \text{ 或 } \ln e+0.5a\ln n=0 \tag{3-34}$$

式中，e 為所求 IMF 分量與原訊號間的偏差；α 為白噪聲幅值。

在 EEMD 分解中，若白噪聲幅值過小，則其分解效果難以取得最佳。若白噪聲幅值過大，原訊號易產生畸變，導致分解結果失效。Huang 等人對實際訊號進行反覆實驗分析後認為，噪聲的幅值為原訊號的方差的 0.2 倍時，分解效果較為合理。

② 端點效應　經驗模態分解的另一個關鍵問題是端點效應問題，其嚴重影響了 EMD 分解的精度，因此抑制端點效應的研究從 EMD 被提出後就一直備受關注。採用 EMD 算法對訊號進行分解時，由於訊號兩端邊界的不確定性，訊號

端點不一定為極值點，導致構成上下包絡線的三次樣條曲線在數據兩端發散，成為端點效應。這種發散的結果會向中心部位擴散，使訊號分解結果失效。另外，在對 IMF 分量進行希爾伯特變換時，訊號的兩個端點處也會產生振幅失真的情況。因此，端點效應問題已成為研究 HHT 時頻分析的一個瓶頸。

根據不同的訊號特性，消除端點效應的方法也是不同的。針對較長的訊號可以根據極值點的情況丟棄兩端的數據來保證所得到的包絡失真度達到最小。但在 EMD 篩分過程中，每次丟棄的數據積累很快，多次篩選後訊號長度會變得很短，對短數據訊號難以適用。因此，目前得到普遍認可的方法是透過對訊號邊界延拓的方法來抑制端點效應。對訊號邊界延拓的方法的關鍵在於對端點處特徵資訊的提取和利用，使得所加延拓訊號與原訊號的端點資訊盡量相符。中國國內及國外學者在這方面做了深入的研究，常用的 EMD 端點效應處理方法有包絡線延拓法、平行延拓法、鏡像延拓法、多項式擬合延拓法、神經網路延拓法和支持向量機回歸預測延拓[10]。

a. 包絡線延拓：利用訊號邊界的兩個相鄰極值點做直線延伸來估計端點處極值，原理如圖 3-11(a) 所示。

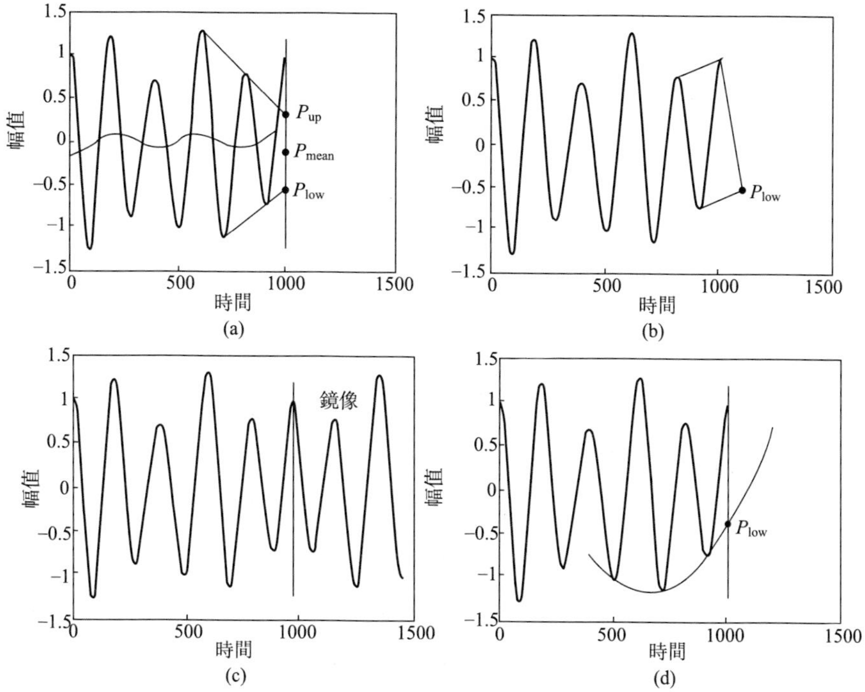

圖 3-11　四種延拓方法原理圖

b. 平行延拓：利用訊號邊界的兩個相鄰極值點處斜率相等的特點，在訊號邊界分別定義新的極值點，從而對訊號進行延拓，原理如圖 3-11(b) 所示。

c. 鏡像延拓：將訊號對稱的映射為一個閉合曲線，其包絡線基於訊號本身獲取，從本質上對端點效應進行抑制，原理如圖 3-11(c) 所示。

d. 多項式擬合延拓：基於訊號邊界處三個極值點得到多項式擬合函數，估計邊界處極值點值，以確定其所在位置，原理如圖 3-11(d) 所示。

e. 神經網路延拓：透過對給定序列的樣本矩陣進行學習，確定神經網路的參數值，神經網路訓練完成後對邊界數據進行預測延拓。

f. 支持向量機回歸預測延拓：從觀測數據建立學習樣本，然後對支持向量機進行訓練得到回歸函數，根據預測模型對邊界進行延拓。

以上延拓方法中，包絡線延拓、平行延拓和鏡像延拓均屬於直接延拓法，多項式擬合延拓、神經網路延拓法和支持向量機回歸預測延拓法屬於預測延拓法，均對端點效應起到了較好的抑制作用，但仍存在一些局限性。其中，平行延拓法將極值點作為邊界端點會使邊界處的包絡線收縮而導致包絡線失真。預測延拓方法能抑制端點處波動，但計算時間較長，不同的模型參數對結果影響較大。鏡像延拓計算量較小，當訊號邊界不是極值點時，原訊號與延拓部分的均值有明顯差異，影響分解效果。為此，G. Rilling 提出的改進鏡像延拓法簡單有效，取得了廣泛的應用。

3.4.2 固有時間尺度分解方法

(1) 固有時間尺度分解理論

固有時間尺度分解（ITD）是一種新的自適應的時頻分析方法，對非平穩訊號處理有極好的效果。該方法能將任意複雜的訊號分解為一系列表徵其特徵的固有旋轉分量（proper rotation component，PRC）和一個單調趨勢項之和，透過計算訊號的瞬時幅值和瞬時頻率，得到原始訊號完整的時頻分布[9]。對於一個給定的非平穩訊號 X_t，ITD 方法的分解過程如下。

① 定義 L 為基線提取算子，利用 L 從原訊號 X_t 中提取基線訊號，並將該基線從原訊號中分離出來，剩餘訊號作為旋轉分量。由此可將訊號 X_t 一次分解為：

$$X_t = LX_t + (1-L)X_t = L_t + H_t \tag{3-35}$$

式中，$L_t = LX_t$ 為訊號低頻部分，$H_t = (1-L)X_t$ 為訊號高頻部分，分別稱為基線訊號和固有旋轉分量。

② 設 X_t 的極值點為 $X_k(k=1,2,\cdots,M)$，其相對應的時刻為 $\tau_k(k=1,2\cdots,M)$，並定義 $\tau_0=0$。分別用 X_k 和 L_k 表示 $X(\tau_k)$ 和 $L(\tau_k)$，假設在 $[0,\tau_k]$ 上定義了 L_t 和 H_t，X_t 在 $[0,\tau_{k+2}]$ 上有意義。L 為 $[\tau_k,\tau_{k+1}]$ 上定義的基線提取

算子：

$$LX_t = L_t = L_k + \frac{L_{k+1} - L_k}{X_{k+1} - X_k}(X_t - X_k), t \in (\tau_k, \tau_{k+1}] \tag{3-36}$$

$$L_{k+1} = \alpha[X_k + \frac{\tau_{k+1} - \tau_k}{\tau_{k+2} - \tau_k}(X_{k+2} - X_k)] + (1-\alpha)X_{k+1} \tag{3-37}$$

式中，α 為增益控制參數，取值範圍為 0～1，一般情況下取 0.5。

③ 將基線訊號 L_t 作為原訊號，重複上述步驟直至基線訊號變為單調函數或訊號中少於 3 個極值點時，分解結束。訊號 X_t 的整個分解過程可表示為：

$$\begin{aligned} X_t &= HX_t + LX_t = HX_t + (H+L)LX_t = [H(1+L) + L^2]X_t \\ &= (H\sum_{k=0}^{p-1} L^k + L^p)X_t \end{aligned} \tag{3-38}$$

式中，HL^kX_t 是第 $k+1$ 層固有旋轉分量，L^pX_t 為原訊號單調趨勢分量。因此，透過 ITD 算法可將高頻分量不斷地從原訊號中分解出來。

(2) ITD 定義的瞬時時頻資訊

原訊號經 ITD 算法分解後，透過對其 PRC 分量進行分析，提取訊號的瞬時幅度、瞬時相頻資訊。為了避免希爾伯特變換的邊界效應及可能存在的負頻率問題，ITD 算法給出了一種新的定義時頻資訊的方法。

① 瞬時相位　ITD 方法以全波為單位對瞬時相位進行定義，其中訊號兩相鄰向上或向下過零點間的波形即為一個全波，如圖 3-12 所示。基於此瞬時相位可以定義為：

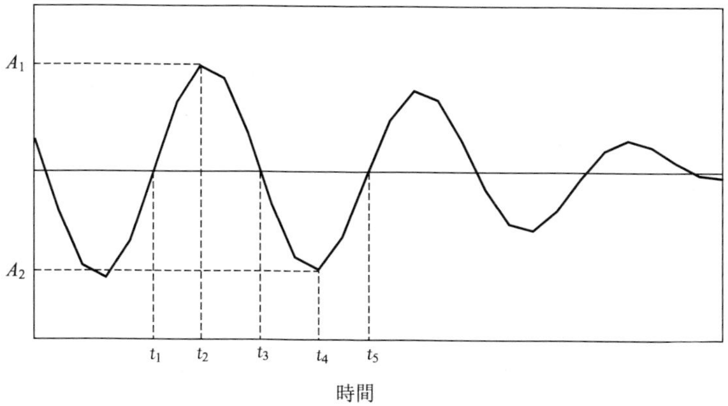

圖 3-12　ITD 全波定義

$$\theta_t^1=\begin{cases}\arcsin\dfrac{x_t}{A_1},t\in[t_1,t_2)\\ \pi-\arcsin\dfrac{x_t}{A_1},t\in[t_2,t_3)\\ \pi-\arcsin\dfrac{x_t}{A_2},t\in[t_3,t_4)\\ 2\pi+\arcsin\dfrac{x_t}{A_2},t\in[t_4,t_5)\end{cases} \tag{3-39}$$

$$\theta_t^2=\begin{cases}\dfrac{x_t}{A_1}\times\dfrac{\pi}{2},t\in[t_1,t_2)\\ \dfrac{x_t}{A_1}\times\dfrac{\pi}{2}+\left(1-\dfrac{x_t}{A_1}\right)\pi,t\in[t_2,t_3)\\ \dfrac{x_t}{A_2}\times\dfrac{3\pi}{2}+\left(1+\dfrac{x_t}{A_2}\right)\pi,t\in[t_3,t_4)\\ -\dfrac{x_t}{A_1}\times\dfrac{3\pi}{2}+\left(1+\dfrac{x_t}{A_2}\right)2\pi,t\in[t_4,t_5)\end{cases} \tag{3-40}$$

式中，$A_1>0$，$A_2>0$，分別為全波中正負半波的幅值大小。式(3-40) 為對式(3-39) 的近似，避免反正弦運算，提高算法計算效率。該方法對訊號的相位進行了重新定義，即訊號在上過零點 t_1 處相位為 0，極大值點 t_2 處相位為 $\pi/2$，下過零點 t_3 處相位為 π，極小值點 t_4 處相位為 $3\pi/2$。

② 瞬時頻率　對 ITD 定義的瞬時相位進行微分，即可得到訊號的瞬時頻率 f_t，即

$$f_t=\frac{1}{2\pi}\times\frac{\mathrm{d}\theta_t}{\mathrm{d}t} \tag{3-41}$$

該瞬時頻率定義方法擺脫了傳統傅立葉變換中對訊號週期性的限制，能夠更精確地對訊號的動態特性進行描述。

③ 瞬時幅度　定義瞬時幅度為訊號極值點處的值，其在每個半波內為一定值，定義如下：

$$A_t^1=A_t^2=\begin{cases}A_1,\quad t\in[t_1,t_3)\\ -A_2,\quad t\in[t_3,t_5)\end{cases} \tag{3-42}$$

(3) ITD 算法的優越性

ITD 方法擺脫了經典傅立葉變換對訊號週期性的限制，克服了小波變換難以對訊號自適應分析的缺點，其性能也優於 EMD 方法，避免了 EMD 算法中迭代運算的問題，降低了運算複雜度。ITD 方法的優越性具體如下。

① ITD 方法計算複雜度低，運算速度快，能夠自適應地對非平穩訊號進行實時分析。

② ITD 方法能較好地抑制 EMD 算法中存在的端點效應問題，並將其限制在訊號始末的極點邊緣，防止其向內傳播，污染整個訊號序列。

③ ITD 方法中每個旋轉分量的瞬時頻率和瞬時幅值均具有非常精確的時間分辨率，即其時間分辨率與時頻分析中訊號極值點出現的頻率相一致。

④ ITD 方法提供了一種新型的實時訊號濾波器，獲取訊號的瞬時幅值和瞬時頻率，並對訊號關鍵資訊進行保存。

ITD 算法可對平穩和非平穩訊號進行訊號分析，並表現出巨大的優越性，是一種能夠實時對訊號進行時頻分析的特徵提取方法。

3.4.3 冗餘小波變換

高密度離散小波變換（higher density discrete wavelet tansform，HD-DWT）是一種基於不規則小波框架的冗餘小波變換，它是透過如圖 3-13 所示的三通道濾波器組實現的。

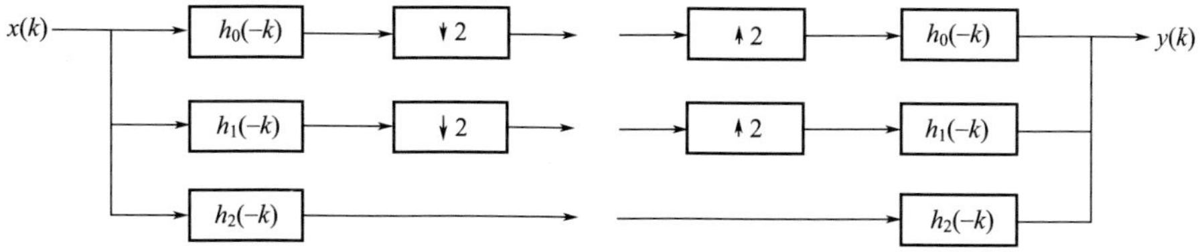

圖 3-13　HD-DWT 中的分析與綜合濾波器組

HD-DWT 中所用的尺度函數 $\phi(t)$ 和兩個母小波 $\psi_1(t)$、$\psi_2(t)$ 滿足以下雙尺度關係：

$$\phi(t)=\sqrt{2}\sum_{k\in Z}h_0(k)\phi(2t-k) \tag{3-43}$$

$$\psi_i(t)=\sqrt{2}\sum_{k\in Z}h_i(k)\phi(2t-k),i=1,2 \tag{3-44}$$

對於 j，$k\in\mathbf{Z}$，令

$$\phi_{j,k}(t)=2^{\frac{j}{2}}\phi(2^j t-k) \tag{3-45}$$

$$\psi_{1,j,k}(t)=2^{\frac{j}{2}}\psi_1(2^j t-k) \tag{3-46}$$

$$\psi_{2,j,k}(t)=2^{\frac{j}{2}}\psi_2(2^j t-k) \tag{3-47}$$

若 $h_i(k)(i=0,1,2)$滿足後面將給出的完全重構條件且 $\phi(t)$ 足夠正則，則

以下函數集合$\{\phi_{0,k}(t),\psi_{i,j,k}(t):j,k\in\mathbf{Z},j\geqslant 0,i=1,2\}$形成了$L^2(\boldsymbol{R})$上的緊框架，即對任意$f\in L^2(\boldsymbol{R})$，有

$$f=\sum_{k=-\infty}^{\infty}\langle f(t),\phi_{0,k}(t)\rangle\psi_{i,j,k}(t)+\sum_{i=1}^{2}\sum_{j=0}^{\infty}\sum_{k=-\infty}^{\infty}\langle f(t),\psi_{i,j,k}(t)\rangle\psi_{i,j,k}(t) \tag{3-48}$$

從式(3-47)中可知，$\psi_2(t)$是以$\frac{1}{2}$的整數倍平移的，因此$\{\phi_{0,k}(t),\psi_{i,j,k}(t):j,k\in\mathbf{Z},j\geqslant 0,i=1,2\}$形成的是一個不規則的小波框架。

為了進一步提高對時頻面的採樣密度，並根據高密度小波變換（higher density wavelet transform，HD-WT）具有的時間尺度分析特點，提出了高密度二進小波變換（higher density dyadic wavelet transform，HDD-WT），即不進行下採樣的高密度離散小波變換。

設 HD-DWT 的小波構造方法獲得的尺度函數為$\phi(t)$，兩個母小波分別為$\psi_1(t)$和$\psi_2(t)$。若尺度被離散化為一二進序列$\{2^j\}_{j\in\mathbf{Z}}$，則$f(t)\in L^2(\boldsymbol{R})$的高密度二進小波變換定義為

$$Wf_i(\tau,2^j)=\int_{-\infty}^{\infty}f(t)\frac{1}{\sqrt{2^j}}\psi_i\left(\frac{t-\tau}{2^j}\right)\mathrm{d}t=f*\overline{\psi}_{i,2^j}(\tau),i=1,2 \tag{3-49}$$

式中：

$$\overline{\psi}_{i,2^j}(t)=\psi_{i,2^j}(-t)=\frac{1}{\sqrt{2^j}}\psi_i\left(-\frac{t}{2^j}\right),i=1,2 \tag{3-50}$$

若再對式(3-49)中的τ進行離散化，則 HDD-WT 的小波係數由下式給出：

$$d_{i,j}(k)=Wf_i(k,2^j)=\langle f(t),\psi_{i,2^j}(t-k)\rangle=f*\overline{\psi}_{i,2^j}(k),i=1,2 \tag{3-51}$$

對任意$j\geqslant 0$，定義 HDD-WT 的尺度係數（離散逼近）為

$$c_j(k)=\langle f(t),\phi_{2^j}(t-k)\rangle=f*\overline{\phi}_{2^j}(k) \tag{3-52}$$

式中：

$$\overline{\phi}_{2^j}(t)=\phi_{2^j}(-t)=\frac{1}{\sqrt{2^j}}\phi\left(-\frac{t}{2^j}\right) \tag{3-53}$$

從輸入訊號$c_0(k)$開始，可以逐層找到相應尺度的小波係數。

HDD-WT 可透過濾波器級聯結構來實現。對於濾波器$h_i(k)(i=0,1,2)$，用$h_{i,j}(k)$表示在每兩個係數之間插入2^j-1個零後所得的濾波器。易知，$h_{i,j}(k)$的傅立葉變換為$H_i(2^j\omega)$。再記$\overline{h}_{i,j}(k)=h_{i,j}(-k)$。下面給出了 HDD-WT 的快速分解與重構算法。

HDD-WT 的分解算法可表示為

$$c_{j+1}(k)=c_j*\overline{h}_{0,j}(k) \tag{3-54}$$

$$d_{i,j+1}(k)=c_j*\overline{h}_{i,j}(k),i=1,2 \tag{3-55}$$

重構算法可表示為

$$c_j(k)=\frac{1}{2}[c_{j+1}*h_{0,j}(k)+c_{j+1}*h_{1,j}(k)]+c_{j+1}*h_{2,j}(k) \tag{3-56}$$

根據式(3-54)～式(3-56)，HDD-WT 的快速分解算法可表示為如圖 3-14(a) 所示的濾波器級聯結構，而快速重構算法可表示為如圖 3-14(b) 所示的濾波器級聯結構。需要注意的是，雖然理論上圖 3-14(a) 中分解計算的輸入是 $c_0(k)$，但在工程應用中 HDD-WT 的輸入也可直接取為訊號 $f(t)$ 的採樣序列 $f(k)$。

最後，根據圖 3-14 所示的濾波器級聯結構與 h_0、h_1 和 h_2 的特性可知，HDD-WT 對時頻面的採樣情況如圖 3-15 所示。

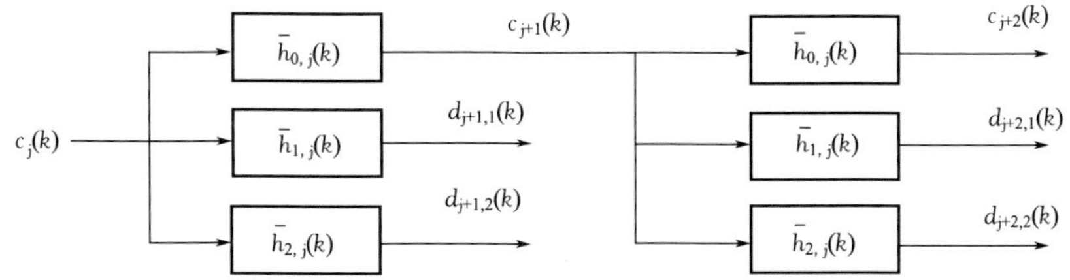

(a) 分解算法的濾波器結構

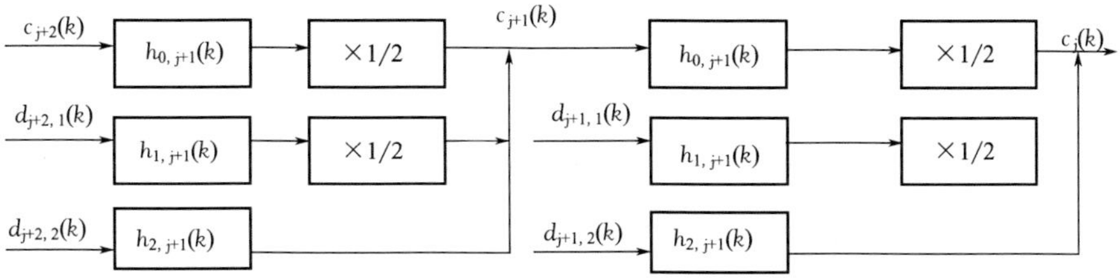

(b) 重構算法的濾波器結構

圖 3-14　實現 HDD-WT 的分解算法與重構算法

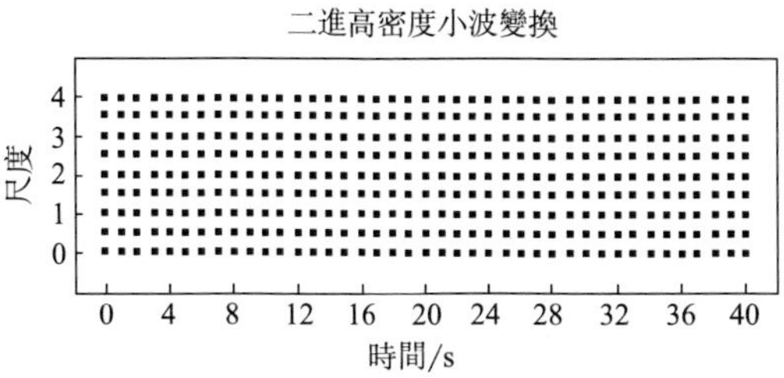

圖 3-15　高密度二進小波變換對時頻面的採樣

3.4.4 線性正則變換

(1) 線性正則變換的定義與性質

從不同的實際應用角度出發，線性正則變換（linear canonical transform，LCT）的定義有很多種，這些定義在本質上是一樣的，為了更好地理解與分析，本書採用最常見的積分形式[10]。

① 線性正則變換的定義 訊號 $f(t)$ 以實數矩陣 $\mathbf{A}=\begin{bmatrix} a & b \\ c & d \end{bmatrix}$ 為參數變量的線性正則變換定義為：

$$F_{\mathbf{A}}(u)=L_f^{\mathbf{A}}(u)=L_{\mathbf{A}}[f(t)](u)=\begin{cases} \int_{-\infty}^{+\infty} f(t)K_{\mathbf{A}}(t,u)\mathrm{d}t, & b\neq 0 \\ \sqrt{d}\,\mathrm{e}^{\mathrm{j}\frac{cd}{2}u^2} f(du), & b=0 \end{cases} \tag{3-57}$$

式中，$K_{\mathbf{A}}(t,u)=\frac{1}{\sqrt{\mathrm{j}2\pi b}}e^{j}\left(\frac{d}{2b}-\frac{ut}{b}+\frac{a}{2b}t^2\right)$ 並且滿足 $ad-bc=1$，$F_{\mathbf{A}}[\cdot]$ 和 $L_{\mathbf{A}}[\cdot]$ 表示參數為 $\mathbf{A}=\begin{bmatrix} a & b \\ c & d \end{bmatrix}$ 的線性正則算子。由定義知，當參數 $b=0$ 時，線性正則變換將退化為一個簡單的 Chirp 乘積形式，因此，除非特別聲明，在本書中只考慮 $b\neq 0$ 的情況。

線性正則變換的逆變換（inverse linear canonical transform，ILCT）可以表示為 $F_{\mathbf{A}}(u)$ 以 $\mathbf{A}^{-1}=\begin{bmatrix} d & -b \\ -c & a \end{bmatrix}$ 為參數變量的線性正則變換，即：

$$f(t)=\begin{cases} \int_{-\infty}^{+\infty} F_{\mathbf{A}}(u)K_{\mathbf{A}^{-1}}(t,u)\mathrm{d}t, & b\neq 0 \\ \sqrt{a}\,\mathrm{e}^{-\mathrm{j}\frac{ca}{2}t^2} f(at), & b=0 \end{cases} \tag{3-58}$$

式中，$K_{\mathbf{A}^{-1}}(t,u)=\sqrt{\frac{1}{-\mathrm{j}2\pi b}}\,\mathrm{e}^{\mathrm{j}\left(\frac{-d}{2b}u^2+\frac{ut}{b}-\frac{a}{2b}t^2\right)}$，$\mathbf{A}^{-1}$ 為參數矩陣 $\mathbf{A}$ 的逆矩陣。

當式(3-57) 中參數變量 $\mathbf{A}=\begin{bmatrix} \cos\alpha & \sin\alpha \\ -\sin\alpha & \cos\alpha \end{bmatrix}$ 時，線性正則變換變為分數階傅立葉變換。如果進一步令 $\alpha=\frac{\pi}{2}$，則線性正則變換變為傅立葉變換，因此傅立葉變換和分數階傅立葉變換都是線性正則變換的特殊形式。並且從式(3-57) 中可以看出，訊號 $f(t)$ 可以表示為 u 域上的一組正交 Chirp 基的線性組合，這裡 u 域稱為線性正則變換域。由於傅立葉變換和分數階傅立葉變換是線性正則變換的特殊形式，因此線性正則變換域可以看作時域、頻域和分數階傅立葉域的統一，並且同時包含了訊號在時域和頻域的資訊，可以看作一種新的時頻分析方法。更多線性正則變換的特殊形式，請參看表 3-1。

表 3-1　線性正則變換的特殊形式

參數 $\boldsymbol{A}$	變換
$\boldsymbol{A}=\begin{bmatrix}0 & 1\\ -1 & 0\end{bmatrix}$	傅立葉變換
$\boldsymbol{A}=\begin{bmatrix}\cos\alpha & \sin\alpha\\ -\sin\alpha & \cos\alpha\end{bmatrix}$	分數階傅立葉變換
$\boldsymbol{A}=\begin{bmatrix}1 & b\\ 0 & 1\end{bmatrix}$	Fresnel 變換
$\boldsymbol{A}=\begin{bmatrix}1 & 0\\ \tau & 1\end{bmatrix}$	Chirp 乘積算子
$\boldsymbol{A}=\begin{bmatrix}\sigma & 0\\ 0 & \sigma^{-1}\end{bmatrix}$	尺度算子

類似於一維線性正則變換的定義，二維線性正則變換的定義也有很多種，為了更好理解分析，本書給出了可分二維線性正則變換的定義。

二維訊號 $f(x,y)$以實數矩陣 $\boldsymbol{A}=\begin{bmatrix}a_1 & b_1\\ c_1 & d_1\end{bmatrix}$，$\boldsymbol{B}=\begin{bmatrix}a_2 & b_2\\ c_2 & d_2\end{bmatrix}$為參數變量的二維線性正則變換定義為：

$$L_{\boldsymbol{A},\boldsymbol{B}}[f(x,y)](u,v)=\begin{cases}\iint_{R^2} f(x,y)K_{\boldsymbol{A},\boldsymbol{B}}(u,v;x,y)\mathrm{d}x\,\mathrm{d}y, & b_1b_2\neq 0\\ \sqrt{d_1d_2}\,\mathrm{e}^{\mathrm{j}\frac{c_1d_1}{2}u^2+\frac{c_2d_2}{2}v^2} f[d_1(u-u_{01}),d_2(v-u_{02})], & b_1^2+b_2^2=0\end{cases}\tag{3-59}$$

式中，$K_{\boldsymbol{A},\boldsymbol{B}}(u,v;x,y)=K_{\boldsymbol{A}}(u,x)K_{\boldsymbol{B}}(v,y)$，$a_1d_1-b_1c_1=1$，$a_2d_2-b_2c_2=1$，並且 $K_{\boldsymbol{A}}(u,x)=\sqrt{\dfrac{1}{\mathrm{j}2\pi b_1}}\,\mathrm{e}^{\frac{\mathrm{j}}{2b_1}[a_1x^2-2xu+d_1u^2]}$，$K_{\boldsymbol{B}}(v,y)=\sqrt{\dfrac{1}{\mathrm{j}2\pi b_1}}\,\mathrm{e}^{\frac{\mathrm{j}}{2b_2}[a_2y^2-2yv+d_2v^2]}$。

由於二維線性正則變換的基本性質和定理與一維線性正則變換的相似，所以在下面主要介紹一維線性正則變換的性質與定理。

② 線性正則變換的基本性質　由於線性正則變換是傅立葉變換和分數階傅立葉變換的廣義形式，傅立葉變換和分數階傅立葉變換的許多基本性質都已經拓展到線性正則變換中。基於本書後續部分的需要，在這裡介紹一些線性正則變換的重要性質。

a. 疊加性質：

$$L_{\mathbf{A}_2}\{L_{\mathbf{A}_1}[f(t)]\}=L_{\mathbf{A}}[f(t)] \tag{3-60}$$

其中參數矩陣 $\mathbf{A}_1=\begin{bmatrix}a_1 & b_1\\ c_1 & d_1\end{bmatrix}$，$\mathbf{A}_2=\begin{bmatrix}a_2 & b_2\\ c_2 & d_2\end{bmatrix}$，並且滿足 $\mathbf{A}=\mathbf{A}_2\mathbf{A}_1$。

b. 線性性質：如果訊號 $x(t)$ 的 LCT 為 $L_{\mathbf{A}}[x(t)]$，訊號 $y(t)$ 的 LCT 為 $L_{\mathbf{A}}[y(t)]$，m，n 為常數，則

$$L_{\mathbf{A}}[mx(t)+ny(t)]=mL_{\mathbf{A}}[x(t)]+nL_{\mathbf{A}}[y(t)] \tag{3-61}$$

c. Parseval 準則：

$$\int_R |f(t)|^2\mathrm{d}t=\int_R |L_{\mathbf{A}}[f(t)](u)|^2\mathrm{d}u \tag{3-62}$$

d. 時移性質：若 $g(t)=f(t-\tau)$，則

$$L_{\mathbf{A}}[g(t)]=\mathrm{e}^{\mathrm{j}(cu\tau-ac\tau^2/2)}L_{\mathbf{A}}[f(t)](u-a\tau) \tag{3-63}$$

e. 調制性質：若 $g(t)=f(t)\mathrm{e}^{\mathrm{j}vt}$，則

$$L_{\mathbf{A}}[g(t)]=\mathrm{e}^{\mathrm{j}(dvu-bdv^2/2)}L_{\mathbf{A}}[f(t)](u-bv) \tag{3-64}$$

f. 尺度性質：若 $g(t)=f(mt)$，則

$$L_{\mathbf{A}}[g(t)]=\sqrt{\frac{1}{m}}L_{\mathbf{A}_1}[f(t)](u),\mathbf{A}_1=\begin{bmatrix}a/m & bm\\ c/m & dm\end{bmatrix} \tag{3-65}$$

g. 微分性質：若 $g(t)=f'(t)$，則

$$L_{\mathbf{A}}[g(t)]=(a\frac{\mathrm{d}}{\mathrm{d}u}-\mathrm{j}cu)L_{\mathbf{A}}[f(t)](u) \tag{3-66}$$

h. 積分性質：若 $g(t)=\int_{-\infty}^{t}f(x)\mathrm{d}x$，則

$$L_{\mathbf{A}}[g(t)]=\begin{cases}a>0,\dfrac{1}{a}\mathrm{e}^{\mathrm{j}cu^2/2a}\displaystyle\int_{-\infty}^{u}\mathrm{e}^{-\mathrm{j}cv^2/2b}L_{\mathbf{A}}[f(t)](v)\mathrm{d}v\\ a<0,-\dfrac{1}{a}\mathrm{e}^{\mathrm{j}cu^2/2a}\displaystyle\int_{-\infty}^{u}\mathrm{e}^{-\mathrm{j}cv^2/2b}L_{\mathbf{A}}[f(t)](v)\mathrm{d}v\end{cases} \tag{3-67}$$

③ 與時頻分布的關係　時頻分析是研究訊號的頻譜如何隨時間變化的，它彌補了傳統傅立葉變換的不足。隨著在時頻分析領域的深入研究，出現了許多種類的時頻分析函數。例如，短時傅立葉變換、Wigner 分布、模糊函數、Cohen 類分布、Gabor 變換和小波變換等。線性正則變換作為一種新的訊號分析工具，相對分數階傅立葉變換的一個自由變量和傅立葉變換的零個自由變量，線性正則變換含有三個自由變量，具有更強的靈活性。透過分析線性正則變換與時頻分布之間的關係，為訊號的時頻分析提供新的途徑。以線性正則變換與模糊函數之間的關係為例，訊號 $f(t)$ 的模糊函數定義為：

$$A_f(\tau,v)=\int_R f\left(t+\frac{\tau}{2}\right)f^*\left(t-\frac{\tau}{2}\right)\mathrm{e}^{-\mathrm{j}w\tau}\mathrm{d}\tau \tag{3-68}$$

若 $A_f(\tau,v)$，$A_{F_A}(\tau,v)$ 分別為 $f(t)$，$F_A(u)$ 的模糊函數，則有以下關係表達式成立：

$$A_{F_A}(\tau,v)=A_{F_A}(d\tau-bv,-c\tau+av) \tag{3-69}$$

$$A_f(\tau,v)=A_{F_A}(a\tau+bv,c\tau+dv) \tag{3-70}$$

根據式(3-69) 和式(3-70)，圖 3-16 展示了時頻平面上的訊號在線性正則變換參數下的變化形式，可以看出訊號經過線性正則變換後訊號的模糊函數與原訊號的模糊函數存在著仿射變換關係，這種仿射變換關係與分數階傅立葉變換在時頻面上的旋轉關係相比，不僅包括旋轉關係，還包括壓縮、拉伸等關係，並且在時頻平面上的總支撐域保持不變。透過選擇不同的線性正則變換參數就可以靈活地改變訊號在時頻平面上的形狀和位置，體現了線性正則變換相比傅立葉變換和分數階傅立葉變換所具有的優勢。因此，線性正則變換在處理非平穩訊號上具有更強的靈活性和處理能力。類似線性正則變換與模糊函數的關係，線性正則變換與 Wigner 分布和短時傅立葉變換等時頻分析工具也存在著同樣的仿射變換關係。

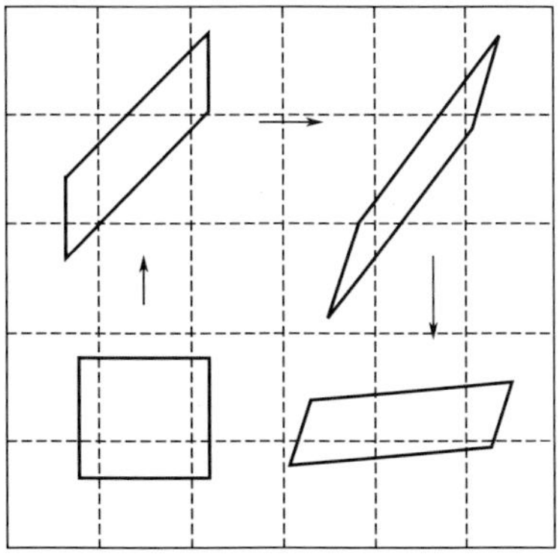

圖 3-16　線性正則變換與時頻分析的關係

(2) 線性正則變換在訊號處理中的應用

近年來，隨著眾多專家學者不斷地對線性正則變換進行深入研究，線性正則變換的理論體系得到了不斷的完善。在此基礎上，線性正則變換在訊號處理中的應用也逐漸地展開。然而由於線性正則變換的研究尚處於起步階段，線性正則變換在訊號處理中的應用還沒有分數階傅立葉變換和傅立葉變換那麼廣泛。目前，線性正則變換在訊號處理中主要集中在濾波、訊號調制、頻率估計、訊號處理以及圖像處理等方面（見圖 3-17)。

① 在訊號調制上的應用　在傳統訊號處理中，訊號的調制建立在傅立葉變換的基礎上，但當訊號在頻域為非帶限訊號，而在線性正則變換域為帶限訊號時，利用線性正則變換進行訊號調制往往能夠取得更理想的效果。在線性正則變換域訊號的調制過程中，首先選取合適的線性正則變換參數 $\begin{bmatrix} a & b \\ c & d \end{bmatrix}$，使輸入訊

號 $g_n(t)$ 為線性正則變換域帶限訊號。其次對輸入訊號作參數為 $\begin{bmatrix} -c & -d \\ a & b \end{bmatrix}$ 的線性正則變換，得到 $f_n(t)$。最後利用傳統的調制方法對 $f_n(t)$ 進行調制，得到對輸入訊號 $g_n(t)$ 的調制。這種基於線性正則變換的訊號調制過程，對非平穩訊號的調制有獨特優勢，尤其是對雷達訊號和聲訊號。此外，當輸入訊號為實訊號的時候，在調制過程中，還可以利用線性正則變換域希爾伯特變換產生的線性正則變換域解析訊號來節省頻寬，有利於訊號的快速傳輸。

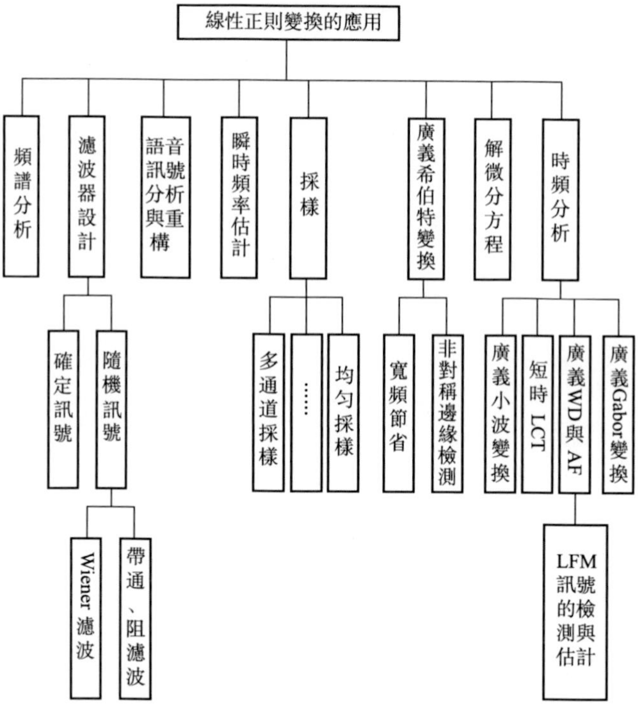

圖 3-17 線性正則變換在訊號處理中的應用

② 訊號瞬時頻率估計　訊號的瞬時頻率估計是現代訊號處理中的一個基本問題，它在通訊、雷達和生物醫學等領域起著重要的作用，尤其是非平穩訊號的瞬時頻率估計一直是研究的焦點與難點。根據線性正則變換在非平穩訊號分析與處理方面的獨特優勢，提出了利用線性正則變換的功率譜和訊號的相位倒數來估計訊號的瞬時頻率，獲得了以下瞬時頻率估計公式：

$$f_{IF}(t)=\frac{1}{2\pi}\times\frac{d\phi(t)}{dt}=\frac{1}{2\pi}\left(\frac{M-N}{2|f(t)|^2 tb(a+d)}-\frac{a-d}{2b}t\right) \tag{3-71}$$

式中，$\phi(t)$ 為訊號 $f(t)$ 的相位，並且有

$$M=|L_{A^{-1}}[L_A(f(t))(u)u](t)|^2, N=|L_A[L_{A^{-1}}(f(t))(u)u](t)|^2 \tag{3-72}$$

在此基礎上，透過對含噪聲和不含噪聲兩種訊號進行瞬時頻率估計，驗證了基於線性正則變換的瞬時頻率估計方法的有效性。此方法相對傳統的瞬時頻率估計方法而言具有不需要迭代過程、計算複雜度較小、準確性高的優點，為實際工程應用中的訊號瞬時頻率估計提供了新的方法。此外，利用線性正則變換域Wigner分布與模糊函數對線性調頻訊號和二次調頻訊號的頻率進行了檢測與估計。

③ 線性正則變換域濾波　作為傳統乘性濾波器的進一步推廣，首先根據線性正則變換域卷積理論，得到了線性正則變換域乘性濾波器，其模型如圖3-18所示。

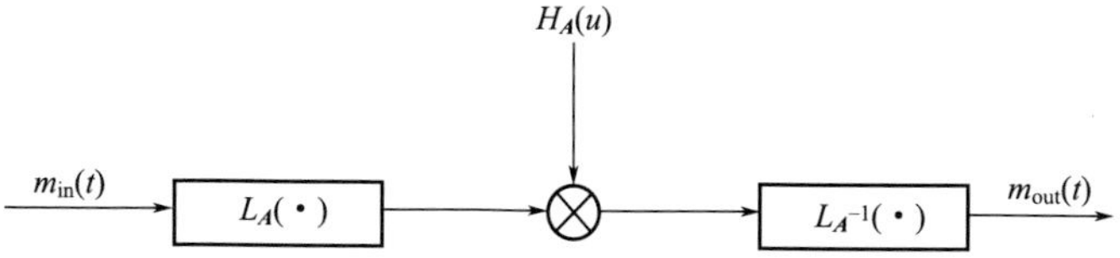

圖 3-18　線性正則變換域乘性濾波器

濾波器的輸出為：

$$m_{out}(t)=L_{A^{-1}}\{L_A[m_{in}(t)]H_A(u)\} \tag{3-73}$$

這裡 $H_A(u)$ 為濾波器的傳遞函數，當設計不同的 $H_A(u)$ 時，可以獲得不同形式的濾波器，如帶通、帶阻等。線性正則變換域乘性濾波器能夠解決一些傳統濾波器不能解決的問題，例如輸入訊號 $m_{in}(t)=s(t)+n_1(t)+n_2(t)$，$n_1(t)$ 和 $n_2(t)$ 為噪聲，其時頻分布如圖3-19所示。

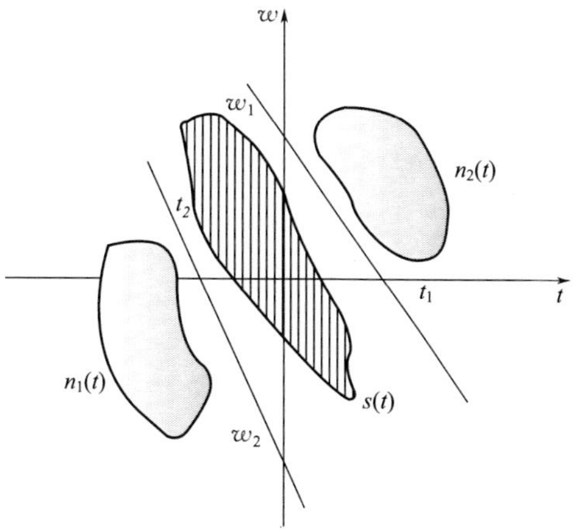

圖 3-19　輸入訊號的時頻分布

由圖3-19可以看出，原訊號 $s(t)$ 和噪聲在時頻面上存在耦合，傳統的時頻方法不能夠將訊號很好地分離出來，然而根據線性正則變換與時頻分布之間的關係可知，可

以利用改變線性正則變換的參數來實現時頻平面的分割，即透過兩個參數分別為 $a_1/b_1=w_1/t_1, a_2/b_2=w_2/t_2$ 的線性正則變換域濾波就可以完全去掉噪聲，獲得原訊號 $s(t)$。基於不同的線性正則變換域卷積定義與線性正則變換域乘性濾波，其實質是一樣的。

在最小均方誤差準則下的線性正則變換域 Wiener 濾波，假設輸入訊號 $x(t)=s(t)+n(t)$，令式(3-73) 中的傳遞函數為

$$H_{\mathbf{A}}(u)=R_{S,X}(u,u)/R_{X,X}(v,v) \tag{3-74}$$

式中

$$R_{S,X}(u,u)=\int_{-\infty}^{\infty}\int_{-\infty}^{\infty}K_{\mathbf{A}}(u,t)K_{\mathbf{A}}^{*}(u,\sigma)R_{sx}(t,\sigma)\mathrm{d}t\,\mathrm{d}\sigma$$

$$R_{X,X}(u,u)=\int_{-\infty}^{\infty}\int_{-\infty}^{\infty}K_{\mathbf{A}}(u,t)K_{\mathbf{A}}^{*}(u,\sigma)R_{xx}(t,\sigma)\mathrm{d}t\,\mathrm{d}\sigma \tag{3-75}$$

式中，$R_{sx}(t,\sigma)$為 $s(t)$ 和 $x(t)$ 的互相關函數，$R_{xx}(t,\sigma)$為 $x(t)$ 的自相關函數。其算法是透過計算最小均方誤差來確定最佳的參數 **A**，然後代入式(3-75) 獲得線性正則變換域 Wiener 濾波的傳遞函數。由於線性正則變換域 Wiener 濾波是從訊號的相關函數出發獲得的，因此它具有更廣泛的普適性。

④ 液位雷達訊號處理　根據線性正則變換在處理非平穩訊號上的優勢，線性正則變換可應用在雷達測量系統中。首先假設兩個球盤 A 和 B 之間的距離為 D，它們半徑和區域分布函數分別是 R_A、R_B 和 $F_A(x,y)$、$F_B(s,h)$。然後根據雷達的性質，可以得到 $F_A(x,y)$和 $F_B(s,h)$之間的關係為：

$$F_B(k,h)=\mathrm{e}^{\mathrm{j}2\pi D\lambda^{-1}}O_{Sx}^{(R_A,R_B,D)}\left\{O_{Sy}^{(R_A,R_B,D)}[F_A(x,y)]\right\} \tag{3-76}$$

式中

$$O_{Sx}^{(R_A,R_B,D)}[f(x)]=\sqrt{\frac{\mathrm{j}}{\lambda D}}\mathrm{e}^{-\frac{\mathrm{j}\pi}{\lambda}(R_B^{-1}+D^{-1})s^2}\int_{-\infty}^{\infty}\mathrm{e}^{-\frac{\mathrm{j}2\pi}{\lambda D}sx+\frac{j\pi}{\lambda}(R_A^{-1}-D^{-1})s^2}f(x)\mathrm{d}x \tag{3-77}$$

由上知可以把 $O_{Sx}^{(R_A,R_B,D)}[f(x)]$看成如下的線性正則變換，即：

$$\begin{bmatrix} a & b \\ c & d \end{bmatrix}=\begin{bmatrix} 1-R_A^{-1}D & -D/k \\ k(R_A^{-1}-R_B^{-1}+R_A^{-1}R_B^{-1}D) & 1+R_B^{-1}D \end{bmatrix} \tag{3-78}$$

並且 $O_{Sy}^{(R_A,R_B,D)}[f(y)]$與 $O_{Sx}^{(R_A,R_B,D)}[f(x)]$具有相同的形式，因此可以利用線性正則變換建立雷達系統模型。根據雷達訊號的 Chirp 特性和線性正則變換在處理 Chirp 訊號時的優勢，提出了一種基於線性正則變換的快速雷達訊號處理

算法。由於線性正則變換在處理非平穩訊號時，尤其是 Chirp 類訊號時具有獨特的優勢，因此線性正則變換在雷達中的應用必將引起更多的重視。

⑤ 在訊號處理中，頻譜分析是提取訊號特徵和研究訊號物理含義的基本分析方法。同時，訊號採樣的品質將會影響頻譜分析的好壞。目前，線性正則變換域訊號採樣與頻譜分析理論已取得了一定的成果。例如，線性正則域帶限訊號的均勻採樣定理、基於線性正則卷積定理的線性正則域訊號的均勻採樣與頻譜分析理論、能夠降低訊號採樣率的線性正則域倒數採樣定理和基於線性正則域希爾伯特變換的採樣定理、線性正則變換域的週期非均勻採樣定理與週期非均勻採樣訊號的頻譜分析。在此基礎上，還提出了線性正則變換域一般非均勻、有限點平移非均勻、N 階週期非均勻等非均勻採樣定理、線性正則變換域多抽樣率訊號的採樣與頻譜分析方法、線性正則變換域訊號的混疊採樣與其頻譜分析方法、基於再生核希爾伯特空間的採樣理論等。這些採樣與頻譜分析理論的發表一定程度上促進了線性正則變換在訊號處理中的應用，豐富線性正則變換的採樣與頻譜分析理論體系。但這些成果大都集中在線性正則域帶限的確定訊號上，線性正則變換的採樣與頻譜分析理論體系還有待進一步完善。

⑥ 設備聲發射訊號分析　聲發射具有非平穩性，其頻率是不斷發生變化的。常見的聲發射訊號模型有正弦訊號模型、Chirp 訊號模型、AM-FM（amplitude modulation and frequency modulation）模型等。由於線性正則變換具有三個自由參數，在處理非平穩訊號上具有獨特優勢，在多分量 AM-FM 的語音訊號模型的基礎上，提出了基於線性正則變換的兩種聲發射訊號分析與重構方法。第一種方法是根據 AM-FM 訊號模型中的聲發射訊號與干擾的 Gauss 訊號在線性正則域具有不同的能量聚集性質，設計合理的線性正則變換域濾波器濾掉大部分噪聲能量，隨後利用線性正則變換的逆變換恢復原始語音訊號，實現語音訊號的去噪。第二種方法是根據 AM-FM 的語音訊號模型具有多分量 Chirp 模型的形式，在多分量 Chirp 模型的檢測和參數估計中，為了避免強 Chirp 分量對弱 Chirp 分量的干擾，首先設置一個門限，利用擬牛頓方法進行思維峰值搜索來獲得最大峰值點的記録值。然後可以利用單分量 AM-FM 模型的檢測和參數估計方法檢測估計出最強 Chirp 分量，這樣 AM-FM 模型中的第一強分量能夠被重構出來，其後在線性正則變換域設計一個自適應濾波器來濾除最強 Chirp 分量，並利用線性正則變換的逆變換獲得 AM-FM 模型中的第二強分量，重複以上過程直到檢測出的分量低於設置的門限值，恢復原始聲發射訊號。

除了以上介紹的應用，線性正則變換還在採樣時刻未知的訊號重構、通訊系統、GRIN 系統等方面具有廣泛的應用。總的來說，相比傅立葉變換和分數階傅立葉變換，線性正則變換在實際工程中的應用還尚處於起步階段，有待進一步的研究。

參考文獻

[1] Benzi R, Sutera A, Vulpiana A. Theme chanism of stocha sticresonance [J]. Journal of Physics A: Mathematica land General, 1981, 14 (11): 453-457.

[2] 馮志鵬，褚福磊，左明健. 機械系統複雜非平穩訊號分析方法原理及故障診斷應用[M]. 北京：科學出版社，2018.

[3] Duarte L, Jutten C. Design of smart ion-Selective electrode arrays based on source separation through nonlinear independent component analysis[J]. Oil & Gas Science & Technology, 2014: 293-306.

[4] Shi P M, Ding X J, Han D Y. Study on multi-frequency weak signal detection method based on stochastic resonance tuning by multi-scale noise[J]. Measurement, 2014, 47: 540-546.

[5] Jutten C, Karhunen J. Advances in blind source separation (BSS) and independent component analysis (ICA) for nonlinear mixtures [J]. Int J Neural Syst, 2004, 14 (5): 267-292.

[6] Chang Y, Hao Y, Li C. Phase dependent and independent frequency identification of weak signals based on duffing oscillator via particle swarm optimization [J]. Circuits, Systems, and Signal Processing, 2014, 33 (1): 223-239.

[7] Yan J, Lu L. Improved Hilbert-Huang transform based weak signal detection methodology and its application on incipient fault diagnosis and ECG signal analysis[J]. Signal Processing, 2014, 98: 74-87.

[8] 柴毅，李尚福．航天智慧發射技術——測試、控制與決策[M]，北京：國防工業出版社，2013.

[9] 許水清．基於線性正則變換的非平穩訊號採樣與頻譜分析研究[D]，重慶：重慶大學，2017.

[10] 邢占強．基於非平穩訊號時頻分析的故障診斷及應用[D]，重慶：重慶大學，2017.

第4章

系統運行異常工況識別

系統在運行過程中，部件性能退化或者損壞、運行環境變化、過程受到擾動導致工作點漂移等會導致運行工況發生異常。因此，需要監測系統運行中關鍵狀態參量，對其進行深入分析，對異常工況進行識別，以利於發現故障隱患，從而保障系統安全穩定運行。

異常工況識別往往依賴於現場監測數據。目前，最為常用的異常工況識別方法包括數據驅動的運行工況識別、基於訊號分析方法的運行工況識別、基於模型的運行工況識別以及基於分類及聚類方法的運行工況識別。

4.1 概述

動態系統在運行過程中，由於物料變化、環境干擾、設備部件故障等情況，出現運行工況變化波動，致使難以精確判斷系統狀態，影響系統的故障處置及系統運行安全。因此，對系統運行狀態進行有效的在線監測，及時有效地識別出系統運行工況異常，有利於保障系統安全運行[1]。

通常意義上，對系統進行異常工況識別，即是根據現場監測數據，對設備參數變化（如超限額）、工藝指標出現異常（如過程中的溫度、壓力、流量異常）以及運行狀態參量異常進行監測，分析監測數據中能體現系統運行工況的特徵，進而對其異常狀態進行檢測及分析，從而識別出各種異常工況的過程[2]。

目前，大多複雜的機械裝備系統及工業過程系統都配備了狀態監測系統，在長期運行過程中累積了大量的監測數據。透過這些狀態監測數據，進行系統運行狀態評估，期望發現系統在運行期間可能存在的潛在故障，盡早發現性能劣化趨勢。常用的方法大致可以分為：基於模型的方法、基於數據的方法、基於訊號分析的方法以及基於模式分類的方法。

基於模型的異常工況識別方法思路簡明、運算量較小，但仍受模型的欠定問題等影響，需進一步研究。在實際工況過程中，由於系統運行眾多設備相連、結構複雜，很難建立其系統層面的機理模型，即使是依次對分系統建模，也會面臨不同分系統間連接關係複雜、建模精度難以提高、聯合模型難以吻合現實等情況。

基於多元統計分析的異常工況識別方法，其核心思想是透過對多個過程變量之間的相關性進行統計檢驗分析，此類方法通常需要建立系統過程變量的主元模型，然後建立相應統計指標來進行閾值監測，之後透過分析貢獻率，識別出工況異常的影響因素。此類方法由於系統運行所涉變量眾多，且變量與變量之間存在關聯，並不滿足獨立同分布的預設。此外，工業生產過程狀態監測數據雖然反映了系統運行的階段，過程及事件的發生形式，但過程的複雜性導致所採集到的數據易受到隨機噪聲和擾動的影響。

基於訊號分析的工況異常識別方法透過對系統監測參數進行分解、奇異點提取等，直接從監測訊號中發現奇異模式的發生點位，再結合機理知識對各類運行工況的時域響應進行匹配，進而發現工況異常。此類方法所面臨的挑戰在於監測數據中往往存在干擾噪聲的影響，而且由於缺乏異常資訊的先驗知識，在選用各種時頻分析方法往往不能達到最優的分析效果。

基於模式分類的工況異常識別方法，直接用監測數據訓練分類模型，採用傳統的統計方法、人工神經網路、支持向量機、貝氏網路等算法建立系統正常運行狀態下的監測模型，然後對實測數據進行分類或聚類，從而實現異常工況識別。此類方法所面臨的挑戰在於異常或失效資訊的多源性、複雜性與相關性。

4.2 基於統計分析的運行工況識別

系統運行過程中產生的高維監測數據中，蘊含著大量的系統運行狀態相關資訊，對其進行深入分析對於過程監控、運行工況識別具有重要意義。基於統計分析的方法是異常工況識別檢測的有力工具，常用於多工況條件下的異常工況識別。基於統計的分析方法包括主元分析（PCA）方法主元分析及其各種改進形式、PLS 及其各種改進形式、主元回歸、正則變元分析、獨立分量分析等[3]。其中主元分析方法由於其算法簡潔，目前已廣泛應用於各種工業過程的統計監測與異常檢測以及製造裝備運行狀態監測中，因此本節將以對 PCA 方法的應用展開討論。

4.2.1 PCA 方法及其發展

PCA 方法對高維數據空間進行降維處理，再透過多元投影方法構造一個較小的隱變量空間，以隱變量空間代替原始變量空間，此隱變量空間由主元變量張成的較低維的投影子空間（主元空間）和一個相應的殘差子空間構成，並在主元空間和殘差空間中構造能夠反映相應空間變化的統計量，然後將觀測向量分別向主元空間和殘差空間進行投影，並透過計算來判定實際系統的監控統計量是否超過設定的過程監控指標，進而判斷系統是否發生異常。常用的監測統計量有投影空間中的 T^2

統計量、殘差空間中的 Q 統計量、Hawkins 統計量和全局馬氏距離等。

PCA 能透過對原始數據空間的數據壓縮來抽取一種有代表性的數據統計特徵。在正常操作條件下，PCA 可透過直接對歷史過程數據的相關性進行提取來建立起正常工況下的主元模型，根據檢驗新的觀測數據相對於過程的歷史數據統計模型的背離程度來判斷系統是否含有異常工況，從而實現對過程的狀態監視及異常診斷。具體來說，PCA 將數據矩陣分解為得分向量和負荷向量的外積和，其中得分向量即為數據矩陣的主元，負荷向量實際上是矩陣協方差陣的特徵向量。

基於過程歷史數據建立起系統正常運行情況下的主元模型後，可以應用多元統計控制量進行異常識別與診斷的分析，常用的統計量有 2 個，即 Hotelling T^2 統計量和平方預測誤差 SPE 統計量。

定義 4.1 Hotelling T^2 統計量在主元子空間的定義為

$$T_i^2=\sum_{j=1}^{m}\frac{t_{ij}^2}{s_{t_i}^2} \tag{4-1}$$

式中，T_i^2 為第 i 行的 T^2 統計量；m 為所選主元個數；t_{ij} 為主元 t_i 第 j 行的值；$s_{t_i}^2$ 為 t_i 的估計方差。其控制限可由 F 分布確定：

$$UCL=\frac{k(n-1)}{n-k}F_{k,n-1,\alpha} \tag{4-2}$$

式中，n 為主元模型的樣本個數；k 為所選主元個數；α 為檢驗水準；$F_{k,n-1,\alpha}$ 為自由度分別為 k 和 $n-1$ 時 F 分布的臨界值。

定義 4.2 SPE 統計量位於殘差子空間，其定義為

$$SPE(k)=\|E(k)\|^2=x(k)(I-\boldsymbol{P}_t\boldsymbol{P}_t^{\mathrm{T}})x(k)^{\mathrm{T}} \tag{4-3}$$

式中，$\boldsymbol{P}_t$ 為主元模型中相應載荷矩陣的前 t 列所構成的數據矩陣。SPE 的控制限可由對應的正態分布確定：

$$\boldsymbol{Q}_\alpha=\theta_1\left[\frac{h_0C_\alpha\sqrt{2\theta_2}}{\theta_1}+\frac{\theta_2h_0(h_0-1)}{\theta_1}+1\right]^{\frac{1}{h_0}} \tag{4-4}$$

$$\theta_j=\sum_{i=t+1}^{T}\lambda_i^j, j=1,2,3 \tag{4-5}$$

$$h_0=1-\frac{2\theta_1\theta_3}{3\theta_2^2} \tag{4-6}$$

式中，λ_i 是數據協方差矩陣的特徵根，C_α 為正態分布的 α 分位點。

SPE 和 T^2 統計量分別從不同角度反映了觀測數據中沒有被已選取的主元模型所解釋的那部分數據變化情況。SPE 統計量的含義是表示第 k 時刻的觀測數據 $x(k)$ 相對於其主元模型的背離程度，透過這個背離程度來衡量主元模型對應的外部數據變化的一個測度；T^2 統計量的含義是反映每個數據採樣點在幅值及

變化趨勢方面相對於已選取的主元模型的偏離程度，透過這個偏離程度作為評價主元模型內部所發生的變化情況的一個測度。

PCA 方法透過檢測 T^2 和 SPE 兩個統計量的取值是否超過與其對應的控制限確定實際系統是處於異常工況還是處於正常工況。當採集到的在線數據與建立主元模型的數據都處於正常的工況時，則主元模型中對應的 T^2 統計量和 SPE 統計量都將低於 PCA 模型所設定好的 T^2 與 SPE 控制限，反之，T^2 和 SPE 統計量的取值將超出這個設定好的控制限。

傳統 PCA 是一種靜態建模方法，它假設被監控系統處於某種穩定運行狀態，且被監測變量之間不存在相關性，而且當主元模型建立之後，由於數據矩陣的協方差不變，以該數據矩陣建立的主元模型也就固定不變。但從較短的時間角度來看，實際的工業過程大多數是一個動態的非平穩過程。即使工業過程在某段時間內處於正常狀況，系統的各種主要參數在正常範圍內都沒有較大變化，但從較長的時間角度來看，原來反映系統的主元模型已經不能準確反映該系統。這是由於系統設備的長時間磨損老化、原材料的緩慢變化和相應催化劑存在的活性降低、各種感測器出現的性能漂移等會引起過程變量的均值、方差及相關結構在正常情況下隨時間漂移。相比於過程中出現的故障，這種緩慢的偏移屬於過程正常運行情況且不容易被發覺，但當時間長了之後，由於累積效應，最終引發系統的故障報警，威脅系統的安全性。為使得建模結果能反映過程動態特性，人們提出了自適應主元分析（adaptive principal component analysis，APCA），透過自適應更新計算過程數據矩陣的均值、相應主元模型中主元個數以及主元模型中的 T^2 和 SPE 統計量的控制限，從而對系統過程運行的狀態進行實時監控。它主要包括遞歸主元分析和滑動窗口主元分析。

為使得建模結果匹配系統的非線性特徵，人們提出了核主元分析法（KPCA）[4]。標準 KPCA 方法是將核函數引入 PCA 中。其基本思想是選取合理的核函數將輸入向量非線性映射到一個高維特徵空間，使輸入向量線性可分，再採用 PCA 進行異常工況識別。其中非線性變換透過內積完成，內積函數（即核函數）隱含了輸入空間到特徵空間的映射關係。其存在的問題是形成的特徵空間與輸入空間之間沒有顯式的關係表示，因而對異常特徵定位較難。

然而 PCA 還存在著尺度單一的缺陷，即 PCA 只能檢測故障發生在某一固定尺度或時頻範圍上的數據。在工業系統實際運行過程中所獲取的監測數據中，其故障可能發生在不同的頻段之上，並且隨著時間或頻率發生變化，該過程數據的功率譜或能量譜也在不同程度地發生變化，因此對於這種情況的故障診斷必須從不同的尺度來進行分析，才能對其做出一個較為全面、較為準確的診斷。多尺度主元分析（multi-scale principal component analysis，MSPCA）正是在這個基礎之上提出來的。透過將主元分析除去過程變量線性相關的能力與小波變換近似分解過程變量自相關的能力及小波變換提取過程變量局部特徵的優勢有機結合，進而能夠同時提取各個過程變量之間、數據樣本與樣本之間以及樣本與變量的相互關係，以提升對待測數據中幅值很小但卻含有重要故障資訊的特徵細節的反應靈敏度。

4.2.2 基於特徵樣本提取的 KPCA 異常工況識別

標準 KPCA 異常工況識別方法是將核函數引入 PCA 異常工況識別中。其基本思想是選取合理的核函數將輸入向量非線性映射到一個高維特徵空間，使輸入向量具有更好的可分性，再採用 PCA 進行異常工況識別。但是標準 KPCA 異常工況識別方法需要計算和儲存核矩陣，對核矩陣進行特徵值分解，其計算複雜度是 $O(M^3)$，而且對樣本進行特徵提取時，需要計算樣本與所有訓練樣本間的核函數。當採樣數大時，計算量大、耗時、效率低。

解決 KPCA 計算問題的方法目前分為兩類：一類是將核矩陣某些數據用零替換，形成稀疏矩陣；另一類是削減訓練樣本數量。基於特徵樣本的 KPCA (SKPCA)，其基本思想是削減訓練樣本數量，但是在減少樣本數量的同時，透過提取特徵樣本，確保樣本分布不變。

(1) 特徵樣本提取原理

原始數據 x_i 在映射空間 F 的像為 $\boldsymbol{\phi}(x_i)$，設 $\boldsymbol{\phi}_i=\boldsymbol{\phi}(x_i)$，$k_{ij}=\boldsymbol{\phi}_i^{\mathrm{T}}\boldsymbol{\phi}_j$，從 N 個樣本中選取的特徵樣本為 $\boldsymbol{X}_s=\{x_{s1},\cdots,x_{sL}\}$，那麼其他樣本在空間 F 中的映射可用特徵樣本的映射近似表示，即 $\hat{\boldsymbol{\phi}}_i=\boldsymbol{\varphi}_s\boldsymbol{a}_i$，其中，$\boldsymbol{\varphi}_s=(\boldsymbol{\phi}_{s1},\cdots,\boldsymbol{\phi}_{sL})$，$\boldsymbol{a}_i=(a_{i1},\cdots,a_{iL})^{\mathrm{T}}$，$\boldsymbol{a}_i$ 是使 $\hat{\boldsymbol{\phi}}_i$ 和 $\boldsymbol{\phi}_i$ 差異最小的係數向量，$\hat{\boldsymbol{\phi}}_i$ 和 $\boldsymbol{\phi}_i$ 的差異可表示為 $\delta_i=\|\boldsymbol{\phi}_i-\hat{\boldsymbol{\phi}}_i\|^2/\|\boldsymbol{\phi}_i\|^2$。由於

$$\min_{a_i}\delta_i=1-\frac{\boldsymbol{K}_{si}^{\mathrm{T}}\boldsymbol{K}_{ss}^{-1}\boldsymbol{K}_{si}}{\boldsymbol{K}_{ii}} \tag{4-7}$$

式中，$\boldsymbol{K}_{ss}=(k_{s_ps_q})$，$1\leqslant s_p\leqslant L$，$1\leqslant s_q\leqslant L$，$k_{s_ps_q}=\boldsymbol{\phi}^{\mathrm{T}}(x_{s_p})\boldsymbol{\phi}(x_{s_q})$，$x_{s_p}$ 和 x_{s_q} 是特徵樣本，$\boldsymbol{K}_{si}=(k_{s_p}i)$，$1\leqslant p\leqslant L$，$\boldsymbol{K}_{ii}=k(x_i,x_i)$，$1\leqslant p\leqslant L$。

從樣本集中提取特徵樣本集 S 時，S 應滿足代表性指標，為此最小化所有樣本的差異 δ_i 的和，即

$$\min_S\left[\sum_{x_i\in X}\left[1-\frac{\boldsymbol{K}_{si}^{\mathrm{T}}\boldsymbol{K}_{ss}^{-1}\boldsymbol{K}_{si}}{\boldsymbol{K}_{ii}}\right]\right],\max_S\left[\sum_{x_i\in X}\frac{\boldsymbol{K}_{si}^{\mathrm{T}}\boldsymbol{K}_{ss}^{-1}\boldsymbol{K}_{\mathrm{si}}}{\boldsymbol{K}_{ii}}\right] \tag{4-8}$$

定義 $J_s=\dfrac{1}{N}\sum\limits_{x_i\in X}J_{si}$，其中 $J_{si}=\dfrac{\boldsymbol{K}_{si}^{\mathrm{T}}\boldsymbol{K}_{ss}^{-1}\boldsymbol{K}_{si}}{\boldsymbol{K}_{ii}}=\dfrac{\|\hat{\boldsymbol{\phi}}_i\|^2}{\|\boldsymbol{\phi}_i\|^2}$，則式(4-8) 等於 $\max\limits_S(J_s)$。從 J_s 和 J_{si} 的定義可以看出，它們的取值範圍為$(0,1]$。

(2) 特徵樣本提取算法

特徵樣本提取算法是一個循環過程：首先提取樣本集的中間樣本，這時特徵樣本集 S 中只有一個樣本($L=1$)，計算 S 的代表性，即計算 J_s 和 J_{si}，將最小 J_{si} 對應的樣本添加到特徵樣本集 S 中；然後計算新的特徵樣本集 S 的代表性。這個過程不斷循環，直到 J_s 滿足要求。特徵樣本提取算法的執行步驟如下：

① 給定停止條件，即最大代表性指標 max$Fitness$；

② 提取樣本集的中間樣本 x_m，$\boldsymbol{S}=\{x_m\}$，$L=1$；

③ 計算 J_s 和 J_{si}，$1<j<N$；

④ 提取樣本 $x_{\hat{j}}$，$\hat{j}=\min\limits_{j} J_{sj}$；

⑤ $L=L+1$，$\boldsymbol{S}=\boldsymbol{S}\cup\{x_{\hat{j}}\}$；

⑥ 如果滿足 $L<N$ 和 $J_s<$max$Fitness$ 回到步驟③，否則回到步驟⑦；

⑦ S 為提取的特徵樣本。

在原 KPCA 算法中，第 1 個特徵樣本透過計算最大 J_s 來確定，採用中間樣本作為第 1 個特徵樣本同樣達到了原算法的效果，並且簡化了計算。

(3) SKPCA 算法仿真

以某發動機系統中的一部分參數為例：共選取了十個參數，T 為燃燒室的溫度，P 為燃燒室的壓力，P_{ot} 為發動機噴嘴壓力，F_1 為燃料 1 的流量，F_2 為燃料 2 的流量，$P_{1\mathrm{r}}$ 為燃料 1 的儲藏室壓力，$P_{2\mathrm{r}}$ 為燃料 2 的儲藏室壓力，u_1 為控制閥 1 的開度，u_2 為控制閥 2 的開度，P_f 為控制閥氣源壓力，以某次試驗數據組成數據樣本集。樣本集由 50 個樣本組成並分別進行 KPCA 和 SKPCA 分析，並進行對比分析。

將預處理後的數據排成 $N\times10$ 的矩陣（N 為樣本數據長度）。按照上節給出的算法步驟進行特徵提取並進行核主元分析，可以求得關係矩陣的特徵值如表 4-1 所示。由表可知，取前 4 個主元，其累積貢獻率為 97.63%（大於 95%），所以認為前四個主元已經能夠反映全部 10 個變量的絕大部分資訊了。

表 4-1 SKPCA 模型的貢獻率

主元	矩陣特徵值	方差貢獻率/%	累積貢獻率/%
1	0.4208	0.7864	78.64
2	0.0461	0.0861	87.25
3	0.0362	0.0676	93.01
4	0.0194	0.0362	97.63
5	0.0115	0.0215	99.78
6	0.0009	0.0017	99.95
7	0.0002	0.0003	99.98
8	0.0001	0.0002	100

如圖 4-1～圖 4-4 所示，將 SKPCA 應用於某運載火箭動力系統的某次試驗過程，並與基於全體樣本的 KPCA 比較，結果顯示，SKPCA 採用特徵樣本提取方法，樣本的提取並非簡單隨機地減少樣本數量，而是透過提取特徵樣本，樣本分布結構基本不變，KPCA 模型的仿真時間為 0.416s，而 SKPCA 模型的仿真時間為 0.094s。明顯解決了 KPCA 的計算問題，提高了算法的執行效率，同時保證 SKPCA 模型與全體樣本建立的主元模型基本相同。

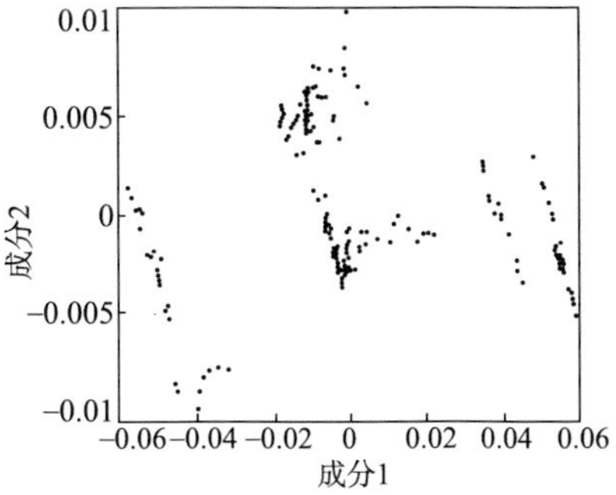

圖 4-1　KPCA 方法的前兩個主分量分布

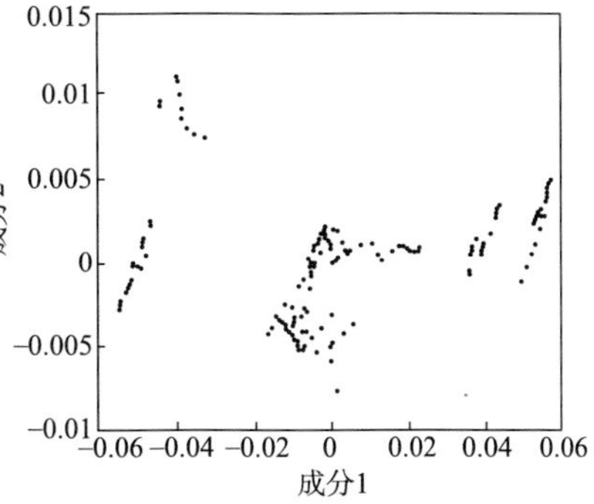

圖 4-2　SKPCA 方法的前兩個主分量分布

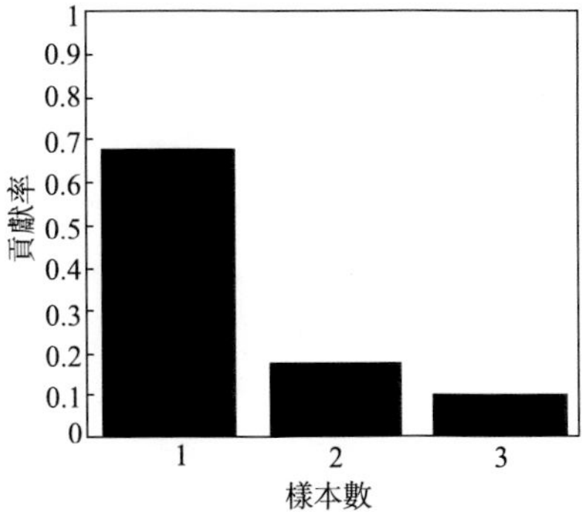

圖 4-3　KPCA 特徵值貢獻率

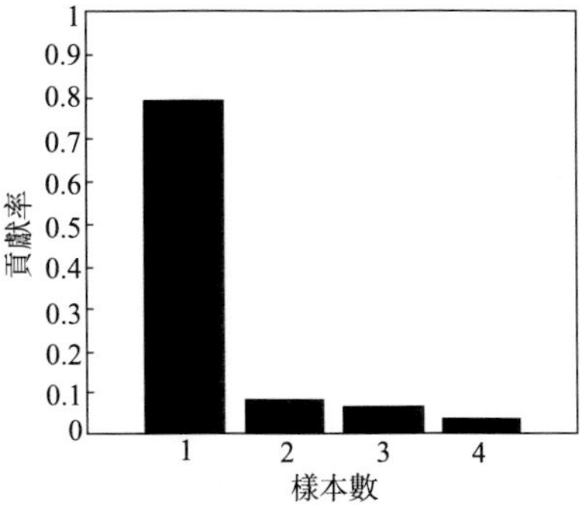

圖 4-4　SKPCA 特徵值貢獻率

4.2.3 基於 MSKPCA 的異常工況識別

在實際的過程監控中，KPCA 方法還有不足之處，一方面，過程數據經常摻雜噪聲和干擾，例如白噪聲和電磁干擾，直接採用這樣的數據進行 KPCA 對過程監控時，將影響資訊處理分析結果，降低結果的置信度。另一方面，KPCA 方法需要計算核矩陣，它的大小是採樣數的平方，如果採樣數較大時，計算量大並且耗時，影響效率。但是這點已經在 4.2.2 節採用 SKPCA 的方法進行了改善。針對第一點，採用多尺度核主元分析方法，透過對原始數據經正交小波變換後，對每一個尺度上的小波係數均進行小波閾值消噪，將消噪後的小波係數矩陣進行核主元分析及小波重構，利用綜合尺度的核主元分析模型進行運行工況在線監測。這樣既減少了誤差，又顧及數據的多尺度特性。

考慮到運行系統中過程變量數量特點，如果先對採樣數據進行消噪處理，再進行多尺度分析，在實際應用中，效果並不理想。主要原因是當採用小波來消噪時，對數據進行了一次小波分解和重構之後，再對消噪後的訊號進行多尺度核主元分析（MSKPCA），又進行了一次小波分解與重構，這樣會造成步驟上的重疊，也會增加不必要的時間開銷。因此，本節將小波消噪和多尺度核主元分析方法結合起來，並利用統計檢測方法對異常運行工況進行識別。

(1) MSKPCA 的數學分析

MSKPCA 綜合應用小波變換分析數據的多尺度特性，以及 KPCA 挖掘數據之間的非線性、動態特性和相關性，從而提高異常工況識別的準確性。其具體分析步驟如下。

首先假設數據矩陣為 $\boldsymbol{X}_{n\times m}$（$n$ 為採樣點數，m 為變量個數），$\boldsymbol{WX}$ 為 $\boldsymbol{X}$ 經小波變換後的小波係數矩陣，其中，$\boldsymbol{W}_{n\times n}$ 是由濾波器係數所組成的正交小波算子，如式(4-9) 所示。

$$\boldsymbol{W}=\begin{bmatrix} h_{L,1} & h_{L,2} & \cdots & \cdots & \cdots & \cdots & \cdots & h_{L,N} \\ g_{L,1} & g_{L,2} & \cdots & \cdots & \cdots & \cdots & \cdots & g_{L,N} \\ g_{L-1,1} & g_{L-1,2} & \cdots & g_{L-1,\frac{N}{2}} & 0 & \cdots & \cdots & 0 \\ 0 & \cdots & \cdots & 0 & g_{L-1,\frac{N}{2}+1} & \cdots & \cdots & g_{L-1,N} \\ \vdots & \vdots & \vdots & \vdots & \vdots & \vdots & \vdots & \vdots \\ g_{1,1} & g_{1,2} & 0 & \cdots & \cdots & \cdots & \cdots & 0 \\ 0 & 0 & \cdots & \cdots & \cdots & 0 & g_{1,N-1} & g_{1,N} \end{bmatrix}=\begin{bmatrix} H_L \\ G_L \\ G_{L-1} \\ \vdots \\ G_m \\ \vdots \\ G_1 \end{bmatrix} \tag{4-9}$$

式中，G_m 為 $2\log_2^{n-1}\times n$ 維矩陣，由小波濾波器係數組成，$m=1,2,\cdots,L$，L 為最大分解層次；H_L 由最大層尺度濾波器係數組成。矩陣 $\boldsymbol{X}$ 和 $\boldsymbol{WX}$ 之間的 KPCA 的關係可由以下引理來描述。

引理 4.1 數據矩陣 $\boldsymbol{X}$ 和 $\boldsymbol{WX}$ 的負荷向量相等，$\boldsymbol{WX}$ 的得分向量是 $\boldsymbol{X}$ 的得分向量的小波變換。

證明： 由於數據矩陣 $\boldsymbol{X}$ 每一列的小波變換都選擇相同的正交小波算子 $\boldsymbol{W}$，因而有下式成立。

$$(\boldsymbol{WX})^{\mathrm{T}}(\boldsymbol{WX})=\boldsymbol{X}^{\mathrm{T}}\boldsymbol{W}^{\mathrm{T}}\boldsymbol{WX}=\boldsymbol{X}^{\mathrm{T}}\boldsymbol{X} \tag{4-10}$$

此式證明小波係數協方差矩陣與原始數據協方差矩陣保持一致，根據負荷向量的概念，式(4-10) 可進一步證明 $\boldsymbol{X}$ 和 $\boldsymbol{WX}$ 的負荷向量相同。

既然 $\boldsymbol{X}$ 的主元分析可由下式描述，$\boldsymbol{X}=\boldsymbol{TP}^{\mathrm{T}}$，則 $\boldsymbol{WX}=(\boldsymbol{WT})\boldsymbol{P}^{\mathrm{T}}$，因而 $\boldsymbol{WX}$ 的得分向量是 $\boldsymbol{X}$ 的得分向量的小波變換證畢。

MSKPCA 算法從多尺度的角度出發，不僅包括對各層小波係數分別進行 KPCA，而且為了減少誤報，算法的最後一步將超出控制限的小波係數進行小波重構，然後再一次對重構後的數據進行主元分析。

與原始數據矩陣協方差保持一致的小波變換係數的協方差矩陣可寫成各尺度協方差矩陣的累加和：

$$(\boldsymbol{WX})^{\mathrm{T}}(\boldsymbol{WX})=(\boldsymbol{H}_L\boldsymbol{X})^{\mathrm{T}}(\boldsymbol{H}_L\boldsymbol{X})+(\boldsymbol{G}_L\boldsymbol{X})^{\mathrm{T}}(\boldsymbol{G}_L\boldsymbol{X})+\cdots+ (\boldsymbol{G}_m\boldsymbol{X})^{\mathrm{T}}(\boldsymbol{G}_m\boldsymbol{X})+\cdots+(\boldsymbol{G}_1\boldsymbol{X})^{\mathrm{T}}(\boldsymbol{G}_1\boldsymbol{X}) \tag{4-11}$$

當過程中首次出現異常情況時，首先被細尺度上的小波係數監測到；異常情況持續發生時，較粗尺度上的小波係數又可監測到；最終尺度係數（最粗尺度上的低頻係數）也會監測到這種變化。然而，當工況由異常恢復到正常時，盡管細尺度上的小波係數很快監測到變化，但由於尺度係數對數據變化的不敏感性，其仍保持在控制限外，所以只透過分析各層小波係數來判斷系統狀態，會造成誤報或延誤的後果。

因而需要將所有的尺度綜合分析，其中進行主元建模所用的協方差矩陣，可透過將所在尺度發生異常情況的協方差矩陣組合計算。

$$(\boldsymbol{H}_{m-1}\boldsymbol{X})^{\mathrm{T}}(\boldsymbol{H}_{m-1}\boldsymbol{X})=(\boldsymbol{H}_m\boldsymbol{X})^{\mathrm{T}}(\boldsymbol{H}_m\boldsymbol{X})+\gamma(\boldsymbol{G}_m\boldsymbol{X})^{\mathrm{T}}(\boldsymbol{G}_m\boldsymbol{X}) \tag{4-12}$$

式中，$\gamma=\begin{cases}1, & \text{KPCA 結果表明在尺度上發生異常情況時} \\ 0, & \text{否則}\end{cases}$。

利用這些矩陣建立對應的主元分析模型進行異常識別。一方面訊號經小波分解後得到的小波係數近似相互獨立，即小波係數序列基本上不存在嚴重的自相關性，所以對小波係數建模的同時可以較好地克服傳統 KPCA 建模中的序列相關性問題。另一方面小波變換仍是正交變換，因此各個尺度上的 KPCA 模型並不會改變變量之間的相互關係。

（2）MSKPCA 算法分析

採用的多尺度核主元分析是一種能夠同時利用多個尺度上的資訊的多尺度監測方法，MSKPCA 的分析步驟如圖 4-5 所示，其基本思想是：對於來自過程數據庫的測量數據陣 $\boldsymbol{X}\in\boldsymbol{R}^{N\times m}$，首先對矩陣進行小波變換，將各個變量的數據在不同尺度上進行分解，得到數據陣的近似部分 $\boldsymbol{A}_J$ 和細節部分 $D_1,D_2,\cdots,D_J$（假設最大分解尺度為 J），然後對各個尺度上的小波係數重構後得到 $J+1$ 維重

構矩陣 $\boldsymbol{X}^{[0]},\boldsymbol{X}^{[1]},\cdots,\boldsymbol{X}^{[J]}$，可知 $\boldsymbol{X}=\boldsymbol{X}^{[0]}+\boldsymbol{X}^{[1]}+\cdots+\boldsymbol{X}^{[J]}$。在 MSKPCA 中，增廣矩陣為 $\widetilde{\boldsymbol{x}}=[(\boldsymbol{x}^{[0]})^{\mathrm{T}}(\boldsymbol{x}^{[1]})^{\mathrm{T}}\cdots(\boldsymbol{x}^{[J]})^{\mathrm{T}}]^{\mathrm{T}}$，則在非線性特徵空間的點積核函數可表示為

$$k(\widetilde{x}_s,\widetilde{x}_t)=\exp(-\|\widetilde{x}_s-\widetilde{x}_t\|^2/c)=\prod_{j=0}^{J}\exp(-\|\widetilde{x}_s^{[j]}-\widetilde{x}_t^{[j]}\|^2/c)$$
$$=\prod_{j=0}^{J}k(\widetilde{x}_s^{[j]},\widetilde{x}_t^{[j]}) \tag{4-13}$$

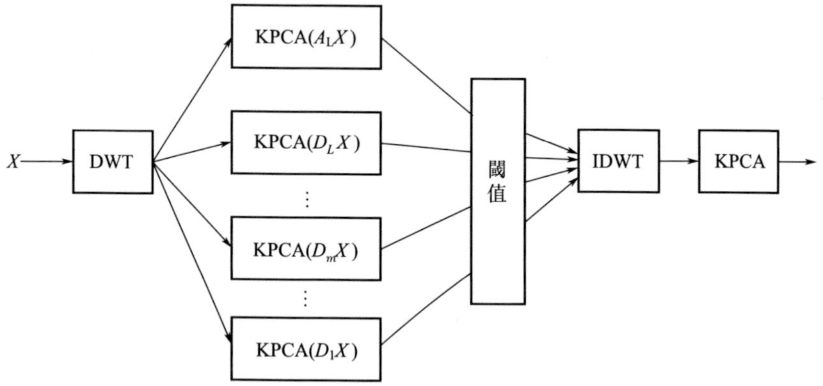

圖 4-5 MSKPCA 的方法原理圖

式(4-13) 中的第三個等式滿足高斯核函數條件，$k(\widetilde{\boldsymbol{x}}_s^{[j]},\ \widetilde{\boldsymbol{x}}_t^{[j]})$ 表示在尺度 J 上的局部核函數。在 MSKPCA 模型中為了應用的靈活性，允許所有的局部核函數不一致，為了避免計算的複雜性，影響算法效率，一般將所有的局部核函數均一致。

MSKPCA 算法利用小波變換分析過程數據的多尺度特性，對不同尺度下的數據使用基於核函數的非線性變換，將數據轉換到線性空間中作 PCA 分析。MSKPCA 模型的建立過程如下：

① 選取 2^N（N 為正整數）個正常數據樣本，利用小波閾值去噪方法進行數據預處理後，對樣本的每一列進行小波多尺度分解，得到每列數據各個細尺度和粗尺度的小波係數，並在各個尺度上建立小波係數矩陣；

② 對每個尺度都分別進行核主元分析，計算協方差矩陣、主元分值，然後選取合適的主元個數並計算平方預測誤差 SPE 統計量及其控制限，以 SPE 控制限為閾值，選取大於等於閾值的小波係數；

③ 對具有顯著事件的尺度進行組合，將這些尺度上所選分值和閾值分值重構，對重構後的矩陣進行核主元分析，計算 T^2 和 SPE 統計量及其控制限，確

定主元個數，建立綜合主元模型，並利用綜合主元模型實現異常工況識別。

針對傳統 MSKPCA 的缺點和不足，提出了一種改進的 MSKPCA 方法，該方法首先對採樣數據的每一列進行正交小波分解後，計算每一尺度係數上的噪聲標準差 δ 和閾值 T，利用小波閾值去噪方法去除每一尺度係數矩陣中的噪聲和異常點，使得每一列的噪聲水準普遍較低，從而達到消噪的目的，然後對低頻係數和消噪後的高頻係數進行核主元分析，對超出控制限的小波係數進行小波重構，最後，再一次對重構後的數據進行核主元分析，以達到將小波消噪方法與多尺度核主元分析方法合二為一的目的，這樣不但避免了水準不等的噪聲數據對各尺度建模的影響，同時也優化了算法結構，提高了執行效率，能更有效地實現對過程的異常工況識別。

改進 MSKPCA 方法的原理框圖如圖 4-6 所示，其中 WTDN 代表小波閾值消噪。

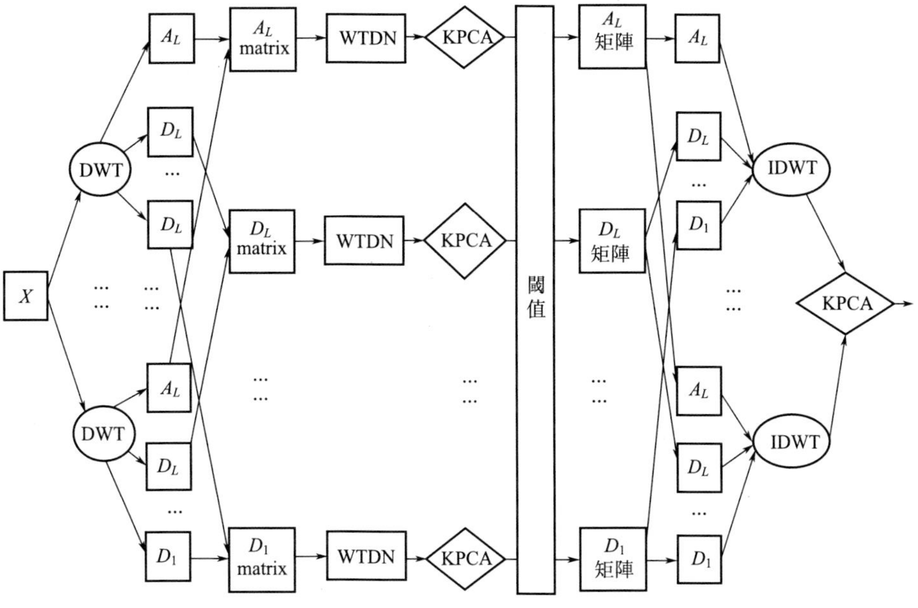

圖 4-6　加入小波閾值去噪的 MSKPCA 方法原理圖

（3）基於改進 MSKPCA 的異常工況識別算法

改進 MSKPCA 算法利用小波閾值去噪消除了過程數據中的噪聲，並且將小波閾值消噪與多尺度核主元分析過程合併，簡化了算法的結構，同時提高了異常工況識別的效率。其具體算法如下。

① 根據 4.2.2 節中介紹的特徵樣本提取算法對數據樣本進行篩選，在保證

SKPCA 模型與用全體樣本建立的主元模型基本相同的前提下，組成新的樣本集，以提高算法效率。

② 選取 2^N（N 為正整數）個正常數據樣本（便於小波分解），每一列對應一個變量，組成原始數據矩陣 $\boldsymbol{X}_{n\times m}$（$n$ 為樣本數，m 為變量數），對矩陣 $\boldsymbol{X}_{n\times m}$ 的每一列進行中心化、標準化處理，使各變量的基點相同。

③ 對標準化後的原始數據矩陣 $\boldsymbol{X}_{n\times m}$ 的每一列數據進行正交小波變換，得到各個粗尺度和細尺度的小波係數。並對每一尺度係數的每一列數據，分別計算噪聲標準差 δ 和閾值 T，進行小波消噪閾值處理。

④ 將每一列向量在相同尺度上得到的係數組合成係數矩陣，每個矩陣代表不同尺度的變化趨勢。對各層尺度的小波係數矩陣分別進行核主元分析，計算協方差矩陣、主元得分值，然後選取合適的主元個數，並計算 T^2 統計量和平方預測誤差 SPE 統計量，以及各自的控制限，得到各尺度下的主元模型。

⑤ 根據 T^2 和 SPE 統計指標是否超限來判斷每個尺度是否含有重要資訊，在含有重要資訊的尺度上，以 SPE 統計量的控制限為閾值，選取每一列數據中超過閾值的小波係數對該尺度分量進行重構，得到重構後的訊號序列，組成與原矩陣 $\boldsymbol{X}_{n\times m}$ 同樣大小的重構矩陣 $\boldsymbol{X}'_{n\times m}$（即綜合尺度）。

⑥ 對矩陣 $\boldsymbol{X}'_{n\times m}$ 進行核主元分析，用累積方差百分比的方法確定主元個數，計算 T^2 和 SPE 統計量的控制限，得到綜合尺度 KPCA 模型，利用綜合尺度 KPCA 模型，識別過程異常。

(4) 仿真分析

為驗證改進 MSKPCA 算法的有效性，基於以下方程選取 256 個正常樣本數據進行分析。

$$\begin{cases}\tilde{x}_1(t)=1.5*N(0,1)\\ \tilde{x}_2(t)=2.5*N(0,1)\\ \tilde{x}_3(t)=\tilde{x}_1(t)+2\tilde{x}_2(t)\\ \tilde{x}_4(t)=3\tilde{x}_1(t)-\tilde{x}_2(t)\end{cases}$$

由以上四個方程組成矩陣 $\tilde{\boldsymbol{X}}(k)$：$\tilde{\boldsymbol{X}}(k)=\tilde{x}_1(k)\tilde{x}_2(k)\tilde{x}_3(k)\tilde{x}_4(k)$。

按照改進 MSKPCA 模型建立的方法對數據去噪並建立綜合 KPCA 模型，用累積方差百分比方法選取主元個數。圖 4-7 給出了不同主元個數的主元模型對數據變化的累積解釋程度。

從圖 4-7 中可以看出，前三個主元可以解釋 99% 的數據變化，所以保留前三個主元作為綜合主元模型的主元。計算出 SPE 統計量 95% 可信度的控制限為 0.3832，T^2 統計量 95% 可信度的控制限為 6.8542。其中，小波消噪閾值 $\lambda=$

3.5482，是根據 sqtwolog 閾值規則得出的，這樣就得到了改進多尺度核主元模型，同時也分別建立傳統 KPCA 和傳統 MSKPCA 的主元模型，以便進行方法對比。

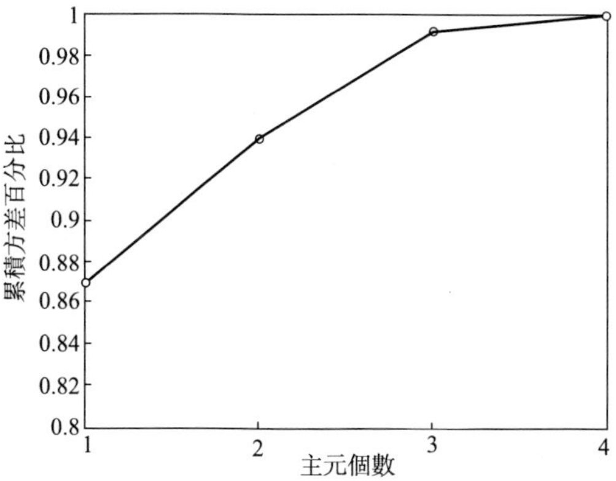

圖 4-7　不同主元個數的主元模型對數據變化的累積解釋程度

模型建立後，在各變量的第 176～225 個樣本點引入幅值為 0.5 的均值偏移異常。並在第一個變量的第 20、50、120 個樣本點引入異常點。分別利用 KPCA、MSKPCA 和改進 MSKPCA 方法對數據進行異常工況識別，下面給出了各種方法的 T^2 和 SPE 監控圖和各個方法的性能對照表。

從圖 4-8(a)、(b) 中可以看出，KPCA 方法識別到了部分異常，但存在一些誤報和漏報，T^2 監控圖中未識別到 185～200 之間的異常，並把引入的異常點及第 100、145 個採樣點誤報成異常；SPE 監控圖漏報較少，但也錯把異常點誤報。由圖 4-8(c)、(d) 可以看出，MSKPCA 出現的漏報較少，只有 T^2 監控圖中 190～196 之間的樣本點未被識別到異常，但兩種監控圖都錯把第 20、50、120 樣本點的異常數據當成異常。從圖 4-8(e)、(f) 中可知，改進 MSKPCA 不但準確識別到異常，並且很好地消除了異常點，僅存在有少量的漏報。還可以看出在第 176 個樣本點就識別到了異常，其他兩種方法都有一點延遲。

表 4-2　不同主元分析方法的性能對比（*SPE* 統計量）

性能指標 / 算法	誤報率	漏報率
KPCA	13.8%	26.7%
MSKPCA	7.13%	12.9%
改進 MSKPCA	0	2.03%

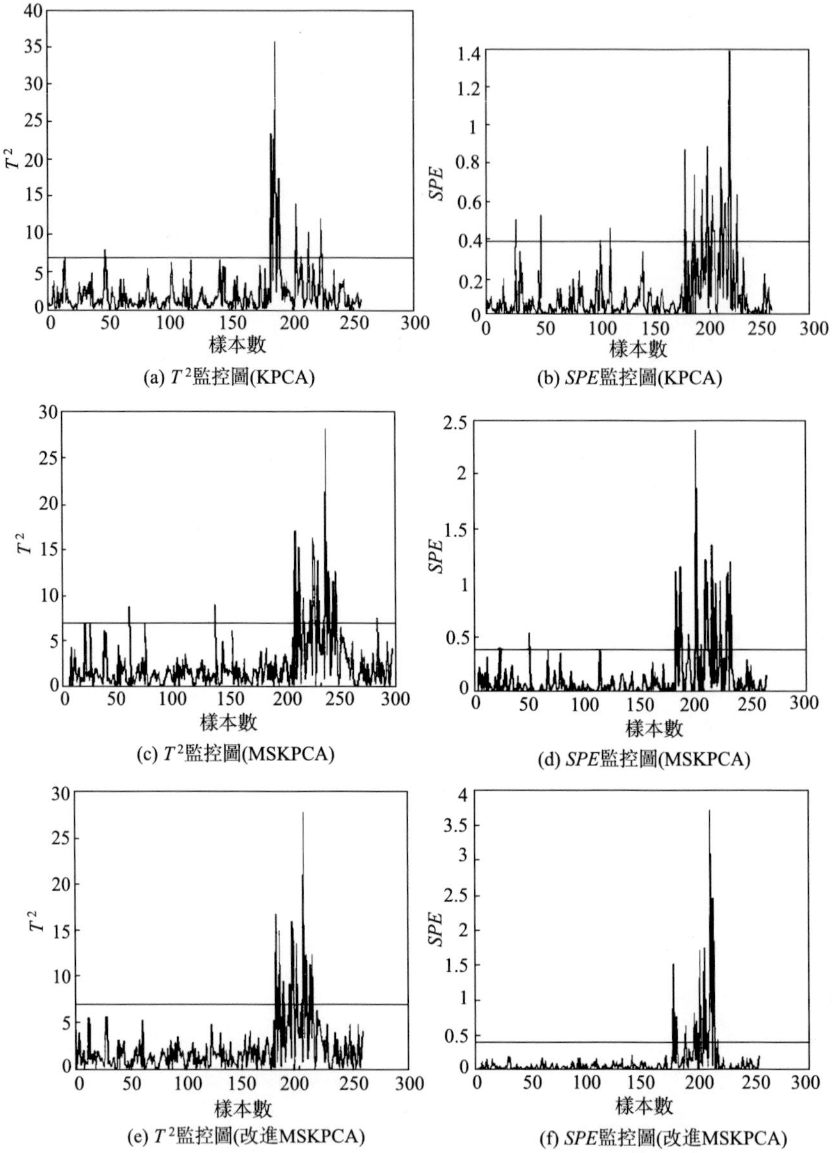

圖 4-8　T^2 和 SPE 控制圖（3 種方法對比）

表 4-2 給出了基於 *SPE* 統計量的不同方法的誤報率和漏報率。在改進 MSKPCA 方法中，誤報率為 0，說明在應用小波閾值去噪後，明顯去除了噪聲和異常點，漏報率為 2.03%，與傳統的 KPCA 和 MSKPCA 方法相比，漏報率大大降低。

由表 4-3 可以看出，改進 MSKPCA 方法比傳統的 MSKPCA 方法要快大概 1～2s，平均可以節約 6％～7％的時間。

表 4-3 不同分析方法的所耗時間

方法	KPCA	MSKPCA	改進 MSKPCA
時間(T^2)/s	10.23	21.36	19.78
時間(SPE)/s	10.47	21.58	20.09

綜上所述，透過實驗對比分析，改進 MSKPCA 方法在算法時間和識別品質上具有明顯的優勢。

改進的 MSKPCA 方法除了採用特徵提取的方法減少數據樣本，提高 KPCA 算法執行效率外，還將小波消噪和多尺度核主元分析結合起來，不但去除了原始數據中的噪聲，還在不同尺度上對數據進行了分析識別，減少了誤報率和漏報率，又節省了時間，提高了異常診斷的準確率。性能測試表明，改進的 MSKPCA 方法能更早更準確地識別到異常工況資訊。

4.2.4 基於滑動時間窗的 MSKPCA 在線異常工況識別

對測量數據進行離線分析時，從中選取具有代表性的數據，建立系統輸入與輸出之間的映射關係，一般模型建立後就不再變化。但將這種模型應用在時變的系統時，由於系統在工作時只與工作點附近的數據有較大的相關性，與遠離工作點區域的數據相關性不大，系統工作一段時間後，工作域會發生遷移，用固定的數據建立的模型，隨著時間和條件的變化，將不能準確地描述系統的實際情況。

因此，應用滑動時間窗的方法，透過不斷加入新的數據，自動更新監控模型，可以確保模型的準確性，提高異常識別的準確率。

在理想的情況下，系統正常運行工況的工作狀態參數應該是平穩的，即其均值和方差是不變的（視為時不變系統）。但隨著使用時間的增長，由於磨損和老化、原材料的變化和感測器的偏移等，系統的工作狀態參數是緩慢時變的，其均值和方差在正常的運行情況下會隨時間漂移。同發生異常相比，這種漂移是緩慢的，並屬於系統正常運行狀態，但是會隨時間累積逐步影響模型的精度。

因此，用一個時不變的固定 MSKPCA 模型來監控時變系統的運行工況，可能會由於時間累積引起誤報警，會引起異常工況識別的偏差。故而引進將滑動時間窗與 MSKPCA 相結合的方法，透過不斷加入實時採集的數據，自動更新監控模型，使 KPCA 監控模型能適應這種時變系統的正常參數漂移，可提高異常工況識別的快速性及準確率。

(1) 滑動時間窗的基本思想

透過不斷加入最近採集系統運行的實際樣本數據，同時，捨棄相應數量舊的樣本數據，重新形成新的正常樣本集（新樣本集的樣本個數始終不變）；利用新的樣本集重新建模、確定主元數、計算統計量及其控制限，並以更新後的 KPCA 模型進行識別，最終達到進一步提高異常工況識別效果的目的。

令滑動窗口長度為 w，移動步長為 h，則滑動窗口為

$$\boldsymbol{X}_{w+h}=[x_{h+1},\cdots,x_{m},\cdots,x_{w+h}] \tag{4-14}$$

滑動窗口長度不能太小，否則不能從統計上組成協方差矩陣，從而大大影響統計量的有效性及監控識別結果的準確性。但若窗口長度太大，核矩陣 K 維數也會很大，計算量也隨之大大增加。因此窗口長度要合理選擇。而移動步長的選擇也要根據具體的研究對象情況而定。如果系統（過程）的參數漂移較快，則相應的移動步長可取較小值，特殊情況可取步長為 1，即只要採集到一個實際數據，就對 KPCA 模型進行更新。但同時這樣也會帶來由於更新頻率過快，導致計算量增加的問題，不利於在線監控。對於參數漂移較慢的系統（過程），不必每次都進行 KPCA 模型更新，步長可適當取得大些。

(2) 基於滑動時間窗的 MSKPCA 在線異常工況識別算法

基於滑動時間窗的 MSKPCA 在線異常工況識別算法流程如下。

① 選取正常狀態樣本數據，用於初始化滑動數據窗口。選定滑動窗口長度保持為 $w=2^n$（n 為正整數），便於進行小波變換。移動步長設為 h，置累積數 $i=0$。

② 計算窗口數據的均值和方差，並採用該均值和方差對滑動窗的數據進行標準化處理，使各變量的基點相同。

③ 對標準化後的數據矩陣的每一列進行正交小波變換，並對各層小波係數進行小波消噪閾值處理後分別進行核主元分析，計算小波係數的協方差矩陣、主元得分值，根據累積方差百分比的方法選取合適的主元個數，計算 T^2 統計量和平方預測誤差 SPE 統計量，以及各自的控制限，得到各尺度下的主元模型。

④ 對檢測到顯著事件的尺度進行組合，將這些尺度上的小波係數進行重構，計算 T^2 和 SPE 統計量的控制限，得到綜合尺度 KPCA 模型。

⑤ 採集一個新的數據 x_{new}，用在步驟②中確定的均值和方差對新採集的數據進行標準化處理，然後重複步驟③，並與步驟③中各尺度模型的控制限比較，如果超過控制限說明該尺度可能存在異常情況，協助最終尺度進行異常工況識別，再按照步驟④的方法得到綜合尺度的數據，進行核主元分析，計算 T^2 和 SPE 統計量。用步驟④中的模型判斷統計量是否超限，如果 T^2 和 SPE 沒有超標，則認為新採集的樣本 x_{new} 為正常狀態的樣本，並執行累加操作 $i=i+1$；否

則，認為 x_{new} 屬於異常樣本，不執行累加操作。

⑥ 如果連續 h 次新採集的數據均為正常狀態的樣本數據（此時 $i=h$），則更新數據窗口，窗口向前移動 h 個步長，把 h 次新採集的樣本實測數據加入正常樣本集中。同時，為保持窗口長度不變，需從原窗口的 w 個正常樣本中去掉 h 個舊樣本，至此，正常樣本集得到更新，然後置 $i=0$，重複步驟②～④；如果累積數 $i<h$，則窗口不移動，正常樣本集不改變，模型不更新，重複步驟⑤，用原模型繼續識別。

⑦ 對步驟⑤的異常數據樣本，繪製各個變量對 SPE 統計量的貢獻圖，以及各個變量對選取主元的貢獻圖，確定引起異常的變量。

（3）實例分析

本節以實際測試的振動訊號為診斷對象，透過對其進行數據實驗來驗證多尺度異常工況識別的有效性。在獲取 8×2000 的數據樣本後（如圖 4-9 所示，其中異常發生在 619～632 及 938～984 兩個樣本區間，異常發生的位置為 1 號和 2 號感測器所在位置），分別採用傳統 PCA、傳統 KPCA、SKPCA、基於遞歸多尺度核主元分析（MSKPCA）及基於滑動窗口的多尺度主元分析（MW-MSKPCA）進行數據實驗，並對實驗結果進行深入的分析。

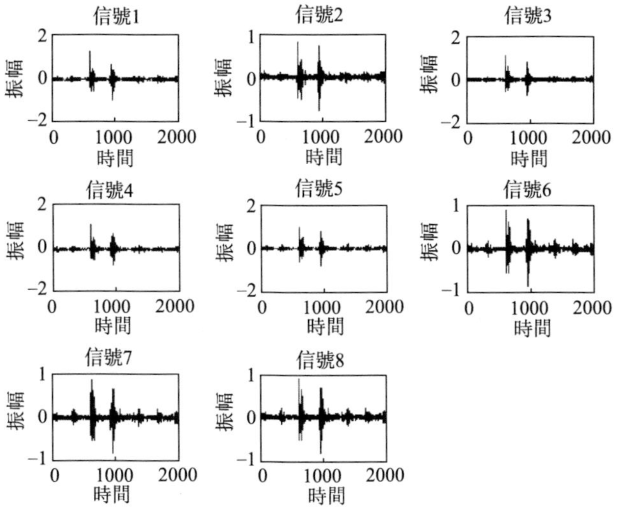

圖 4-9　原始訊號圖

關於以上 5 種算法的具體步驟在前面有詳細論述，這裡只介紹如何用 MSKPCA 和 MW-MSKPCA 進行異常診斷，其他算法中的監測性能指標參數都與 MSKPCA 算法中所採用的性能指標參數相同。

採用 MSKPCA 所進行的數據實驗，首先選取該設備大小為 8×2000 的正常數據作為訓練樣本，在長度為 $N=8$ 的數據窗口內採用邊緣校正濾波器進行小波分解（分解的尺度為 $L=\log_2 2000-5=5.966\approx 6$），在得到各層小波分解係數之後，利用公式 $T=\sigma\sqrt{2\ln n}$，即 $T=(0.002753/0.6745)\times\sqrt{2\ln 2000}=0.01591$ 對這些小波係數進行閾值消噪。對消噪後的小波係數在每一個尺度進行自適應主元分析，魯棒主成分分析（RPCA）的初始數據塊的設定為 8×256，計算出相應的小波係數協方差矩陣、主元的分向量和載荷向量，按主元選取規則選取合適的主元個數，根據 HotellingT^2 統計量和平方預測誤差 SPE 的定義計算出統計控制限的數值解為 95%。在得到參考主元模型後，將該設備 8×2000 的異常數據作為測試樣本輸入到主元模型中，當系統發生異常時，就會在各個尺度上識別到相應顯著事件的發生，將各個尺度上大於統計控制限的小波係數給予保留，然後對保留的小波係數進行小波重構，得到重構的數據矩陣。計算出重構後數據矩陣小波係數協方差矩陣、主元的分向量和載荷向量，並根據 HotellingT^2 統計量和平方預測誤差 SPE 的定義計算出重構數據矩陣的 T^2 和 Q 統計量，當重構數據矩陣的 T^2 和 Q 統計量超過了參考主元模型所設定的統計控制限時，就會發出異常警報，從而實現異常工況識別。

圖 4-10、圖 4-11 為用傳統 PCA、傳統 KPCA、SKPCA、MSKPCA、基於滑動窗口多尺度主元分析（MW-MSKPCA）對 8 個振動訊號診斷後得到的 SPE 圖及 T^2 圖。

在圖 4-10 中，從圖 4-10(a)～(e) 依次為採用傳統 PCA、傳統 KPCA、SKPCA、MSKPCA 和 MW-MSKPCA 算法所得到的 SPE 統計控制圖。

從圖 4-10(a) 來看，因為沒有涉及濾波問題，所以沒有出現邊緣效應，但是都不同程度地出現了漏報和誤報。其中圖 4-10(a) 中漏報了 624～628 和 954～970 兩個樣本區間的異常，而從圖 4-10(b)～(d) 的異常診斷結果中可以看出，SKPCA 方法雖然可以判斷出異常的發生，但在第 986 個樣本點附近發生了漏報。SKPCA 算法在統計過程的中途部分具有很好的效果，能夠準確地診斷出異常發生的位置，但在第 1900 個樣本點附近產生了誤報，這也正好說明了邊緣效應的影響。與傳統 KPCA 和 SKPCA 相比，MSKPCA 算法和 MW-MSKPCA 算法對整個過程診斷的準確率要高，沒有出現誤報。另外從整個過程的噪聲水準來看，SKPCA 和 MSKPCA 算法以及 MW-MSKPCA 算法較之常規的 KPCA 算法，都能很好地消除噪聲，但改進的 MSPCA 算法對於處於邊緣位置的樣本點的去噪效果欠佳，相比之下，MSKPCA 算法和 MW-MSKPCA 算法能更清晰地監測到整個過程的異常訊號。

從圖 4-10(a)～(e) 整體來看，可以得到一個定性的結論：採用閾值去噪的主元分析算法要優於未考慮噪聲影響的主元分析算法，而在閾值去噪的主元分析算法中，採用了邊緣濾波器的算法要優於直接對訊號進行閾值去噪的主元分析算法。

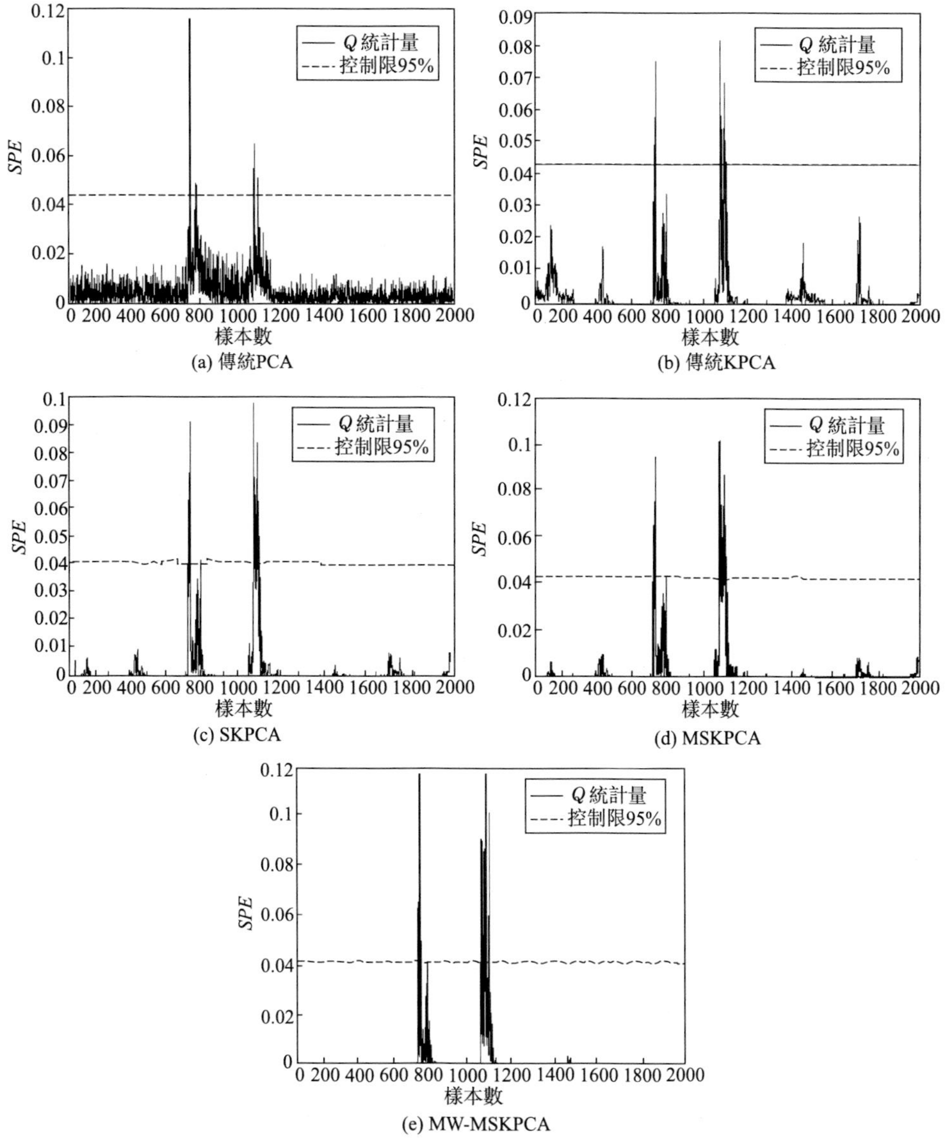

圖 4-10 實驗數據的 SPE 統計控制圖

在完成 SPE 統計圖後，下面從 T^2 統計圖角度分析了上述 5 種方法對異常的診斷效果，診斷結果如圖 4-11 所示，其中從圖 4-11(a)～(e) 依次為採用傳統

PCA、傳統 KPCA、SKPCA、MSKPCA、MW-MSKPCA 算法所得到的 T^2 統計監控圖。

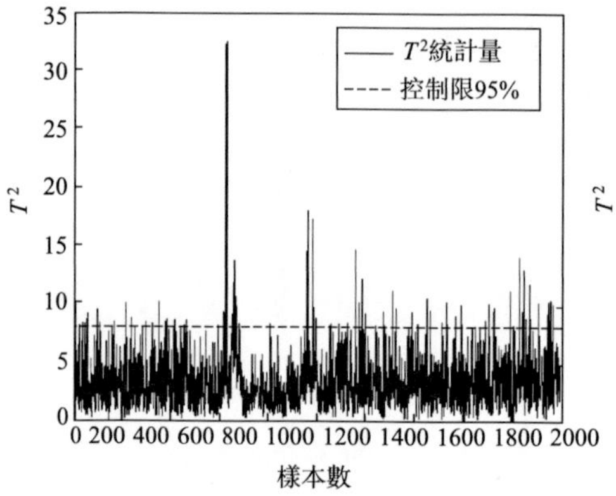

(a) 傳統PCA

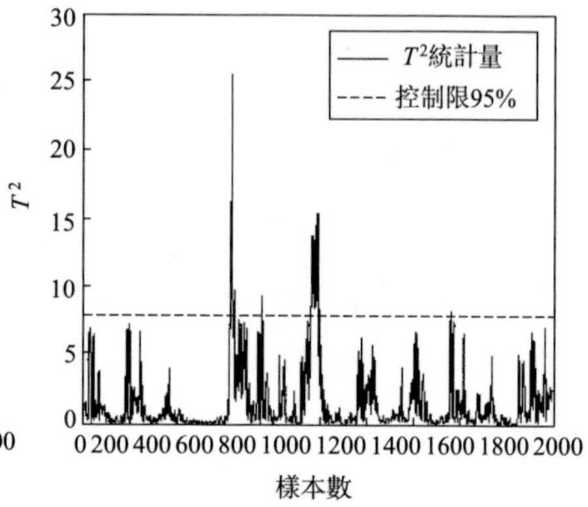

(b) 傳統KPCA

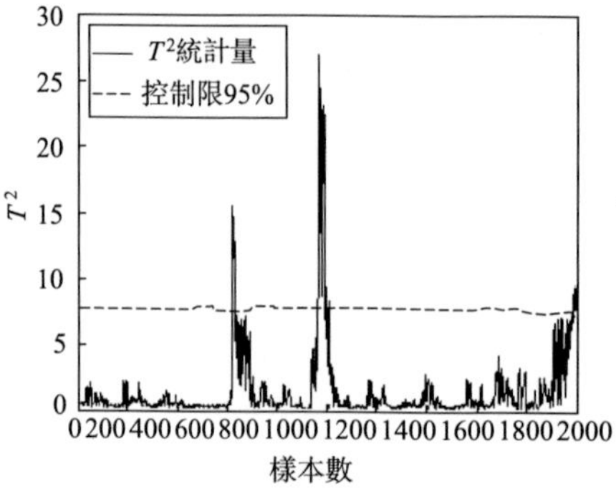

(c) SKPCA

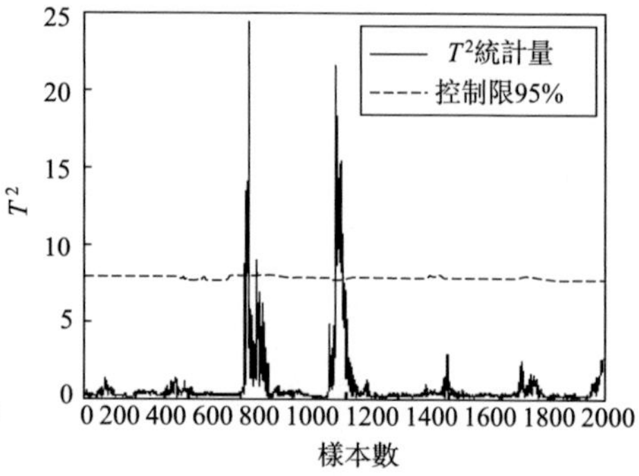

(d) MSKPCA

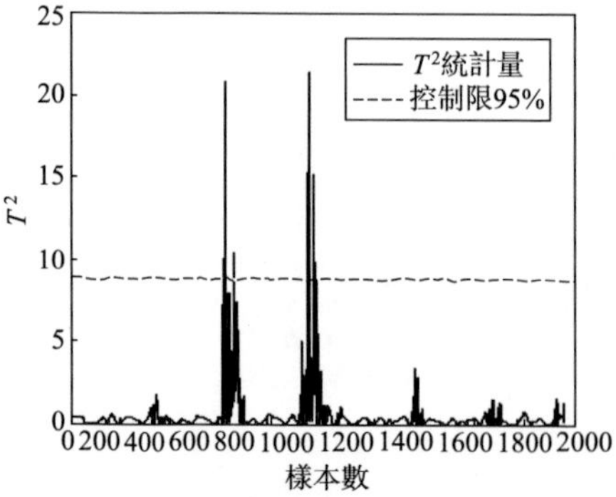

(e) MW-MSKPCA

圖 4-11 實驗數據的 T^2 統計控制圖

較之圖 4-10，圖 4-11 的整體效果要更為「雜亂」，這是由兩種統計量的自身特點所決定的：*SPE* 統計量反映的是測量值與主元模型預測值之間的誤差平方和，而 T^2 統計量反映的是主元模型內部的主元向量模的變化，對於過程中常見的變量均值、幅值波動、感測器失效等異常情況，T^2 和 *SPE* 統計量的均值都會發生變化。實際過程監測時，要綜合分析 T^2 和 *SPE* 統計量的變化，不能簡單地將異常工況（包括過程工況的變化、過程異常和感測器異常等）與某一統計量單獨聯繫起來。

從圖 4-11(a) 來看，因為都沒有考慮噪聲的影響，傳統 PCA 算法明顯出現了很多噪聲干擾，使得診斷結果不同程度地產生了誤報。由於 T^2 統計量反映主元模型內部的主元向量模的變化，而在 PCA 算法中，都沒有去除噪聲，使得噪聲影響累積到主元空間中，而 *SPE* 統計量是測量值與主元模型預測值之間的誤差平方和，能在一定程度上抵消噪聲的影響，這正好說明了 *SPE* 統計監控圖要比 T^2 監控圖清晰明朗的原因。

而從圖 4-11(b)～(e) 的異常診斷結果中可以看出，傳統 KPCA 算法在進行異常工況識別時，含有大量的噪聲，並且在第 630 和第 1580 個樣本點附近出現了明顯的誤報。圖 4-11(c) 顯示的 SKPCA 算法能更清晰地監測整個過程的異常訊號，但是同樣在第 1900 個樣本點附近出現了誤報。較之前兩種情況，圖 4-11(d) 在第 689 個樣本點出現了誤報，而圖 4-11(e) 的誤報要稍微多一點，在第 692～694 的樣本區間出現了誤報，並且在第 961～964 樣本區間出現了漏報。

在透過多元統計監控圖完成對該設備異常發生的時間診斷之後，從數據的三維貢獻圖出發對該設備異常發生的位置進行了診斷分析，診斷結果如圖 4-12 所示，其中圖 4-12(a)～(e) 依次為採用傳統 PCA、傳統 KPCA、SKPCA、MSK-PCA、MW-MSKPCA 算法所得到的三維貢獻圖。從圖 4-12(a)～(c) 中可以看出安裝在該設備上的 8 個感測器所採集到的數據呈現出相互糾纏的狀態，很難確定異常發生的準確部位，而圖 4-12(d)、(e) 可以清晰地看出異常發生在第 1 個和第 2 個感測器所在位置，其中圖 4-12(e) 中第 2 個感測器的貢獻要比圖 4-12(d) 中的貢獻程度大，這更能說明異常發生在第 2 個感測器所在位置。因此可以得到這樣的結論：在對異常定位方面，採用 MSKPCA 與 MW-MSKPCA 效果類似，二者明顯優於其他三種算法。

為了定量描述 5 種算法的異常診斷準確性，定義了異常診斷的準確率 A，即：

$$A=\sqrt{\frac{\sigma_{T^2}^2+\sigma_{SPE}^2}{2}} \tag{4-15}$$

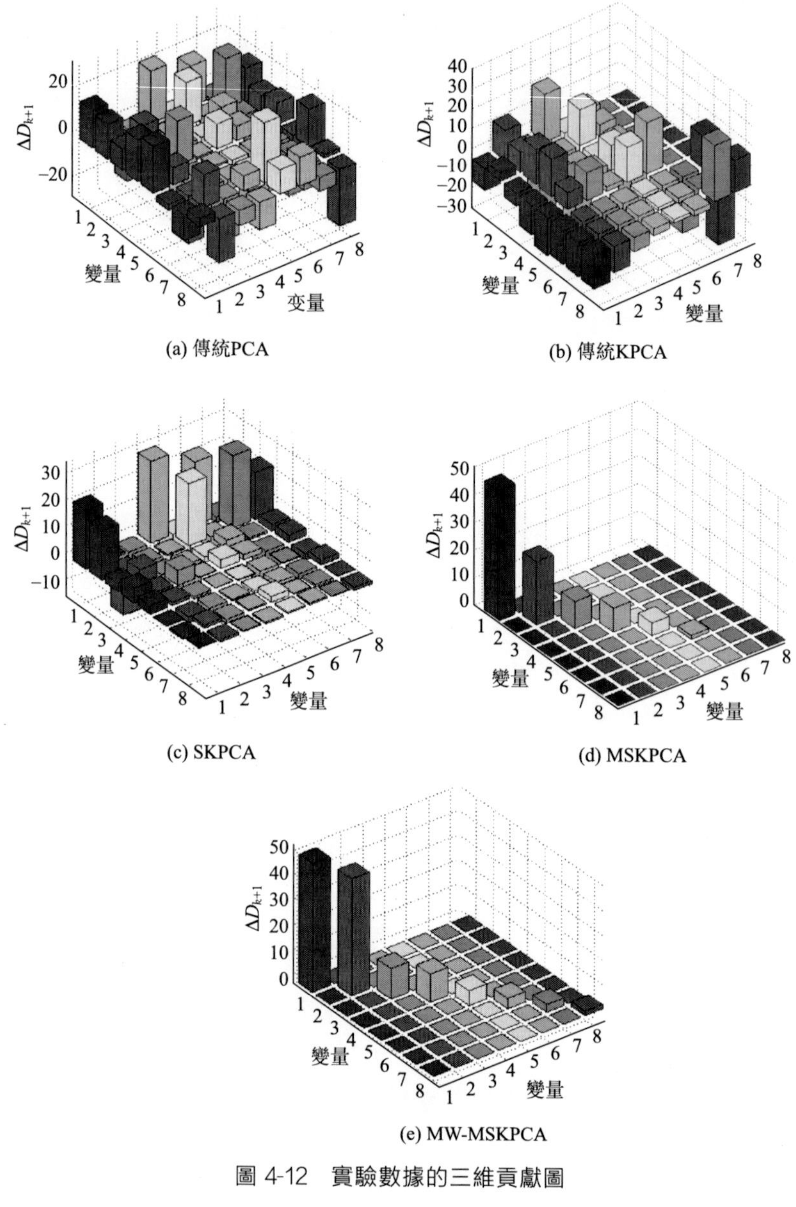

(a) 傳統PCA (b) 傳統KPCA (c) SKPCA (d) MSKPCA (e) MW-MSKPCA

圖 4-12 實驗數據的三維貢獻圖

式中，σ_{T^2} 和 σ_{SPE} 分別為用 T^2 與 SPE 統計監控圖進行異常診斷的準確率，即：

$$
\begin{cases}
\sigma_{T^2} = 1 - (\eta_{\mathrm{f}.\,T^2} + \eta_{\mathrm{o}.\,T^2}) \\
\sigma_{SPE} = 1 - (\eta_{\mathrm{f}.\,SPE} + \eta_{\mathrm{o}.\,SPE})
\end{cases}
\tag{4-16}
$$

式中，

$$\begin{cases} \eta_{f.T^2} = \dfrac{n_{T^2}}{N} \\ \eta_{f.SPE} = \dfrac{m_{SPE}}{N} \end{cases} \tag{4-17}$$

式中，η_f 為異常誤報率；η_o 為異常漏報率；n_{T^2} 為誤報的樣本點數；m_{SPE} 為漏報的樣本點數；N 為發生異常的總樣本點數。

根據式(4-15)～式(4-17) 可得到以上 5 種算法的準確率，計算結果如表 4-4 所示。

表 4-4　5 種算法準確率比較

方法種類	統計量	漏報率	誤報率	準確率
傳統 PCA	T^2	6.56%	40.98%	53.28%
	SPE	36.07%	9.84%	
傳統 KPCA	T^2	3.28%	13.11%	85.43%
	SPE	6.56%	8.20%	
SKPCA	T^2	1.64%	11.48%	89.43%
	SPE	3.28%	5.92%	
MSKPCA	T^2	1.64%	5.92%	95.26%
	SPE	3.28%	1.64%	
MW-MSKPCA	T^2	5.92%	6.56%	93.57%
	SPE	1.64%	0	

從表 4-4 中可以看出，傳統 PCA 算法的準確率最低，只達到 53.28%，而 MSKPCA 算法的準確率最高，能達到 95.26%，MW-MSKPCA 也達到了 93.57%的準確率。對比分析如下。

① PCA 是一種基於數據協方差結構的方法，主元模型一旦建立就不再改變，但實驗數據卻是時變的，因此 PCA 對一個動態非平穩過程特性的描述並不準確。

② PCA 對數據的理解屬於單尺度，而不是從多尺度的角度來理解數據本身的特徵，因此它不能充分提取動態數據中載有的資訊。

③ PCA 本質來說是一種線性變換，在處理非線性問題時存在先天不足，因此在處理該設備這種動態非線性非平穩的數據中，準確率不高是正常的。

④ MSKPCA 的準確率要比傳統 PCA、KPCA 模型的準確率高，但是忽略了噪聲對識別結果的影響，所以其異常工況識別的準確率只有 89.43%，要低於 MSKPCA。

⑤ MSKPCA 與 MSKPCA 算法都考慮了數據的多尺度和時變特性以及噪聲

對統計模型造成的偏差，但是 MSKPCA 算法只是直接對小波係數進行閾值去噪，在去噪過程中忽略邊緣效應的影響，從圖 4-10(d) 和圖 4-11(d) 中可以看出，在 1900 的樣本點附近都出現了明顯的誤報。

4.3 基於訊號分析方法的運行系統異常工況識別

多數情況下，對監測訊號的奇異性進行檢測，可有效識別出系統運行狀態中的異常特徵。因此，各種訊號分析方法也在運行系統異常工況識別中獲得了廣泛應用。本節將介紹幾種訊號奇異值檢測方法及其在運行系統異常工況識別中的應用。

4.3.1 訊號分析方法與運行異常工況識別

測試訊號數據中的突變訊號（突變點和不規則的突變部分）稱作奇異訊號，它經常包含檢測對象的重要資訊，是訊號的重要特徵之一。因為訊號突變點常常蘊含系統運行過程的重要資訊，所以恰當準確地檢測出突變點對工況異常和安全控制有非常重要的意義。

由於訊號中往往含有各種成分的噪聲，給突變訊號奇異點的檢測和分析帶來了困難。傳統的基於傅立葉變換的方法不能在時域中對訊號作局部化分析，難以檢測和分析訊號的突變。相對於傅立葉變換，小波變換則具有時頻局部化特性，可以根據需要來調節時頻窗的寬度，因此小波變換成為了突變訊號的檢測和分析的有力工具[5]。

小波變換法中，小波變換的係數選擇、所選用小波和噪聲干擾以及具體的一些參數確定上，會對檢測結果造成一定影響，採用小波變換法時，需要進行多分辨率的逼近，因此算法計算量較大，耗時較多。與小波變換的頻域分析相比，數學形態學著眼於波形形態，計算簡單，僅有加減法和取極值運算，具有並行快速、易於硬體實現的優點。目前數學形態學在一維訊號處理方面得到了大量的應用。基於數學形態學的開閉運算濾波器可有效濾除暫態監測訊號中的噪聲干擾。在完成濾波後，透過形態梯度可以檢測出電流電壓行波訊號的突變時刻。

另外，在突變點的檢測方法應用較多的還有 Mann-Kendall 算法、累積和控制圖（CUSUM）算法、最小均方差（MSE）法等。其中 Mann-Kendall 算法、CUSUM 算法和 MSE 算法針對無趨勢變化的序列檢測效果很好，但對於有趨勢變化的序列檢測出的突變點相比於實際數據有較大出入。針對此類基於歷史數據統計資訊方法對存在趨勢變化的序列檢測不佳的問題，有研究人員提出了一種多尺度的直線擬合法，該方法對時間序列分段，然後對每段訊號用最小二乘法進行擬合，之後比較相鄰擬合後線段的斜率，並認為斜率變化最大的兩相鄰線段內存在突變點。在該兩段線段的範圍內縮小擬合尺度，繼續使用上述方法進行查找，直至擬合尺度收斂為1，此時斜率變化最大的點即是原時間序列的突變點。

4.3.2 小波奇異值檢測及運行異常工況識別

(1) 奇異性的描述

在數學上，訊號 $f(x)$ 的奇異性是透過 Lipschitz 指數來描述的。

設 n 為非負整數，且 $n<\alpha\leqslant n+1$，如果存在兩個常數 M 和 h_0 ($M>0$，$h_0>0$) 及 n 次多項式 $g_n(h)$ 使得 $h<h_0$，且

$$|f(x_0+h)-g_n(h)|\leqslant M|h|^{\alpha} \tag{4-18}$$

則稱 $f(x)$ 在點 x_0 處為 Lipschitz-α 類。如果對所有的 x_0，$x_0+h\in(a,b)$ 式(4-18) 均成立，則 $f(x)$ 在 (a,b) 上是一致的 Lipschitz-α 類。

設 $f(x)$ 為連續訊號，如果 $f(x)$ 在 x_0 處不是 Lipschitz-1 類，則稱 $f(x)$ 在 x_0 處是奇異的。關於訊號的奇異性有如下結論：函數 $f(x)$ 的 Lipschitz 指數越大，則 $f(x)$ 越光滑。函數在一點連續、可微或不連續但導數有界，Lipschitz 指數均為 1。如果函數 $f(x)$ 在 x_0 處的 Lipschitz 指數小於 1，稱函數 $f(x)$ 在該點是奇異的，因此，函數 $f(x)$ 在 x_0 處的 Lipschitz 指數刻畫了函數在該點的奇異性。

訊號的 Lipschitz 指數可以用其定義來計算，但過於複雜，考慮到小波變換可以確定訊號奇異點的位置和定量描述訊號局部奇異性的大小，可採用小波係數模極大值來計算訊號的奇異點。

對於採用小波變換來確定 $f(x)$ 在點 x_0 的奇異性指數，有以下相關結論。

設小波基具有 n 階消失矩，並且 n 階可微，且具有緊支撐。這裡 n 為正整數，$\alpha\leqslant n$，$f(x)\in L^2(R)$，如果在 x_0 的鄰域內和所有的尺度上，存在一個常數 A 滿足

$$|Wf(s,x)|\leqslant A(s^{\alpha}+|x-x_0|^{\alpha}) \tag{4-19}$$

則 $f(x)$ 在點 x_0 處的 Lipschitz 指數為 α。上式表明了小波變換與訊號 $f(x)$ 在點 x_0 處的 Lipschitz 指數的關係。由上式可以看出，訊號奇異點分部在模極值線上，其 Lipschitz 指數不等於 1，突變訊號表現出訊號的奇異性。且 Lipschitz 指數 $\alpha>0$，因此可以利用小波變換來檢測分類。

設 x_0 為訊號 $f(x)$ 的局部奇異點，則該點處 $f(x)$ 的小波變換取得模極大

值。在離散二進小波變換中，式(4-19) 變為

$$|W_2^j f(s,x)| \leqslant K(2^j)^\alpha (1+|x-x_0|^\alpha) \tag{4-20}$$

式中，j 為二進尺度參數，x 取離散值。由式(4-20) 可得

$$\log_2 |W_2^j f(x)| \leqslant \log_2 K + \alpha j + \log_2 (1+|x-x_0|^\alpha) \tag{4-21}$$

如果訊號在 x_0 處的奇異性指數大於零，那麼由式(4-21) 可知，隨尺度 j 的增加，小波變換模極大值的對數也增加。

(2) 訊號奇異點位置的確定

設一光滑函數 $\theta(x)$，且滿足條件 $\theta(x)=O\left(\frac{1}{1+x^2}\right)$ 和 $\int_R \theta(x)\mathrm{d}x \neq 0$，並且定義 $\theta_s(x)=\frac{1}{s\theta(x/s)}$。設

$$\psi(x)=\frac{\mathrm{d}\theta(x)}{\mathrm{d}x},\psi^2(x)=\frac{\mathrm{d}^2\theta(x)}{\mathrm{d}x^2} \tag{4-22}$$

為兩個小波變換函數。對於 $f(x)\in L^2(R)$其小波變換可為

$$W^1 f(s,x)=f*\psi_s^1(x)=s\frac{\mathrm{d}}{\mathrm{d}x}(f*\theta_s)(x) \tag{4-23}$$

$$W^2 f(s,x)=f*\psi_s^2(x)=s^2\frac{\mathrm{d}^2}{\mathrm{d}x^2}(f*\theta_s)(x) \tag{4-24}$$

式中，$(f*\theta_s)(x)$起著光滑 $f(x)$ 的作用。對每一尺度 s，其 $W^1 f(s,x)$、$W^2 f(s,x)$分別正比於$(f*\theta_s)(x)$的一階導數和二階導數。

$f(x)$ 上的奇異點透過小波變換在 $W^1 f(s,x)$上表現為極大值，而在 $W^2 f(s,x)$上則表現為過零點。因此，確定奇異點位置就可以轉化為求 $W^1 f(s,x)$的極大值或求 $W^2 f(s,x)$的過零點。求解 $W^1 f(s,x)$的極大值更為方便。

$W^1 f(s,x)$的極大值隨著 s 具有傳遞性，Mallat 曾經證明：如果小波在更小的尺度上不存在局部模極大值，那麼在該鄰域不可能有奇異點。這表明奇異點的存在與每一尺度的模極大值有關。一般情況下，尺度從大到小，其模極大值點會聚為奇異點，構成一條模極大值曲線。

(3) 數值實例

① 實例 1　某次測試過程得到的曲線如圖 4-13(a) 所示。將脈衝訊號進行了 5 層小波分解。其各層的細節訊號如圖 4-13(b) 所示。由圖 4-13(b) 可以發現在細節訊號的 d_1、d_2 上能比較準確地確定訊號奇異點的位置，而在 d_3、d_4、d_5 上卻不能。這說明利用小波變換在 d_1、d_2 上能較為準確地檢測出脈衝訊號奇異點的位置。

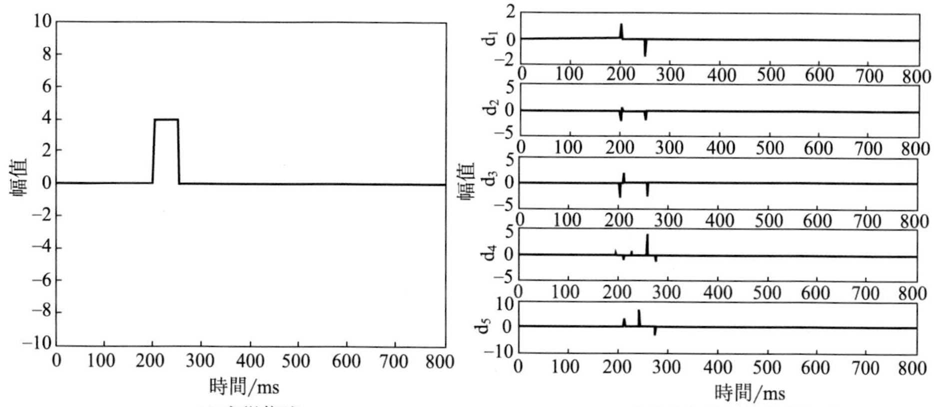

(a) 突變信號　　(b) 小波分解後的細節高頻波形

圖 4-13　突變訊號及其小波分解後的細節訊號波形

② 實例 2　局部攜帶高頻資訊的訊號如圖 4-14(a) 所示。經小波 5 層分解後的各層高頻資訊如圖 4-14(b) 所示。由圖 4-14(b) 可以看出在小波分解的第 1 層（d_1）與第 2 層（d_2）訊號奇異點能比較精確地被確定。而第 3 層（d_3）與第 4 層（d_4）以及第 5 層（d_5）卻不能精確地反映出訊號奇異點的位置。

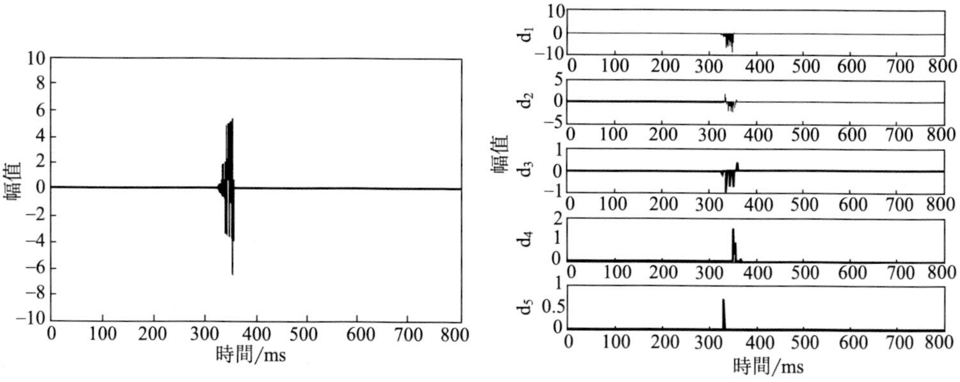

(a) 局部携帶高頻資訊的波形　　(b) 小波分解後的細節高頻波形

圖 4-14　局部攜帶高頻資訊訊號及其小波分解後的各層高頻資訊

③ 實驗分析實例　對某發動機振動測試訊號的奇異點和變化率進行分析。測試訊號 A6 如圖 4-15(a) 所示，圖 4-15(b)～(f) 為對 A6 訊號的奇異點分析結果。圖中「米」字形點為分析出的奇異點，在奇異點上的線段為奇異點的變化幅度。

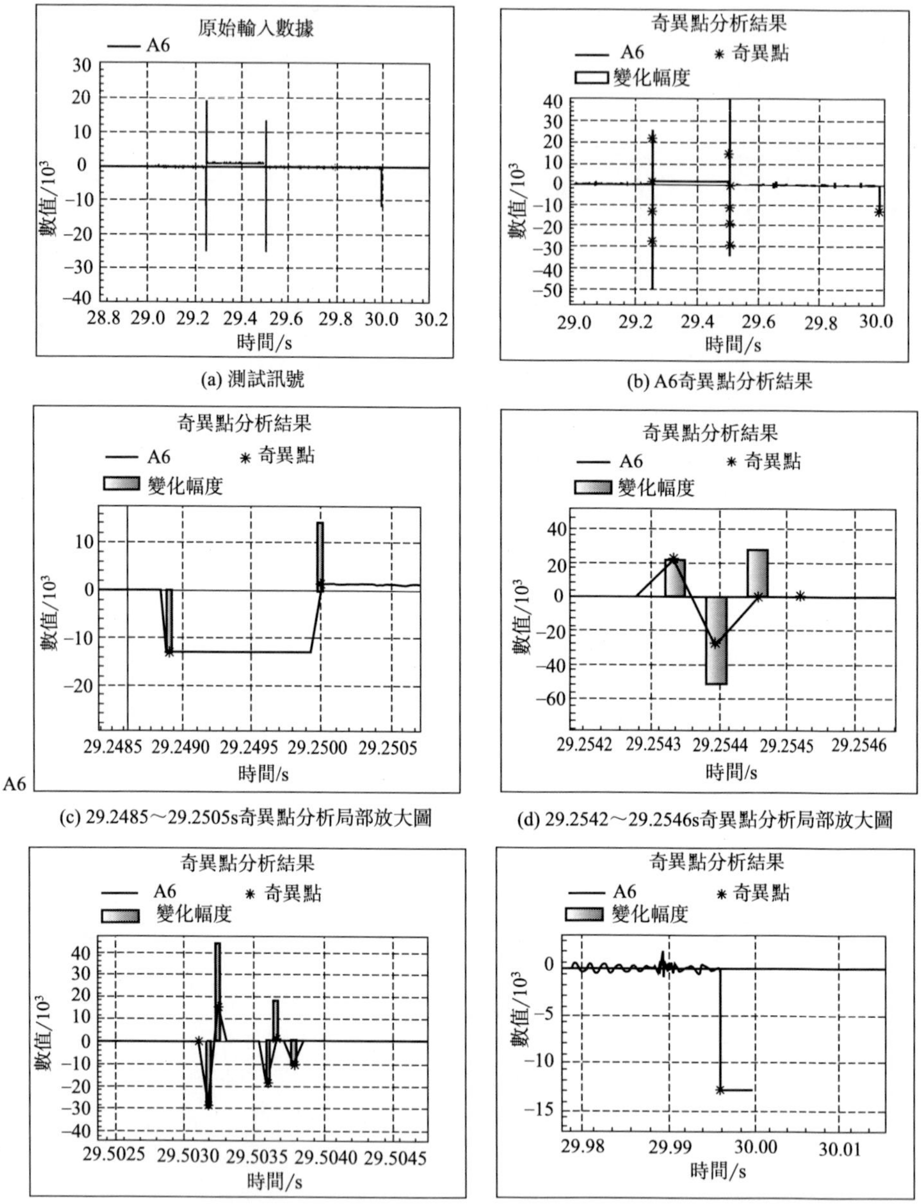

(a) 測試訊號
(b) A6奇異點分析結果
(c) 29.2485～29.2505s奇異點分析局部放大圖
(d) 29.2542～29.2546s奇異點分析局部放大圖
(e) 29.5025～29.5045s奇異點分析局部放大圖
(f) 29.98～30.01s奇異點分析局部放大圖

圖 4-15　測試訊號 A6 及其奇異點分析結果

從以上對變量曲線 A6 的奇異點分析結果可知，在曲線的拐點處和訊號有較大變化的地方，算法能將奇異點找出來，同時計算出變化的幅度。在圖 4-15 中可以看到奇異點分布在時間範圍 29.2～29.3、29.5 以及 30.0 區域。在這些時間區域正好是曲線變化較大的區域，因此理論上的算法設計與實際實驗結果吻合。

4.4 基於模式分類的運行系統異常工況識別

隨著現代工業生產設備的日益大型化、複雜化、網路化和自動化，測量點成倍增多，數據的高速傳輸使得數據的在線採集量明顯增大。如何利用海量的在線監測數據，快速準確地判斷設備工況和識別故障模式，成為了當前工業過程監測的熱點問題。模式分類方法的不斷發展，為在線監測和運行工況自動識別提供了可能。本節主要介紹基於聚類分析的運行系統異常工況識別方法及其應用案例。

4.4.1 模式分類與運行系統異常工況識別

在異常工況識別中，可針對數據的相似程度進行聚類，將聚類結果中屬於同一類的參數取值按時間求平均，以該平均值曲線作為對系統工況進行分析的依據。更進一步，還可將歷史測試數據與新測試數據進行聚類，能分析新測試數據的一致性，並對未來測試數據進行預測。

在工況識別應用中，目前比較流行的做法是對傳統的 K-means 算法進行改進，現在已經有研究人員分別提出了遺傳優化 K 均值算法、遞推式最優選取 K 值算法，然後將其應用到各種複雜系統的工況識別中[6]。另外就是將 K 均值算法和各種前置算法組合，形成各種組合聚類方法，比如結合 PCA 與 K 均值聚類的組合聚類算法，結合自組織映射（self-organizing map，SOM）和與 K 均值聚類的組合聚類算法，結合神經網路與 K 均值聚類的組合聚類算法。

模糊 C 均值聚類由於引入了模糊的概念，克服了傳統硬分類算法對樣本點的歸屬非此即彼的缺點，在聚類時能將系統本質上的不確定性考慮在內，使得聚類方法在實際應用中的應用效果得到加強。在進行模糊 C 均值聚類時，需要指定聚類數目，也需要建立一個目標函數用於度量全局最優的標準，也即是樣本分布達到預期目標的程度。在計算該目標函數時，為每一個數據賦予一個獨有的隸屬度函數，以表徵該數據屬於某個聚類中心的程度。聚類中心透過對隸屬度的迭代更新得到。而且還需要根據隸屬度函數對數據所歸屬的類別作一判定。目前主要的改進方式有：改進距離的計算方式、對隸屬度的約束程度進行改進、與其他算法相結合。

譜聚類直接利用樣本點間的相似度進行聚類分析，這與經典聚類算法不同。所以譜聚類在任意分布的簇類結構中都能得到全局最優，這使得它免於受到數據集中簇類形狀的影響，同時也保證它不易陷入局部最優。因此，譜聚類算法也在工況識別中得到了活躍的探索性應用。傳統的譜聚類算法一般步驟可以總結如下：首先，根據數據集中樣本點的相似度創建數據集的加權圖，並得到數據集的拉普拉斯矩陣；第二，計算拉普拉斯矩陣的特徵向量，並在此基礎上構建其特徵向量空間；第三，使用 K 均值等一些傳統的聚類算法對映射到特徵空間中的數據點進行聚類。譜聚類算法的不足之處在於其對尺度參數敏感，並需要確定聚類數等。

SVM 等分類算法也在異常工況識別中得到了應用。結合具體的應用場景，首先提取能表徵工況的特徵參量，然後用樣本數據訓練 SVM 分類器，從而達到異常工況識別的目的。

4.4.2 基於潛在資訊聚類的工況在線識別

參數估計法使估計得到的參數與系統的物理參數或模型參數建立一一對應關係。與其他方法結合使用，能夠有效地提高系統異常工況識別、故障模式識別、診斷與分離性能，所以受到廣大研究者和工程師的青睞。在已有的工作中，涌現出了大量的基於參數估計方法的應用及改進算法：基於參數估計的方法被用於技術過程系統的定向故障診斷與隔離，利用加權最小二乘法進行參數估計；結合參數估計和模糊推理，得到了相應的基於模型的故障檢測和診斷方法，並在直流伺服電機得到應用；透過有界噪聲的測量，對多個非時變參數進行參數估計，由此提出了基於有界噪聲的測量參數集估計的故障檢測和診斷；透過基於稀疏網格上直接搜索的參數估計技術對感應式電機的定子故障實現了診斷；基於參數集估計的故障檢測和診斷方法被提出。這些方法都是透過參數估計，將估計的參數與原來模型的參數進行對比，用殘差或是閾值對故障進行度量和檢測。對於大型工程系統而言，由於物理機構複雜，相應的結構參數眾多，如何快速追蹤參數的變化，實現基於參數的故障模式識別成為了研究焦點。因此，傳統的依賴單一參數估計的工況識別方法受到了挑戰。

利用模式識別，結合參數估計的故障識別的研究成為了很自然的選擇。聚類方法相對分類方法而言，能採用在線自學習的方式對新的參數分布建立新類，從而具有更好的在線工況識別能力。聚類方法的不斷發展，為在線監測和自適應故障診斷提供了可能。Angelov 等人在 T-S 模糊模型的在線識別方法中首次提出了潛在資訊（information potential）這個概念，隨後 Milena Petkovic′等人提出了在線自適應聚類過程監測和故障檢測，將潛在資訊聚類應用於故障診斷，提高了故障模式在線識別的自適應能力[7]。但是此方法在結構參數估計中採用了經典 Kalman 濾波。經典 Kalman 濾波在參數突變情形下，參數估計時間會明顯變長，甚至會出現參數發散不收斂，得到錯誤的判斷和聚類，降低了故障模式識別的準確性、快速性和自適應能力。使用擴展 Kalman 濾波則可以改進以上不足[8]。

本節給出一種突變故障的潛在資訊聚類識別方法，該方法根據突變故障情況下系統動態特性變化，重置 Kalman 濾波的方差以快速和準確地追蹤系統結構參數的突變，提高潛在資訊聚類在線識別的魯棒性和自適應能力，保障過程故障識別的正確性及有效性。

(1) 潛在資訊

令 $\boldsymbol{z}_k \in \boldsymbol{R}^n$ 表示在離散時刻 $k \in \{0,1,2,\cdots\}$ 時，從過程數據中提取的特徵向量。設 $\boldsymbol{Z}_k=(\boldsymbol{z}_0,\boldsymbol{z}_1,\cdots,\boldsymbol{z}_k)\in \boldsymbol{R}^n_{k+1}=\underbrace{\boldsymbol{R}^n\times\boldsymbol{R}^n\times\cdots\times\boldsymbol{R}^n}_{k+1次}$ 表示 k 時刻的所有過程特徵有序集合。

定義 4.3 潛在資訊

$$I_\lambda(\boldsymbol{z}_k,\boldsymbol{Z}_k)=\frac{1}{1+S_\lambda(\boldsymbol{z}_k,\boldsymbol{Z}_k)} \tag{4-25}$$

$$S_\lambda(\boldsymbol{z}_k,\boldsymbol{Z}_k)=(1-\lambda)\sum_{i=0}^{k}\lambda^{k-i}\|\boldsymbol{z}_k-\boldsymbol{z}_i\|^2_{\boldsymbol{W}},\boldsymbol{z}_i\in\boldsymbol{Z}_k \tag{4-26}$$

其中，遺忘因子 $\lambda\in(0,1)$，$\|q\|^2_W=\boldsymbol{qWq}^{\mathrm{T}}$，$\boldsymbol{W}$ 為 n 維對稱正定陣，加權平均平方距離 $S_\lambda(\boldsymbol{z}_k,\boldsymbol{Z}_k)$表示 k 時刻產生的特徵向量 $\boldsymbol{z}_k$ 與當前的所有特徵向量集合 $\boldsymbol{Z}_k$ 的差異程度。加權平均平方距離計算更有效地定義了特徵向量縮放和旋轉，從而增強了在特徵空間中給定的各向非同性測量的多功能性。潛在資訊 $\boldsymbol{I}_\lambda(\boldsymbol{z}_k,\boldsymbol{Z}_k)$是一個相關的相似性度量。

由式(4-25) 和式(4-26) 可知，不管特徵向量 $\boldsymbol{z}_i$ 和 $\boldsymbol{z}_k$ 如何取值，平均平方距離 $S_\lambda(\boldsymbol{z}_k,\boldsymbol{Z}_k)$都是正數。潛在資訊是以一個分數的形式給出的，從而得出潛在資訊的取值範圍為 $I_\lambda(\boldsymbol{z}_k,\boldsymbol{Z}_k)\in(0,1],\forall\boldsymbol{z}_i\in\boldsymbol{R}^n,\forall\boldsymbol{Z}_k\in\boldsymbol{R}^n_k$。

引理 4.2 設 $S_k=S_\lambda(\boldsymbol{z}_k,\boldsymbol{Z}_k)$表示在採樣時間 k，相應的特徵向量 $\boldsymbol{z}_k$ 與歷史特徵集合 $\boldsymbol{Z}_k$ 的加權平均平方距離，當 $k\geqslant1$ 時，有如下遞歸公式：

$$\boldsymbol{F}_k=\lambda\boldsymbol{F}_{k-1}+\lambda L_{k-1}(\boldsymbol{z}_{k-1}-\boldsymbol{z}_{k-2}) \tag{4-27}$$

$$L_k=\lambda(L_{k-1}+1) \tag{4-28}$$

$$S_k=\lambda S_{k-1}+2\lambda(1-\lambda)(\boldsymbol{z}_k-\boldsymbol{z}_{k-1})^{\mathrm{T}}\boldsymbol{WF}_k+\lambda(1-\lambda)\|\boldsymbol{z}_k-\boldsymbol{z}_{k-1}\|^2_{\boldsymbol{W}}L_k \tag{4-29}$$

$$\boldsymbol{F}_k=\sum_{i=0}^{k-1}\lambda^{k-i}(\boldsymbol{z}_{k-1}-\boldsymbol{z}_i)=\sum_{i=0}^{k-2}\lambda^{k-i}(\boldsymbol{z}_{k-1}-\boldsymbol{z}_i) \tag{4-30}$$

$$L_k=\sum_{i=0}^{k-1}\lambda^{k-i} \tag{4-31}$$

其中，$\boldsymbol{F}_k\in\boldsymbol{R}^n,L_k\in\boldsymbol{R}$，初始值為 $S_0=0,F_0=0,L_0=0$。

備註 4.1 由式(4-31)給出的變量 L_k 是隨著時間變化的，顯然 L_k 的變化過程與特徵向量的值是獨立的。由等比數列的性質得到：

$$L_k=\frac{1-\lambda^k}{1-\lambda} \tag{4-32}$$

由於整體的遞歸是依賴於離散時間變量 k 的，所有並沒有直接使用式(4-32)來進行迭代。然而，可以看出隨著 k 的增加，L_k 可以迅速收斂，即 L_k 的常數極限值為 $\frac{1}{1-\lambda}$，從而透過將該極限值賦給 L_k 近似實現整體遞歸式(4-27)～式(4-29)。

引理 4.3 設 $\boldsymbol{z}$ 為一個固定的特徵向量，$\boldsymbol{Z}_k$ 是隨時間變化的歷史特徵集，當 $k\geqslant 1$ 時，存在

$$S_\lambda(\boldsymbol{z},\boldsymbol{Z}_k)=\lambda S_\lambda(\boldsymbol{z},\boldsymbol{Z}_k)+(1-\lambda)\left\|\boldsymbol{z}-\boldsymbol{z}_k\right\|_{\boldsymbol{W}}^2 \tag{4-33}$$

其中 $S_\lambda(\boldsymbol{z},\boldsymbol{Z}_k)=(1-\lambda)\parallel \boldsymbol{z}-\boldsymbol{z}_0\parallel$。

(2) 離散系統 Kalman 濾波[6]

要實現異常檢測，重點在於選擇合適的特徵向量以完成 (1) 中所述的潛在資訊遞歸計算，為了適應 Kalman 濾波，選取系統結構特徵參數為狀態，透過離散化構建狀態空間方程。用濾波後得到的狀態（特徵向量）構造特徵向量空間。

設線性系統的動態方程如下：

$$\begin{cases}\boldsymbol{X}(k+1)=\boldsymbol{\Phi}(k+1,k)\boldsymbol{X}(k)+\boldsymbol{\Gamma}(k+1,k)\boldsymbol{W}(k)\\ \boldsymbol{Y}(k)=\boldsymbol{H}(k)\boldsymbol{X}(k)+\boldsymbol{V}(k)\end{cases} \tag{4-34}$$

式中，$\boldsymbol{\Phi}(k+1,\ k)$ 是狀態轉移矩陣；$\boldsymbol{H}(k)$ 為量測矩陣；$\boldsymbol{W}(k)$ 和 $\boldsymbol{V}(k)$ 為零均值的白噪聲序列，$\boldsymbol{W}(k)$ 與 $\boldsymbol{V}(k)$ 相互獨立，在採樣間隔內，$\boldsymbol{W}(k)$ 和 $\boldsymbol{V}(k)$ 為常值，其統計特性如下：

$$\begin{cases}E\{\boldsymbol{W}(k)\}=0,Cov\{\boldsymbol{W}(k),\boldsymbol{W}(j)\}=\boldsymbol{Q}_k\delta_{kj}\\ E\{\boldsymbol{V}(k)\}=0,Cov\{\boldsymbol{V}(k),\boldsymbol{V}(j)\}=\boldsymbol{R}_k\delta_{kj}\quad,\delta_{kj}=\begin{cases}1,k\neq j\\0,k=j\end{cases}\\ Cov\{\boldsymbol{W}(k),\boldsymbol{V}(j)\}=0\end{cases} \tag{4-35}$$

式中，$\boldsymbol{Q}_k$ 和 $\boldsymbol{R}_k$ 分別為 $\boldsymbol{W}$ 和 $\boldsymbol{V}$ 的均方差矩陣。狀態向量的初始值 $\boldsymbol{X}(0)$ 的統計特性給定為：

$$E\{\boldsymbol{X}(0)\}=\mu_0;Var\{\boldsymbol{X}(0)\}=E\{[\boldsymbol{X}(0)-\mu_0][\boldsymbol{X}(0)-\mu_0]^{\mathrm{T}}\}=P_0。$$

則該離散系統 Kalman 最優濾波的基本公式如下［分別是濾波估計方程（K 時刻的最優值）、狀態的一步預測方程、濾波增益方程（權重）、均方誤差的一步預測、均方誤差更新矩陣］：

$$\hat{\boldsymbol{X}}(k|k)=\hat{\boldsymbol{X}}(k|k-1)+\boldsymbol{K}(k)[\boldsymbol{Z}(k)-\boldsymbol{H}(k)\hat{\boldsymbol{X}}(k|k-1)]$$

$$
\begin{aligned}
\hat{\boldsymbol{X}}(k|k-1)&=\boldsymbol{\Phi}(k,k-1)\hat{\boldsymbol{X}}(k-1|k-1)\\
\boldsymbol{K}(k)&=\boldsymbol{P}(k|k-1)\boldsymbol{H}^{\mathrm{T}}(k)[\boldsymbol{H}(k)\boldsymbol{P}(k|k-1)\boldsymbol{H}(k)+\boldsymbol{R}_k]^{-1}\\
\boldsymbol{P}(k|k-1)&=\boldsymbol{\Phi}(k|k-1)\boldsymbol{P}(k-1|k-1)\boldsymbol{\Phi}^{\mathrm{T}}(k|k-1)+\boldsymbol{\Gamma}(k|k-1)\boldsymbol{Q}_{k-1}\boldsymbol{\Gamma}^{\mathrm{T}}(k|k-1)\\
\boldsymbol{P}(k|k)&=[I-\boldsymbol{K}(k)\boldsymbol{H}(k)]\boldsymbol{P}(k|k-1)[\boldsymbol{I}-\boldsymbol{K}(k)\boldsymbol{H}(k)]^{\mathrm{T}}+\boldsymbol{K}(k)\boldsymbol{R}_k\boldsymbol{K}^{\mathrm{T}}(k)
\end{aligned}
\tag{4-36}
$$

(3) 基於 Kalman 濾波的時變參數估計

Kalman 濾波器除了用於動態系統的狀態估計外，還可以用於動態系統參數的在線辨識，特別是時變參數的估計。設被識別系統可由下列差分方程描述：

$$
\begin{aligned}
&\boldsymbol{y}(k)+a_1\boldsymbol{y}(k-1)+a_2\boldsymbol{y}(k-2)+\cdots+a_n\boldsymbol{y}(k-n)=\\
&b_1\boldsymbol{u}(k-1)+b_2\boldsymbol{u}(k-2)+\cdots+b_m\boldsymbol{u}(k-m)+\boldsymbol{e}(k)
\end{aligned}
\tag{4-37}
$$

式中，$\boldsymbol{u}(k)$、$\boldsymbol{y}(k)$ 分別為系統的輸入輸出序列；$a_i\,(i=1,2,\cdots,n)$、$b_j\,(j=1,2,\cdots,m)$為系統未知參數；$\boldsymbol{e}(k)$ 為零均值高斯白噪聲序列，且$E\{\boldsymbol{e}(k)\boldsymbol{e}^{\mathrm{T}}(k)\}=\boldsymbol{R}_k\delta_{kj}$。

採用 Kalman 濾波器估計系統參數時，首先應將系統的未知參數看作是未知狀態，然後，將描述系統動態的差分方程式（4-37）轉換成相應的狀態空間方程，為此，令

$$
\begin{cases}
x_1(1)=a_1(k),x_2(k)=a_2(k)\\
\cdots\\
x_n(1)=a_n(k),x_{n+1}(k)=b_1(k)\\
\cdots\\
x_{n+m}(k)=b_m(k)
\end{cases}
\tag{4-38}
$$

$$
\begin{cases}
x_1(k+1)=a_1(k)+w_1(k)\\
x_2(k+1)=a_2(k)+w_2(k)\\
\cdots\\
x_n(k+1)=a_n(k)+w_n(k)\\
x_{n+1}(k+1)=b_1(k)+w_{n+1}(k)\\
\cdots\\
x_{n+m}(k+1)=b_m(k)+w_{n+m}(k)
\end{cases}
\tag{4-39}
$$

式中，$\{w_i(k)\}(i=1,2,\cdots,n+m)$表示參數中的噪聲部分。假如它們都是零均值高斯白噪聲序列，而且

$$
\begin{aligned}
\boldsymbol{X}^{\mathrm{T}}(k)&=[x_1(k),x_2(k),\cdots,x_n(k),x_{n+1}(k),\cdots,x_{n+m}(k)]\\
&=[a_1(k),a_2(k),\cdots,a_n(k),b_1(k),\cdots,b_m(k)]
\end{aligned}
\tag{4-40}
$$

其中 $w_i(k)$ 相互獨立。由式(4-38) 可得 $n+m$ 維向量表示系統的待估參

數。由式(4-39) 可以寫出系統狀態方程為

$$\boldsymbol{X}(k+1)=\boldsymbol{X}(k)+\boldsymbol{W}(k) \tag{4-41}$$

式中，$\boldsymbol{W}(k)$ 為由 $w_i(k)(i=1,2,\cdots,n+m)$ 組成的向量，且 $E\{\boldsymbol{W}(k)\boldsymbol{W}^{\mathrm{T}}(j)\}=\boldsymbol{Q}_k\delta_{kj}$。再令

$$\boldsymbol{H}(k)=[-y(k-1),-y(k-2),\cdots,-y(k-n),u(k-1),\cdots,u(k-m)] \tag{4-42}$$

則由系統動態方程式(4-37)，可以寫出系統的觀測方程為

$$\boldsymbol{y}(k)=\boldsymbol{H}(k)\boldsymbol{X}(k)+\boldsymbol{e}(k) \tag{4-43}$$

將式(4-41) 和式(4-43) 作為狀態空間方程，即

$$\begin{cases}\boldsymbol{X}(k+1)=\boldsymbol{X}(k)+\boldsymbol{W}(k)\\ \boldsymbol{y}(k)=\boldsymbol{H}(k)\boldsymbol{X}(k)+\boldsymbol{e}(k)\end{cases} \tag{4-44}$$

直接利用 Kalman 濾波的基本方程（令 $\boldsymbol{\Phi}=\boldsymbol{I}$，$\boldsymbol{\Gamma}=\boldsymbol{I}$）可得其辨識算法公式如下：

$$\hat{\boldsymbol{X}}(k|k)=\hat{\boldsymbol{X}}(k-1|k-1)+\boldsymbol{K}(k)\boldsymbol{y}(k)-\boldsymbol{H}(k)\hat{\boldsymbol{X}}(k-1|k-1) \tag{4-45}$$

$$\boldsymbol{K}(k)=\boldsymbol{P}(k|k-1)\boldsymbol{H}^{\mathrm{T}}(k)[\boldsymbol{H}(k)\boldsymbol{P}(k|k-1)\boldsymbol{H}^{\mathrm{T}}(k)+\boldsymbol{R}_k]^{-1} \tag{4-46}$$

$$\boldsymbol{P}(k|k-1)=\boldsymbol{P}(k-1|k-1)+\boldsymbol{Q}_{k-1} \tag{4-47}$$

$$\begin{aligned}\boldsymbol{P}(k|k)&=\boldsymbol{I}-\boldsymbol{K}(k)\boldsymbol{H}(k)\boldsymbol{P}(k|k-1)\boldsymbol{I}-\boldsymbol{K}(k)\boldsymbol{H}^{\mathrm{T}}(k)+\boldsymbol{K}(k)\boldsymbol{R}_k\boldsymbol{K}^{\mathrm{T}}(k)\boldsymbol{P}(k|k)\\&=\boldsymbol{I}-\boldsymbol{K}(k)\boldsymbol{H}(k)\boldsymbol{P}(k|k-1)\end{aligned} \tag{4-48}$$

式中，遞推初始值 $\hat{\boldsymbol{X}}(0|0)=\overline{\boldsymbol{X}}(0)$，$\boldsymbol{P}(0|0)=\boldsymbol{P}(0)=Var\{\overline{\boldsymbol{X}}(0)\}$，$\boldsymbol{Q}_k$ 為協方差矩陣，$\hat{\boldsymbol{X}}(k|k)$為 Kalman 濾波的參數辨識結果。

(4) 基於 Kalman 濾波的突變參數估計

式(4-45)～式(4-48) 所描述的 Kalman 濾波能夠對系統參數緩變情形進行有效的辨識和追蹤。而 Kalman 濾波在收斂後，方差 $\boldsymbol{P}(k|k)$將會限定為很小的值。當出現系統突變的情形，就導致 Kalman 濾波的發散而不穩定，且不能快速而有效地追蹤。

針對參數突變的情況，改進型的 Kalman 受到廣泛的研究，例如，周東華提出的強追蹤 Kalman 濾波、產生式重置方差 $\boldsymbol{P}(k|k)$的 Kalman 濾波等方法。本章為便於潛在異常工況的在線識別，採用工程上便於實現的重置方差 $\boldsymbol{P}(k|k)$的 Kalman 濾波。

當系統的輸出變化滿足式(4-49) 時，對式(4-39) 中的參數 $\boldsymbol{P}$ 進行重置，即：

$$\boldsymbol{P}(k|k)=\begin{cases}[\boldsymbol{I}-\boldsymbol{K}(k)\boldsymbol{H}(k)]\boldsymbol{P}(k|k-1), & \|y(k)-y(k-1)\|\leqslant\varepsilon\\ \boldsymbol{P}(0|0), & \|y(k)-y(k-1)\|>\varepsilon\end{cases},\varepsilon>0 \tag{4-49}$$

式中，ε 為常數，為系統輸出連續變化過程中相鄰時刻偏差的最大閾值，由系統的具體運行狀況決定。透過突變 Kalman 濾波進行參數估計，可適應實時變化的系統運行狀況，提高參數估計的魯棒性。

（5）潛在資訊聚類識別

在特徵向量空間 Z_k 中，將系統各運行工況（包括正常工況和異常工況）對應的特徵向量定義為焦點。顯然，隨著系統運行時間的推移，系統難免出現不同的工況，這樣就會形成多個焦點。將焦點形成的集合表示為 $\boldsymbol{Z}^*$，而各焦點表示為 $\boldsymbol{z}_i^*, i\in\{1,2,3,\cdots,N\}$。在每一時刻在線運行的工況對應的焦點為活躍焦點，表示為 $\boldsymbol{z}^*$。在採樣時刻 k，根據以上潛在資訊計算方法可以得到特徵向量 $\boldsymbol{z}_k$ 與歷史特徵集合 $\boldsymbol{Z}_k$ 的潛在資訊值，以判斷當前特徵向量是否為焦點和活躍焦點。

式(4-50) 給出了在系統運行過程中，每一採樣時刻，特徵狀態空間活躍焦點在線替換和新焦點產生條件。設此時焦點集合為 $\boldsymbol{Z}^*=\{\boldsymbol{z}_i^*, i=1,2,3,\cdots,N\}$。若式(4-50) 滿足，就可以透過當前的特徵點 $\boldsymbol{z}$ 來替換活躍焦點 $\boldsymbol{z}^*$，如果不滿足則產生新焦點 $\boldsymbol{z}_{N+1}^*$。

$$I_\lambda(\boldsymbol{z},\boldsymbol{Z}_k)>\max_i I_\lambda(\boldsymbol{z}_\mathrm{i}^*,\boldsymbol{Z}_k)+I_{th} \tag{4-50}$$

其中 $I_{th}>0$ 是潛在資訊閾值，可根據具體情況給出。由式(4-50) 可知，當系統產生兩個十分相近的焦點時，就會使狀態識別出現偏差，於是設計式(4-51) 以解決此問題。

$$\min_i \|\boldsymbol{z}_k-\boldsymbol{z}_i^*\|_{\boldsymbol{W}}<d_{\min} \tag{4-51}$$

其中 $d_{\min}$ 作為不同的焦點間可調距離的最小期望值，這就避免了兩個焦點相近的情況。

若式(4-50) 和式(4-51) 同時滿足，就可以用新的可用特徵向量 $\boldsymbol{z}$ 取代活躍焦點 $\boldsymbol{z}_i^*$。反之，產生一個新的焦點 $\boldsymbol{z}_{N+1}^*$，說明系統出現了一個新的運行狀態。綜上所述，可以將系統的運行狀態完整的表達出來。

（6）算法應用

① 初始化濾波器參數 $\hat{\boldsymbol{X}}(0|0)=\overline{\boldsymbol{X}}(0), \boldsymbol{P}(0|0)=\boldsymbol{P}(0)=Var\{\overline{\boldsymbol{X}}(0)\}, Q, R, \varepsilon$；

② 初始化潛在資訊聚類的參數 $S_0=0, F_0=0, L_0=0$；

③ 當 $k=0$，執行以下 a～c，否則執行④。

a. 執行式(4-45)～式(4-48)，得出參數，估計出相應的參數 $\hat{\boldsymbol{X}}(0|0)$，得出特徵向量 $\boldsymbol{z}_0=\hat{\boldsymbol{X}}(0|0)$，存入相應的特徵向量集 $\boldsymbol{Z}_k=\{\boldsymbol{z}_0,\boldsymbol{z}_1,\cdots,\boldsymbol{z}_k\}, \boldsymbol{z}_0^*=\boldsymbol{z}_0$，$\boldsymbol{z}^*=\boldsymbol{z}_0$；

b. 將 $\boldsymbol{z}_0^*$ 存入 $\boldsymbol{Z}^*=\{\boldsymbol{z}_0^*,\boldsymbol{z}_1^*,\cdots,\boldsymbol{z}_k^*\}$；

c. 設置一個狀態記録 OS，$OS_0=0$；

④ 當 $k>0$ 執行以下 a～d，否則返回③。

a. $\boldsymbol{Y}(k)$ 滿足式(4-46) 中 $\|\boldsymbol{y}(k)-\boldsymbol{y}(k-1)\|>\varepsilon$，返回②，否則繼續執行；

b. 執行式(4-45)～式(4-48)，得出參數，估計出相應的參數 $\hat{\boldsymbol{X}}(k|k)$，得出相應的特徵向量 $\boldsymbol{z}_k=\hat{\boldsymbol{X}}(k|k)$，存入相應的特徵向量集 $\boldsymbol{Z}_k=\{\boldsymbol{z}_0,\boldsymbol{z}_1,\cdots,\boldsymbol{z}_k\}$，執行下一步；得到 k 時候的系統參數，得到相應的 k 時候的向量 $\boldsymbol{z}_k$；

c. 透過式(4-27)～式(4-29)，計算出 F_k、L_k、S_k，從而由式(4-25) 計算出 I_k；

用式(4-50)、式(4-51) 進行判別，若滿足條件，用特徵點代替原有的臨近焦點 $\boldsymbol{z}_i^*=\boldsymbol{z}_k$，否則，產生一個新的焦點 $\boldsymbol{z}_{N+1}^*=\boldsymbol{z}_k$。當系統進入某一工況後，其系統參數可能會平穩、小幅度的上升或下降，當相鄰時刻幅度小於某一閾值，我們認為工況沒有發生變化。更新焦點的目的在於：如果系統參數單調變化，經過 m 個時刻後 $\boldsymbol{z}_1$ 和 $\boldsymbol{z}_m$ 變化幅度可能超過了閾值，但 $\boldsymbol{z}_{m-1}$ 和 $\boldsymbol{z}_m$ 之間的變化幅度卻很小，仍然可以認定系統還處在同一工況中。因此認定某一時刻工況是否變化永遠是用上一時刻作參考的。

d. $k=k+1$，返回③。

(7) 數值實例

① 仿真對象說明　本文取雙容水箱為實驗對象，液位高度作為輸出。使用二階線性系統，透過分析得到相應的傳遞函數為：

$$G(s)=\frac{k_0}{(T_1s+1)(T_2s+1)} \tag{4-52}$$

將其離散化得到：

$$\left|\frac{1}{T^2}+\frac{T_1+T_2}{T}+1\right|y(k)-\frac{T_1+T_2}{T}y(k-1)+\frac{1}{T^2}y(k-2)=k_0u(k) \tag{4-53}$$

令 $u(k)=k_1u(k-1)+k_2u(k-2)$，透過變形可以得到：

$$y(k)-\frac{T_1+T_2}{T+T_1+T_2}y(k-1)+\frac{1}{T(T+T_1+T_2)}y(k-2)=\frac{Tk_0}{T+T_1+T_2}k_1u(k-1)+k_2u(k-2) \tag{4-54}$$

令　$a_1=-\frac{T_1+T_2}{T+T_1+T_2}$，$a_2=\frac{1}{T(T+T_1+T_2)}$，$b_1=\frac{Tk_0k_1}{T+T_1+T_2}$，$b_2=$

$\frac{Tk_0k_2}{T+T_1+T_2}$，則系統的輸出方程為：$y(k)+a_1y(k+1)+a_2y(k+2)=b_1u(k-1)+b_2u(k-2)+\boldsymbol{e}(k)$，其中 $\boldsymbol{e}(k)$ 為高斯白噪聲，且 $E\{\boldsymbol{e}(k)\boldsymbol{e}^{\mathrm{T}}(j)\}=\boldsymbol{R}_k\delta_{kj}$。

$$令\begin{cases}x_1(k)=a_1(k)\\x_2(k)=a_2(k)\\x_3(k)=b_1(k)\\x_4(k)=b_2(k)\end{cases},加上噪聲後表示為:\begin{cases}x_1(k+1)=a_1(k)+w_1(k)\\x_2(k+1)=a_2(k)+w_2(k)\\x_3(k+1)=b_1(k)+w_3(k)\\x_4(k+1)=b_2(k)+w_4(k)\end{cases}$$

式中，$\boldsymbol{W}(k)=[w_1(k),w_2(k),w_3(k),w_4(k)]^{\mathrm{T}}$ 是高斯白噪聲。

令 $\boldsymbol{X}(k)=[x_1(k),x_2(k),x_3(k),x_4(k)]^{\mathrm{T}}$，則 $\boldsymbol{X}(k+1)=\boldsymbol{X}(k)+\boldsymbol{W}(k)$。

為構造 Kalman 濾波方程，令 $\boldsymbol{H}(k)=[-y(k-1),-y(k-2),u(k-1),u(k-2)]$，則系統的輸出方程就可以寫為 $\boldsymbol{y}(k)=\boldsymbol{H}(k)\boldsymbol{X}(k)+\boldsymbol{e}(k)$。相應的狀態空間方程為：

$$\begin{cases}\boldsymbol{X}(k+1)=\boldsymbol{X}(k)+\boldsymbol{W}(k)\\\boldsymbol{y}(k)=\boldsymbol{H}(k)\boldsymbol{X}(k)+\boldsymbol{e}(k)\end{cases}\tag{4-55}$$

② 算法的實現　考慮經典雙容水箱，其傳遞函數如式(4-52)，透過參數離散化，構造出狀態空間方程為式(4-55)。利用卡爾曼（Kalman）濾波參數估計式(4-36)～式(4-39)，進行參數估計。監測到狀態滿足式(4-40) 時重置卡爾曼濾波器的參數式(4-39)，提高參數估計的準確性，這是本文最大的貢獻。進行參數估計時，本文中取 $\varepsilon=0.2$。

為了滿足潛在聚類的要求，將參數 $a_1,a_2,\cdots,a_k,b_1,b_2,\cdots,b_k$，構造成狀態空間向量 $\boldsymbol{z}_k=[a_{0,k},a_{1,k},\cdots,a_{n,k},b_{0,k},b_{1,k},\cdots,b_{m,k}]^{\mathrm{T}}$。本文採用的是二階線性系統，則 $\boldsymbol{z}_k=[a_{1,k},a_{2,k},b_{1,k},b_{2,k}]^{\mathrm{T}}$。

在進行潛在資訊聚類時，取 $\lambda=0.92, I_{\mathrm{th}}=0.2, d_{\min}=0.15$，透過計算得出各個點相應的潛在資訊值，對系統的狀態進行粗略的分類，得出大致的狀態量。再利用條件式(4-50) 和加強條件式(4-51)，得出活躍焦點。若是滿足，就用當前點代替原活躍焦點，反之，產生一個新焦點。最後透過活躍焦點來辨識系統的精確運行狀態，實現在線異常工況識別。

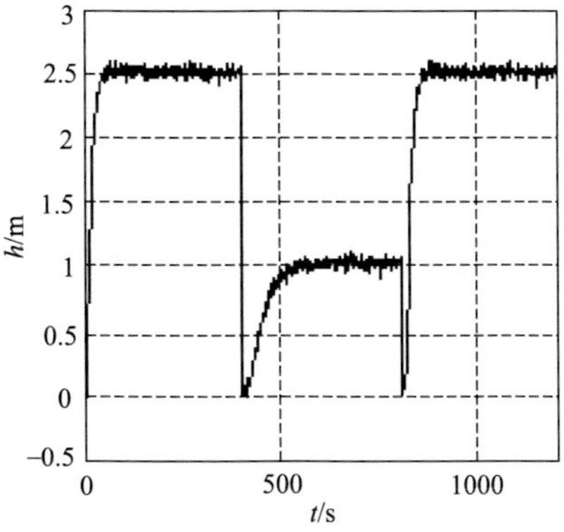

圖 4-16　二階線性系統的階躍響應圖

③ 仿真效果

a. 開環系統仿真。透過 Matlab 中的 Simulink 工具箱搭建模型，進行仿真得出相應的數據，加上相應的測量噪聲得出的結果如圖 4-16 所示，不難看出系統有兩種運行狀態，0～400s 和 800～1200s 是同一種運行狀態，而 400～800s 這段是另外一種運行狀態。

利用突變 Kalman 濾波器進行參數估計，即利用式(4-28)，透過 Matlab 編程求解得出相應的參數，整個參數集的變化過程如圖 4-17、圖 4-18 所示。圖 4-18 為基於重置方差 Kalman 濾波估計參數變化過程，圖 4-17 為經典 Kalman 濾波參數估計的參數變化圖。如圖 4-17 所示，在突變的情況下，不能收斂到參數的真值上，這將導致潛在資訊聚類識別狀態錯誤。如圖 4-18 所示，數據在 400s 和 800s 左右都會出現一些毛刺，因為狀態改變的時候，Kalman 濾波方差參數重置，使參數估計出現了一個短暫的調整過程。

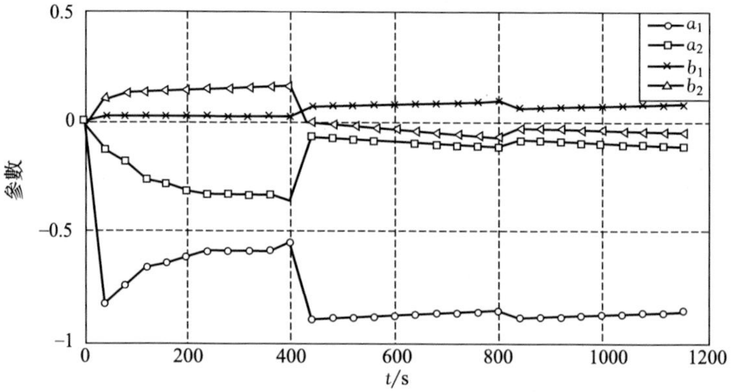

圖 4-17 基於經典 Kalman 濾波估計參數的變化過程

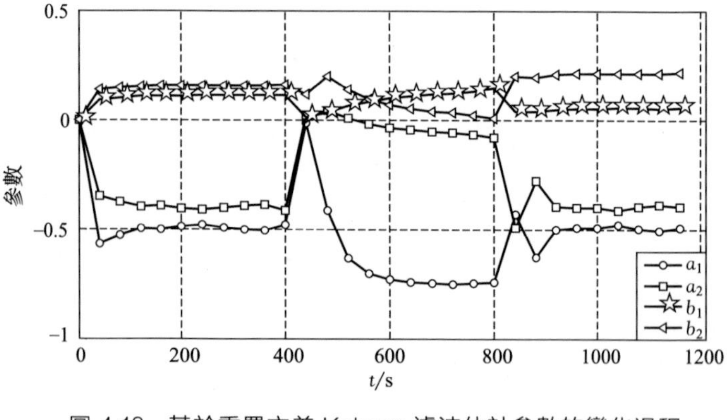

圖 4-18 基於重置方差 Kalman 濾波估計參數的變化過程

未改進的 Kalman 濾波估計出來的參數的潛在資訊如圖 4-19 所示，它只能準確地給出 0～400s 之間的潛在資訊變化過程，在系統運行工況下運行狀態突變時，不能準確地給出其變化過程。改進後，系統潛在資訊的變化趨勢如圖 4-20 所示，由此可以看出，在整個運行過程中，有 3 個可以達到最大潛在資訊的時段，可以粗略地估計系統有三種不同的運行狀態。

改進後，系統潛在資訊的變化趨勢如圖 4-20 所示，由此可以看出，在整個運行過程中，有 3 個可以達到最大潛在資訊的時段，可以粗略地估計系統有 3 種不同的運行狀態。

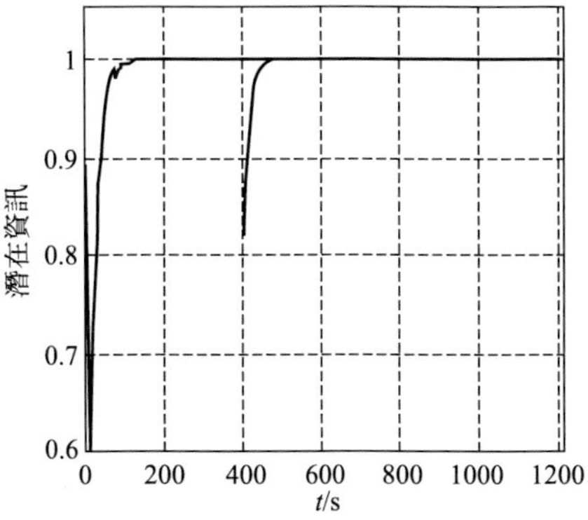

圖 4-19　基於經典 Kalman 濾波潛在資訊的變化過程（未改進）

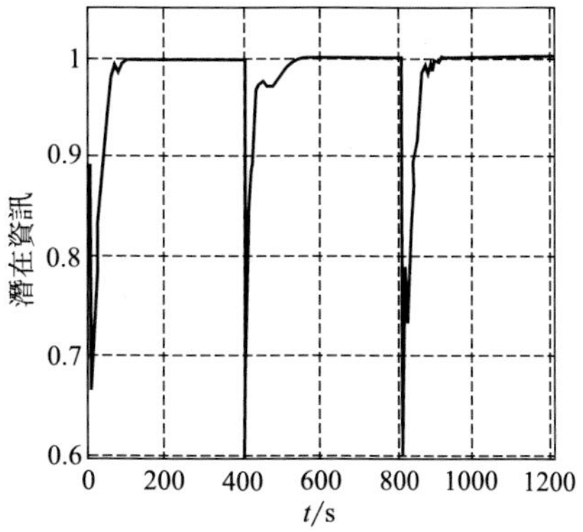

圖 4-20　基於重置方差 Kalman 濾波潛在資訊的變化過程（改進後）

改進前，各個活動焦點潛在資訊變化過程如圖 4-21 所示。系統只產生了 3 個焦點，只有一個運行狀態。改進後如圖 4-22 所示，0～1200s 內潛在資訊最大的焦點依次是焦點 3、焦點 4、焦點 5、焦點 3。由此可知，系統有兩類具有代表性的狀態，即焦點 3 和焦點 5 代表的狀態。

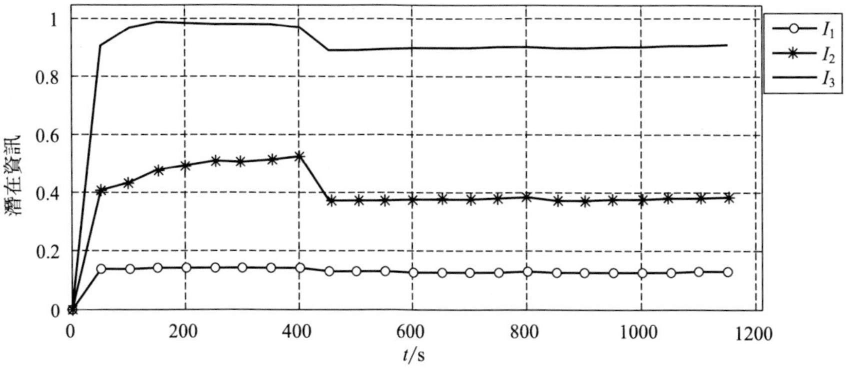

圖 4-21　基於經典 Kalman 濾波各個活躍焦點的潛在資訊的變化過程（改進前）

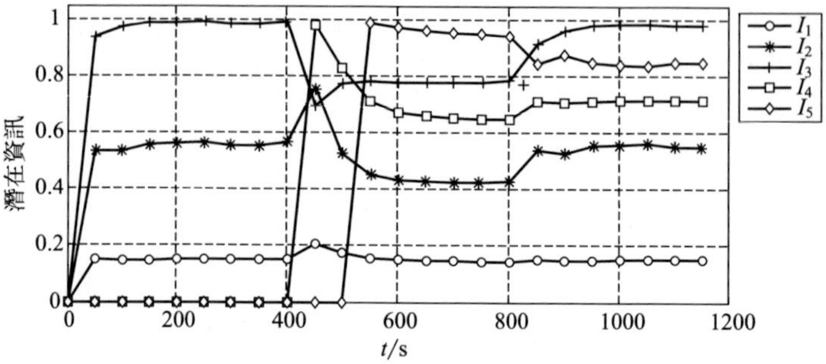

圖 4-22 基於重置方差 Kalman 濾波各個活躍焦點的潛在資訊的變化過程（改進後）

改進前，透過系統的活躍焦點對系統的狀態進行分類，如圖 4-23 所示。系統只有一種運行狀態，不能識別出系統的突變。改進後，如圖 4-24 所示。得出系統有 2 種狀態，即活躍焦點為 3 和活躍焦點為 5 分別代表的兩種運行狀態。系統中也出現活躍焦點為焦點 4，但這只是一個很短的過程，而不是系統的主要運行狀態。由於狀態之間變化時，透過了一個過渡狀態，即最活躍的焦點為 4 時對應的狀態。同時，由於算法的延時和系統運行狀態改變之間有過渡時間，系統狀態的識別存在一定的延時，這反映出系統狀態的改變會影響參數估計。

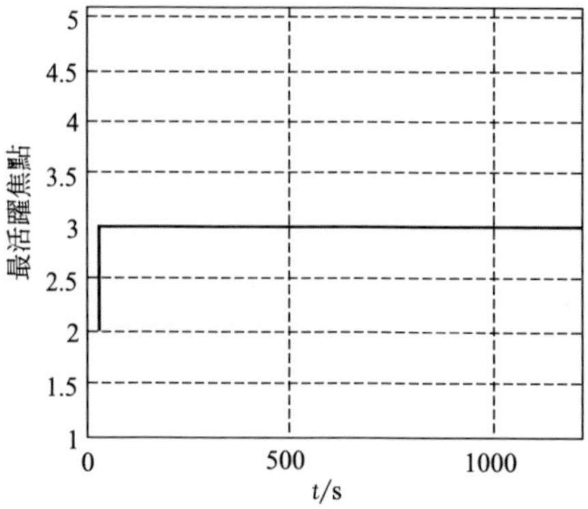

圖 4-23 基於經典 Kalman 濾波狀態分類結果圖（改進前）

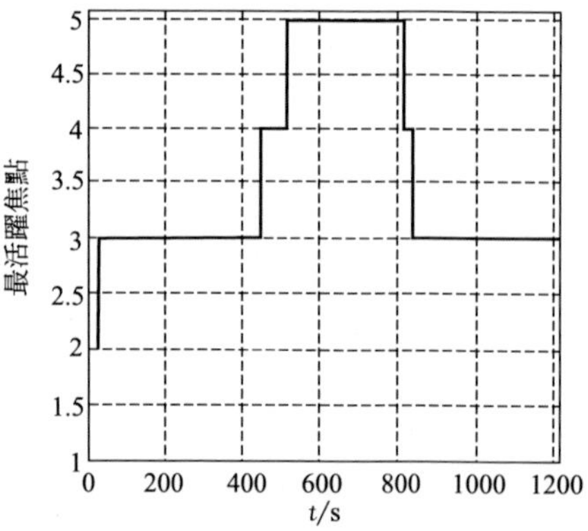

圖 4-24 基於重置方差 Kalman 濾波狀態分類結果圖（改進後）

系統的識別過程如圖 4-25 所示，可以清晰地看出系統的演變過程，特徵點的產生以及焦點的產生和活躍焦點的產生都一目了然。

b. 閉環系統仿真。閉環自動控制系統的輸入輸出圖如圖 4-26 所示。可以看出，在有反饋作用的情況下，系統參數的變化會同時引起系統輸入和輸出變化。

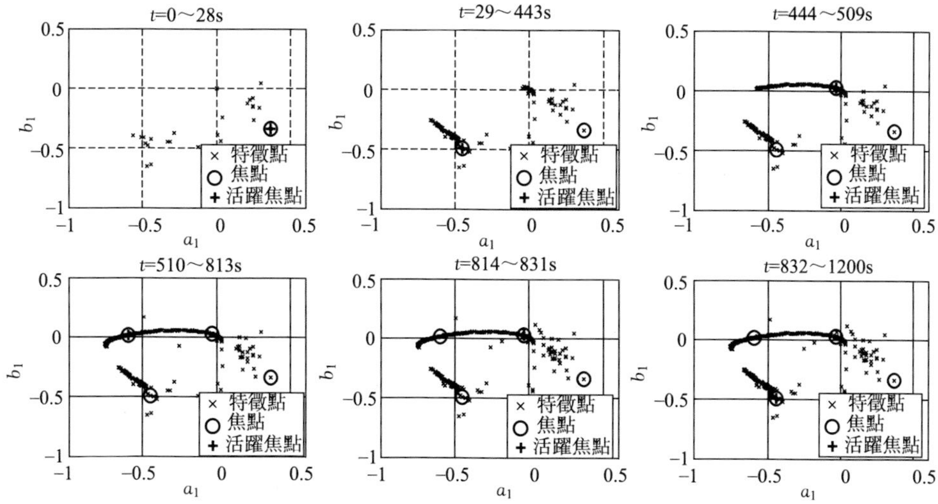

圖 4-25 特徵點、焦點、活躍焦點的變化圖

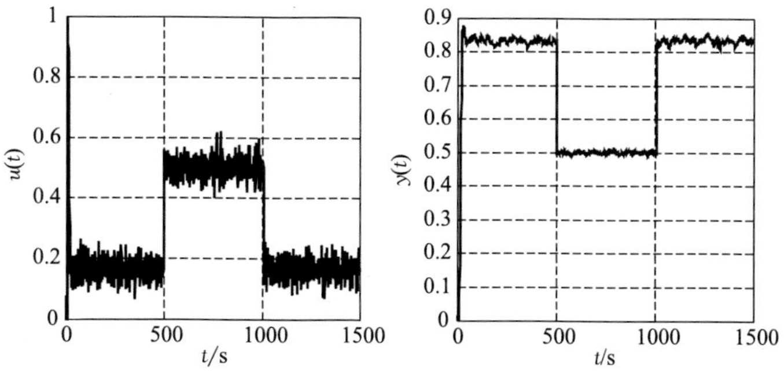

(a) 系統的輸入圖 (b) 系統的輸出圖

圖 4-26 閉環自動控制系統的輸入輸出圖

與開環系統相同，用重置方差 Kalman 濾波進行參數估計，使系統的輸出變化滿足式(4-56)：

$$\boldsymbol{P}(k|k)=\begin{cases}[\boldsymbol{I}-\boldsymbol{K}(k)\boldsymbol{H}(k)]\boldsymbol{P}(k|k-1), & \|y(k)-y(k-1)\|\leqslant\varepsilon \\ \mathbf{e}^{\|y(k)-y(k-1)\|}\boldsymbol{P}(0|0), & \|y(k)-y(k-1)\|>\varepsilon\end{cases},\varepsilon>0 \tag{4-56}$$

式中，ε 是常數，為系統輸出連續變化過程中相鄰時刻偏差的最大閾值，由系統的具體運行狀況決定。此時加入一個和輸出相關的重置參數項，更能體現出參數的變化特性，同時輸出參與調節系統參數，使得參數估計更加準確。參數估計結果如圖 4-27 所示，其中考慮突變的情況和未考慮突變的情況下，參數的變化趨勢是不同的。在 $t=1000\mathrm{s}$ 時，未考慮突變情況時的參數估計，不能準確地進行參數估計。同圖 4-17 相比，可以看出參數的變化過程比開環系統更加平滑，這是由於考慮了輸入 $u(t)$ 的原因。

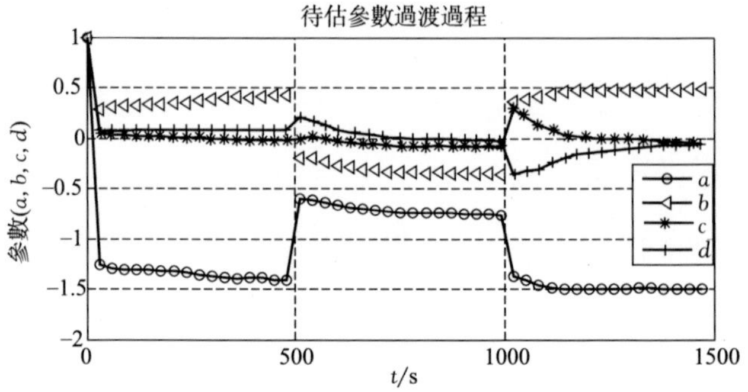

(a) 考慮突變

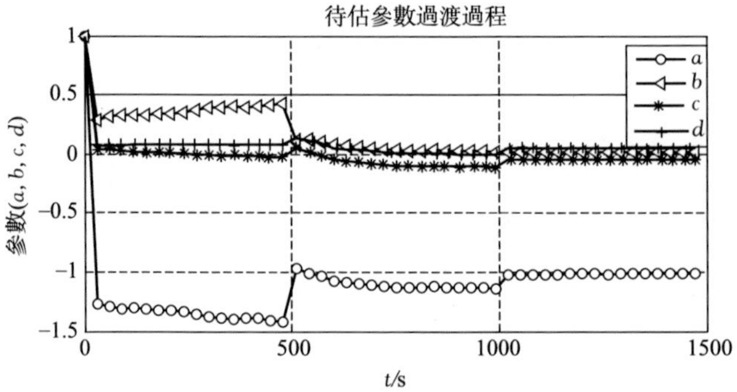

(b) 未考慮突變

圖 4-27 參數估計結果

系統運行階段潛在資訊的變化過程如圖 4-28 所示，可以看出考慮突變時潛在資訊為 3 段式變化，可估計出系統有 3 個運行階段。未考慮突變的情況下，只能識別出系統的兩段運行狀況。

系統焦點產生時間及其值如表 4-5、表 4-6 所示。由表 4-5 可以得出產生了 5 個焦點，其中在系統啓動的時候，由於數據不穩定，產生了兩個過渡焦點，在系統狀態產生變化時，也產生相應的過渡焦點，但是此時由於系統穩定運行，只產生了一個過渡焦點。考慮突變和未考慮突變相比，系統得到的狀態焦點是十分相近的，產生的時間也相近，充分證明了識別出焦點的正確性。

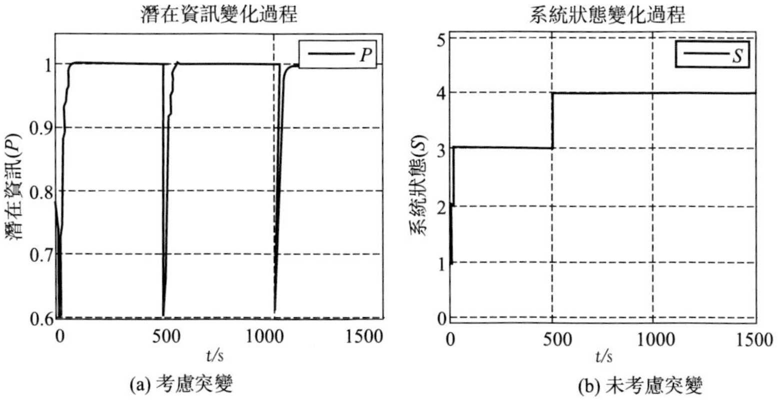

圖 4-28　系統運行階段潛在資訊變化過程

表 4-5　焦點產生時間及其值（考慮突變）

參數 / 時間 t/s	a	b	c	d
1	1.0000	1.0000	1.0000	1.0000
2	0.3567	0.3616	0.0325	0.0623
13	−1.5069	0.4828	−0.0565	−0.0528
501	−0.6547	0.4332	−0.2225	0.0687
518	−0.7586	−0.3576	−0.0865	−0.0299

表 4-6　焦點產生時間及其值（未考慮突變）

時間 t/s	a	b	c	d
1	1.0000	1.0000	1.0000	1.0000
2	0.3567	0.3616	0.0325	0.0623
13	−1.3648	0.5406	0.0465	0.1652
502	−0.8818	0.0655	0.1007	0.1854

各個焦點的潛在資訊變化過程如圖 4-29 所示，考慮突變的情況下，可以看出在 0～500s 內，焦點 3 的潛在資訊值最大，在 500～1000s 內，焦點 5 的潛在資訊值最大，在 1000～1500s 內，焦點 3 的潛在資訊值最大。其他的焦點都是過渡焦點。未考慮突變的情況下，在 0～500s 內存在兩個過渡焦點 1、2 和一個活躍焦點 3，在 500～1500s 內，焦點 4 的潛在資訊值最大，沒有能夠在 1000s 附近識別系統狀態的變化。

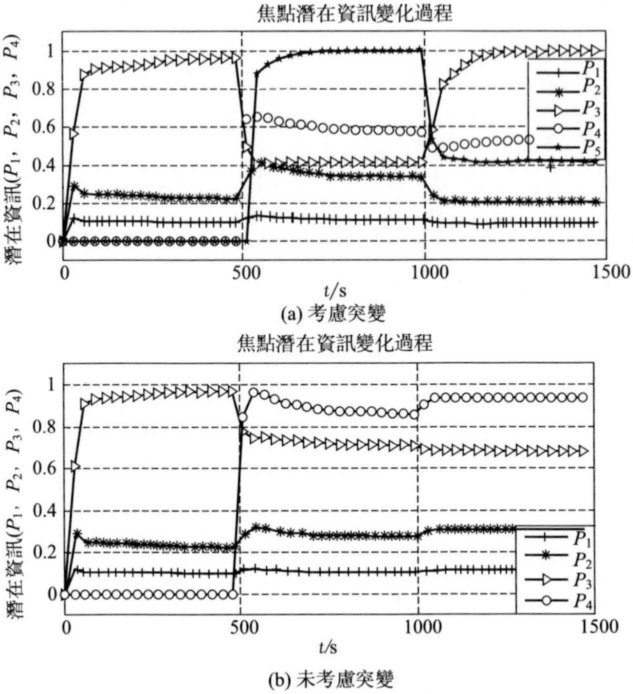

圖 4-29 焦點潛在資訊變化過程

系統的狀態變化過程如圖 4-30 所示，得出系統出現了 2 個主要運行狀態，即焦點 3 所對應的狀態 3 和焦點 5 對應的狀態 5，其中狀態 1、2、4 為過渡狀態。

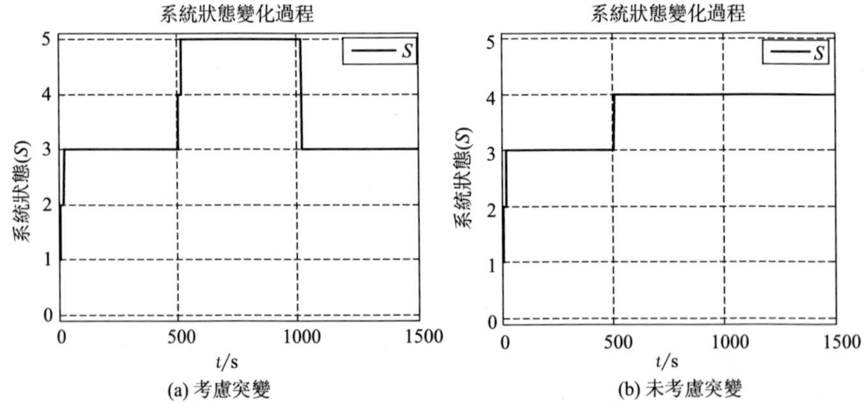

圖 4-30 系統狀態變化過程

選擇參數 a 和參數 b 得出系統的焦點產生過程如圖 4-31 所示，由圖中考慮突變的情況，可以看出整個狀態的動態變化過程包括特徵點的產生過程，焦點的產生過程和活躍焦點的產生過程。不難看出，在系統剛開始運行時，會出現一個設定的焦點，然後迅速被下一個焦點代替。每一個焦點剛產生的時候都是活躍焦點，隨著時間的變化將不會再出現新的焦點，但是活躍焦點會改變，這說明系統的運行狀態是固定的，整個過程中只是幾個運行過程的相互切換。從沒有考慮突變的情況可知系統最後停留在焦點 4 所代表的狀態，沒有能夠準確地識別系統狀態之間的切換。

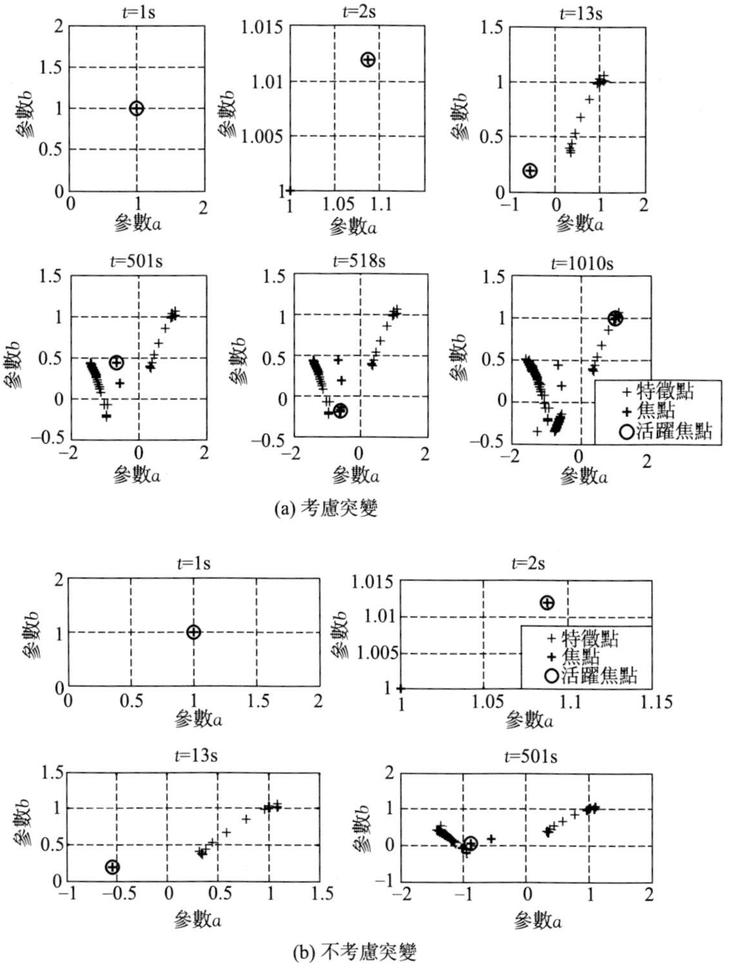

圖 4-31　焦點產生過程

透過仿真實驗結果（圖 4-32、圖 4-33）可知，本文選用的參數估計法，可以準確地估計開環系統和閉環系統的運行參數，同時透過潛在資訊聚類方法可以實現開環系統狀態和閉環系統識別。

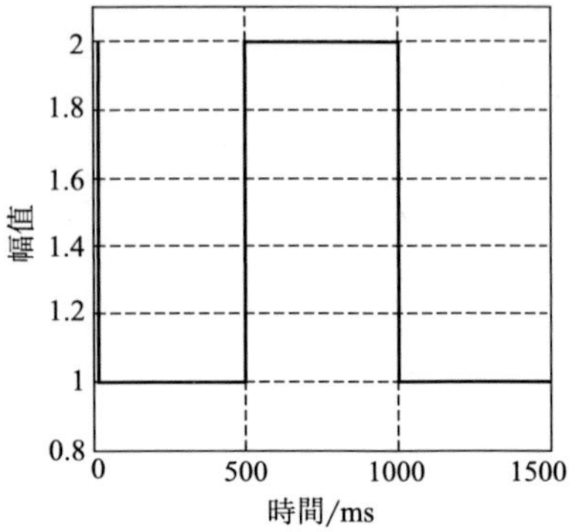

圖 4-32　基於 KMeans 算法的狀態分類結果圖

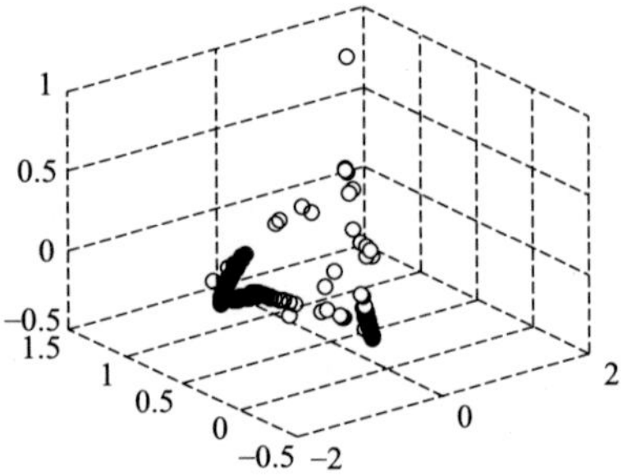

圖 4-33　基於 KMeans 算法的聚類結果

參考文獻

[1] Channadi B, Sharif Razavian R, Mcphee J. A modified homotopy optimization for parameter identification in dynamic systems with backlash discontinuity[J].Nonlinear Dynamics, 2018.

[2] Pilario K E S, Cao Y. Canonical variate dissimilarity analysis for process incipient fault detection[J]. IEEE Transactions on

Industrial Informatics, 2018, PP(99): 1.

[3] Li H, Wang F, Li H. Abnormal condition identification and safe control scheme for the electro-fused magnesia smelting process [J]. ISA Transactions, 2018, 76: 178-187.

[4] Karg M, Jenke R, Seiberl W, et al. A comparison of PCA, KPCA and LDA for feature extraction to recognize affect in gait kinematics[C]. Proceedings of International Conference& Workshops on Affective Computing & Intelligent Interaction, 2009.

[5] Argoul F, Arneodo A, Elezgaray J, et al. Wavelet transform of fractal aggregates[J]. Physics Letters A, 2017, 135 (6): 327-336.

[6] Qin J, Fu W, Gao H, et al. Distributed k-means algorithm and fuzzy c-means algorithm for sensor networks based on multiagent consensus theory [J]. IEEE Transactions on Cybernetics, 2017, 47 (3): 772-783.

[7] Petković M, Rapaića M R, Jeličić Z D, et al. On-line adaptive clustering for process monitoring and fault detection[J]. Expert Systems with Applications, 2012 (39): 10226-10235.

[8] Moore T, Stouch D. A generalized extended kalman filter implementation for the robot operating system[C]. Proceedings of the 13th International Conference on Intelligent Autonomous Systems, 2016: 335-348.

[9] Abolhasani M, Rahmani M. Robust Kalman filtering for discrete-time systems with stochastic uncertain time-varying parameters [J] . Electronics Letters, 2017, 53(3): 146-148.

第5章

系統運行故障診斷

在系統實際運行中，設計、製造、材料、安裝的微小缺陷，在特定條件激發下，就有可能形成故障；隨著時間的推移，部件會出現性能退化，逐漸演變成故障；環境及負載的改變也可能讓系統運行在設計時沒有考慮到的工況下，引起系統運行故障。微小的故障經過傳播也有可能演化成為事故，嚴重損害系統的運行安全性。因此，在對異常工況進行檢測和識別的基礎上，分析系統運行行為，盡早發現運行故障，有利於及時做出安全決策，減少系統運行維護成本，預防重大安全事故發生。本章主要結合機械傳動系統、電氣系統、驅動控制系統以及過程系統來介紹面向運行安全的設備/系統故障相關診斷方法。

5.1 概述

設備/系統運行故障是在系統運行過程中感測器、執行器、控制器、驅動及機電部件等以單故障或多故障複合的形式發生的故障。因而，這種系統運行故障可能是緩變或間歇故障，也可能是突變故障或其他形式的故障。通常對於動態系統中的機械部分，一般的運行故障主要由交變應力下的疲勞、碰磨、材料缺陷、應力集中等原因引起，既有緩變故障，也有突變故障，緩變故障隨故障程度的增強也有可能轉化為突變故障。機電一體化系統中電子部分的運行故障、間歇性故障、突變故障也不在少數。對於發酵、冶煉等過程系統，故障的發生不僅牽涉過程本身的擾動、參數變化，還與物料、儀器儀表等有關，既有緩變故障存在，也可能發生突變故障和複合多故障。綜上，系統運行故障診斷涉及因素眾多，表現形式多樣，再加上分系統之間的耦合，導致故障更加複雜，尤其是故障在早期以微小形式出現。因此，系統運行故障的分析和診斷存在諸多挑戰性的難題。

一般來說，動態系統由機械、電氣及控制、過程等子系統組成。而各類子系統的故障模式、成因及其診斷方法也各有不同，其分析及診斷有各自側重的方面，因此，本章將對各類子系統的故障模式及其診斷方法分別進行介紹。

機械系統的故障大多數是一種隨著使用時間變化而逐漸惡化的現象，由此縮短了機械設備的使用壽命。由於機械系統在使用過程中不僅受到附加載荷的作用，還需要傳遞力，其機械結構內部將會產生疲勞、剝離、裂紋等缺陷。長時間的工作運轉，將會使機械系統中的損傷積累並直接導致機械故障的發生。尤其是機械傳動子系統，在工作過程中承擔著能量轉換及傳遞的重要作用，其故障模式多樣，部件故障發生率高，故障後果嚴重，因此後文又將以機械傳動子系統為對象，介紹機械系統的故障診斷。

電氣及控制系統中主要涉及短路故障、斷路故障、接地故障、諧波故障以及電氣設備和電子元器件的故障。設備或者器件在設計或生產工藝方面沒達到要求是電氣系統產生故障的主要原因，此外在實際使用過程中因磨損、溫度、溼度等外部原因所產生的干擾也會導致設備或器件的老化或損壞。由於電氣系統直接涉及電能，因此一旦系統出現故障輕則導致系統停機，影響生產的正常進行，重則直接導致設備短路燒燬，如果沒有及時處理，極有可能會造成火災等嚴重事故，危及人員生命財產安全。

過程系統是指流程工業生產過程，其主要涵蓋石油化工、電力與冶金等領域。由於生產過程的複雜性與生產設備的種類多樣性，該類系統具有時序性、非線性、多變量耦合以及易燃、易爆、高能、高壓、有毒等特點。而在實際的生產過程中，由於材料、能源的不同，其生產設備中往往含有不同種類的能量與危險源，一旦系統發生故障極易產生連鎖反應，導致安全事故的發生。因此對過程系統進行故障診斷，及時發現與隔離故障，是預防重大事故並保證人員與財產安全的重要手段。

系統運行過程中，其工藝和狀態參數能直接或間接反映故障的存在與否及其模式。同時，在線的監測系統能一直記録並監測系統狀態參數的變化，也能反映系統運行故障的動態特性。因而，我們希望能夠藉助在線監測數據，結合先進的故障分析方法對運行故障進行檢測、診斷及隔離。

目前的故障診斷方法主要分為基於模型的故障診斷、基於知識的故障診斷和數據驅動的故障診斷。基於模型的方法需要建立系統的數學模型與物理模型，透過尋找故障狀態下參數與相應徵兆之間的內在聯繫，從而對故障進行識別與定位；基於知識的故障診斷則需要獲取大量的先驗知識對系統功能進行描述，從而建立起定性模型實現推理，並依據模型預測系統行為，透過與實際系統進行比較檢測故障是否發生；數據驅動的故障診斷方法則是利用訊號分析與提取的故障特徵，或是根據大量的歷史數據直接推理實現故障診斷，因其適應性強、診斷結果易於理解，在系統運行過程故障診斷中獲得了廣泛應用，其中尤以訊號處理類方法及神經網路類方法應用最多。

本章主要針對導致運行事故或安全問題的運行故障。分別以機械傳動系統、電氣系統、驅動控制系統、過程系統為對象，介紹了常見的故障特點和典型故障診斷方法，以小波理論、線性正則變換、自適應卡爾曼濾波、神經網路和深度置信網路等方法，給出了它們在機械傳動系統、電氣系統、驅動控制系統、過程系統故障診斷中的應用。

5.2 機械傳動系統的故障診斷

5.2.1 機械傳動系統的故障特點

機械傳動系統是處於動力源和執行機構之間的中間裝置，傳動系統又分為以傳遞動力為主的動力傳動系統以及以傳遞運動為主的運動傳動系統。無論是單故障、多故障，還是獨立故障或耦合故障，都是零部件失效造成的，失效原因分為材料原因、工藝原因、操作原因和綜合原因等。

在機械傳動系統實際運行中，常見的故障零件主要在齒輪、轉子以及滾動軸承上，本節主要以齒輪、軸承為典型對象進行故障診斷。

(1) 齒輪的主要故障模式

齒輪的失效一般可以分為輪齒失效和輪體失效。通常情況下出現的都是輪齒失效，也就是輪齒在運轉過程中由於某種原因導致齒輪的尺寸、形狀或材料性能發生變化而不能正常運行。常見的輪齒故障有以下幾種模式。

① 磨損　相互接觸並做相對運動的物體由於機械、物理和化學作用，造成物體表面材料的位移及分離，使表面形狀、尺寸、組織及性能發生變化的過程稱為磨損。因磨損導致尺寸減小和表面狀態改變，最終喪失其功能的現象稱為磨損失效。對於輪齒而言，潤滑油不足或油質不清潔都會造成齒面磨粒磨損，使齒廓改變，側隙加大而導致齒輪過度減薄甚至斷齒。

② 膠合　高速重載傳動中，因嚙合區域溫度的升高而引起潤滑失效，導致齒面金屬直接接觸而相互粘連，當齒面相對滑動時，較軟的齒面沿滑動方向被撕下而形成劃痕狀膠合。大面積的嚴重膠合會引起噪聲和振動增大，因膠合原因導致的齒輪失效稱為膠合失效。

③ 疲勞（點蝕、剝落）　受循環、交變壓力的作用，齒面由於塑性變形而產生微小裂紋，隨著裂紋的擴展而造成的表面金屬脫落，稱為點蝕。「點蝕」面積擴大連成片則會導致金屬的成塊剝落，此外，材質不均勻或者局部擦傷也可能在某一局部出現接觸疲勞，產生剝落。

④ 斷裂　在運行過程中，若突然過載或衝擊過載，很容易在齒根處產生過載荷斷裂。即使不存在衝擊過載的受力工況，當輪齒重複受載後，由於應力集中，也易產生疲勞裂紋，並逐步擴展，致使輪齒在齒根處產生疲勞斷裂。

(2) 軸承的主要故障模式

軸承是旋轉機械中應用最為廣泛的機械零件，也是最易損壞的元器件之一。

軸承的工作狀態嚴重影響系統的可靠性與安全性。常見的滾動軸承故障主要有以下幾種模式。

① 磨損　由於塵埃、異物的侵入，滾道和滾動體相對運動會引起表面磨損，潤滑不良也會加劇磨損。此外，還有一種微振磨損，是指滾動軸承在不旋轉的情況下，由於振動滾動體和滾道接觸面有微小的、反覆的相對滑動而產生磨損。

② 塑性變形　軸承受到過大的衝擊載荷或靜載荷，因熱變引起額外載荷或因異物侵入會在滾道表面形成劃痕。

③ 疲勞（剝落）　在滾動軸承中，滾動體或套圈滾動表面由於接觸載荷的反覆作用，導致表面下形成細小裂紋，隨著載荷的持續運轉，裂紋逐步發展到表面，致使金屬表層產生片狀或點坑狀剝落。

④ 腐蝕　軸承零件表面的腐蝕分三種類型：一是化學腐蝕，當水、酸等進入軸承或者使用含酸的潤滑劑而形成的腐蝕；二是電腐蝕，由於軸承表面間有較大電流透過使表面產生點蝕；三是微振腐蝕，是由於軸承套圈在機座座孔中或軸頸上的微小相對運動而引起的腐蝕。

⑤ 斷裂　造成軸承零件的破斷或裂紋主要是由於運行時載荷過大、轉速過高、潤滑不良或裝配不善而產生過大的熱應力，也有的是磨削或熱處理不當而導致的。

⑥ 膠合　當滾動體在保持架內被卡住或潤滑不足、速度過高造成摩擦熱過大，使保持架的材料黏附到滾子上而形成膠合，還有的是由於安裝的初間隙過小，熱膨脹引起滾動體與內外圈擠壓，致使在軸承的滾動中產生膠合和剝落。

5.2.2 機械傳動系統典型故障診斷方法

從監測訊號中提取有效資訊對於機械系統故障診斷來說是非常常用的診斷手段。機械傳動系統工作時產生的振動及噪聲訊號中蘊含著大量的故障資訊，對振動和噪聲訊號的時域、頻域、時頻分布資訊進行深入分析，可以準確地對機械傳動系統的故障進行診斷。

（1）機械傳動故障診斷方法分類

按照故障徵兆來劃分診斷方法，對於狀態訊號，一類是參數形式的，可以根據其徵兆特點與提取方式的不同來形成不同的故障診斷方法，如：診斷齒輪裝置故障的速度變化法、診斷軸承故障的溫差法、診斷傳動系統結構故障的機械阻抗法以及紅外成像診斷法等。另一類是呈現波形形式的特徵訊號，根據訊號波形的不同主要可以分為三種訊號：第一種是指其變化具有規則性的訊號，此類訊號往往可透過函數分析法對故障徵兆進行提取；第二種是能夠在時域中直接識別的訊號，可以透過關係樹、特徵樹等方法來描述訊號波形；第三種是指特徵訊號與徵兆直接存在著統計關係的特點，可以透過參數模型法與非參數模型法對訊號進行徵兆提取。其中，參數模型法主要是透過建立訊號的參數模型進行故障徵兆提取，如時序模型法等。而非參數模型法則採用一般隨機訊號分析法，如時域法、頻域法等。

(2) 非參數訊號分析方法及特點

傳統的頻譜分析方法基於固定採樣頻率，應用傅立葉變換進行頻譜分析，可以揭示一些機械傳動系統中較為明顯的故障。但是傅立葉變換只能分析平穩訊號，當監測訊號呈現非線性、非平穩特性時，基於傅立葉變換的分析方法就不再適用。此時，為了得到訊號隨時間變化的情況，需要採用頻率和時間的聯合函數來對訊號進行描述。時頻分析法主要是基於訊號的局部變換，更能夠反映出訊號的特徵資訊。其中，時頻分析法主要分為非線性與線性兩種，線性變換主要是短時傅立葉變換、小波變換，非線性變換主要包含 Cohen 類時頻分布與經驗模態分解。

短時傅立葉變換主要是為了解決傅立葉變換的缺陷而提出的，對訊號加入隨時間移動的窗函數，再進行傅立葉變換，從而得到訊號的局部頻譜資訊。然而由於窗函數是固定的，導致其具有固定的時域與頻域分辨率，沒有自適應性。由於窗函數的影響，短時傅立葉變換適用於緩變訊號的處理分析，實際上還是一種平穩訊號分析方法。

小波變換具有多分辨率分析的特點，在時域和頻域都具有良好的局域化特性，並且在分析多分量訊號時不會產生交叉項，因此在機械故障診斷中得到了廣泛應用。小波包分析是小波變換的改進，也廣泛應用於機械故障的特徵提取。二代小波變換提出在時域構造小波，可以自定義小波的構造，並且具有快速實現算法的特點，與 Mallat 算法相比其計算量有一定的減少，因此在機械故障診斷中得到了廣泛應用。目前，具有下採樣或臨界採樣特性的離散小波變換（DWT）是使用最廣泛的離散小波變換，然而，由於 DWT 缺乏平移不變性，限制了其在訊號降噪、壓縮、編碼等領域的處理效果。此外，除 Harr 小波基外，所有緊支撐正交小波基都是非對稱的。這些缺點都不利於其在故障特徵提取與狀態識別中的應用。透過增加小波框架的冗餘度，小波框架可以具備一些人們所期望的性質[1]，例如：近似平移不變性、對稱性、方向選擇性、高逼近階次、高消失矩、高平衡階次、高時頻採樣密度等。因此，具有近似平移不變性的冗餘離散小波變換逐漸成為小波分析領域的研究熱點。典型的冗餘小波變換包括非抽樣離散小波變換、雙樹復小波變換、雙密度離散小波變換、高密度離散小波變換等。目前，小波分析仍然是國際研究的焦點。各種新的方法和理論層出不窮，但仍有許多關鍵問題需要解決。

Cohen 類時頻分布是一種有效分解非平穩訊號的時頻分析方法，透過求得時頻二維分布來描述非平穩訊號的幅頻特性[2]。其定義為瞬時自相關函數的傅立葉變換，因此反映了能量密度在時頻域上的分布。Cohen 類時頻分布主要包括譜圖、Wigner 分布等。Wigner 分布具備如對稱性、頻移性、時移性、可逆性以及歸一性等一系列優良的性質，能直接得到訊號的頻率、功率譜密度、能量的時域分布和群延時等資訊，因此其在旋轉機械設備故障診斷領域得到了廣泛的應用。然而，其不足在於 Wigner 分布不能保證非負性，對多分量訊號的分析會產生嚴重交叉干擾，從而模糊訊號的基本時頻特徵。針對這些問題，人們提出了偽 Wigner 分布、修正平滑偽 Wigner 分布等一系列方法，並在對軸承與齒輪的故障診斷中發現，Wigner 高階譜具備較好的交叉項抑制能力與去噪能力，但是同時其分辨率下降影響了分解結果的準確性。

Hilbert-Huang 變換是由美籍華人 Norden E. Huang 提出的一種新型的自適應時頻分析方法[3]，其主要適用於非線性、非平穩訊號的分析，包括經驗模態分解與 Hilbert 譜分析兩個過程。主要分解過程是透過經驗模態分解將訊號分解為一系列本徵模函數，然後將所得到的本徵模函數進行 Hilbert 變換，以此得到訊號在時頻的分布情況。Hilbert 變換擺脫了傳統時頻分析方法中函數固定的缺點，以訊號的自身尺度進行分解，同時具有優良的時頻聚散性，很適合處理突變訊號。然而，Hilbert 變換同樣存在缺陷，主要是：第一，經驗模態分解算法的正交性僅僅滿足局部正交，在整個時域並不能嚴格滿足正交性；第二，Hilbert 變換具有端點效應，其邊界處理的結果會逐漸發散，從而導致污染整個時域影響結果分析；第三，Hilbert 變換存在模態混疊問題，由於經驗模態分解方法中其上下包絡線需要求取訊號極值進行擬合，而原始訊號在各分量的頻率接近或幅值相差較大的情況下，其幅值較小的部分將會無法產生極值，難以被分離，從而出現模態混疊現象。

5.2.3 應用案例

本節將介紹基於高密度二進小波變換與線性正則變換的機械傳動系統故障診斷應用案例。

（1）高密度二進小波變換

當機械系統出現故障時，故障資訊可能淹沒在強大的噪聲干擾中，因此，為了更好地提取故障特徵，通常需要對獲取的訊號進行降噪。高密度二進小波變換擁有優良的訊號降噪性能，所以非常適用於機械故障特徵提取。下面將高密度二進小波變換與臨界採樣的離散小波變換、二進小波變換、雙密度離散小波變換和高密度離散小波變換進行比較，來展現其優良的分析性能。需要注意的是，在利用高密度二進小波變換進行訊號降噪時，對某一子帶的小波係數的閾值處理應採用以下方法：先將選取的閾值與獲得這些小波係數時所用濾波器的傳遞函數幅值的標準差相乘，再用新閾值對係數進行軟閾值處理。

先取 WaveLab 軟體包裡的點數為 1024 的 Piece-Regular 訊號進行實驗。對訊號進行標準化使其最大值為 1 後，添加標準差為 0.15 的白噪聲，則訊號雜訊比為 7.4dB。高密度離散小波變換和高密度二進小波變換使用的是具有 3 階消失矩的小波；臨界採樣的離散小波變換和二進小波變換使用的是具有 3 階消失矩的 Daubechies 小波；雙密度離散小波變換也是使用具有 3 階消失矩的小波。此外，所有的變換都是進行 3 個尺度分解。取一系列閾值對染噪訊號進行軟閾值降噪(每一子帶使用相同的閾值)，然後計算降噪結果與原訊號之間的均方根誤差，所得結果（200 次實驗的平均值）如圖 5-1 所示。再取 Matlab 軟體中的 Blocks 訊號進行實驗，其中，訊號點數為 1024，添加的白噪聲的標準差為 1，訊號雜訊比為 9.3dB。按前面的實驗方法對訊號進行降噪，所得結果（200 次實驗的平均值）如圖 5-2 所示。從圖 5-1 和圖 5-2 中可見，高密度二進小波變換的降噪性能優於其他小波變換。

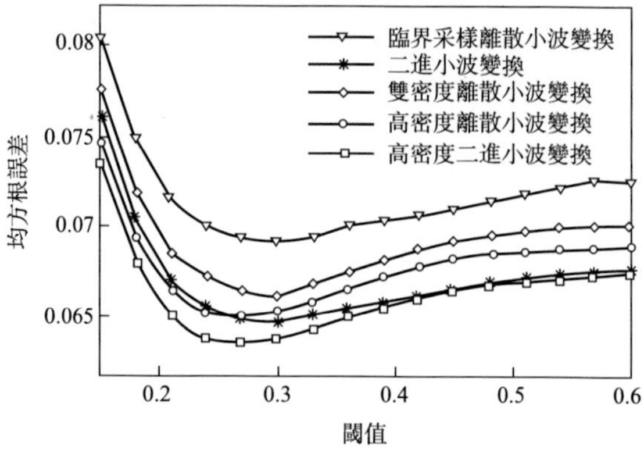

圖 5-1 不同離散小波變換對「Piece-Regular」訊號降噪結果的對比

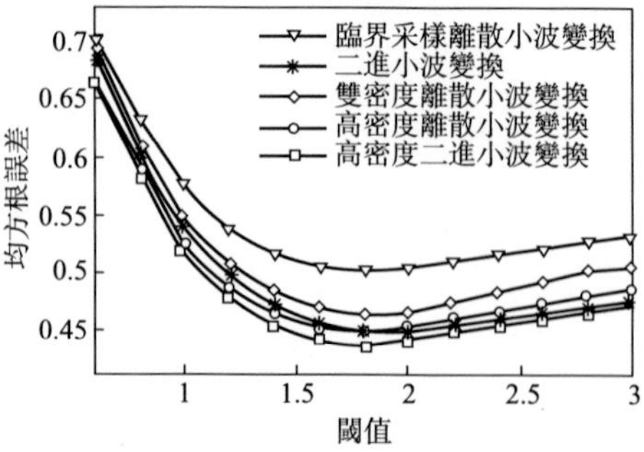

圖 5-2 不同離散小波變換對「Blocks」訊號降噪結果的對比

接下來本小節將給出一個在齒輪傳動系統中的典型故障分析及應用。選取一滾動軸承內圈故障訊號進行分析，它是從一 5t-85 型變速器上拾取的某 22NU15EC 型球滾動軸承的振動加速度訊號，其時域波形如圖 5-3 所示。訊號的採樣頻率為 20kHz，軸承所在軸的轉頻為 25Hz，經計算內圈故障特徵頻率為 257.6Hz。由於受噪聲的影響，從圖 5-3 中不能明顯地觀察到由內圈故障引起的週期性衝擊成分，因此利用本文提出的高密度二進小波變換對該訊號進行降噪（4 尺度分解，無偏似然估計原則），得到的結果如圖 5-4 所示。從圖中可以明顯地看到，衝擊成分的週期 $T=0.0039$s，因此衝擊頻率為 253.4Hz。顯然，衝擊頻率與內圈故障特徵頻率相近，這就說明了該軸承具有內圈故障，與實際相符。

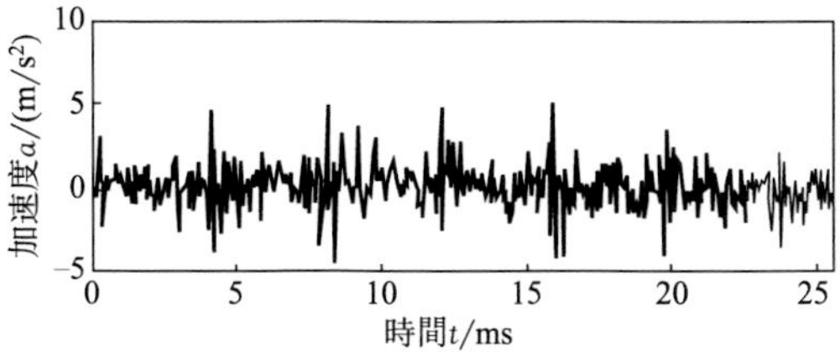

圖 5-3 具有內圈故障的滾動軸承振動訊號

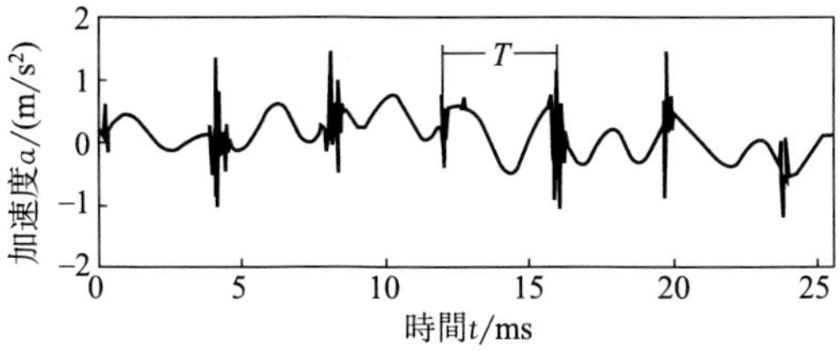

圖 5-4 HDD-WT 對圖 5-3 示訊號降噪所得結果

(2) 線性正則變換

① 線性正則變換域等效濾波器 線性正則變換（linear canonical transform，LCT）作為傅立葉變換（Fourier transform，FT）的擴展形式，傅立葉變換域非帶限的訊號可能為某個參數下的線性正則變換域的帶限訊號，所以有必要研究線性正則變換域訊號的抽取與插值分析理論，為非平穩訊號的抽取與插值分析提供新的思路。

根據離散線性正則變換域卷積定理，我們可以得到離散線性正則域的乘性濾波器模型如圖 5-5 所示，在圖 5-5 中時域乘性濾波器的輸出為

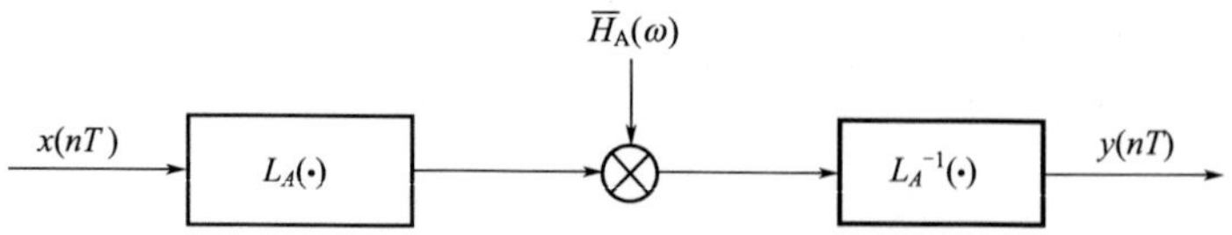

圖 5-5　離散線性正則變換域乘性濾波器模型圖

$$y(nT)=\sqrt{\frac{1}{\mathrm{j}2\pi b}}\,\mathrm{e}^{-\mathrm{j}\frac{a}{2b}(nT)^2}h(nT)\mathrm{e}^{\mathrm{j}\frac{a}{2b}(nT)^2} * x(nT)\mathrm{e}^{\mathrm{j}\frac{a}{2b}(nT)^2} \tag{5-1}$$

在離散線性正則變換域，濾波器的輸出為

$$Y_A(\omega)=\mathrm{e}^{-\mathrm{j}\frac{d\omega^2}{2bT^2}}X_A(\omega)H_A(\omega) \tag{5-2}$$

式中，$Y_A(\omega)$、$X_A(\omega)$、$H_A(\omega)$ 分別為 $y(nT)$、$x(nT)$、$h(nT)$ 的離散線性正則變換。

從式(5-2) 中可以看出，$H_A(\omega)$ 直接作為線性正則域濾波器是不理想的，因為 $X_A(\omega)$、$H_A(\omega)$ 在時域不能直接表示為 $x(nT)$、$h(nT)$ 的卷積運算，還需要乘以一個 Chirp 算子，這給實際工程中的濾波帶來了一定的不便。另外，在式(5-2) 兩邊同時乘以 $\mathrm{e}^{-\mathrm{j}d\omega^2/2bT^2}$，可以得到

$$Y_A(\omega)\mathrm{e}^{-\mathrm{j}\frac{d\omega^2}{2bT^2}}=X_A(\omega)\mathrm{e}^{-\mathrm{j}\frac{d\omega^2}{2bT^2}}H_A(\omega)\mathrm{e}^{-\mathrm{j}\frac{d\omega^2}{2bT^2}} \tag{5-3}$$

根據線性正則變換的定義，可以進一步把式(5-3) 寫為

$$\overline{Y}_A(\omega)=\overline{X}_A(\omega)\overline{H}_A(\omega) \tag{5-4}$$

這裡 $\overline{Y}_A(\omega)=Y_A(\omega)\mathrm{e}^{-\mathrm{j}\frac{d\omega^2}{2bT^2}}$，$\overline{X}_A(\omega)=X_A(\omega)\mathrm{e}^{-\mathrm{j}\frac{d\omega^2}{2bT^2}}$，$\overline{H}_A(\omega)=H_A(\omega)\mathrm{e}^{-\mathrm{j}\frac{d\omega^2}{2bT^2}}$，分別表示為 $y(nT)$、$x(nT)$、$h(nT)$ 的簡化離散線性正則變換。結合式(5-4) 和離散線性正則變換的卷積定理知，$x(nT)$、$h(nT)$ 的線性正則變換域卷積能夠直接對應簡化線性正則變換域的濾波 $\overline{X}_A(\omega)$ $\overline{H}_A(\omega)$，並且根據簡化線性正則變換和線性正則變換的關係知，簡化線性正則變換域的濾波等效於線性正則變換域的濾波。因此，我們定義線性正則變換域等效濾波器如下。

定義 5.1　假設 $H_A(\omega)$ 是有限長序列 $h(nT)$ 的離散線性正則變換，則稱

$$\overline{H}_A(\omega)=H_A(\omega)\mathrm{e}^{-\mathrm{j}\frac{d\omega^2}{2bT^2}} \tag{5-5}$$

為等效線性正則變換域濾波器。

由定義 5.1 可知，等效線性正則變換域濾波器沒有對輸入訊號附加不需要的相位，在時域是易於實現的。由於分數階傅立葉變換是線性正則變換的特殊形式，因此等效分數階濾波器可以看成等效線性正則變換域濾波器的特例。此外本節後面的

線性正則變換域濾波無特別指出，均認為是等效線性正則變換域濾波器。

② 線性正則變換域抽取與插值的直接實現　作為傅立葉變換的更廣義形式，類似於傅立葉變換域的抽取與插值分析，我們首先給出線性正則變換域抽取後的離散線性正則變換的特點，有如下的定理。

定理 5.1　假設一個離散採樣訊號 $x(n)$ 的採樣週期為 T，要使離散採樣訊號 $x(n)$ 的採樣頻率變為原來的 $1/D$，可以將離散採樣訊號 $x(n)$ 透過圖 5-6 所示的 D 倍抽取器，得到輸出訊號 $y(n)=x(Dn)$，實現採樣頻率變為原來的 $1/D$ 的功能，並且輸出訊號的離散線性正則變換與原訊號的離散線性正則變換有如下等式成立。

$$Y_A(\omega)=\frac{1}{D}\sum_{k=0}^{D-1}X_A\left(\frac{\omega-2\pi k}{D}\right)\mathrm{e}^{-2\pi kbd\left(\frac{\omega-\pi k}{DT}\right)^2} \tag{5-6}$$

類似於傅立葉變換域的抽取訊號，當 D 選擇不同的數值時，抽取訊號在線性正則變換域也可能產生混疊失真。為了避免混疊失真，一般都會在訊號進行抽取之前加入線性正則變換域防混疊濾波器（如圖 5-6 所示），就形成了一般線性正則變換域抽取器系統。

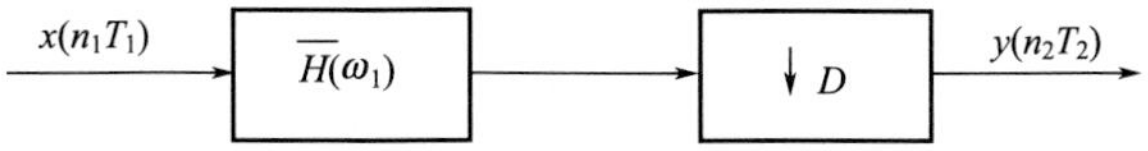

圖 5-6　線性正則變換域抽取器系統

根據圖 5-6 所示的線性正則變換域抽取系統要獲得抽取訊號，首先要做的就是對離散訊號 $x(n_1T_1)$ 進行線性正則變換域濾波，即 $x(n_1T_1)$ 和 $h(n)$ 的線性正則變換域卷積，然後對線性正則變換域卷積之後的結果作抽取，其直接實現如圖 5-7 所示。

從圖 5-7 中可以看出，線性正則變換域抽取器系統的直接實現是費時的，這是因為對求出的線性正則變換域卷積之後的結果只有一部分是需要的，其餘的點在抽取後都被舍棄了，做了大量不必要的運算。而且每計算一個 $y(n_1T_1)$ 都需要在一個 T_1 之內完成。而在實際工程中，為了減少抽樣率轉換中的操作，需要把乘法運算安排在低抽樣率的一端，減少後續操作，提高效率就需要獲取抽樣率轉換的恆等關係。

因此，我們可以首先把調制的 $\mathrm{e}^{-\mathrm{j}\frac{d\omega^2}{2bT^2}}$ 和抽取器進行交換，隨後把抽取器放進圖 5-7 中的每一條支路裡面，然後與裡面的常數進行交換，這樣就能夠得到線性正則變換域抽取器的等效實現結構，如圖 5-8 所示。這種等效實現結構，雖然抽取器之後的乘積的運算時間比直接實現增加到了 DT_1，但由於把抽取器放到低抽樣率的一段，大大地降低了乘法次數，因此等效變換後的線性正則變換域的抽取器的運算量減少為線性正則變換域抽取器的直接實現運算量的 $1/D$。

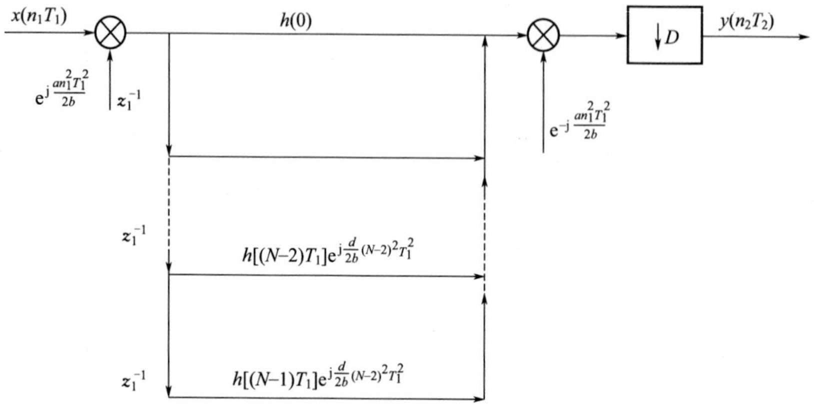

圖 5-7　線性正則變換域抽取器系統的直接實現

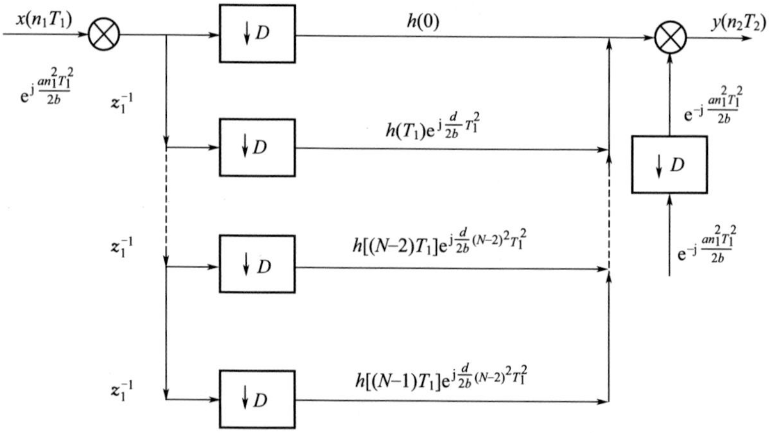

圖 5-8　等效變換後線性正則變換域抽取器系統的直接實現

類似線性正則變換域抽取器系統的分析，線性正則變換域的插值器系統輸出的與原訊號的線性正則變換有以下的關係成立。

定理 5.2　假設一個離散採樣訊號 $x(n)$ 的採樣週期為 T，要使離散採樣訊號 $x(n)$ 的採樣頻率變為原來的 $1/L$，可以將離散採樣訊號離散採樣訊號 $x(n)$ 透過圖 5-9 所示的 L 倍抽取器，得到輸出訊號 $y(n)$，實現採樣頻率變為原來的 $1/L$ 的功能，並且輸出訊號的離散線性正則變換與原訊號的離散線性正則變換有如下等式成立。

$$Y_A(\omega)=X_A(L\omega) \tag{5-7}$$

與傅立葉變換域插值器系統一樣，補零之後的訊號不僅沒增加任何資訊，而且輸出訊號的線性正則變換除了包含原訊號的基帶頻譜還包括它的映像部分，因此為實現訊號 L 倍抽樣率的轉換，必須在訊號內插之後加入一個相應的低通線性正則變換域濾波器濾掉多餘的鏡像（如圖 5-9 所示），就構成了線性正則變換域的插值器系統。

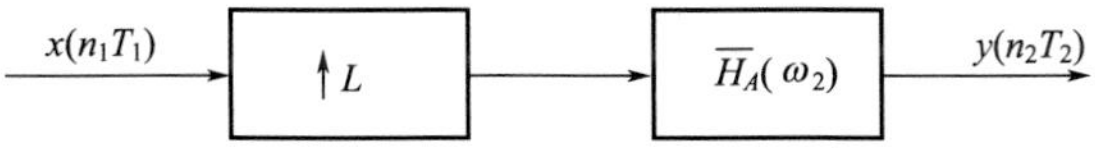

圖 5-9　線性正則變換域插值器系統

根據圖 5-9 所示的線性正則變換域插值器系統要獲得抽取訊號，首先要做的就是對離散訊號 $x(n_1T_1)$ 插值補零，然後對插值後的結果進行線性正則變換域濾波，即插值後的訊號和 $h(n)$ 的線性正則變換域卷積，然後獲得期望的插值訊號，其直接實現如圖 5-10 所示。

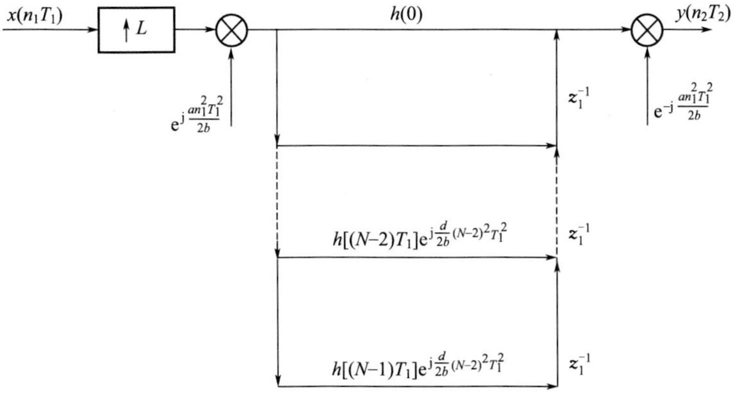

圖 5-10　線性正則變換域插值器系統的直接實現

與線性正則變換域抽取器系統的直接實現類似，線性正則變換域插值器系統的直接實現也是低效的，採用與線性正則變換域抽取器類似的方式，我們可以獲得等效的線性正則變換域插值器系統的直接實現，如圖 5-11 所示，其運算量減少為原來的 $1/L$。此外，由於線性正則變換是傅立葉變換和分數階傅立葉變換的廣義形式，傅立葉變換和分數階傅立葉變換域的抽取與插值的直接實現和等效直接實現可以看成是線性正則變換域抽取與插值的直接實現和等效直接實現的特例。

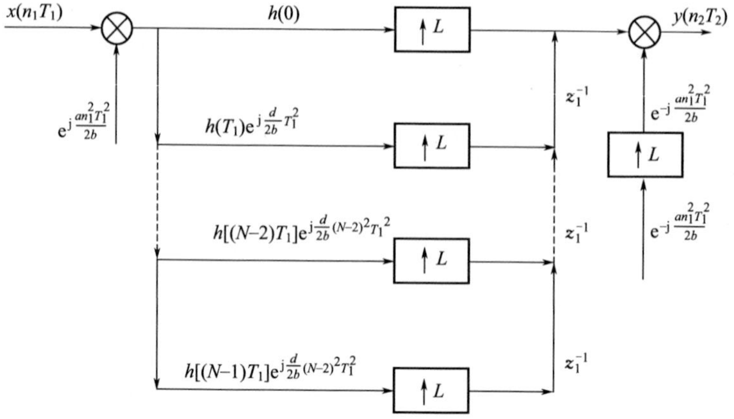

圖 5-11　等效變換後線性正則變換域插值器系統的直接實現

齒輪的振動訊號是從加速度過程中的輸入小齒輪上的斷齒獲得的，其時域波形如圖 5-12 所示。故障齒輪振動訊號的快速傅立葉圖譜如圖 5-13 所示。與前文所述正常運行的齒輪訊號相似，由於齒輪在加速過程中的振動訊號是非平穩的，且訊號雜訊比低，因此無法從圖 5-12 和圖 5-13 中得到相應的資訊。然後，將線性正則變換應用於該齒輪振動訊號，可以得到圖 5-14 中齒輪振動訊號的最優線性正則變換頻譜。從圖 5-14 中可以清楚地看到三個峰值，分別位於（359，1800）、（387，3150）和（415，2201）。最高峰和兩個相鄰的峰之間的頻率間隔都是 28Hz。由於齒輪振動訊號的最大譜分量是由嚙合頻率產生的，因此在線性正則變換域中，嚙合頻率為 387Hz。此外，輸入齒輪有 55 齒，因此可以得到輸入軸在線性正則變換域中的旋轉頻率為 387Hz/55＝7.03Hz。結果表明，輸入軸的轉動頻率約等於頻率間隔的四分之一。透過以上分析，我們可以得知圖 5-12 所示的振動訊號已經被調制。在這種情況下，可以判定輸入軸齒輪為故障齒輪。

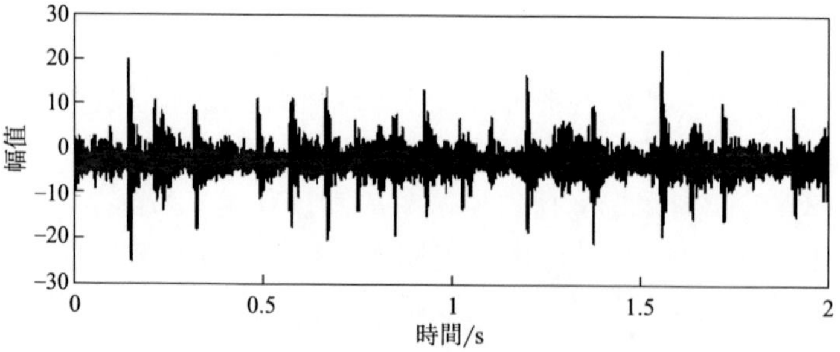

圖 5-12　故障齒輪的齒輪振動訊號

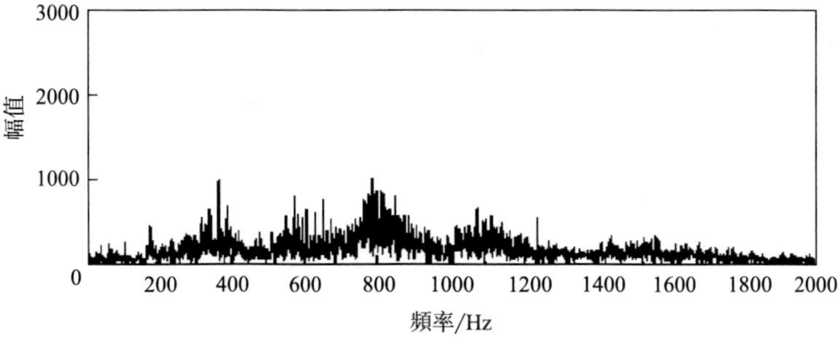

圖 5-13　故障齒輪的齒輪振動快速傅立葉訊號

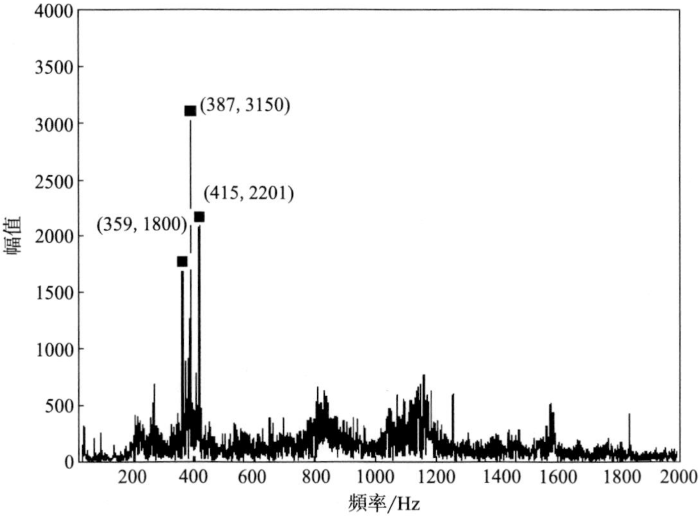

圖 5-14　故障齒輪的齒輪振動線性正則變換訊號

5.3 電氣系統的故障診斷

第二次工業革命以來，電能被廣泛應用於生產過程中，人類進入電氣工業時代。電力電子設備在工業系統與大型工程設施系統中進行了大規模的應用，其正常運行決定了整個系統的運行可靠性與穩定性。本節主要分析了電氣系統中的電力電子設備常見的故障特點，並對基於自適應卡爾曼濾波器的故障診斷方法在電氣系統故障診斷的分析與應用進行了介紹。

5.3.1 電氣系統的故障特點

工業過程中的重要電氣設備主要包括變流器、變壓器、斷路器等。在實際運行過程中，電氣系統故障產生原因非常複雜，這些故障通常具有潛伏性，如果不能及時發現與排除，將會導致部分或全部電氣系統癱瘓。而一旦電力設備出現嚴重的故障，不僅會對設備和財產造成損害，還可能威脅電力設備附近人員的安全。因此，有必要定時檢測電力設備，確定系統潛在的故障模式，從而診斷和隔離電力設備的故障，確保電力系統的運行安全性。

由於電氣設備具有強耦合性，各功能單元彼此緊密聯繫，單一器件的失效極有可能引發多個功能器件相繼損壞的故障發生，因此，如何利用狀態監測數據及時發現微弱/潛在故障的徵兆，對故障提供預警；故障發生後，如何快速識別和準確定位故障源，為故障的隔離和系統的恢復提供決策資訊，成為了電氣設備故障診斷的重點。

如何實現電氣系統的可靠安全運行，對提高系統運行安全性具有重要的意義。電氣系統的故障診斷，主要是針對線路故障和電氣設備故障，其中電氣設備包含的大量電力電子器件，如：二極管和絕緣柵雙極性晶體管（IGBT）等核心元器件。電氣系統結構多種多樣，往往包含多個設備與器件。因此，其故障種類繁多，僅變頻器整流側的故障類型就有 8 種。而且按照故障的影響又還可以分為單故障、多故障以及微小故障/潛在故障，每種故障類型又對應不同的故障發生位置，這還不包括逆變側故障和整流逆變側混合故障等。實際中故障資訊的種類總數是故障類型的總數與各故障位置總數的排列組合，其數目相當龐大。

對電氣系統的故障分析本章主要針對變流器故障進行詳細說明。變流器在系統的運行過程中，由於內部器件大量使用了功率晶體管，當輸入變流器的電能發生功率波動，工作環境變化，均可導致功率晶體管的電、熱應力不平衡，會對內部器件的運行狀態產生影響[4]。導致運行狀態變化的原因主要來自兩方面：器件固有因素和外部突發因素。常見器件固有因素有器件質量缺陷、接觸不良、型號參數不匹配等；外部突發因素有功率無法饋送入電網、負載突變、匝間或相間短路等。變流器的運行狀態發生變化，並不一定意味著變流器裝置的損壞。因此，一方面當故障徵兆微小時，極易在故障分析時發生漏判。另一方面，這些漏判的微小故障，雖然只有微小的異常徵兆，卻可能會危及系統安全運行，需要進行及時有效的監控。如何區分變流器運行工況正常波動和變流器微小故障（包含初始故障，因兩者共同表現出故障徵兆幅值小、不顯著的特性），是變流器故障診斷中面臨的主要挑戰之一。

微弱/潛在故障檢測的難點是：設備故障輕微，故障訊號特徵微弱，常被正常狀態的訊號所淹沒，一般的時域波形、頻譜分析方法難以實現微弱特徵訊號的有效提取。故障診斷的難點是：表徵設備狀態的特徵訊號通常由多種訊號成分與噪聲混合而成，且同一故障源可表現出多種特徵，同一特徵又是由多種故障源而引起的，常規的診斷方法難以進行多種故障源的識別和定位。針對變流器故障訊號相互影響及強電干擾下微弱故障訊號難以檢測的問題，透過對混合訊號的分離和強噪聲背景下微弱訊號的提取及其時頻特徵表徵，建立故障診斷方法。

5.3.2 電氣系統典型故障診斷方法

異常情況和早期故障的檢測，是提高電力電子設備的可靠性和可用性，降低能量產生損耗的重要手段。本節將以變流器為例，具體介紹電氣系統故障診斷中常用的方法、發展路徑以及存在的問題。

（1）電氣系統故障徵兆的選擇

研究者在分析了變流器故障對系統特性產生的影響的基礎上提出了多種診斷方法。從具體故障徵兆的選擇來看，近年來，針對變流器故障的研究，已經提出了歸一化平均電流、平均電流 Park 向量、誤差電壓、開關函數模型等一系列方法[5]。其中基於電流的方法是使用最為廣泛的，因為三相電流獨立於系統參數或控制策略，並且不需要額外的感測器。電流 Park 向量作為變流器故障的診斷工具被提出。盡管該方法能夠實別開路故障，實現故障模式的可視化，但是需要非常複雜的模式識別算法。因此，這種方法不適合集成到驅動控制器中。在 Park 向量方法的基礎上，使用統計分析方法和基於模糊的技術來進行不同模式之間的邊界定義。這些方法的主要缺點是負載依賴性和對瞬變的敏感性，從而導致對低負載水準的診斷有效性低及瞬態過程中的誤報。此外，變流器 IGBT 開路故障時，電壓訊號同樣攜帶有故障特徵資訊，因此基於電壓訊號開發的故障診斷方法也有不少研究成果。在診斷方法中所應用到的電壓訊號根據類型可分為極電壓、相電壓、線電壓和中性點電壓。基於相電壓和中性點電壓的診斷技術適用於系統/機器平衡的條件，且需要額外的中性點端子。基於線電壓的診斷技術一般需要差分放大器。一般來說，基於電壓的技術盡管實現了快速檢測，但大多數情況下都需要額外的硬體設備，因此增加了系統成本和複雜性。針對基於上述電壓訊號的變流器故障診斷通常另需增加硬體設備的缺點，出現了選擇參考電壓作為診斷變量，並透過電壓觀測器提高診斷技術的魯棒性的方法，而且該方法可以集成到永磁同步電機驅動的控制系統中，具有再生能力。

（2）電氣系統故障診斷方法的分類

各種常用的故障診斷方法均在變流器的故障診斷中獲得了廣泛的應用。常見的變流器故障診斷方法一般可以分為：基於模型的方法、基於訊號分析的方法和基於數據驅動的方法。基於模型的方法首先建立整個電氣系統的數學模型，在設定的正常狀態和故障狀態下，比較分析數學模型的各種變量的差異。基於訊號分析的方法透過對電氣系統運行狀態監測訊號進行降噪、分解、時頻分析等一系列的分析及處理，提取出電氣系統故障的典型徵兆，再與機理分析或者仿真得到的故障特徵進行匹配，從而實現對電氣系統故障的診斷。而基於人工智慧的方法透過使用歷史操作數據和專家知識來分析系統行為。相比較而言基於人工智慧的方法省去了建立繁雜的模型的過程，只需要故障狀態下各種變量的相關資訊，特別是當系統模型未知、不確定或難以建立時，這種方法可以大幅減輕工作量。但是，歷史故障數據往往是帶有偏差的、不準確的，必須對此類數據進行預處理，提取特徵樣本，判斷故障的類型和位置[5]。中國國內及國外的研究學者針對功率器件的故障檢測、故障診斷及故障恢復等方面做了大量的研究，但由於變流系統是高度非線性及強耦合的，對其故障的準確診斷具有一定的挑戰性。

基於模型的方法在測量值的基礎上利用電流觀測器、滑模觀測器（SMO）、卡爾曼濾波器和自適應觀測器產生殘差，而基於模式識別的方法透過分析設備的變量或構建數據模型以識別故障。隨著電氣系統可靠性、可用性以及容錯性的要求越來越高，變流器的故障診斷也成為了一個非常重要的問題。

國內對於變流器故障診斷的研究熱點集中在基於人工智慧的方法上。透過提取變流器故障時的特徵向量，選取合適的分類方法，以便實現故障診斷。目前大多研究都結合小波變換及神經網路方法或是其改進方法對變流器故障進行診斷，如：針對永磁直驅風機變流器故障診斷，利用小波神經網路提取故障特徵向量，然後採用 BP 神經網路進行故障識別。此外，也有不少其他基於模式的診斷方法用於變流器的故障檢測識別，如自組織特徵映射 SOM 神經網路、深度置信網路、支持向量機、免疫算法等。

而在實際的狀態檢測和故障診斷技術中，被測訊號往往夾雜著噪聲訊號，引入一種能夠有效對噪聲進行過濾的方法是十分必要的。卡爾曼濾波器具有良好的過濾噪聲性能，並且可以預報將要發生的故障，以便及時檢查、維修，從而防止系統故障。因此，卡爾曼濾波在故障診斷中的應用日益凸顯。

卡爾曼濾波是一種時域方法，對於含有高斯白噪聲的線性系統，系統參數的最小均方估計可以被遞歸。針對卡爾曼濾波僅適用於線性系統的限制，發展了多種處理非線性系統的方法，如擴展卡爾曼濾波、無跡卡爾曼濾波、容積式卡爾曼濾波和強追蹤濾波等。卡爾曼濾波實現故障診斷主要是根據系統發生故障後，其狀態、參數會發生相應的變化。追蹤估計該狀態、參數，或直接或間接判斷系統是否故障。直接判斷即採用攜帶有故障資訊的估計值與實際值之間的殘差或者估計值與閾值的差值等作為判斷標準。間接判斷是在估計狀態或參數的基礎上，再採用分類算法。由於卡爾曼濾波新息序列平均值受到系統的感測器或執行器故障的影響，因此能夠作為故障診斷的指標識別感測器故障和執行器故障。

5.3.3 應用案例

由於實際運行過程中的負荷變化以及系統配置和系統狀態的影響，電氣系統中的電流、電壓訊號是變化的，而且還會受到噪聲（有色噪聲和白噪聲）與諧波的影響。從永磁同步發電機定子採集到的電流數據往往也夾雜著噪聲，主要是因為觀測數據誤差值的不確定以及風電變流器運行環境的內部干擾等。噪聲的存在勢必會對算法精度或穩定性產生一定程度的影響。要想獲得準確的訊號估計值，必須考慮訊號中噪聲的處理問題。

卡爾曼濾波器作為一種優良降噪的濾波器被廣泛應用。從統計學上看，卡爾曼濾波器是最優的估計器，對於受噪聲干擾的系統瞬時狀態，可以透過與狀態相關的噪聲觀測估計。卡爾曼濾波的最佳性能以系統動態模型和噪聲特性已知為前提。其最優估計值是在測量值和狀態預測值的綜合作用下獲得的。在概率論和最小方差估計基礎上，由已知初始值逐步遞推狀態預測值，並經測量值與估計值的新息量加以修正，剔除隨機擾動誤差的影響，最後獲得更為接近真實情況的有用資訊。本小節介紹自適應卡爾曼濾波器實現對永磁同步電機定子電流的估計，在估計電流值的基礎上計算檢測參數和定位參數，以便對變流器的IGBT開路故障進行診斷，並驗證其性能。

（1）卡爾曼濾波算法

離散系統卡爾曼濾波器的狀態方程和觀測方程為：

$$\begin{cases} \boldsymbol{x}_{k+1}=\boldsymbol{F}_{k+1|k}\boldsymbol{x}_k+\boldsymbol{\Gamma}_k w_k \\ \boldsymbol{y}_{k+1}=\boldsymbol{H}_{k+1}\boldsymbol{x}_{k+1}+v_{k+1} \end{cases} \tag{5-8}$$

式中，k 為離散時間變量；$\boldsymbol{x}_k$、$\boldsymbol{y}_k$ 為 k 時刻的狀態向量和觀測向量；$\boldsymbol{F}_{k+1|k}$ 是 k 時刻到 $k+1$ 時刻的狀態轉移矩陣；$\boldsymbol{H}$ 為測量方程係數矩陣；$\boldsymbol{\Gamma}_k$ 為擷動噪聲轉移矩陣；w_k、v_{k+1} 假定為高斯白噪聲的過程噪聲和測量噪聲。

過程噪聲和測量噪聲滿足以下的統計特性：

$$\begin{aligned} &E(w_k)=0;Cov(w_k,w_j)=\boldsymbol{Q}_k\delta_{kj} \\ &E(v_k)=0;Cov(v_k,v_j)=\boldsymbol{R}_k\delta_{kj} \\ &Cov(w_k,v_k)=0 \end{aligned} \tag{5-9}$$

式中，$\boldsymbol{Q}_k$、$\boldsymbol{R}_k$ 分別為過程噪聲和測量噪聲的協方差矩陣；δ_{kj} 為克羅內克（Kronecker）函數，當 $k=j$ 時，$\delta_{kj}=1$；否則 $\delta_{kj}=0$。

卡爾曼濾波算法的迭代過程包括時間更新和量測更新兩個過程，時間更新利用初始值，根據前一時刻 k 推導當前時刻 $k+1$ 的預測值，而量測更新則是利用

了實際測量值對預測值進行校正。設定狀態矩陣及誤差協方差矩陣初始值分別為：$E(\boldsymbol{x}_{k|k=1})=\hat{\boldsymbol{x}}_k$，$E[(\boldsymbol{x}_{k|k=1}-\hat{\boldsymbol{x}}_k)(\boldsymbol{x}_{k|k=1}-\hat{\boldsymbol{x}}_k)^{\mathrm{T}}]=\hat{\boldsymbol{P}}_k$。算法的具體過程如下。

時間更新：

① 狀態預測值：

$$\hat{\boldsymbol{x}}_{k+1|k}=\boldsymbol{F}_k\hat{\boldsymbol{x}}_k \tag{5-10}$$

② 一步預測協方差矩陣，即對狀態的不確定性的更新：

$$\hat{\boldsymbol{P}}_{k+1|k}=\boldsymbol{F}_k\hat{\boldsymbol{P}}_k\boldsymbol{F}_k^{\mathrm{T}}+\boldsymbol{\Gamma}_k\boldsymbol{Q}_k\boldsymbol{\Gamma}_k^{\mathrm{T}} \tag{5-11}$$

如果系統是穩定的，則$\boldsymbol{F}_k\hat{\boldsymbol{P}}_k\boldsymbol{F}_k^{\mathrm{T}}$ 會收斂，也就是說估計的不確定性會減小。

量測更新：

① 卡爾曼增益矩陣：

$$\boldsymbol{K}_{k+1}=\hat{\boldsymbol{P}}_{k+1|k}\boldsymbol{H}_{k+1}[\boldsymbol{H}_{k+1}\hat{\boldsymbol{P}}_{k+1|k}\boldsymbol{H}_{k+1}^{\mathrm{T}}+\boldsymbol{R}_{k+1}]^{-1} \tag{5-12}$$

一步預測協方差矩陣對增益矩陣起正作用，即：系統穩定時，$\hat{\boldsymbol{P}}_{k+1|k}$ 減小，進而使得$\boldsymbol{K}_{k+1}$ 減小，導致狀態更新幅度較小，反之亦然。

② 利用測量數據進行狀態更新：

$$\hat{\boldsymbol{x}}_{k+1}=\hat{\boldsymbol{x}}_{k+1|k}+\boldsymbol{K}_{k+1}(\boldsymbol{y}_{k+1}-\boldsymbol{H}_{k+1}\hat{\boldsymbol{x}}_{k+1|k}) \tag{5-13}$$

③ 協方差矩陣更新：

$$\hat{\boldsymbol{P}}_{k+1}=\hat{\boldsymbol{P}}_{k+1|k}-\boldsymbol{K}_{k+1}\boldsymbol{H}_{k+1}\hat{\boldsymbol{P}}_{k+1|k} \tag{5-14}$$

需要說明的是，在實際應用中，狀態矩陣和誤差協方差矩陣的初始值可能難以確定，但是因為卡爾曼濾波是一致漸進穩定的，如果系統的係數矩陣保持不變，則卡爾曼濾波算法的量測更新過程不會受到影響。

(2) 噪聲協方差矩陣的常見修正方法

自適應卡爾曼濾波算法主要包括兩種策略：一種策略是大多數自適應卡爾曼濾波算法都集中於如何改善過程噪聲協方差矩陣 $\boldsymbol{Q}$ 或測量噪聲協方差矩陣 $\boldsymbol{R}$，或 $\boldsymbol{Q}$ 和 $\boldsymbol{R}$ 兩者同時改善。另一種策略旨在尋找時間更新和量測更新之間的平衡點。在卡爾曼濾波算法中，$\boldsymbol{Q}$ 和 $\boldsymbol{R}$ 決定濾波器的理論收斂性和穩定性。為了抑制由 $\boldsymbol{Q}$、$\boldsymbol{R}$ 的不確定而引起的濾波發散問題，在自適應卡爾曼濾波算法迭代過程中，不僅需要基於測量值修正狀態預測值，而且也需要實時估計並修正未知的或不確切的噪聲協方差矩陣。

由於次優 Sage-Husa 噪聲估計器具有了實時估測未知時變噪聲的能力，對實時檢測變流器故障具有實際意義。因此本節將次優 Sage-Husa 噪聲估計器引入卡爾曼濾波算法中。

Sage-Husa 自適應卡爾曼濾波算法：基於極大後驗估計的原則，根據測量值實現濾波過程的同時，實時更新調整過程噪聲協方差矩陣以及測量噪聲協方差矩陣，從而獲得系統的最優估計值。該方法主要應用於線性離散時變系統，其修正方法如下：

$$\begin{cases} \boldsymbol{R}_k = \frac{1}{N}\sum_{i=k-N+1}^{k}\left(\boldsymbol{\gamma}_{i|i-1} - \frac{1}{N}\sum_{i=k-N+1}^{k}\boldsymbol{\gamma}_{i|i-1}\right)\left(\boldsymbol{\gamma}_{i|i-1} - \frac{1}{N}\sum_{i=k-N+1}^{k}\boldsymbol{\gamma}_{i|i-1}\right)^{\mathrm{T}} \\ \boldsymbol{Q}_k = \frac{1}{N}\sum_{i=k-N+1}^{k}\left(\boldsymbol{\gamma}_{i|i} - \frac{1}{N}\sum_{i=k-N+1}^{k}\boldsymbol{\gamma}_{i|i}\right)\left(\boldsymbol{\gamma}_{i|i} - \frac{1}{N}\sum_{i=k-N+1}^{k}\boldsymbol{\gamma}_{i|i}\right)^{\mathrm{T}} \end{cases} \tag{5-15}$$

式中，$\boldsymbol{\gamma}_{i|i-1} = \boldsymbol{y}_i - \boldsymbol{H}_i\boldsymbol{F}_i\hat{\boldsymbol{x}}_{i-1}$，$\boldsymbol{\gamma}_{i|i} = \hat{\boldsymbol{x}}_i - \boldsymbol{F}_i\hat{\boldsymbol{x}}_{i-1}$。

由於上述Sage-Husa自適應濾波方法的精度對噪聲模型參數值的敏感度較大，不適用於含有噪聲且其協方差值較大的系統。因此，透過引入遺忘因子改進原濾波算法的性能，提高算法實時估測未知時變噪聲的能力。噪聲協方差矩陣 $\boldsymbol{Q}_k$ 和$\boldsymbol{R}_k$ 的估計由如下方法獲取：

$$\begin{cases} \boldsymbol{R}_{k+1} = (1-d_k)\boldsymbol{R}_k + d_k[diag(\boldsymbol{\gamma}_k\boldsymbol{\gamma}_k^{\mathrm{T}}) + \boldsymbol{H}_k\boldsymbol{P}_k\boldsymbol{H}_k^{\mathrm{T}}] \\ \boldsymbol{Q}_{k+1} = (1-d_k)\boldsymbol{Q}_k + d_k[diag(\boldsymbol{K}_k\boldsymbol{\gamma}_k\boldsymbol{\gamma}_k^{\mathrm{T}}\boldsymbol{K}_k^{\mathrm{T}}) - (\boldsymbol{P}_k - \boldsymbol{P}_{k|k-1} + \boldsymbol{Q}_k)] \end{cases} \tag{5-16}$$

式中，$diag(\cdot)$是獲取對角矩陣的函數，$\boldsymbol{\gamma}_k = \boldsymbol{y}_k - \hat{\boldsymbol{y}}_k$ 是測量值與估計值的殘差。d_k 由式(5-17) 計算而得：

$$d_k = (1-b)/(1-b^{k+1}) \tag{5-17}$$

式中，$b(b \in [0.95, 0.995])$為遺忘因子。針對式(5-15) 採用算術平均作為每一迭代過程中 $\boldsymbol{Q}_k$ 和 $\boldsymbol{R}_k$ 的加權係數，難以體現新近測量數據的作用。對於時變噪聲而言，理應更強調新近測量值的作用。因此，式(5-16) 採用指數加權方法，透過遺忘因子 b 限制濾波器的記憶長度，增強新近測量值對當前估計值的權重，並逐漸遺忘陳舊數據。噪聲統計變化較快時，b 應取值偏大；反之，b 應取值偏小。在本小節中，設定 b 為 0.96。

此外，卡爾曼濾波算法在迭代過程中，當系統達到穩態時，一步預測協方差矩陣將收斂，使得協方差矩陣以及增益矩陣限定在一個極小的數值上。但是，由於複雜的系統內部結構，惡劣的環境條件以及不確定性因素的干擾，使得電流、電壓等參數發生突變。參數的突變伴隨著新息殘差的增大，然而卡爾曼濾波算法因其自身的限制，其增益矩陣仍然保持為極小值，導致卡爾曼濾波算法滯後，出現估計值追蹤不上測量值的現象，影響卡爾曼濾波的性能。因此，為了防止這種情況對濾波算法產生嚴重不良後果，本小節在利用滯環比較上下限閾值判定突變的基礎上，實時調整誤差協方差矩陣。即：當估計值與測量值的誤差超過閾值時，重置誤差協方差矩陣；否則，誤差協方差矩陣維持在當前更新值，並用於下一次的迭代計算。

誤差協方差重置卡爾曼濾波算法是在卡爾曼濾波算法的思想上進一步優化獲得的一種改進算法，其大部分的迭代濾波公式與卡爾曼濾波算法是沒有差別的，主要是估計值與測量值的誤差過大（突變），算法的誤差協方差矩陣能夠被重置，以實現新的一次追蹤收斂。具體的判斷準則如下所示：

$$\hat{\boldsymbol{P}}_{k+1}=\begin{cases}\hat{\boldsymbol{P}}_0,\ |\boldsymbol{y}_k-\hat{\boldsymbol{y}}_k|\geqslant C\\ \hat{\boldsymbol{P}}_{k+1},\ |\boldsymbol{y}_k-\hat{\boldsymbol{y}}_k|<C\end{cases} \tag{5-18}$$

式中，C 為根據經驗設定的閾值。

(3) 基於自適應卡爾曼濾波的故障診斷算法

利用自適應卡爾曼濾波算法 IGBT 故障進行預報，其實質是透過自適應卡爾曼濾波算法對定子三相電流進行追蹤估計。

設定狀態向量$\boldsymbol{x}_k=[\boldsymbol{i}_{sd}(k),\ \boldsymbol{i}_{sq}(k)]^{\mathrm{T}}$，觀測向量 $\boldsymbol{y}_k=\boldsymbol{x}_k$，建立離散系統的狀態空間方程為：

$$\begin{cases}\boldsymbol{x}_k=\begin{bmatrix}1-\dfrac{R_s t_s}{L_s} & \omega_s t_s\\ -\omega_s t_s & 1-\dfrac{R_s t_s}{L_s}\end{bmatrix}\boldsymbol{x}_{k-1}+\begin{bmatrix}\dfrac{t_s}{L_s} & 0\\ 0 & \dfrac{t_s}{L_s}\end{bmatrix}\begin{bmatrix}V_{sd}(k)\\ V_{sq}(k)\end{bmatrix}+\begin{bmatrix}0\\ -\dfrac{\psi_s\omega_s(k)t_s}{L_s}\end{bmatrix}\\ \boldsymbol{y}_k=\boldsymbol{x}_k\end{cases} \tag{5-19}$$

下面給出基於濾波器算法的故障診斷算法，其流程圖如圖 5-15 所示。

步驟 1：令 $k=1$，設置狀態估計初始值和誤差協方差矩陣的初始值分別為 $\hat{\boldsymbol{x}}_k$、$\hat{\boldsymbol{P}}_k$，過程噪聲協方差矩陣和測量噪聲協方差矩陣為$\boldsymbol{Q}_k$、$\boldsymbol{R}_k$，並設定遺忘因子 b 和誤差協方差矩陣重置閾值 C，同時根據離散系統的狀態方程和測量方程，計算得出狀態轉移矩陣 $\boldsymbol{F}_k$ 和測量方程係數矩陣 $\boldsymbol{H}_k$。需要說明的是，在實際情況中，隨著時間的推移，初始狀態及其協方差對卡爾曼濾波算法的影響逐漸減小，但是噪聲協方差矩陣 $\boldsymbol{Q}_k$、$\boldsymbol{R}_k$ 會阻礙這種影響的衰減性，因此，噪聲協方差矩陣初始值的選取應盡可能接近實際系統，一般透過實驗值確定。

步驟 2：根據式(5-10)～式(5-11) 進行時間更新，獲得狀態預測值$\hat{\boldsymbol{x}}_{k+1|k}$以及一步預測誤差協方差陣 $\hat{\boldsymbol{P}}_{k+1|k}$。

步驟 3：透過式(5-12) 計算增益矩陣 $\boldsymbol{K}_{k+1}$，並更新狀態估計值$\hat{\boldsymbol{x}}_{k+1}$ 和誤差協方差矩陣$\hat{\boldsymbol{P}}_{k+1}$，便於下一時刻繼續迭代。

步驟 4：利用噪聲估計器，在前一時刻 k 的基礎上更新 $k+1$ 時刻的過程噪聲協方差矩陣和測量噪聲協方差矩陣$\boldsymbol{Q}_k$、$\boldsymbol{R}_k$。

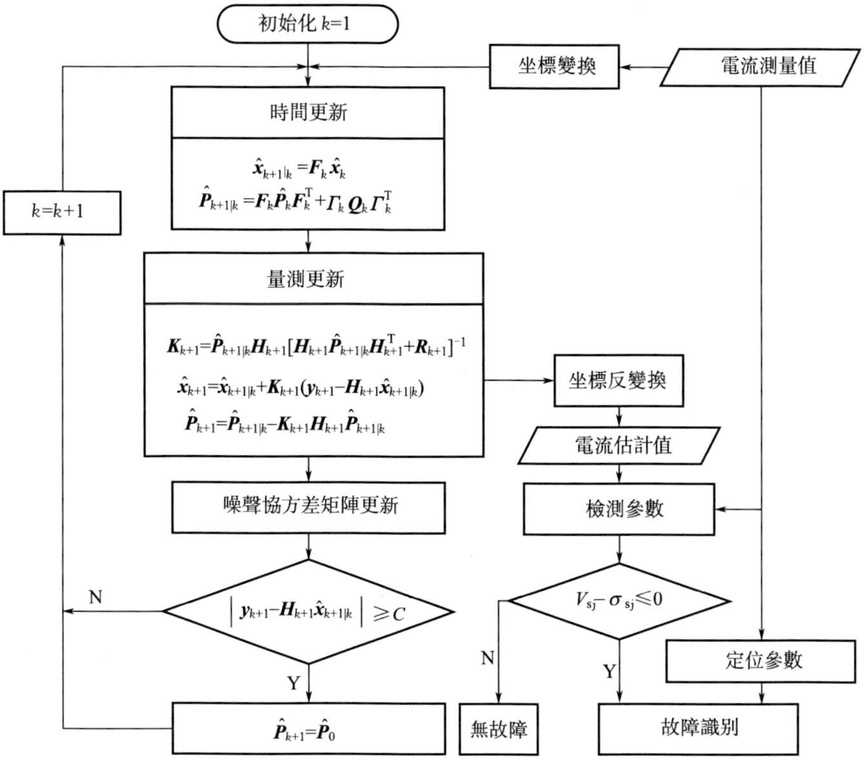

圖 5-15 基於自適應卡爾曼濾波算法的變流器故障診斷流程圖

步驟 5：比較 $k+1$ 時刻的估計值 $\hat{y}_{k+1}$ 與測量值 y_{k+1}，若兩者的誤差超過閾值 C，則誤差協方差矩陣 $\hat{P}_{k+1}$ 重置為初始時刻的誤差協方差矩陣 $\hat{P}_k$，若兩者的誤差並沒有超過閾值 C，則當前時刻的誤差協方差矩陣 $\hat{P}_{k+1}$ 保持不變，繼續用於後續迭代計算。

步驟 6：利用兩相旋轉座標係-三相靜止座標係之間的座標變換公式，將 $k+1$ 時刻的狀態向量 i_{sd}、i_{sq} 轉變為定子的相電流 i_{sa}、i_{sb}、i_{sc}。

步驟 7：給定電流頻率 f，基於各相電流 i_{sa}、i_{sb}、i_{sc} 的絕對值，分別計算固定採樣時刻 $[k-1/f, k]$ 範圍內均方根值與平均值的比值，也即獲得估計的檢測參數 $\hat{\sigma}_{sa}$、$\hat{\sigma}_{sb}$、$\hat{\sigma}_{sc}$。

步驟 8：令 $k=k+1$，若 k 達到設定結束時刻，則終止算法；否則，轉向步驟 2，繼續迭代循環。

步驟 9：在檢測參數估計值 $\hat{\sigma}_{sa}$、$\hat{\sigma}_{sb}$、$\hat{\sigma}_{sc}$ 的基礎上疊加 ε_{sa}、ε_{sb}、ε_{sc}，獲得自適應閾值 V_{sa}、V_{sb}、V_{sc}，並比較檢測參數的測量值 σ_{sa}、σ_{sb}、σ_{sc} 與自適應閾

值的大小關係，判定是否存在發生故障。

步驟 10：根據永磁同步電機定子的相電流測量值在$[k-1/f, k]$範圍內的平均值，計算得到定位參數ζ_{sa}、ζ_{sb}、ζ_{sc}。透過比較定位參數與閾值的大小關係，判斷故障位置。

(4) 仿真實驗分析

該實驗所需要的電流測量值是從仿真模型中獲得的。透過 Matlab/Simulink 搭建一個 1.5MW 的永磁直驅風電轉換系統，其變流器內部結構如圖 5-16 所示。模擬各類故障，獲得對應的電流測量值。本節研究重點在於變流器，故系統模型主要包括永磁同步電機、變流器、電網等模塊，風機模型被省去。仿真系統的部分參數如表 5-1 所示。

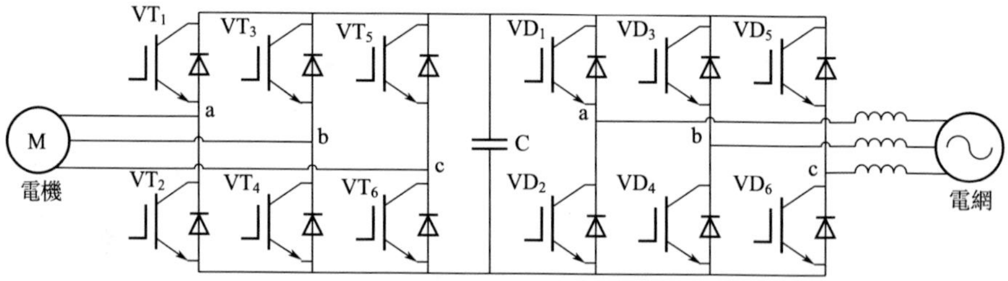

圖 5-16 變流器內部結構圖

表 5-1 永磁直驅風電轉換系統部分參數

器件	參數	數值
永磁同步電機	額定功率 P	1.5MW
	定子電阻 R_s	0.005Ω
	d 軸電感 L_d	2mH
	q 軸電感 L_q	2mH
	極對數 p	8
永磁同步電機	磁鏈 ψ_s	2Wb
	轉速 ω_s	193r/min
變流器	載波頻率 f	10kHz
	直流母線電容 C	5×10^{-3}F
	直流母線電壓 u_{dc}	800V
	網側電感 L_g	6mH
	電網頻率 f_g	50Hz

在實驗仿真中，假定網側變流器和機側變流器兩者互不影響，且永磁同步電

機正常無故障工作，即保證電機定子電流的畸變是由機側變流器故障引起的。結合變流器的內部結構（圖 5-16），對變流器的 IGBT 開路故障進行分類。然而，實際情況中三個及以上 IGBT 同時故障的概率很低，因此在這裡只分析單個和兩個 IGBT 開路故障，其具體分類如下所示。

第 1 類故障：單個 IGBT 功率管開路故障。

第 2 類故障：同一橋臂上下兩個 IGBT 功率管開路故障。

第 3 類故障：同一半橋中的兩個 IGBT 功率管開路故障。

第 4 類故障：不同橋臂上下各一個 IGBT 功率管開路故障。

針對卡爾曼濾波器及自適應卡爾曼濾波器診斷變流器的開路故障中的應用，分別基於第 1 類故障（VT_3）、第 2 類故障（VT_3、VT_4）和第 3 類故障（VT_3、VT_5）驗證算法的有效性，分析本小節提出的診斷算法的可行性，以及對負載突變、風速突變等干擾的魯棒性能。

根據表 5-1，計算得到系統矩陣 $\boldsymbol{A}=\begin{bmatrix}-2.5 & -193\times 8\\ 193\times 8 & -2.5\end{bmatrix}$，輸入矩陣 $\boldsymbol{B}=\begin{bmatrix}500 & 0\\ 0 & 500\end{bmatrix}$，輸出矩陣 $\boldsymbol{C}=\begin{bmatrix}1 & 0\\ 0 & 1\end{bmatrix}$，$\boldsymbol{D}=\begin{bmatrix}0\\ -193\times 8\times 10^3\end{bmatrix}$。透過極點配置確定觀測器增益，從而獲得反饋增益矩陣。並透過閾值分析，確定閾值 $\upsilon=1$，常值 $\varepsilon_s=0.05$。對於卡爾曼濾波和自適應卡爾曼濾波的參數設置如下：狀態轉移矩陣 $\boldsymbol{F}=\begin{bmatrix}-2.5 & -193\times 8\\ 193\times 8 & -2.5\end{bmatrix}$，測量方程係數矩陣 $\boldsymbol{H}=\begin{bmatrix}1 & 0\\ 0 & 1\end{bmatrix}$。狀態矩陣以及誤差協方差矩陣初始值分別為：$\hat{\boldsymbol{x}}_k=[0.667,\ 56.524]^{\mathrm{T}}$，$\hat{\boldsymbol{P}}_k=2000*\begin{bmatrix}1 & 0\\ 0 & 1\end{bmatrix}$。誤差協方差矩陣重置閾值 $C=0.005$。噪聲未知但統計特性滿足白噪聲分布。

由於閾值對診斷方法的魯棒性，以及故障檢測時間有著很大的影響，故而選擇正確的閾值是非常重要的。其他技術類似的方式中，閾值選擇是基於經驗建立在算法的魯棒性和檢測速度之間的折中選擇。較大的閾值增加了診斷方法的魯棒性，同時也增加了檢測時間。相反，一個小的閾值降低了檢測時間，但也降低了算法的魯棒性。因此，對於 ε_s 的選擇，與 σ_{sj} 和 $\hat{\sigma}_{sj}$ 在正常和故障情況下的特徵是有關聯的。考慮到測量電流的動態性，分析風速、負載瞬變對檢測參數的影響。

圖 5-17 為風速瞬變下的各相檢測參數變化情況，在 $t=0.85$s 時，風速由額定值減小至其額定值的 80%。而圖 5-18 為負載瞬變下的各相檢測參數變化情況，在 $t=0.85$s 時，負載由額定值增大為其額定值的 2 倍左右，然後在 $t=1$s

時，負載又減小至約額定值的 28%。由圖可知，在風速、負載瞬變期間，與正常狀態下的電流歸一化值 1.11 相比，σ_{sj} 值呈現低變化，最大振幅變化總是低於 0.05。然而，在機側變流器發生單個或多個 IGBT 開路故障時，無故障相對應的檢測參數 σ_{sj} 發生較小的波動，並穩定在 1.11 附近。但是與有故障相對應的 σ_{sj} 最小變化卻大於 0.05（見圖 5-19）。這意味著這個最小變化值可以用於 ε_s，以便獲得自適應閾值，確保良好的診斷並避免誤報。透過由測量電流計算得到的檢測參數以及自適應閾值之間的殘差 r_{sj} 的取值檢測到故障後，閾值 υ 用於識別故障 IGBT 的位置。閾值 υ 是透過分析在不同的 IGBT 開路故障下電流的平均值來確定的。分析圖 5-19 中各故障狀態下的定位參數 ζ，機側變流器正常狀態下工作時，定位參數近似為 0，而故障的發生會使得故障相對應的定位參數明顯變化，同時影響無故障相的定位參數。對於正常工作條件下和同一條橋臂的上下 IGBT 都開路的情況，故障相的電流平均值在 $-\upsilon \sim \upsilon$ 之間。另外，單個上橋臂或下橋臂 IGBT 的開路故障導致故障相的電流平均值超出的值分別為 $-\upsilon$ 或 υ。因此，將閾值 υ 的值定為 1，可以保證良好的定位性能。

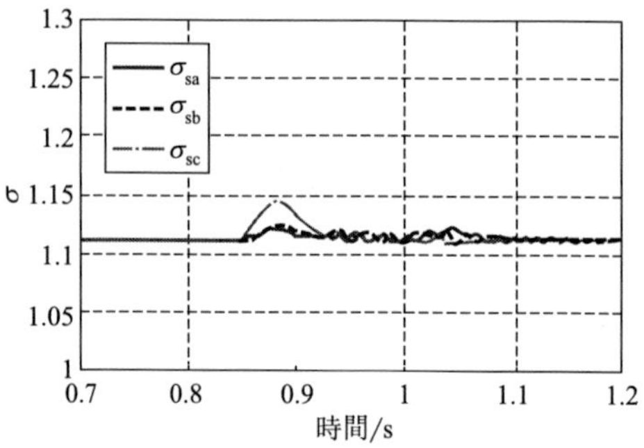

圖 5-17 風速瞬變下的各相檢測參數變化情況

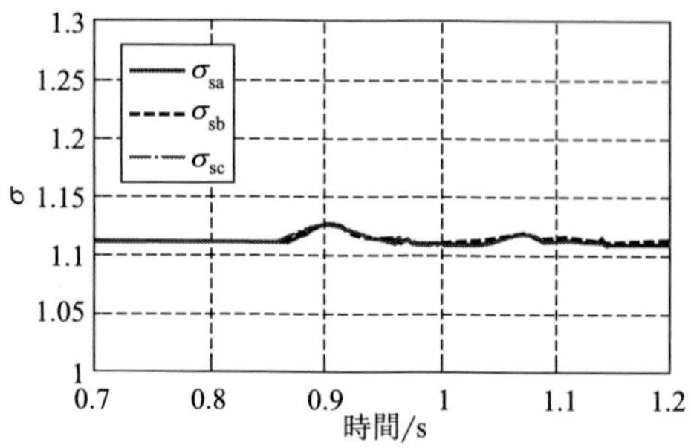

圖 5-18 負載瞬變下的各相檢測參數變化情況

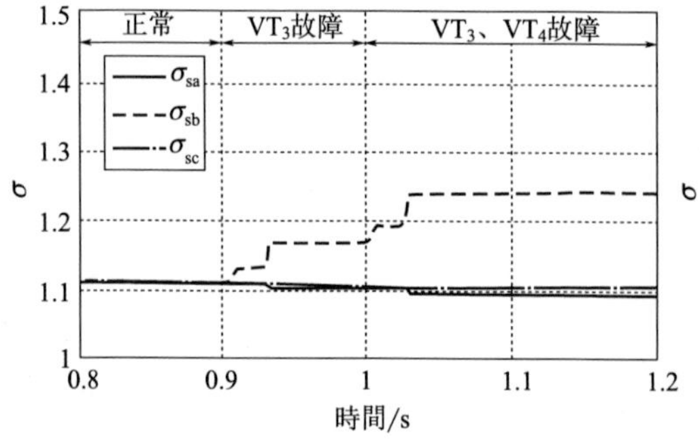

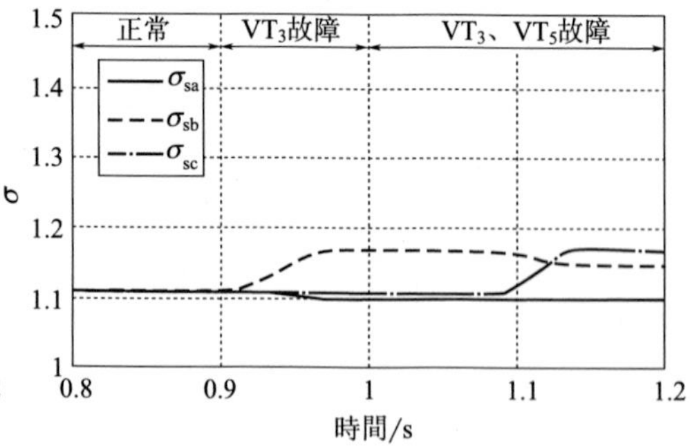

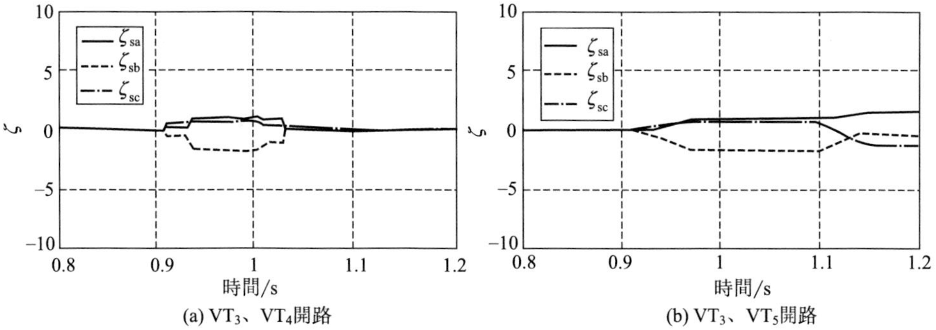

圖 5-19 各相檢測參數與定位參數

為了明確故障發生時刻，定義參數 SF 如式(5-20) 所示。當 $SF_{sj}=1$ 時，說明此時 j 相有 IGBT 故障。

$$\begin{cases} SF_{sj}=0 & r_{sj}>0 \\ SF_{sj}=1 & r_{sj}<0 \end{cases} \tag{5-20}$$

圖 5-20 和圖 5-21 分別顯示了使用卡爾曼濾波和自適應卡爾曼濾波對 VT_3、VT_4 和 VT_3、VT_5 故障的各相檢測參數。從圖 5-20 中看出，當 IGBT VT_3 和 VT_4 都發生故障時，由於兩個故障管位於同一橋臂，因此只有檢測參數 σ_{sb} 越過其自適應閾值，使得參數 SF_{sb} 發生變化。就檢測時間而言，卡爾曼濾波算法在 $t=0.9226$s 得以檢測到故障，而自適應卡爾曼濾波在 $t=0.912$s，比卡爾曼濾波算法提前 10.6ms。對於故障的識別主要是依靠各相電流平均值。

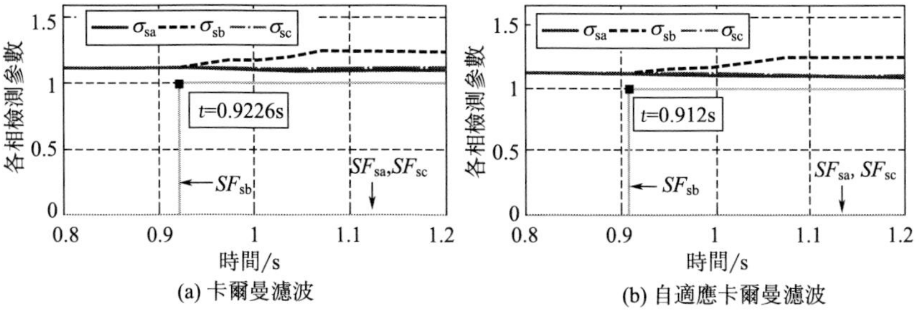

圖 5-20 VT_3、VT_4 故障時各相檢測參數

對於 IGBT VT_3 和 VT_5 的故障診斷結果，其檢測參數分別在故障後超越其自適應閾值，使得變量 SF_{sb} 和 SF_{sc} 發生變化，表明故障的存在。卡爾曼濾波和自適應卡爾曼濾波算法都準確地檢測到了故障，並沒有出現誤報的現象。卡爾曼濾波算法分別在 $t=0.945$s 以及 $t=1.125$s 檢測到 b、a 相包含有故障，而自

適應卡爾曼濾波算法在 $t=0.915\mathrm{s}$ 以及 $t=1.107\mathrm{s}$ 也檢測到故障。比較可得，自適應卡爾曼濾波在能夠準確檢測故障的同時，在檢測時間上也具有一定的優勢。

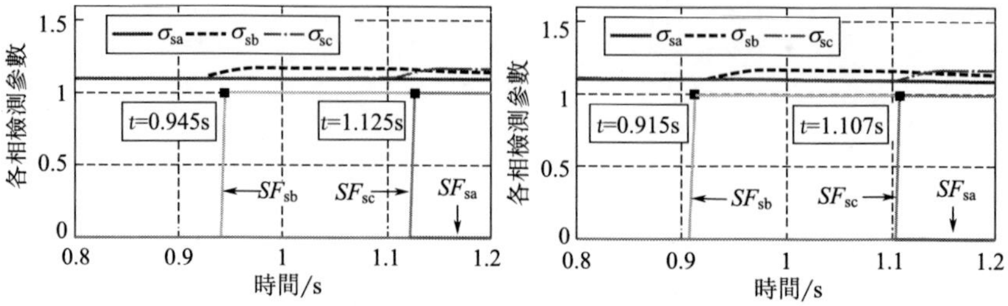

(a) 卡爾曼濾波　(b) 自適應卡爾曼濾波

圖 5-21　VT_3、VT_5 故障時各相檢測參數

風向、風速的突然變化會導致變流器電流發生變化。為了確保故障診斷方法的準確性和可靠性，並避免因干擾引起的故障誤報，故障檢測方法需要有對干擾的魯棒性，如風速變化、電網電壓下降等。這裡繼續在與上文相同的故障、相同的操作條件下，分析在風速、負載變化時的響應特性，驗證其穩健性。

圖 5-22 為負載突變且 VT_3 和 VT_2 故障時的檢測參數變化情況。由圖 5-22(a) 可知，由於 σ_{sb} 超越自適應閾值 V_{sb}，變量 SF_{sb} 在 $t=0.933\mathrm{s}$ 從 0 突變至 1，又因為定位參數 ζ_{sb} 減小至 $-\upsilon$ 以下，約 33ms VT_3 故障被成功識別。在 $t=1\mathrm{s}$ 時，VT_2 導通的控制訊號被移除，透過 SF_{sa} 的變化以及 ζ_{sa} 增大至 υ 以上，在 $t=1.026\mathrm{s}$（約 26ms）鑒定出 VT_2 故障。比較而言，自適應卡爾曼濾波的檢測參數結果在檢測時間上顯現了優勢，分別在故障發生後的 12ms、11ms 得以檢測到兩個故障的存在。從上述分析可知，無論是卡爾曼濾波還是自適應卡爾曼濾波算法，負載突變沒有引起故障誤報。

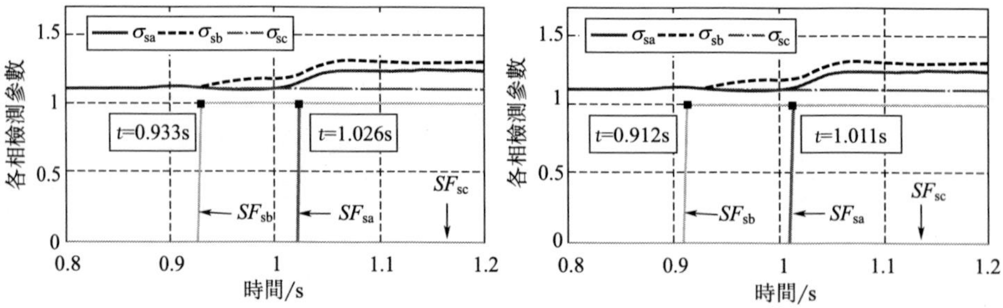

(a) 卡爾曼濾波　(b) 自適應卡爾曼濾波

圖 5-22　負載變化且 VT_3、VT_2 故障時各相檢測參數

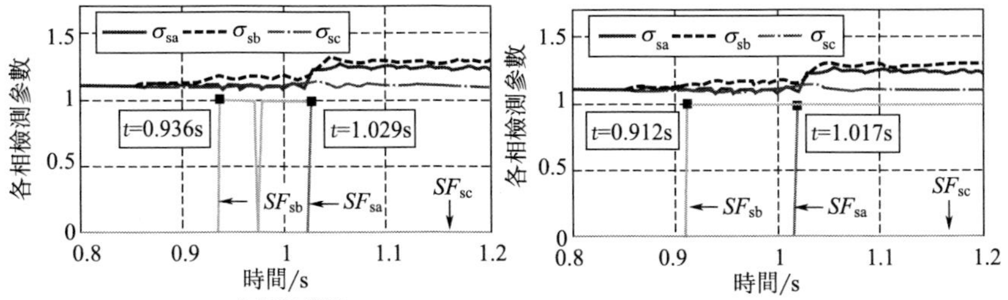

(a) 卡爾曼濾波 (b) 自適應卡爾曼濾波

圖 5-23 風速變化且 VT_3、VT_2 故障時各相檢測參數

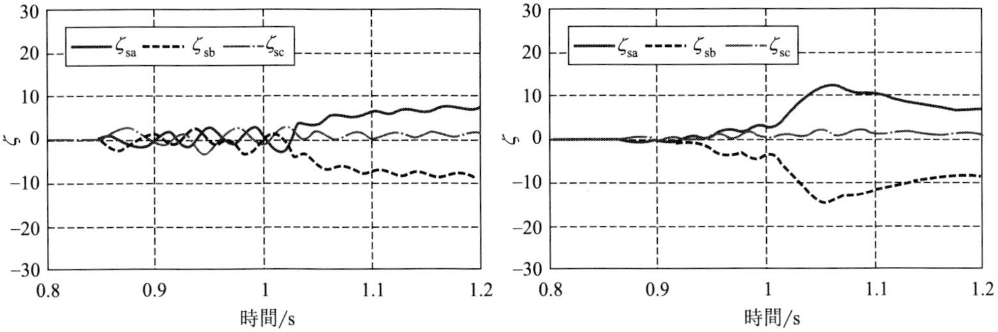

(a) 負載變化 (b) 風速變化

圖 5-24 VT_3、VT_2 故障時定位參數

圖 5-23 為風速突變時 VT_3、VT_2 故障的檢測參數圖。從圖中可以明顯地發現卡爾曼濾波算法在風速變化情況下出現了故障誤報。因為在第一次故障後，σ_{sb} 超越自適應閾值 V_{sb}，SF_{sb} 在 $t=0.936$s 從 0 突變至 1。但是 0.972s 後 SF_{sb} 降為 0，之後又再次變為 1。如此異常變化導致難以得出故障的檢測結果。對於 VT_2 故障，在 $t=1.029$s（約 29ms）被檢測出來，並根據定位參數（圖 5-24）得以確定。而自適應卡爾曼濾波算法分別在 $t=0.912$s 及 $t=1.017$s 準確檢測出故障。

實驗結果表明，卡爾曼濾波器在檢測各類故障時所需的時間約為 10% 的電流採樣週期，而自適應卡爾曼濾波算法大約需要 5% 的電流採樣週期。而且卡爾曼在變流器故障診斷的應用中容易受到其他因素如風速突變的干擾，導致故障誤報。

5.4 驅動控制系統的故障診斷

在工業生產過程中，由電子設備組成的驅動控制部分是系統運行正常工作的基礎，一旦驅動控制發生故障，輕則使系統運行停止，重則導致系統出現如飛車等重大安全事故。及時預測和發現故障來保障系統安全穩定運行是安全生產、避免經濟損失的重要途徑。本節主要對驅動控制系統的常見故障特點進行分析說明，並介紹基於改進 RBF 神經網路的方法在故障診斷中的應用。

5.4.1 驅動控制系統的故障特點

現代電路系統的規模較大，複雜程度也越來越高，而對電路系統的安全性與故障診斷方面的要求也越來越高。隨著電子設備在工業生產中的廣泛運用，其運行環境出現多樣化特點，考慮工業生產情況中第 2 類危險源因素，如超高溫、超低溫、高溼度、核輻射、高電磁場等物質與環境條件的誘發因素超過閾值，人們對驅動控制系統的安全性指標要求越來越高，其中可靠性的重要指標之一就是在電路發生故障時，能夠及時、準確地診斷電路故障。對設備進行故障模式影響及危害性分析，綜合考慮每種故障模式的嚴重程度和發生概率，提出控制故障的有效措施，從而消除危險源的危害性，避免引發安全事故造成損失，是保證驅動控制系統可靠安全運行的重要手段。

驅動控制系統通常由兩部分組成：數位電路和模擬電路。數位電路的故障診斷的主要方法是：透過對待測電路的描述，確定所需要檢測的故障與檢測電路的初始狀態；產生定位測試集；模擬電路故障，透過模擬判斷所產生的測試集是否能夠滿足故障診斷的要求；建立故障測試的程序，透過向待診斷電路按照順序輸入測試序列，觀測相應的輸出響應並對相應字典進行檢索，即可完成故障診斷。數位電路故障診斷面臨的主要難點是大規模的組合邏輯電路與時序邏輯電路的故障診斷。其中，測試時序電路比測試組合電路更加困難。主要原因是時序電路中有反饋的存在，對故障診斷與電路的仿真模擬帶來困難；電路中存在儲存單元，導致電路狀態的初態需要進行復位或總清才能確定，而在故障的影響下尋找系統的復位序列十分困難；時序元件，特別是異步時序元件對競態現象十分敏感，因此所生成的測試序列不僅僅需要滿足邏輯功能，還需要考慮競態過程對測試的影響。而針對數位電路測試與診斷的難點，主流的解決方案是可測性設計。該方案已經產生比較成功的方法，如邊界掃描技術等使可測性設計具備了實用價值。目前，針對數位電路的故障診斷技術已經比較成熟，並且全自動的診斷工具已經成功地被開發並投放市場。

理論分析和實際應用表明，在工業過程中，系統的驅動控制電路的模擬電路比數位電路更易出現故障，雖然驅動控制電路中數位電路的占比超過 80%，但 80%以上的故障卻來自模擬電路。由此可見，模擬電路的穩定性與安全性對整個驅動控制系統的可靠性起著至關重要的作用。與數位電路的檢測與診斷相比，有關模擬電路的故障診斷技術卻發展較慢。由於模擬電路中存在的非線性特性，故障模式缺少，以及可測節點有限等困難，導致模擬電路故障診斷困難，許多的研究仍處於理論階段，離實用階段還有一定距離。更為重要的是，模擬電路目前無法完全被數位電路取代，如訊號調理電路、電源等，模擬電路仍然是所有電路系統必不可少的組成部分，其在系統與外界之間的輸入與輸出中起著關鍵的作用。如工業過程中常見的控制系統，無論控制器是否數位化，控制系統都需要利用感測器獲取外界資訊從而得到輸入訊號。其中，訊號調理電路與驅動電路則起著至關重要的作用，它們對模擬訊號所進行的放大、濾波、轉換是控制系統更是許多複雜系統不可或缺的基本功能。在控制器對輸入訊號進行運算後，透過驅動電路對控制器的輸出訊號進行放大再作用於執行機構。因此，模擬電路在確保工業系統可靠安全的運行中起著至關重要的作用，對驅動控制系統中的模擬電路故障診斷的研究也一直是電子工業領域的焦點。

模擬電路故障診斷存在以下難點：

① 在模擬電路中，其輸入與輸出量都是連續的，電路網路中各個元器件的參數基本也為連續量，從而導致其電路模型難以建立，缺少故障模型。

② 模擬電路中的元件參數存在容差問題。受實際生產工藝的限制，模擬電路中的元器件的實際值難以精確定量，如電阻電容的實際值是在一定的範圍內，而不是其標稱值。電路中多個元器件的容差疊加，可能使實際電路工作偏離正常工作點。

③ 模擬電路中存在大量的非線性的元器件，並且許多電路存在反饋網路導致電路呈現非線性，大大加劇了電路的測試與計算量。

④ 實際電路中的可測節點數有限。由於目前集成電路設計的出現使大部分的電路與元器件採用封裝的方式，導致對電路訊號的可測點不足。

⑤ 外界工作環境的影響。電路與元器件在實際工作中對外界的噪聲、溫度、電磁場等環境因素極其敏感，長時間的外界環境影響，將會導致電路的工作狀態變化。

此外，在電路實際運行過程中外界噪聲的干擾、軟故障產生位置的不確定性都會影響電路故障診斷的準確性。模擬電路的故障一般分為軟故障與硬故障兩類。軟故障主要是指電路元器件在各種工作環境，如溫度、溼度等條件的影響下，其性質發生了一定變化。性質變化在一定範圍之內將不影響電路的正常工作與運行，如果變化超出了範圍，將會嚴重影響電路設計功能。這種變化在短時間內對電路工作沒有影響，但會逐漸降低電路的性能。硬故障則是指電路由於元器件的故障所導致的電路癱瘓情況。這種故障一般是由於電路元器件老化或使用超過定額負荷所引起的器件性質發生極大、不可逆的改變，從而導致電路拓撲結構出現變化，形成短路或開路現象，有時甚至會波及整個系統造成系統整體崩潰，引發安全事故造成生命財產損失。

電路故障診斷技術能夠在促進整個電子工業的發展的過程中起到極其關鍵的作用。開展對驅動控制系統的故障診斷技術研究，在增強控制系統的魯棒性、減小維護難度、降低電力電子設備成本、增加電力電子設備壽命、保證電子系統的安全可靠運行等方面都有不可估量的現實意義，將會產生巨大的經濟效益和社會效益。

5.4.2 驅動控制系統典型故障診斷方法

經過幾十年的研究，電路故障診斷技術已經有了巨大的進步。在數位電路上，故障診斷方法已經逐漸完善，出現了能夠達到實用階段的檢測與診斷的技術，尤其是可測性設計與邊界掃描技術更是在實際中得到了廣泛的應用。而模擬電路的故障診斷的研究也在發展進步，出現了一大批診斷方法，在這些方法中以神經網路與小波分析方法居多。但是在實用性與方法工程技術化方面需要進行進一步的研究。

（1）數位電路的故障診斷方法

傳統的數位電路的故障診斷方法根據診斷電路類型的不同主要可以分為兩類：組合電路的故障診斷和時序邏輯電路的故障診斷。第一類組合電路的故障診斷中，D 算法、PODEM 算法、FAN 算法已經達到實用等級。然而，隨著電路結構的不斷發展，大規模集成電路與集成芯片的出現導致算法對電腦的速度與儲存要求過高，使得相當一部分算法失去了使用價值。為解決這一問題，Archambeau 等提出了偽窮竭法，解決了大型組合電路的診斷難題。第二類時序邏輯電路的診斷中，常用的方法有九值算法、BDD 測試生成算法、故障模擬算法等。這些方法使對時序電路的測試與診斷理論趨於完善，除此之外，對神經網路與專家系統的研究也為此注入了新的活力。然而，隨著電路規模越來越大，單純的算法研究不能滿足實際測試的需要。因此，出現了可測試設計的方法，其中邊界掃描方法與 IEEE 1149.1～IEEE 1149.3 的標準的制定為可測試性設計打好了堅實的理論基礎，使其具備了實際應用的可能性。

（2）模擬電路故障診斷方法

模擬電路的故障診斷逐漸形成了比較系統的理論，成為電路理論的第三大分支。它的主要任務是：在已知網路的拓撲結構、輸入訊號以及電路在故障下的輸出響應時，求解故障元件產生的物理位置和參數。模擬電路故障診斷的主要方法有：測前仿真法、測後仿真法、交叉仿真法和基於人工智慧與神經網路的方法等[6]。R. S. Berkowitz 首先提出了關於模擬電路故障診斷問題可解性的概念及無源、線性、集總參數網路元件值可解性所必須滿足的條件，正式拉開了針對模擬電路故障診斷問題研究的序幕。Navid 和 Willson 證明了線性電阻電路元件值可解的充分條件，奠定了模擬電路故障診斷的理論基礎。之後研究者們的關注點從求解全部元件值轉移到診斷具體元件，以確定故障區域或故障元件產生的位置，比較典型的方法有失效元件定界法和 K 節點故障診斷法。針對大規模集成電路，Salama 等人率先提出了基於網路分解的子網路級診斷方法。

伴隨著人工智慧處理技術的不斷發展，如何將人工智慧方法與模擬電路故障診斷相結合，成為當時的熱門研究方向，神經網路等人工智慧理論逐漸被應用於模擬電路故障診斷中。Spina 和 Upadhyaya 採用 BP 神經網路，由線性被測電路的白噪聲響應樣本組成神經網路的輸入，但是這些樣本沒有經過預處理而直接輸入到神經網路中，結果導致神經網路的輸入節點多且結構複雜。

無論是傳統的故障診斷方法還是人工智慧的故障診斷方法，各自都具有一定的優缺點，僅僅靠這些單一的方法，不能完全解決現今較為複雜的模擬電路故障診斷問題。因此，眾多學者開始將小波分析、主元分析、熵等數據預處理技術應用於模擬電路的故障診斷，為形成實用的診斷方法開闢了新的途徑，豐富了模擬電路故障診斷理論。Mehran Aminian 和 Farzan Aminian 等人提出了對被測電路的響應訊號先採用小波分析、PCA、歸一化等數據預處理的方法，從而減少神經網路的輸入以及簡化結構，提高了神經網路的性能。此後，基於小波理論的預處理技術被廣泛地應用於模擬電路的故障診斷。袁莉芬、何怡剛等人則採用峰度和熵對響應訊號進行預處理，該方法可以簡化神經網路的結構，減少訓練時間以及提高神經網路的性能。Arvind Sai Sarathi Vasan、Bing Long 和 Michael Pecht 在模擬電路故障診斷的基礎上，進行了模擬電路預測方面的研究，即預測電路剩餘可用的性能，為模擬電路故障診斷提供了一個新的方向。

目前，模擬電路故障診斷主要方法如下。

① 特徵提取方法。故障特徵決定了故障分類的好壞，在故障診斷中有著極其重要的位置。而在特徵提取方法中，小波分析理論占據了極其重要的位置，如能量特徵提取以及峰度、熵特徵提取等方法都是對電路輸出響應訊號先進行小波處理後，再提取特徵。

② 神經網路應用於模擬電路故障診斷，包括 BP 神經網路、RBF 神經網路、概率神經網路、小波神經網路等，以及把優化理論（遺傳算法、粒子群算法等）用於神經網路的方法。神經網路是一種基於定量的人工智慧方法，用於故障診斷主要是透過大量已知的故障數據樣本進行訓練，透過學習建立故障特徵和故障模式之間的映射關係，再將待診斷故障送入已訓練好的網路中進行判別。在過去幾十年的研究中，人工神經網路在模擬電路故障診斷中的應用非常廣泛，這是因為應用神經網路進行故障診斷時不需要確切的數學模型，並且針對非線性電路也有著良好的診斷能力。然而，人工神經網路其本身技術仍然不夠完善，在設計的時

候往往需要大量的故障樣本進行網路訓練，並且其學習速度較慢，訓練時間長，影響了實際工程實用性。隨著神經網路應用的不斷深入和發展，對神經網路方法的改進也在不斷進行。針對 BP 神經網路在診斷故障時存在收斂速度慢、易陷入局部最小等缺點，M. Catelani 和 A. Fort 等人把 RBF 神經網路應用於故障診斷中，有效克服了基於 BP 網路算法存在的不足。Farzan Aminian 和 Mehran Aminian 則把貝氏神經網路應用於故障診斷中。為提高診斷的智慧性及識別的能力，人們將小波基作為神經網路的傳遞函數，利用遺傳算法優化神經網路的結構和權值。為了提高 RBF 神經網路進行模擬電路故障診斷的速度與準確性，專家提出了一種基於粒子群優化（Particle swarm optimization，PSO）算法優化 RBF 的故障診斷方法。以上方法都取得了良好的識別能力。

③ 支持向量機方法應用於模擬電路故障診斷。支持向量機（support vector machine，SVM）可以看作一個特殊的神經網路，其克服了神經網路的不足，透過核函數映射樣本到高維空間，從而將在故障空間裡重疊的故障類變成線性可分的。支持向量機在解決小樣本、非線性問題方面具有特有的優勢，並且在高維模式識別問題中具有結構簡單、全局最優、泛化能力強等特點。所以隨著模擬電路診斷技術研究的不斷深入和發展，有不少學者在模擬故障電路故障診斷中採用 SVM 及其一系列改進的方法[6] 作為故障診斷的方法並取得了較好的識別效果。

5.4.3 應用案例

伴隨著人工智慧處理技術的不斷發展，1990 年代以來，神經網路、遺傳算法等人工智慧理論逐漸被應用於模擬電路故障診斷中。由於單一方法不能完全解決現今較為複雜的模擬電路故障診斷問題，因此眾多學者將小波分析、主元分析、熵等數據預處理技術應用於模擬電路的故障診斷，為形成實用的診斷方法開闢了新的途徑。

故障特徵提取是進行模擬電路故障診斷時重要的第一步。由於小波變換具有良好的時頻局部化和多分辨分析的性質，被廣泛運用於故障特徵提取，而小波包方法在誤差、收斂速度方面都優於小波方法，所以本小節利用小波包來實現故障特徵的提取。

RBF 神經網路是一種高效的前饋式神經網路，具有結構簡單、訓練速度快等特點，且具有其他前向網路不具備的優良的逼近性能和全局最優特性，基於此，RBF 神經網路被引入模擬電路故障診斷中。然而其故障診斷的性能易受 RBF 網路的結構和參數的影響。本小節主要利用遺傳優化算法優化神經網路，同時採用 K 均值聚類學習算法設置遺傳算法尋優起始點，有效地減少了算法的迭代次數，並透過仿真實驗驗證了該算法的正確性和有效性。

(1) 故障特徵資訊提取

以一個三層的小波包分解進行說明，其分解樹如圖 5-25 所示。圖中，S 表示測試電路的激勵響應訊號，A 表示低頻訊號，D 表示高頻訊號，末尾的序號數表示小波分解的尺度數。那麼小波包分解的關係為：

$$S=AAA3+DAA3+ADA3+DDA3+AAD3+DAD3+ADD3+DDD3 \tag{5-21}$$

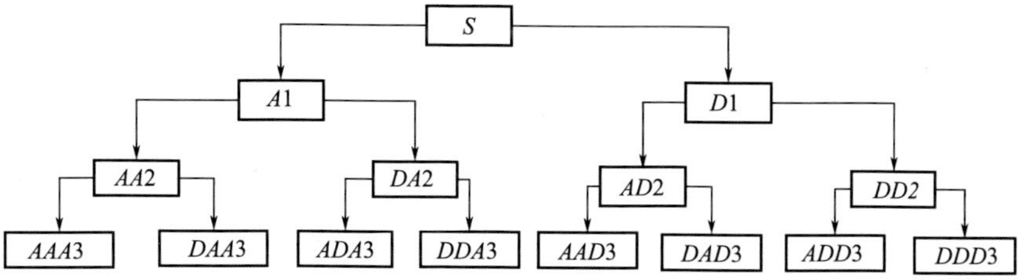

圖 5-25 小波包分解樹

將激勵響應訊號透過兩組濾波器進行濾波，得到訊號的低頻訊號和高頻訊號；再透過對低頻訊號和高頻訊號的進一步分解，可以得到下一尺度函數上的低頻訊號和高頻訊號，依此類推，可以得到經過 N 層小波包分解後的低頻訊號和高頻訊號，分解後的小波係數即為候選特徵向量。

利用小波包分解進行特徵提取的具體步驟如下。

① 對電路輸出訊號進行採樣，假設分解尺度為 N 層，小波包分解結構為一棵深度為 N 的滿二叉樹，該二叉樹第 N 層的結點個數為 2^N 個。

② 對小波包分解係數進行重構，以提取各頻帶範圍的訊號。以 $\boldsymbol{S}_{N0}$ 表示 $\boldsymbol{X}_{N0}$ 的重構訊號，其他依此類推。那麼訊號 $\boldsymbol{X}$ 可以表示為：

$$\boldsymbol{X}=\boldsymbol{S}_{N0}+\boldsymbol{S}_{N1}+\boldsymbol{S}_{N2}+\cdots+\boldsymbol{S}_{N2^{N-1}} \tag{5-22}$$

③ 求各頻帶訊號的總能量。設 $\boldsymbol{S}_{No}(o=0,1,2,\cdots,2^{N-1})$ 對應的能量為 $\boldsymbol{E}_{No}(o=0,1,2,\cdots,2^{N-1})$，則有：

$$\boldsymbol{E}_{No}=\int|\boldsymbol{S}_{No}(t)|^2\mathrm{d}t=\sum_{z=1}^{Z}|x_{oz}|^2 \tag{5-23}$$

式中，$x_{oz}(o=0,1,2,\cdots,N;z=1,2,\cdots,Z)$ 為重構訊號 $\boldsymbol{S}_{No}$ 的係數。

若採用改進的能量小波包分解對訊號進行特徵提取，則能量函數為：

$$\boldsymbol{E}_{p,q}=\| C^{p,q}(x)\|_2^2 N^{-1}\sum_{l}^{N}\exp\frac{-[C_l^{p,q}(x)]^2}{2} \tag{5-24}$$

式中，$C_l^{p,q}(x)$ 為相應節點的係數。

④ 根據能量函數，構造故障特徵向量 $\boldsymbol{T}$：

$$\boldsymbol{T}=(\boldsymbol{E}_{N0},\boldsymbol{E}_{N1},\boldsymbol{E}_{N2},\cdots,\boldsymbol{E}_{N2^{N-1}}) \tag{5-25}$$

（2）遺傳算法優化 RBF 網路

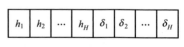

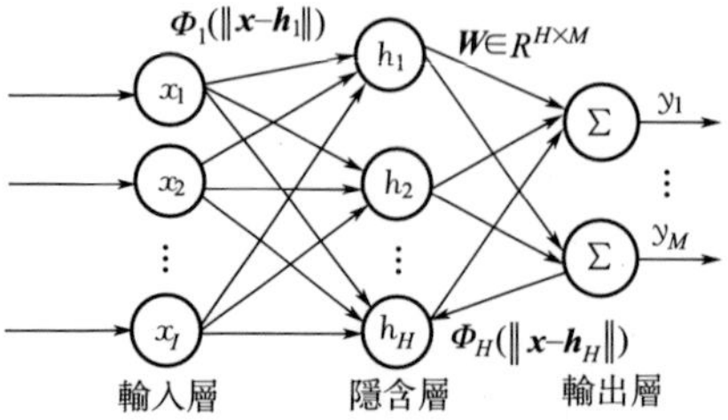

圖 5-26 RBF 神經網路結構

將故障特徵作為神經網路的輸入 x_1，$x_2,\cdots,x_I$，則目標輸出為對應的故障類別 $y_1,y_2,\cdots,y_M$。如圖 5-26 所示的 I 個輸入、H 個隱節點、M 個輸出結構的 RBF 神經網路。圖中，$\boldsymbol{x}=(x_1,x_2,\cdots,x_I)^{\mathrm{T}}\in R^I$ 為神經網路輸入向量，$\boldsymbol{W}\in R^{H\times M}$ 為輸出權值矩陣，第 h 個隱節點的激活函數為 $\Phi_h(\cdot)$，輸出層的 $\sum$ 表示神經元的激活函數為線性函數。

則 RBF 神經網路的第 m 個輸出為：

$$y_m=\sum_{h=1}^{H}\boldsymbol{w}_m\Phi_h(\|\boldsymbol{x}-\boldsymbol{h}_h\|)+b_m \tag{5-26}$$

式中，徑向基函數 $\Phi_h(\cdot)$ 為 RBF 神經網路的激活函數；$\boldsymbol{h}_h$ 是網路中第 h 個隱節點的數據中心；$\boldsymbol{w}_m=[w_{1,m},w_{2,m},\cdots,w_{H,m}]$，$m=1$，$\cdots$，$M$ 為權值；b_m 為閾值。徑向基函數 $\Phi_h(\cdot)$ 可以取多種形式，如 Gaussian 函數：

$$\Phi_h(t)=\mathrm{e}^{-\frac{t^2}{\delta_h^{\,2}}} \tag{5-27}$$

式中，δ_h 為寬度。δ_h 越小，徑向基函數的寬度就越小，那麼其輸出也就越小即越具有選擇性。

當各隱節點的數據中心 $\boldsymbol{h}_h$ 和徑向基函數 $\Phi_h(\cdot)$ 的寬度 δ_h 確定了，輸出權向量 $\boldsymbol{W}=(w_1,w_2,\cdots,w_M)$ 就可以用有監督學習方法（如梯度法）或最小均方誤差方法得到，從而得到所要求的 RBF 網路。

RBF 神經網路的數據中心 $\boldsymbol{h}_h$ 和徑向基函數 $\Phi_h(\cdot)$ 的寬度 δ_h 的選取直接影響故障診斷的性能，故本小節採用遺傳算法獲取 RBF 神經網路隱含層節點中心 $\boldsymbol{h}_h$ 和寬度 δ_h，透過對目標函數最小化求得網路的各個參數，以優化 RBF 神經網路參數的選擇。具體步驟如下。

① 在範圍內隨機產生 RBF 網路的初始數據中心 $\boldsymbol{h}_h$ 和寬度 δ_h。

② 將數據中心 $\boldsymbol{h}_h$ 和寬度 δ_h 實數編碼，並產生初始種群。本文採用的實數編碼的方式，如圖 5-27 所示，其中每個編碼串的長度為 $IH+H$，其中 I 為輸入節點數。

h_1	h_2	…	h_H	δ_1	δ_2	…	δ_H

圖 5-27 染色體的編碼方式

③ 計算適應度，利用最小均方誤差計算

權值，計算均方誤差和適應度；適應度函數取為均方誤差的倒數，即對第 j 個染色體，其適應度是：

$$fitness(j)=\frac{1}{mse(e)}=\frac{1}{\frac{1}{PM}\sum_{p=1}^{P}\sum_{m=1}^{M}[\hat{y}(m,p)-y(m,p)]^{2}} \tag{5-28}$$

式中，P 為訓練樣本數；M 為輸出層神經元個數；$\hat{y}$ 為訓練過程中 RBF 的實際輸出值；y 期望輸出值。

④ 計算均方誤差，判斷其是否滿足誤差要求，滿足則結束，否則繼續。

⑤ 採用賭輪選擇方法。根據適應度的大小，選擇對應個體，若第 j 個染色體的適應度為 $fitness(j)$，則其被選中的概率為：

$$P(j)=\frac{fitness(j)}{\sum_{q=1}^{Q}fitness(Q)},q=1,2,\cdots,Q \tag{5-29}$$

式中，Q 為種群大小。

⑥ 採用自適應遺傳算法，自適應選擇交叉率和變異率。交叉率 P_c 和變異率 P_m 按如下公式進行自適應調整：

$$P_c=\begin{cases}P_{cmax}-\frac{(P_{cmax}-P_{cmin})(f'-f_{avg})}{f_{max}-f_{avg}},f'\geqslant f_{avg}\\P_{cmax},f'<f_{avg}\end{cases} \tag{5-30}$$

$$P_m=\begin{cases}P_{mmax}-\frac{(P_{mmax}-P_{mmin})(f'-f_{avg})}{f_{max}-f_{avg}},f'\geqslant f_{avg}\\P_{mmax},f'<f_{avg}\end{cases} \tag{5-31}$$

式中，P_{cmax} 和 P_{cmin} 分別為交叉率的上限和下限；P_{mmax} 和 P_{mmin} 分別為變異率的上限和下限；f' 是要交叉的 2 個個體中較大的適應度值；f_{avg} 為種群的平均適應度；f_{max} 為種群中最大的適應度值。

⑦ 採用改進的菁英主義選擇方法，以保證種群的優質進化。只有當代的最優解的適應度小於上一代時，表明上一代的最優解被破壞即種群往「壞處」進化，才將目前種群的最優解原封不動地復製到下一代中；而當代的最優解的適應度大於等於上一代時即種群往「好處」進化，則不用復製。

(3) 改進遺傳算法優化 RBF 網路

考慮到遺傳算法性能易受初始點的影響，本小節利用 K-means 聚類學習算法設置遺傳算法的尋優起始點，具體算法如圖 5-28 所示。假設樣本的輸入為 $X_1,X_2,\cdots,X_i$，相應的目標輸出為 $Y_1,Y_2,\cdots,Y_M$，RBF 神經網路中的第 h 個隱節點的激活函數為 $\Phi_h(\cdot)$。k 為迭代次數，令第 k 次迭代時的聚類中心為 $h_1(k),h_2(k),\cdots,h_H(k)$，相應的聚類域為 $v_1(k),v_2(k),\cdots,v_H(k)$。採用

K-means 聚類方法產生初始數據中心 $\boldsymbol{h}_h$ 和寬度 δ_h 的步驟如下。

① 初始化 H 個不同的聚類中心，並令 $k=1$。

② 計算樣本輸入 $\boldsymbol{X}_i$ 與聚類中心 $\boldsymbol{h}_h$ 的歐式距離：

$$\| \boldsymbol{X}_i - \boldsymbol{h}_h(k) \|, h=1,2,\cdots,H, i=1,2,\cdots,I \tag{5-32}$$

③ 對樣本輸入 $\boldsymbol{X}_i$ 按最小距離原則對其進行分類：

$$\iota(\boldsymbol{X}_i) = \min \| \boldsymbol{X}_i - \boldsymbol{h}_h(k) \|, i=1,2,\cdots,I \tag{5-33}$$

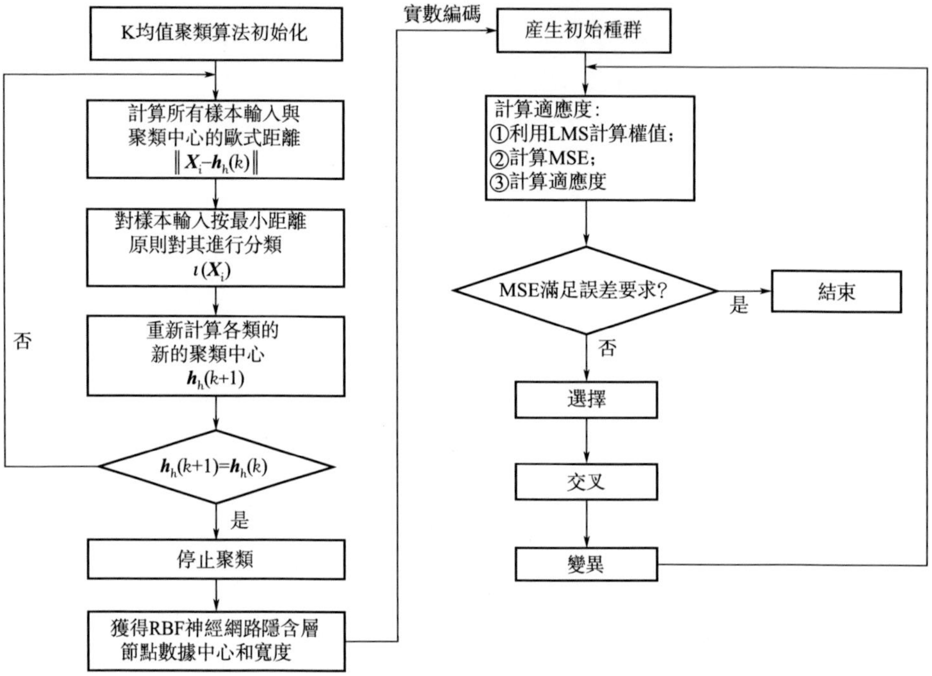

圖 5-28 改進的遺傳算法優化 RBF 神經網路流程圖

當樣本滿足式(5-33) 的 X_i 被歸為第 h 類，$X_i \in v_h(k)$。

④ 重新計算各個隱節點的聚類中心：

$$\boldsymbol{h}_h(k+1) = \frac{1}{N_h} \sum_{v \in v_h(k)} \boldsymbol{v}, h=1,2,\cdots,H \tag{5-34}$$

式中，N_h 為第 h 個聚類域 $v_h(k)$ 中包含的樣本數。

⑤ 如果 $\boldsymbol{h}_i(k+1) \neq \boldsymbol{h}_i(k)$，轉到步驟②，否則聚類結束，轉到步驟⑥即聚類中心不再變動時，停止聚類。

⑥ 根據各聚類中心之間的距離，確定初始寬度 δ_h。

$$\delta_h = \kappa d_h \tag{5-35}$$

式中，d_h 為第 h 個數據中心與其他數據中心之間的最小距離，即 $d_h=\min\limits_{g\neq h}\|\boldsymbol{h}_g-\boldsymbol{h}_h(k)\|$，$\kappa$ 為重疊係數。

(4) 仿真試驗分析

如圖 5-29 所示，本節實現故障診斷的過程如下：給待測電路施加激勵，在電路的測試節點測量激勵響應訊號，將測量的響應訊號做小波包及改進能量的小波包變換消噪處理後提取候選故障特徵訊號；對所提取的候選特徵向量進行歸一化處理，得到故障特徵向量；將故障特徵向量作為樣本輸入到訓練好的神經網路中進行分類，得到故障診斷的結果。

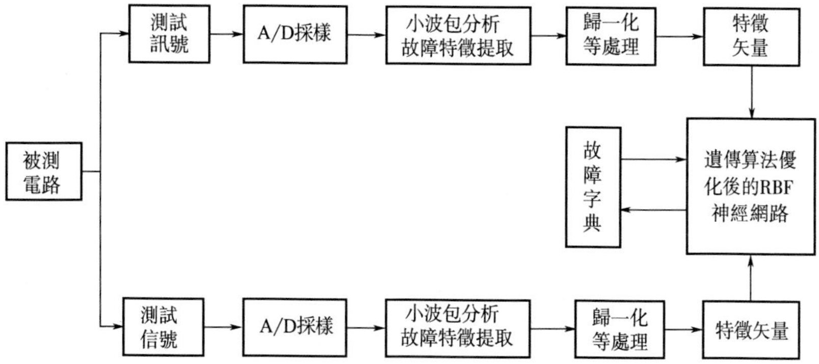

圖 5-29　整體框架圖

① 電路故障　本節故障診斷實例的電路為 Sallen-Key 帶通濾波器（圖 5-30），通常，電阻容差為 5%，電容的容差為 10%。由此，可獲得 R2⇑、R3⇑、C1⇑、C2⇑、R2⇓、R3⇓、C1⇓、C2⇓8 種軟故障以及無故障共 9 種狀態，其中⇑表示超過元件正常值的 50%，⇓表示低於元件正常值的 50%，其故障分類如表 5-2 所示。

表 5-2　Sallen-Key 帶通濾波器故障分類表

故障種類	故障代碼	正常值	故障值
無故障	F0	—	—
R2⇑	F1	3kΩ	4.5kΩ
R3⇑	F2	2kΩ	3kΩ
C1⇑	F3	5nF	7.5nF
C2⇑	F4	5nF	7.5nF
R2⇓	F5	3kΩ	1.5kΩ
R3⇓	F6	2kΩ	1kΩ

續表

故障種類	故障代碼	正常值	故障值
C1⇓	F7	5nF	2.5nF
C2⇓	F8	5nF	2.5nF

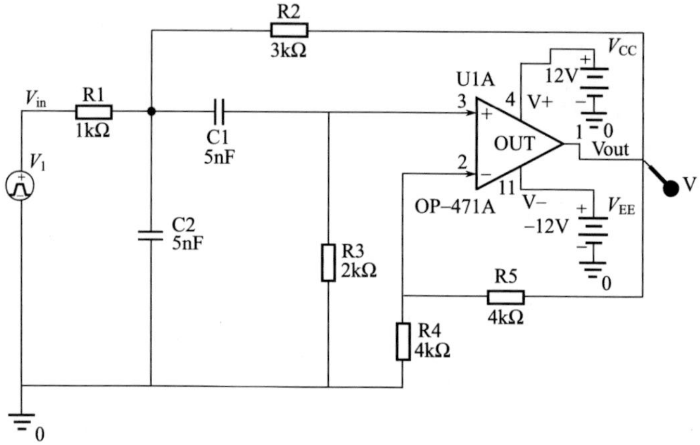

圖 5-30 Sallen-Key 帶通濾波器

② 故障特徵提取 對 Sallen-Key 濾波器進行故障診斷時，通常施加的激勵是幅值為 5V、持續時間為 10s 的週期性脈衝序列。對各個故障各進行 100 次蒙特卡羅分析，得到相應的輸出響應。

在進行故障特徵提取時，採用 Harr 小波函數：

$$\psi(t)=\begin{cases}1, 0\leqslant t<\dfrac{1}{2}\\ -1, \dfrac{1}{2}\leqslant t<1\end{cases} \tag{5-36}$$

對電路每一種狀態的輸出訊號也用 Harr 小波進行 3 層小波包分解，按前面所述特徵提取方法，提取每一種狀態的故障特徵，部分故障特徵向量如表 5-3 所示（其中 $E_{3,i}$ 表示第 3 級小波包分解後得到的第 i 個分量的能量）。

表 5-3 小波包分析提取的故障特徵向量

能量	無故障	R2⇑	R3⇑	C1⇑	C2⇑	R2⇓	R3⇓	C1⇓	C2⇓
$E_{3,0}$	1492.17	1323.48	1772.53	1652.44	1450.20	1641.73	2229.46	2573.83	1904.20
$E_{3,1}$	22.51	16.36	39.94	18.54	15.33	30.98	8.41	24.41	30.99
$E_{3,2}$	7.76	4.80	8.51	8.65	3.24	3.33	3.86	2.46	4.76

續表

能量	無故障	R2⇑	R3⇑	C1⇑	C2⇑	R2⇓	R3⇓	C1⇓	C2⇓
$E_{3,3}$	6.23	4.17	6.53	6.07	3.75	2.75	5.65	2.62	3.49
$E_{3,4}$	1.52	1.17	2.73	2.88	1.19	1.49	1.02	0.78	1.69
$E_{3,5}$	1.08	0.92	1.92	1.90	1.00	1.31	1.41	0.54	1.20
$E_{3,6}$	0.85	0.60	1.82	0.93	0.85	1.34	1.02	0.19	1.01
$E_{3,7}$	0.75	0.79	2.09	1.58	0.76	1.37	0.87	0.42	1.05

③ 故障診斷　為了比較診斷的結果，本小節分別採用BP神經網路、傳統遺傳算法優化的RBF神經網路和前文提出的改進的遺傳算法優化的RBF神經網路來診斷電路的故障，對比三種方法在模擬電路故障診斷中的優缺點。

由於BP神經網路在故障診斷中具有高識別精度，所有通常作為其他神經網路故障診斷方法的參考標準。BP神經網路輸出層神經元個數為故障種類的個數，所以輸出層神經元個數為9個。輸入層神經元個數為故障特徵向量的維數，為8個。其中隱含層神經元個數H根據下式確定：$\sqrt{M+I}+1\leqslant H\leqslant\sqrt{M+I}+10$，$I$和$M$分別為輸入、輸出神經元數目。針對本例，隱含層數目取14。神經網路采用附加動量法的學習算法，動量因子為0.8，學習速率為1，設定目標誤差為0.01。學習速率對於BP神經網路學習算法至關重要，直接影響BP神經網路學習的效率。經過仿真選取不同的學習速率實驗，發現學習速率為0.1時，BP神經網路的收斂速度較快，而且不會導致系統不穩定。

傳統的遺傳算法優化RBF神經網路時，初始種群採用隨機產生的方式。

採用本小節提出的方法對Sallen-Key濾波器進行仿真時，目標誤差為0.005，最大迭代次數為500，RBF神經網路隱含層神經元個數為9。

對比圖5-31～圖5-33中三種方法的訓練誤差曲線以及表5-4和表5-5的診斷識別率，傳統RBF網路的收斂速度遠遠高於BP神經網路，這是由於在RBF神經網路求取權值時，只需求出隱含層輸出矩陣的偽逆矩陣，從而大大減少了神經網路訓練時間。但是，在診斷識別率方面，傳統RBF神經網路的診斷識別率卻有待提高，而本節所介紹的改進的RBF網路，初始誤差

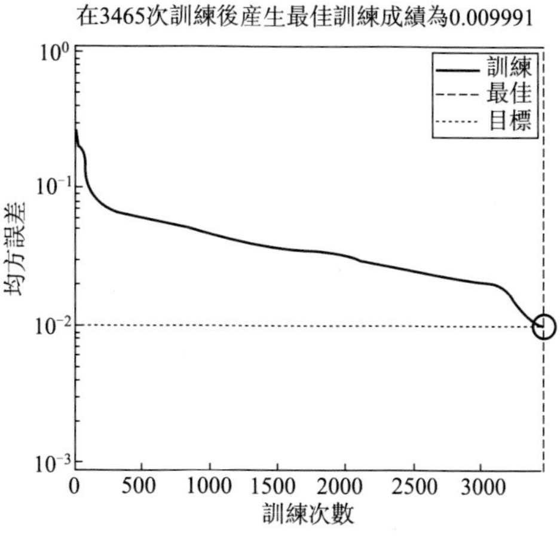

圖 5-31　BP 神經網路誤差曲線

減少到了 10^{-3} 數量級，在診斷識別率方面，在犧牲了一定的時間（訓練時間比較見表 5-6）後，提高了診斷識別率。

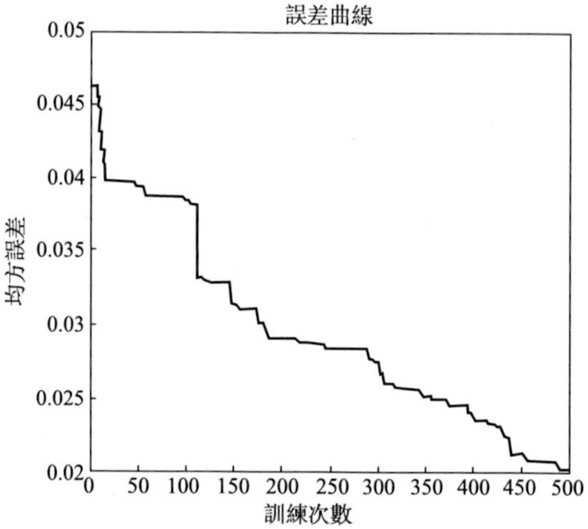

圖 5-32　基於隨機種群的 RBF 神經網路遺傳算法優化誤差曲線

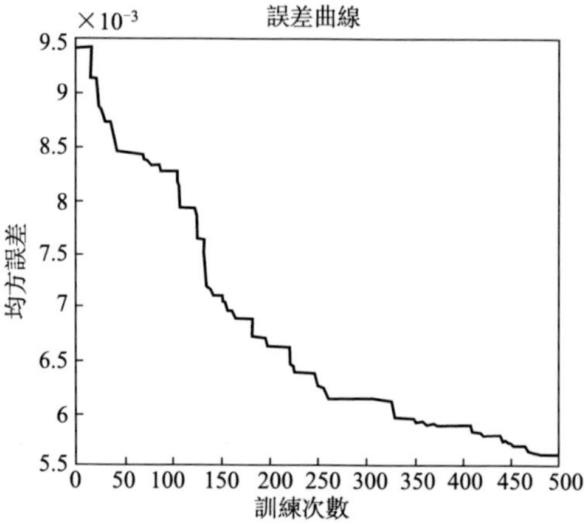

圖 5-33　基於 K 均值聚類的 RBF 神經網路遺傳算法優化誤差曲線

表 5-4　故障測試樣本診斷識別率比較

故障種類	測試數目	BP 網路	傳統 RBF 網路	改進的 RBF 網路
無故障	30	96.667%	53.333%	96.667%
R2⇑	30	73.333%	96.667%	90.000%
R3⇑	30	100.000%	96.667%	100.000%

續表

故障種類	測試數目	BP 網路	傳統 RBF 網路	改進的 RBF 網路
C1⇑	30	100.000%	86.667%	100.000%
C2⇑	30	80.000%	73.333%	90.000%
R2⇓	30	96.667%	83.333%	100.000%
R3⇓	30	96.667%	70.000%	93.333%
C1⇓	30	100.000%	100.000%	100.000%
C2⇓	30	96.667%	90.000%	96.667%

表 5-5　故障訓練樣本診斷識別率比較

故障種類	訓練數目	BP 網路	傳統 RBF 網路	改進的 RBF 網路
無故障	70	84.286%	62.857%	97.143%
R2⇑	70	84.286%	100.000%	94.286%
R3⇑	70	100.000%	98.571%	100.000%
C1⇑	70	100.000%	97.143%	100.000%
C2⇑	70	88.571%	81.429%	100.000%
R2⇓	70	100.000%	95.714%	100.000%
R3⇓	70	98.571%	65.714%	100.000%
C1⇓	70	100.000%	100.000%	100.000%
C2⇓	70	97.143%	94.286%	100.000%

表 5-6　訓練時間比較

項目	BP 網路	傳統 RBF 網路	改進的 RBF 網路
運行時間	144.4881	107.1571	110.5891

5.5 過程系統的故障診斷

5.5.1 過程系統的故障特點

過程系統主要包括化工、冶金、電力等領域的生產過程，環境和工藝都比較複雜，系統具有多變量、非線性、動態、變量耦合等特性。根據生產過程的進行方式可將過程系統劃分為連續過程系統和間歇過程系統，連續生產過程研究較多，此處不贅述。間歇生產過程又稱批量生產過程，其操作靈活且占用設備空間少，同時隨著工業技術和市場的發展，對化工生產過程提出了如高純度、多品種、多規格、功能化等需求，間歇過程被廣泛應用於染料、生物製品、化妝品、醫藥等高附加值產品的生產中。連續過程中原料是連續地加入，產品是連續地輸出，即物料流是連續的；但間歇過程一般先將原料以離散的批量方式加入，在隨後的生產過程中按預先設定的工藝要求對相關生產參數進行控制最終產品成批地輸出。與連續生產過程通常運行在穩定工作狀態下不同，間歇生產過程生產的產品、工業操作條件頻繁改變，因此無穩態工作點，並且可能存在多種狀態的組合。間歇過程呈現強非線性、時變特性明顯，其操作複雜度遠遠大於連續過程，產品品質更容易受到如原材料、設備狀況、環境條件等不確定性因素的影響。為了提高工業生產過程與控制系統的可維護性和安全性，並同時提高產品的品質，迫切地需要建立過程監測系統，對生產過程進行故障監控並診斷故障。將過程監測技術應用到生產中，可以大大降低故障的發生率，減少不合格產品的出現，達到降低生產成本的目的。

過程系統中主要包含過程干擾、過程參數故障、感測器或測量儀表故障三種類型的故障。過程干擾故障是由過程受到的隨機擾動引起的，相對於過程自身而言，它是一種外在故障，如因隨機干擾導致環境溫度的極端變化、反應器物料流量不穩定、過程進料的濃度偏離正常值等。過程參數故障是由系統元部件功能失效或系統參數發生變化引起的，如操作閥失靈、控制器失效、熱交換器結垢以及催化劑中毒等。感測器或測量儀表故障是因感測器或者測量儀表功能失靈而導致測量數據超出可接受的範圍，它會導致控制系統性能迅速降低。

針對複雜工業系統的故障診斷，由於其功能單元很多，各個單元及其組合部件都可能產生不同的故障，使得傳統診斷技術難以實現實時、準確的故障識別，同時，複雜工業系統內部相互制約，使得工業系統故障又呈現出新的特性[7]。①層次性：複雜工業系統在構造上由多個子系統組成，結構可以劃分為系統、子系統、部件、元件等各個層次，從而形成其功能的層次性，故障和徵兆具有不同的層次性。②傳播性：根據故障在系統內傳播的路徑（是否是同一層級內傳播）劃分為縱向傳播、橫向傳播和多種傳播方式並存這三類傳播方式。③相關性：某一故障可能對應若干徵兆，某一徵兆可能對應多個故障。④不確定性：數據採集、傳輸、儲存過程中的異常以及感測器自身漂移等使得系統的故障和徵兆具有隨機性、模糊性和某些資訊的不確定性等特點。⑤大數據特性：隨著資訊化的發展，複雜工業系統具有時間與空間兩個維度上不同尺度的海量數據，以及分散在各生產部門的多源不同類型的文本、圖像、聲音等數據。⑥複合性：現代工業系統的設備複雜化和規模大型化，系統故障由於多因素耦合和傳遞路徑複雜會導致複合故障的發生。

過程系統具有的複雜性以及其故障具有的新特性對其故障診斷提出了以下挑戰。

① 故障特徵提取的有效性：工業過程系統結構複雜，變量眾多同時相互耦合，變量間的強相關性，導致了監測數據的冗餘，故障特徵被淹沒，故障特徵提取的有效性直接影響了診斷結果的準確性，因此有效的故障特徵提取技術是過程系統故障診斷的關鍵。

② 故障檢測的實時性：由於過程系統包含大量高溫高壓設備，一旦故障發生若不能實時檢測出，故障在系統內傳播擴散輕則導致設備損壞，重則導致傷亡事故；同時過程系統中如化工、冶金等生產過程中運行參數的變化將直接影響產品品質和生產效率。實時的故障檢測方法是保障過程系統安全可靠運行的有效手段。

③ 故障定位的準確性：檢測出系統中存在故障後，必須精確定位故障根源，並切斷事故傳播路徑。由於過程系統結構複雜及其強耦合特性，故障在系統內傳播使得根源變量難以確定，因此精確的故障定位方法是採取控制措施的前提。

5.5.2 過程系統典型故障診斷方法

針對過程系統具有的動態非線性和多變量耦合特性，現有的過程系統故障診斷算法可以分為三類：基於解析模型的方法、基於專家知識的方法和基於數據驅動的方法。第一類方法是基於解析模型的方法，主要以觀測器狀態估計法、卡爾曼濾波法、參數估計法等為代表，需要明確系統的機理並建立其數學模型，適合於能建模、有足夠感測器的系統。在過程系統機理模型不準確的情況下，會增加故障診斷的難度。第二類方法是基於專家知識的方法，主要以專家系統、遞階模型和因果關係模型等為代表，需要系統的結構特性、故障模式及其表現等先驗知識。由於過程系統中存在故障的傳播和擴散，難以僅根據系統表現進行故障診斷，同時大型過程系統監控參數規模大時也限制了基於知識的故障診斷方法的應用。第三類方法是基於數據驅動的方法，該類方法利用當前的採樣數據和系統大量的歷史數據進行分析、變換和處理，在不需要得到系統精確數學模型的情況下進行故障診斷，被廣泛應用於過程系統故障診斷中。

由於現代測量的廣泛應用和數據分析方法的快速發展，數據驅動的故障診斷技術得到了廣泛的使用。多數工業過程系統都具有非線性、動態、多變量、間歇等特性，其機理複雜，難以建立精確的數學模型，同時由於大量的過程數據被採集並儲存下來，基於多變量統計監測的方法能有效分析系統運行狀態，在線監測與識別過程中存在的異常狀況，從而有效指導生產，保證生產過程的安全並提高產品的生產率。

當前過程系統故障診斷方法主要有統計分析方法和以神經網路分析方法與深度學習為代表的人工智慧方法，統計分析方法有偏最小二乘、主成分分析、正則相關分析、Fisher 判別式分析等多變量統計過程監控方法，該類方法通常假設監測數據及過程滿足以下四個條件來確定潛在變量，然後使用提取的特徵構建監測模型以進行故障檢測和診斷。第一，假設過程監測變量服從某特定分布如高斯正態分布；第二，過程處於穩定運行狀態，變量間不存在序列相關性；第三，過程參數不隨時間變化，為恆值參數；第四，過程變量間的關係是非線性。但是實際工業過程中存在大量的噪聲和嚴重的非線性，且滯後大，其監測參數不再嚴格服從特定的統計分布特性，同時，該類方法提取的特徵是輸入變量的線性組合，未能有效表示監測變量的物理連接關係，但實際過程的監測參數相互耦合，關聯性較強。由於過程系統中存在大量噪聲導致監測參數不能嚴格服從某種既定的分布，間歇過程系統作為過程系統的主要組成，其系統一直在不同穩態間變化，因此變量間存在嚴格的序列相關性。由上述可知，該類方法實現的前提假設未考慮到實際過程具有的特性，因此限制了該類方法在實際過程中的應用。

當前針對高斯常態分布假設的改進主要有小波密度估計法、Histogram 直方圖方法、核函數估計法等，這些方法可從監測數據中提取數據的實際分布資訊（如概率密度函數），避免了對觀測數據的分布做任何假設。但是該類方法主要適用於低維數據，維數增加的同時需要大量的訓練數據才能實現較好的概率密度估計。獨立主元分析的出現解決了高維密度估計問題，該方法利用監測數據的高階統計資訊，將混合分布的監測數據分解成相互獨立的非高斯元，則實際過程系統監測數據的概率密度可等於各元概率密度的乘積。該方法來源於訊號處理領域，近年來在過程系統狀態監測與故障診斷中已有大量應用。

針對傳統統計方法在處理過程動態特性方面的改進主要有動態主元分析法、多尺度分析（如小波分析）和多尺度 PCA 等。動態主元分析方法考慮了過程系統監測數據存在的時間相關性問題，屬於動態特性建模方法，但本質上仍然是線性建模。多尺度的處理思想認為過程系統監測數據是多尺度的，可透過將監測數據在不同尺度上分解，實現不同頻率資訊的分離，而分解得到的係數近似服從不相關條件，因此可以代替原監測變量進行過程系統的性能分析。但多尺度分析應用於過程系統故障診斷中需要引入時間窗來確定監測變量在各個尺度上的係數，但窗口的大小及小波分解層數的設計仍然沒有統一的方法。

過程系統具有的多工況特性和時變特性使得過程變量隨時間發生變化且存在多個穩態，處理該類問題主要有歸一化參數和遞歸處理兩類方法。透過監測數據的歸一化克服了均值與方法的變化，保證了變量間的定性關係，若變量間的關係也發生了變化，則可利用遞歸方法將新的監測數據以一定的權值包含到待處理的數據矩陣中，而權值一般是指數遞減的，該方法保證了歷史數據對當前數據矩陣的影響以指數形式遞減。

針對過程系統具有的非線性特性，主要處理方法有基於核學習的算法和基於神經網路的算法。基於核學習的算法基本思想是將低維空間上的各變量間的非線性關係透過核函數映射至高維特徵空間，在高維特徵空間中特徵變量的關係可用線性函數描述，由此實現了非線性到線性的轉化。但是核函數的選取、高維空間中的統計量構造、核矩陣的模型在線更新、大量監測數據導致的計算複雜度等問題仍待解決。由於神經網路對非線性函數具有較強的逼近能力，通常和 PCA、PLS 等方法結合形成非線性 PCA、非線性 PLS 等用於過程系統故障診斷。但是大量的訓練樣本和計算複雜度是其逼近能力的前提，同時其泛化能力難以保證在一定程度上也限制了其應用。

隨著感測器、電腦以及網路通訊技術的不斷發展，在現代過程工業運行系統中，由於設備規模大、影響因素多，導致過程工業在運行中存在著大量的不確定性、非線性、非平穩性等，使得基於淺層學習模型的檢測與診斷方法存在著檢測能力差、識別精度低等問題，難以實現現代過程工業監測數據的實時品質監控與診斷。由此，本節建立了基於深度置信網路和多層感知機的故障檢測模型，並引入了深度置信網路逐層提取監測數據特徵，結合稀疏表示揭示變量間更深層次的聯繫，給出更具有解釋性的診斷結果[8,9]。

5.5.3 應用案例

由於現代測量的廣泛應用和數據分析方法的快速發展，獨立分量分析、主成分分析等多變量統計過程監控方法通常假設監測數據服從某特定分布來確定潛在變量，然後使用提取的特徵構建監測模型以進行故障檢測和診斷。由於工業過程的監測數據包含大量的噪聲導致其不再嚴格服從特定的統計分布特性，該方法的應用受到限制。同時，提取的特徵是輸入變量的線性組合，未能有效表示監測變量的物理連接關係。由此，本節引入了深度置信網路逐層提取監測數據特徵，並結合稀疏表示揭示變量間更深層次的聯繫，給出更具有解釋性的診斷結果[8,9]。

本節將以深度學習中經典算法深度置信網路（deep belief network，DBN）理論為基礎，系統地研究基於過程工業監測數據分析與處理的故障檢測與診斷方法。

(1) 智慧故障檢測模型架構

過程工業系統中，通常所說的故障被定義為至少一個系統特徵或者變量出現了不被允許的偏差，而故障診斷技術是對系統的運行狀況進行監測，判斷是否有故障發生，同時確定故障發生的時間、位置、大小和種類等情況，即完成故障檢測、分離和預測，如圖 5-34 所示。

故障檢測的主要目的是透過建立觀測器或者重構模型對系統結構進行表徵，從而預測系統輸出，透過預測輸出和實際輸出產生的殘差，檢測是否超過故障報警閾值，並由此判斷是否發生故障。由圖 5-34 可知，表徵複雜工程系統的智慧模型是實現故障檢測的關鍵，為此，中國國內及國外眾多專家學者提出了包括解析模型、專家知識以及數據驅動等方法構建此表徵模型，本節也不例外，採用深度置信網路來描述複雜工業系統，如圖 5-35 所示。

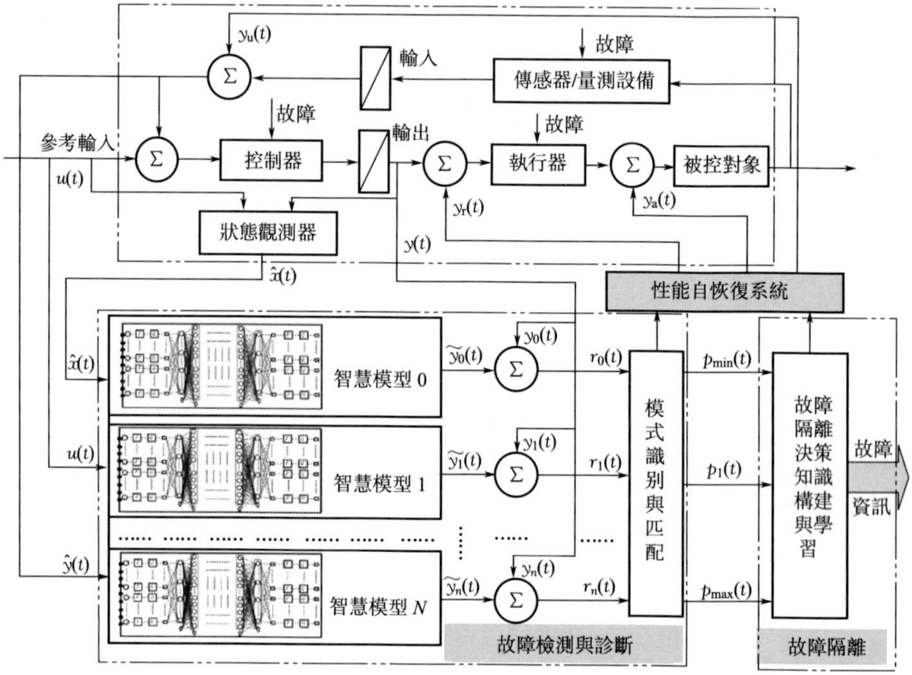

圖 5-34　故障檢測、診斷、隔離以及系統性能自恢復實現架構

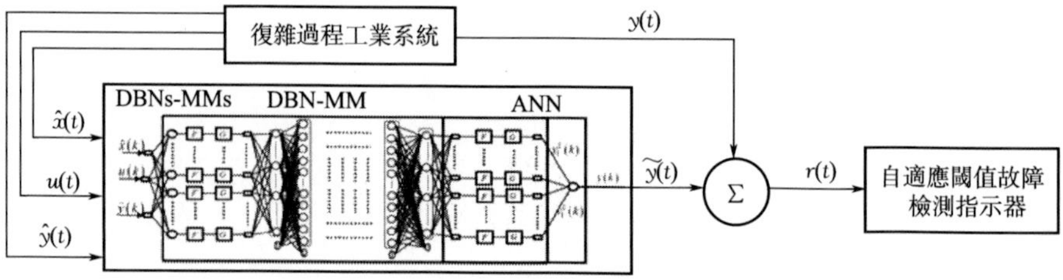

圖 5-35　基於改進的深度置信網路的故障檢測架構

本模型的思路是將限制玻爾茲曼機（restricted boltzmann machine，RBM）依據分布式系統的各子系統與子設備構建，將複雜過程工業系統描述為具有特點結構的深度學習網路，實現運行狀態特徵的底層挖掘。如此方式，深度學習網路便可整合成複雜過程工業系統表徵模型，整個深度學習網路便可採用量測數據進

行驅動，透過比較網路輸出與實際目標監測參數值便可獲得殘差，進而實現故障檢測，甚至是故障診斷與識別。如圖 5-35 所示，此模型共包含有三部分：動態多層感知機模型、深度置信網路和動態閾值故障檢測指示器。

（2）深度置信網路（DBN）的基本理論

深度置信網路是典型的深度神經網路，由許多受限玻爾茲曼機（RBM）堆疊而成，RBM 最初由 Smolensky 提出，該模型是基於能量的特殊馬爾科夫隨機場，其結構如圖 5-36 所示，玻爾茲曼機將原始空間中的特徵轉換為新空間中的抽象表示，避免了人為干擾特徵提取。

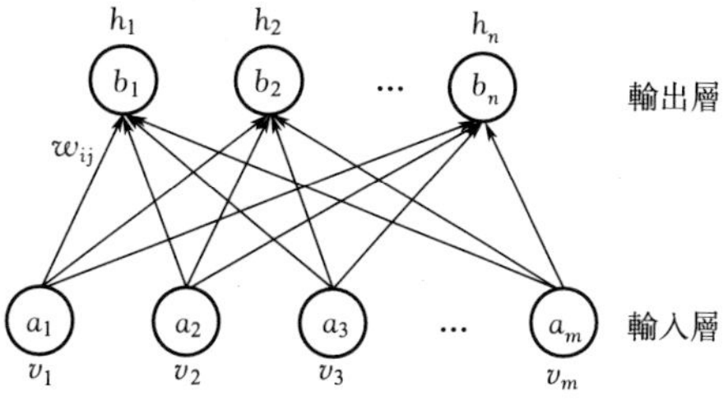

圖 5-36　玻爾茲曼機（RBM）的結構

DBN 的結構及訓練過程如圖 5-37 所示，DBN 過程首先使用無監督學習預先訓練每一層的權重，然後從上到下微調權重以獲得最優權值，其中輸出層和之前的層之間的權重可以被視為輸入數據的特徵。由圖 5-37 可見，深度置信網路可見層與隱藏層完全連接，但可見層或隱藏層之間沒有連接。與淺層學習相比，深度神經網路可以有效地解決過度擬合和局部優化的問題；與堆疊式自動編碼器相比，深度置信網路可以同時具有更低的重建誤差和更多的資訊。深度置信網路首先利用時間複雜度的梯度方向來調整參數，這降低了網路的計算成本，能有效解決工業過程監測變量之間的耦合和冗餘問題，並廣泛應用於模式識別、電腦視覺、音頻分類和推薦系統等領域。

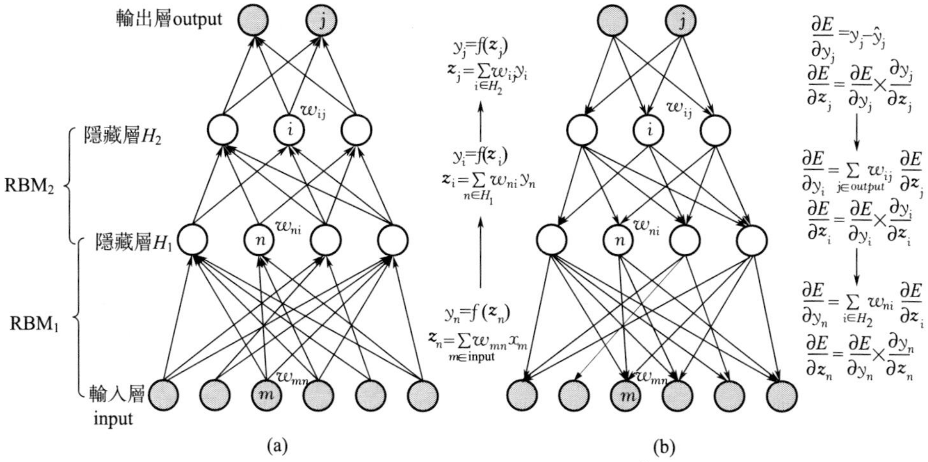

圖 5-37　深度置信網路（DBN）的結構及訓練過程

圖 5-37(a) 中的等式表示具有六個輸入節點、兩個輸出節點的深度置信網路的前向通道特徵提取過程，首先計算每個節點的總輸入 z，它是前一層輸出的加權和，透過非線性函數 f 變換後獲得該節點的輸出 $f(z)$，計算完每層節點的輸出後再逐層計算可以獲得 DBN 的輸出 $\hat{y}_j$。圖 5-37(b) 顯示了向後傳播的權值微調過程，其中優化目標是最小化殘差訊號 $y_j-\hat{y}_j$，透過梯度下降法獲得深度置信網路的最優權值。

在工業過程故障診斷中，將系統監測數據分為訓練集和測試集，訓練集作為神經網路的輸入獲得最優的網路權值，保持網路參數不變，將測試集輸入訓練好的神經網路中，其隱藏層輸出就是監測數據的特徵。

(3) 自適應閾值設計與故障檢測

實現故障檢測的一種簡單方法就是設置閾值 T，當訊號幅值大於閾值 T 時，認為故障發生，如圖 5-38 所示。但是，由於複雜過程工業監測數據資訊往往具有不確定性，而且容易受到測量噪聲的影響，因而此閾值應具有足夠的容錯能力以避免誤報。同時，閾值設置過大，故障檢測的靈敏度過低，需要在誤報和檢測靈敏度間達到某種平衡。

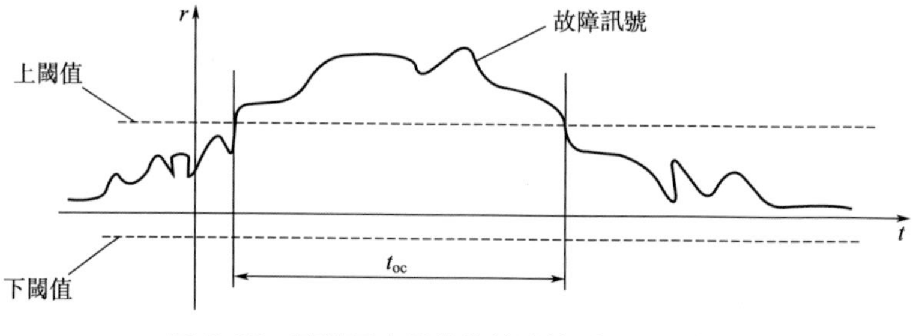

圖 5-38 基於固定閾值的故障檢測原理示意圖

自適應閾值方法的核心優勢在於故障訊號在動態變化的干擾下，其檢測的有效性不受影響。為實現故障檢測，閾值應基於數理統計原理從故障訊號的部分導出。通常，故障訊號近似地滿足正態分布，故障訊號段中的 n 個樣本的均值和方差可透過以下函數來計算。

$$\begin{cases} m_{\mathrm{i}}(k)=\dfrac{1}{n}\displaystyle\sum_{t=k-n}^{k} r_{\mathrm{i}}(t) \\ v_{\mathrm{i}}(k)=\dfrac{1}{n-1}\displaystyle\sum_{t=k-n}^{k}\left[r_{\mathrm{i}}(t)-m_{\mathrm{i}}(k)\right]^2 \end{cases} \tag{5-37}$$

式中，$0<n<k$，$r_{\mathrm{i}}(t)$ 為故障訊號。在故障訊號的統計模型假設下，可採用以下函數來計算閾值：

$$T_i(k) = \pm t_\beta v_i(k) + m_i(k) \tag{5-38}$$

式中，$T_i(k)$ 為閾值；t_β 為概率為 β 的 t-分布的分位數。需要特別注意的是，應適當選擇時間窗口 n。若時間窗口 n 足夠大，閾值 $T_i(k)$ 將會變為常數。相比之下，若時間窗口 n 足夠小，則閾值 $T_i(k)$ 幾乎對任何訊號變化都非常敏感。為避免此種情況，引入自適應閾值可採用以下方法進行計算。

$$\begin{cases} T(k) = \pm t_\beta \overline{v}(k) + \overline{m}(k) \\ \overline{v}(k) = \zeta v(k) + (1-\zeta) v(k-1) \\ \overline{m}(k) = \zeta m(k) + (1-\zeta) m(k-1) \end{cases} \tag{5-39}$$

式中，ζ 為調節因子。

通常，自適應閾值可用於檢測快速變化的突發故障訊號。然而，若在原始系統中出現緩慢變化的早期故障訊號，則很難用自適應閾值進行檢測。一般地，故障的發生不僅取決於閾值大小，還取決於訊號超出閾值的時間。假設閾值的上限和下限分別為 T_{cu}、T_{cl}，則初始決定發生故障的標誌是訊號滿足 $r > T_{cu}$ 或 $r < T_{cl}$，且比 t_{oc} 時間更長，其中 t_{oc} 稱為容忍時間，如圖 5-38 所示。但當發生突然故障時，系統監測訊號發生較為劇烈的變化，然後以故障訊號的瞬態偏差形式呈現。若該訊號的瞬態變化是由噪聲或其他干擾引起的，則警報的持續時間不應超過容忍時間 t_{oc}，不會認為發生了故障。此外，由於監測訊號的突然變化，閾值將會劇烈增加，將會導致一系列故障警報後面的盲點，且這種現象將很快消失。值得注意的是，檢測複雜系統中的突發故障是一個極其困難的問題，且故障檢測只是為了確定故障是否發生，而不能確定故障的類型。實際上，此方法無法識別故障的類型，這個問題是本案例未來的研究方向。

總的來說，檢測分為兩部分。第一，以深度置信網路輸出和原始系統輸出的殘差作為故障訊號，可用於描述來自大量過程變量間的非線性和複雜性。若突然發生故障，則會導致原始系統的動態變化，而後故障訊號應超出閾值限制，且超過容忍時間。第二，採用自適應閾值方法來檢測突發故障，當訊號超出閾值界限、超過容限時間時，認為發生突然故障。

(4) 仿真試驗分析

低溫燃料加注系統主要用於向儲運裝置加注液氫等低溫燃料，整個加注系統包括加注儲罐、增壓氣化器、過冷器、低溫加注泵、加注閥門、夾層真空管路、泄壓閥、儲箱和流量、溫度、壓力儀表等設備，系統結構及參數極其複雜，如圖 5-39、圖 5-40 所示。

低溫燃料加注系統的主要任務是按系統要求向儲運裝置加注低溫燃料，加注系統主要由控制系統，地面燃料儲存系統，增壓輸送系統和燃料壓力、液位、溫度量測指示系統等子系統組成。該類系統是一種極其複雜、極其危險的過程系統，稍有不慎便會招致重大加注事故，但在一些特殊場合中又要經常使用，如運載火箭加注、液化天然氣運輸以及新能源等領域。

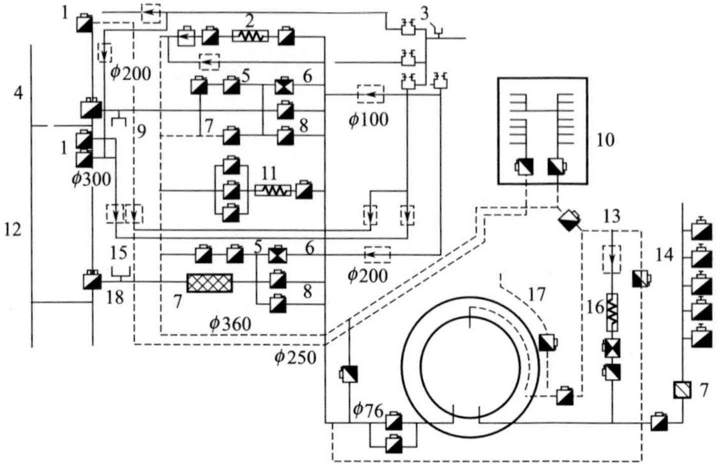

圖 5-39　某高壓液體低溫燃料加注系統示意圖

1—放氣閥；2—氦熱交換器；3—氣態氦；4—三級氫箱；5—塔架的放氣管路；6—加注閥門；7—過濾器；8—主加注閥門；9—氣氦口（190L）；10—燃料焚燒池；11—二級氦熱交換器；12—二級氫箱；13—放氣閥門；14—加注管放氣；15—氣氦口；16—蒸發器；17—液氫儲存容器；18—濾水池

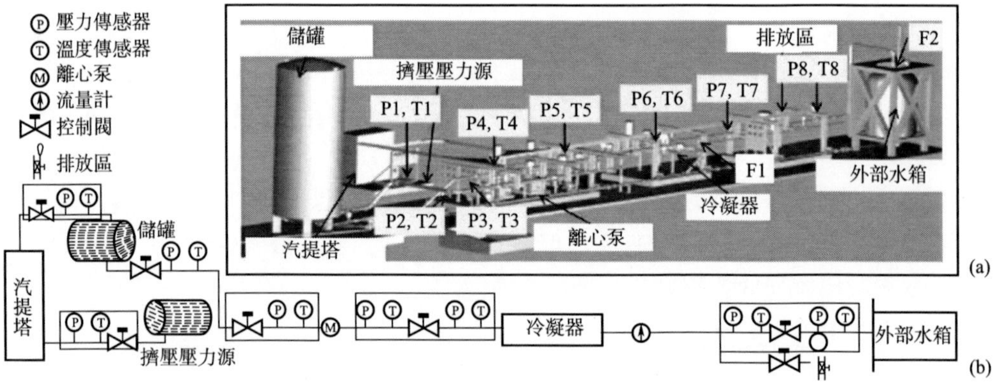

圖 5-40　某低溫燃料加注系統及其簡化的物理仿真模型示意圖

P1~ P8—壓力感測器；T1~ T8—溫度感測器；F1，F2—流量計

所考慮的複雜過程工業系統的過程故障與系統參數（壓力、溫度、流量、閥門開度等）的變化相對應，其中表 5-7 中描述了這 8 個過程故障。因此，需要構建 9 個動態感知機模型，每個模型代表複雜過程工業的某狀態行為。相應地，後面 8 個動態感知器對應於複雜過程工業系統的過程故障，而前面 1 個感知器是描

述系統正常運行狀態。需要注意的是，每種情況下共計 3000 個採樣點，這對於模型的訓練來說是遠遠不夠的。

表 5-7 所考慮的複雜過程工業系統故障與正常運行狀態的定義和描述

序號	模型標記	變量	描述
1	DBNs-MMs0	Nod	複雜過程工業系統的正常運行狀態集
2	DBNs-MMs1	Isp	儲罐擠壓壓力的迅速下降
3	DBNs-MMs2	Fct	冷凝器失效，無法冷卻至預期設定溫度
4	DBNs-MMs3	Cfe	擠壓壓力不足和冷凝器失效的複合故障
5	DBNs-MMs4	Lpl	加注管路洩漏，導致中線壓力不足
6	DBNs-MMs5	Fcv	控制閥故障，無法調節過程壓力和流量
7	DBNs-MMs6	Sfs	感測器故障，無法對被測對象運行狀態做出量測響應
8	DBNs-MMs7	Cfs	感測器故障與控制閥故障的複合故障
9	DBNs-MMs8	Cfm	複合故障，擠壓壓力不足，冷凝器故障，感測器故障和控制閥故障

首先，複雜系統監測變量 $u(t)$、$\hat{x}(t)$、$\hat{y}(t)$ 往往具有不同的幅度，且它們的最大值和最小值常常存在較大差異。眾所周知，在感知器輸入和輸出數據上進行某些預處理，使得其在模型訓練中更加有效。數據歸一化步驟對模型訓練結果非常敏感，這一現象在很多不同識別任務中都得到了驗證，本案例研究中，採用了離差標準化以對原始數據進行線性變換，使其結果落到 [0,1] 區間，轉換函數如下：

$$X_{\mathrm{n}}=2(X-a)/(b-a) \tag{5-40}$$

式中，a、b 分別為系統監測訊號 X 的最大值、最小值。

此項應用案例研究被應用於任何給定的動態感知器的輸入數據、測量數據和多個模型的輸出應分別集中，以避免大數吃小數。

由於訓練和測試數據集的嚴重不足，且本研究初步僅收集了 8 個故障案例。因此，3000 個樣本採集點被分成兩部分：1400 個訓練樣本點和 1600 個測試樣本點。此時，從原始訊號中訓練得到的各層間的權重向量可在複雜系統運行期間，隨著在線訓練的進行而改變。本案例利用有限的監測數據集來訓練模型，且其結果顯示了故障檢測方法在複雜的低溫高壓燃料加注系統中的有效性。

假設所要處理的數據集具有 N 個譜帶，可使用具有 N 個輸入感知器和 H 個隱含感知器的 RBM，其 RBM 的輸入到隱含層是完全連接的，每個隱含單元均與每個輸入感知器連接，對於每個隱含單元，都有 N 個連接的權值。因其可透過過濾來自某些輸入的資訊特徵來表徵，N 個輸入感知器及其隱含感知器可被看作是個複雜的「過濾器」，其他層 RBMs 也是這一工作原理，在故障以及正常運行狀態監測數據訓練構建 DBN，各種 DBN 經過多次故障監測數據進行訓練，構建了多種 DBNs-MMs 模型的故障檢測方法。

如圖 5-41 所示，一些隱含節點表現為一小部分輸入節點上權重值較大，每個訓練批次中有 10 個樣本點，而在其他節點上的權重較小。這表明，不同運行狀態在深度模型中的資訊是有區別的，從可視化的權重來看，具有不同的、複雜的波紋圖。為凸顯權重向量，便於比較，網路權重被摺疊成 52×100 和 100×100 像素，以對應於正常與故障的工業過程的 52×1400 的監測輸入。顯而易見，從 RBM1 到 RBM3 中的權重向量有很大的不同，在同一權重向量中存在著類似的特徵，而其差異主要是其值的微弱差異，即顏色深度。這意味著，不同運行狀態在不同故障模式間包含有完全不同的特徵資訊，可用於實現故障特徵的提取。其還可以提供一種故障檢測方法，以結合數據驅動和相關知識，實現複雜系統的故障檢測與識別。每個動態感知器模型均已透過適當的對應於複雜系統運行監測到的正常或故障數據進行了訓練。

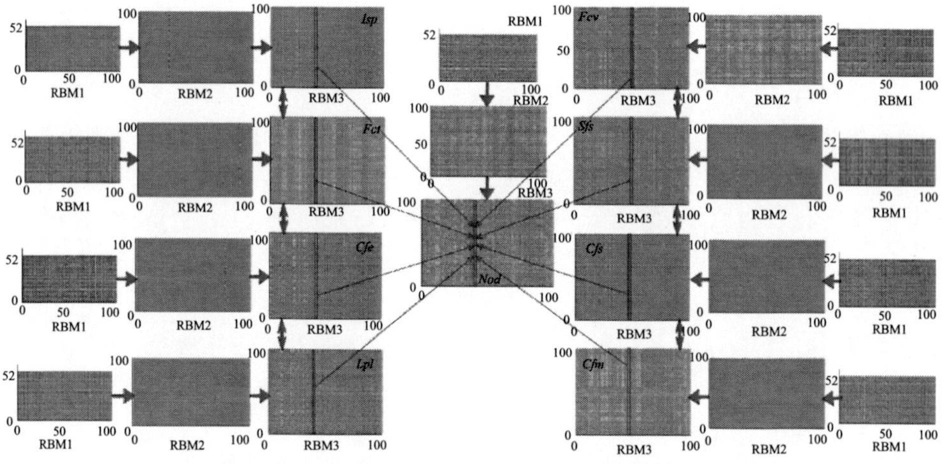

圖 5-41 輸入層與第一隱含層（RBM1）間的權重向量以及 RBM2 和 RBM3 中可視化層的抽象特徵表徵，其均來自 8 個案例的 1400 個訓練樣本點學習

所討論的 8 個動態感知器所描述的典型故障 Isp、Fct、Cfe、Lpl、Fcv、Sfs、Cfs、Cfm 常常出現在低溫高壓燃料加注系統中，且其在穩定運行過程中注入到系統中。用前述方法計算得到的網路輸出與實際測量得到的系統輸出殘差，如圖 5-42、圖 5-43 所示。採用前述的自適應閾值設定技術，構建可用於檢測複雜系統中不同的故障模式，此實驗中，設定 $t_\beta=0.1$，$\zeta=0.8$。

來自 DBNs-MMs 輸出與原始系統輸出間差值的殘差，可用於描述大量工業過程中的非線性與複雜性，而後採用自適應閾值方法來檢測系統故障。殘差訊號超過閾值界限的時間長於容忍時間，表明系統發生某種故障的可能性較大。在該理論的指導下，第一部分的殘差來自 DBNs-MMs 輸出與實際監測數據流之間的差異性，正常運行狀態下的殘差幾乎接近於 0，表明這些監測數據處於健康運行狀態。其他監測到的系統運行數據集也顯示了這種類似現象，如圖 5-42、圖 5-43 所示。

如圖 5-42、圖 5-43 所示，故障發生時間是極其明顯的，即故障發生後，殘差訊號會產生類似於振動訊號的巨大抖動，超過自適應閾值，超越容忍時間，進而報警。然而，由於自適應閾值是由鄰近的實時監測數據計算而來的，其值也會在短期內產生較大的抖動，以避免誤報現象發生，但也會產生一系列故障報警後的盲區，但是會很快消失。事實上，這一系列故障報警後的盲區不總是出現，我們不認為其是一個缺陷，因為如此可將後期自適應閾值的變化趨勢與不同時期的故障檢測聯合起來，因而，一旦產生一系列的故障報警，即可認為系統發生了故障。

根據正常運行監測數據來計算固定閾值，聯合自適應閾值與固定閾值，可以很好地消除盲區。

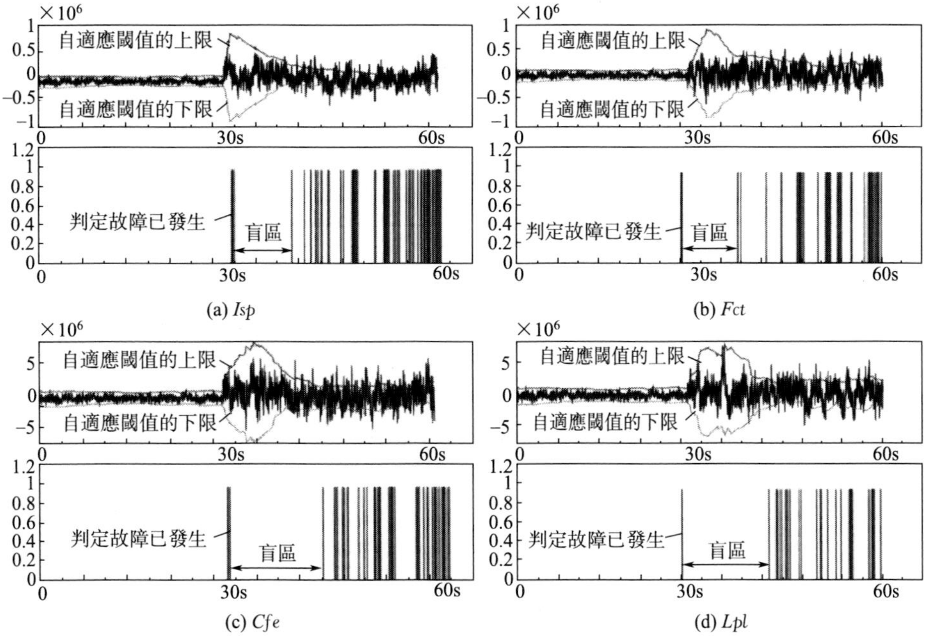

圖 5-42 對於具有自適應閾值的複雜系統故障檢測，DBNs-MMs 生成對應於正常與故障運行狀態的殘差（1）

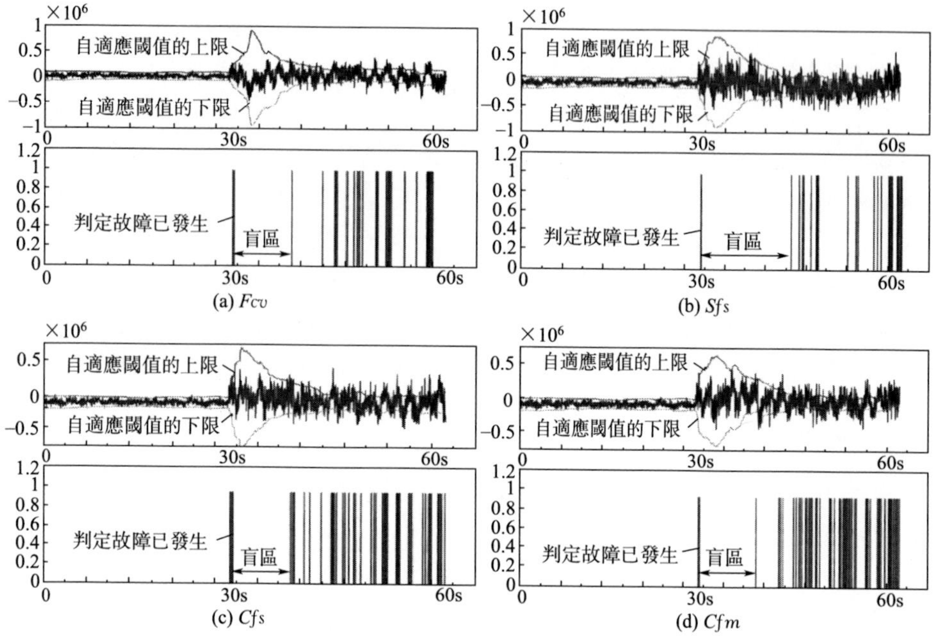

圖 5-43　對於具有自適應閾值的複雜系統故障檢測，DBNs-MMs 生成對應於正常與故障運行狀態的殘差（2）

本節提出了一種新的故障檢測方法以實現複雜過程工業系統的故障檢測，其構建於充分考慮簡潔高效的體系結構基礎上。同時，模型參數可透過在正式運行期間收集的新的監測數據，對模型參數進行更新，以提高其泛化能力。根據該框架，故障檢測方法可進行自我訓練、自我更新、自動校正等，因而可提供一種聯合數據驅動和基於知識驅動的方法來實現複雜系統的故障檢測。該方法的思路是將限制玻爾茲曼機分配至分布式複雜系統中，以解決監測數據的多源統一等問題。DBNs-MMs 模型可視為一個灰盒模型來描述具有耦合交互行為的複雜過程工業系統，描述其非線性和複雜性，不需要精確的數學模型，而後便可從量測數據輸出與深度學習網路輸出構建殘差，再加上自適應閾值的設計，便可實現複雜工程系統的故障檢測。

本方法的主要缺點是訓練階段只能透過大量試驗來完成，仍然存在大量可能的干擾，權重向量在某些節點中存在不是很明顯的差異。此外，訓練階段需要大量正常或故障運行的操作數據。動態感知器無須考慮輸入輸出以及瞬時值，一旦訓練階段結束，可使用深度置信網路來描述系統模型和表徵過程工業的複雜性與非線性。隨著系統運行期間的在線學習和參數更新，所提模型的性能將如何發展，是未來繼續研究的方向。

參考文獻

[1] Khan A T, Khan Y U. Dual tree complex wavelet transform based analysis of epileptiform discharges [J]. International Journal of Information Technology, 2018, 10(4): 543-550.

[2] Hui W, Huang C J, Yao L P, et al. Application of reassigned cohen class time-frequency distribution to the analysis of acoustic emission partial discharge signal for GIS[J]. High Voltage Engineering, 2010, 36(11): 2724-2730.

[3] Samiappan D, Krupa A J D, Monika R. Epochextraction using Hilbert-Huang transform for identification of closed glottis interval[M]// Innovations in electronics and communication engineering, 2018.

[4] Caseiro L M A, Mendes A M S. Real-time IGBT open-circuit fault diagnosis in three-level neutral-point-clamped voltage-source rectifiers based on instant voltage error[J]. Industrial Electronics IEEE Transactions on, 2015, 62(3): 1669-1678.

[5] Yang Zhimin, Chai Yi. A survey of fault diagnosis for onshore grid-connected converter in wind energy conversion systems[J]. Renewable and Sustainable Energy Reviews, 2016, 66: 345-359.

[6] Long B. Diagnostics of filtered analog circuits with tolerance based on LS-SVM using frequency features[J]. Journal of Electronic Testing, 2012, 28(3): 291-300.

[7] 任浩，屈劍鋒，柴毅，等．深度學習在故障診斷領域中的研究現狀與挑戰[J]. 控制與決策，2017，32(8)：1345-1358.

[8] Tang Q, Chai Y, Qu J, et al. Fisher discriminative sparse representation based on DBN for fault diagnosis of complex system[J]. Applied Sciences, 2018, 8(5): 795.

[9] Ren H, Chai Y, Qu J F, et al. A novel adaptive fault detection methodology for complex system using deep belief networks and multiple models: A case study on cryogenic propellant loading system[J]. Neurocomputing, 2018, 275: 2111-2125.

第6章

系統運行安全分析與評估

系統安全運行分析與評估是從安全角度對系統進行全面分析，對系統及各組成部分的完好性以及存在的事故隱患、系統運行存在的不安全因素（包括人為因素與環境因素）進行描述，從根本上杜絕重大安全事故的發生和蔓延，保障系統安全。其基本思想是在危險源辨識的基礎上，分析和度量整個系統的安全狀態。在對動態系統進行運行安全分析與評估中，主要目的是明確安全狀況，發現事故隱患。本章將從系統運行風險表徵及建模、系統運行安全分析、系統運行安全評估等方面進行介紹。

6.1 概述

安全性是系統的固有屬性，確保安全是系統生產和使用的首要要求。開展系統運行安全性分析與評估研究，對於提高系統生產水準具有十分重要的意義。該項研究主要從系統整體出發，對系統中潛在的危險源進行分析，並採取相應措施減少事故的發生，保障系統安全運行，最大限度地避免人員傷亡、設備損壞、環境破壞和財產損失事故。

（1）系統運行安全分析

系統運行安全分析是對系統可能的危險過程建模，並在系統當前（或指定）條件下定性定量分析這些危險造成損失的嚴重性和可能性。系統安全分析方法種類多樣，選擇適宜的系統運行安全分析方法將有助於有針對性地保障系統安全。一般來說，在深入了解系統的特點以及各種安全分析方法適用範圍後，應遵循三個原則。

① 合理性。不同的系統在應用領域和功能範圍上差異明顯，在進行運行安全分析時，需要充分考慮分析方法的合理性和針對性，盡量減小分析的難度和工作量。

② 全面性。動態系統功能和結構複雜，在進行安全分析時，應從事故相關的危險因素進行全面綜合的考慮，使得能夠在不影響安全完整性的前提下盡可能地覆蓋系統對象的結構和流程。

③ 針對性。每種分析方法均有一定的適用範圍，在對系統進行運行安全性分析時，需要充分考慮每種安全性分析方法的使用條件，以及所適用的對象、範圍、環境等，有針對性地選擇能深入挖掘系統危險性的方法。

系統運行安全與系統安全性有一定的區別，不同的危險因素在不同的運行條件下將會表現出不同的安全形態。此外，系統運行安全有動態與靜態之分。從理論上，系統運行安全來源於系統安全性，前者考察系統的運行過程，後者考察系統幾乎所有的安全風險因素。因此，在進行系統安全性分析時，必須有針對地選擇分析目標和過程。

(2) 系統運行安全評估

系統運行安全評估在運行安全分析的基礎上，給出過程對象的安全性定量表示，主要包括固有或潛在的危險及其可能後果的嚴重程度。

經過多年研究，中國國內及國外逐漸形成了對動態系統運行過程中「運行安全」的描述和安全邊界的概念。對系統運行安全評估需求能在整個動態系統運行過程中，刻畫評價其危險程度模型，規避造成人員傷亡、運行性能劣化和妨礙運行任務的危險因素等。主要包含與系統運行安全有關的關鍵子系統（如低溫工業系統中的燃料加注系統、液壓系統等）的危險性評估。在整個評價過程中，首先需要確定系統中的危險因素和危險過程，就需要構建系統安全的評估指標體系及評價體系，最後結合評估模型，定量描述系統的安全性程度。

當前，大多數動態系統在運行過程中的具體流程相當複雜、涉及的關鍵參數繁多，在支撐資源配置有限的情況下，運行流程決策壓力很大。開展系統運行安全分析與評估研究，有助於為管理和技術人員提供有效的安全決策資訊，簡化傳統的數據判讀和故障檢測模式，這是在動態系統日趨複雜的前提下，提升其安全性的有效手段。

6.2 動態系統運行安全風險表徵和建模

風險是涉及多種複雜因素的系統特性。從定義來看，風險是指特定的安全事件（事故或意外事件）發生的可能性與其產生的後果的組合，即潛在的安全事件所包含的量化特性。通常地，風險由兩個因素共同作用組合而成，一是該安全事件發生的可能性，即安全事件概率；二是該安全事件發生後所產生的後果，即安全事件嚴重程度。受動態系統在運行中的時變特徵影響，本書所述風險還關注安全事件可能會在什麼時刻發生，即安全事件時效性將其作為風險的第三個因素。透過這樣「輕重緩急」的規定，可以有針對性地認識並處理風險，其中有 4 個問題值得關注：

① 如何了解風險的發生概率？

② 如何了解風險的嚴重程度？

③ 如何了解風險的時間緊迫程度？

④ 如何根據上述指標特性發現和規避風險？

前文已經闡述過，動態系統運行安全性可以用運行監測數據表徵，由於風險直接與安全相關，因此在監測數據中也含有多種與風險直接相關和間接相關的數據。其中直接相關的有性能數據、狀態數據（如部件是正常或故障）、統計量化指標（如正常工作小時數）等，這些可以作為衡量及評價風險的指標。而間接相關相對隱蔽，多來自多個不同參數之間的相關性組合（如高溼熱天氣與某部件持續運轉時間），在初始設計形成的監測體系中，通常缺乏完整描述方法和評價這樣組合關係的風險評價指標。因此，有必要對特定對象進行專門的安全風險表徵與建模，該項任務建立在動態系統對象和基本機理以及大量的歷史經驗知識基礎之上，藉助於定性分析的基礎，使用定量分析或資訊融合的方法研究各種危險源數據以及危險類型對安全風險的描述和評價算法。以此需求為切入點，本節將主要闡述安全風險表徵和建模的一般性方法、過程和技術。

6.2.1 系統運行安全風險表徵

系統進行安全風險分析的前提是對於安全風險的描述，不同的系統關注點有所不同。按照本節的概述，動態系統的安全風險需要描述其發生概率、時間緊迫程度以及嚴重程度。在安全風險描述方面，安全風險與事故發生的可能性、嚴重性、時效性有關，是度量系統安全性水準的特徵量[1]。而後，定義安全風險狀態以及據不同的嚴重程度對其進行劃分，用如下函數的形式進行描述，其中使用事故可能性、後果嚴重性、行動時間框架（採取有效措施規避風險的時限）是默認的參量，也可根據實際需求增減。

$$r(t)=f(P_A(t),S_A(t),T) \tag{6-1}$$

式中，$r(t)$ 為系統 t 時刻的安全風險；$A=(A_1,A_2,\cdots,A_{n_A})$為系統可能發生的 n_A 種事故；$P_A(t)=(P_{A_1}(t),P_{A_2}(t),\cdots,P_{A_{n_A}}(t))$為系統發生各種可能事故對應的概率；$S_A(t)=(S_{A_1}(t),\cdots,S_{n_A}(t))$為系統發生各種可能事故的嚴重程度；$T$ 是指採取有效措施規避風險的時限。一般來說，事故發生概率 $P_A(t)$ 通常可分為五個等級，而事故的嚴重程度可分為四個等級，其具體定義如表 6-1、表 6-2 所示。

表 6-1　事故發生可能性等級

等級	等級說明	可能性說明
A	頻繁	頻繁發生
B	很可能	在壽命期內會出現若干次
C	有時	在壽命期內可能有時發生
D	極少	在壽命期內不易發生,但有可能發生
E	不可能	很不容易發生,以至於可認為不會發生

表 6-2　事故後果嚴重性等級

等級	等級說明	可能性說明
Ⅰ	災難的	人員死亡或系統報廢
Ⅱ	嚴重的	人員嚴重受傷、嚴重職業病或系統嚴重損壞
Ⅲ	輕度的	人員輕度受傷、輕度職業病或系統輕度損壞
Ⅳ	輕微的	人員受傷或系統損壞的程度小於Ⅲ級

根據事故發生的概率及其嚴重程度的定性描述，可定義出安全風險矩陣，如圖 6-1 所示。度量系統安全風險時，要求各種嚴重程度的安全風險的發生概率在給定範圍內，否則安全風險不符合要求。如圖 6-1 所示，陰影區域為安全風險拒絕域，表示後果嚴重程度的發生概率超出了安全風險要求，如「災難性事故」的發生概率在「極少」及以上時，則安全風險不能接受；空白區域為安全風險可接受域，即安全風險符合要求。另外，根據筆者的工程實際經驗，特別需要重點關注在狀態轉移過程中，安全風險狀態轉移間的臨界狀態及其對應的關鍵部件，通常安全風險分析的切入點即是這類存在動態變化且與風險狀態關聯的對象。

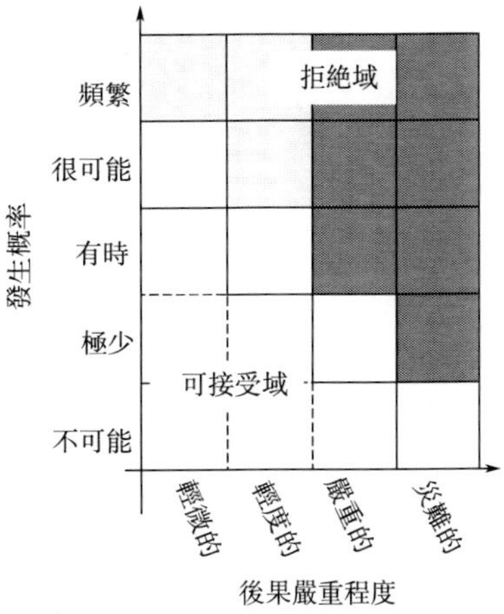

圖 6-1　安全風險矩陣示意圖

事實上，動態系統運行過程中關聯安全風險的危險源種類繁多，複雜程度高。根據危險源在事故中發生、發展中的作用，把危險源劃分為兩大類，即第一類危險源和第二類危險源，這兩類風險源將直接影響系統的安全風險狀態。

在安全風險狀態方面，根據系統各狀態 $X(t)$ 對應的嚴重程度，參考兩類風險源的定義，將其劃分為 4 個狀態：正常、低、中和高風險狀態。

① 正常風險狀態，系統正常運行，沒有任何人員損傷、財產損失和環境損害等事件發生。

② 低風險狀態，在異常事件發生後，因故障（異常）等原因致使安全保護

子系統未能及時有效地對其進行控制，最終導致人員輕度傷害、系統輕度損壞等事故，系統所面臨的安全風險相對較小。

③ 中風險狀態，在低風險狀態的基礎上，又發生了一系列的故障（異常），系統安全風險進一步惡化，並導致人員較大損傷、系統較大損壞、較大的財產損失等較為嚴重的後果。

④ 高風險狀態，在中風險狀態出現後，系統完全失控，喪失遏制權，將會發生諸如爆炸等重大人員傷亡、系統報廢、財產重大損失等非常嚴重的事故。

由上述定義，結合系統事故的成因和危險源的區分可知，第一類危險源是事故發生的前提，第二類危險源的出現是第一類危險源導致事故的必要條件。安全風險的兩類風險源相互作用便可能引發事故。一般來說，第一類危險源在發生事故時釋放出的能量是導致人員傷害或財產損失的能量主體，決定事故後果的嚴重程度；而第二類危險源出現的概率決定事故發生的可能性的大小。安全風險狀態 $\varphi(t)$ 與系統狀態向量 $\boldsymbol{X}(t)$ 間存在一定的函數對應關係，即

$$\varphi(t)=\Phi(\boldsymbol{X}(t))=\Phi(x_1(t),x_2(t),\cdots,x_n(t)) \tag{6-2}$$

隨著運行時間和部件故障的增加，系統安全風險總是處於不斷動態變化的過程中，若未採取措施，安全風險狀態將逐步趨近於事故狀態，在這種情況下，需要及時掌控系統安全風險狀態的變化，明確構成風險三方面因素的定量描述。

安全風險狀態是對影響已投入運行的工藝過程或生產裝置的安全狀態因素的描述，主要是利用現有資訊對系統未來運行狀態進行評估。安全風險臨界狀態是指系統處於該狀態時，某一部件狀態的改變將直接導致系統風險狀態的改變。這兩個狀態在動態系統運行安全分析與評估尤其受到關注，其反映了整體系統的風險及變化。

在給定系統的安全風險結構函數時，通常能區分對應的臨界狀態和關鍵部件。但在動態系統複雜的結構、功能、過程的前提下，臨界狀態和關鍵部件之間是對應關聯關係，任意一個部件是否是關鍵部件取決於與其相鄰的 $n-1$ 個部件狀態，臨界狀態需要對應到具體的部件上。同時，當系統處於安全風險臨界狀態的情況下，關鍵部件狀態的改變將會直接導致系統風險狀態的變化。綜上所述，表徵安全風險需要從風險源、風險狀態、臨界狀態、關鍵部件等方面展開考慮。

6.2.2 系統運行安全風險轉移過程

安全事故總是由正常狀態經歷一系列的系統安全風險狀態轉移後發生。在系統運行過程中，透過狀態監測可以獲取有關安全風險狀態轉移的資訊，主要包括系統層次和部件層次的安全風險資訊等。通常，系統層次的安全風險資訊有安全風險狀態、臨界狀態和關鍵部件等，部件層次的安全風險資訊有性能退化數據、

部件狀態資訊、部件壽命分布等。透過對動態系統運行過程中監測資訊的分析來識別系統所面臨的安全風險因素以及風險轉移資訊，將有助於採取適當的控制措施以預防事故的發生。同時，若將其按時空維度關聯起來形成安全風險轉移過程，即能從動態過程上對風險的變化進行描述。

安全風險狀態轉移過程定義為安全風險狀態隨運行時間的增加而動態變化的過程，用以描述是系統安全風險的動態特性。安全風險轉移過程分析是透過對系統運行過程中部件狀態資訊、過程變量等的分析，獲取系統的安全風險狀態轉移路徑，幫助操作人員及時了解系統的動態特性，以便於控制系統安全風險狀態轉移的方向，以及未來可能產生的後果。主要方法是採集反映系統動態轉移過程的狀態資訊和過程變量（如振動、壓力、溫度等），將其輸入至安全風險狀態轉移過程模型中，透過分析算法來獲取系統安全風險的動態特性，以確定其轉移過程，估計安全風險水準。

另外，傳統的系統動態轉移過程分析方法多基於事故概率的動態變化進行分析，其缺點在於時效性不足，不能夠充分利用系統運行過程中監測到的性能退化數據、狀態數據等「實時資訊」。而大型工業過程及複雜裝備系統事故是由多個相互關聯的事件共同作用導致的，若採用動態因果圖等方法來描述事件間的關聯關係，則可以構建出結合定量資訊與定性資訊的運行過程狀態評價方法。

6.2.3 系統運行安全風險水準估計

安全風險水準估計是指利用獲取的多種安全風險相關資訊來評估系統當前時刻的安全風險水準，並基於給定的安全風險判定準則對安全風險進行預警與決策。傳統的安全風險水準估計主要依靠操作人員處理故障資訊和安全報警。對於當前多數的動態系統，面對海量的資訊和報警時，人工操作易誤判可能導致事故發生（如三里島核電站事故）。因此，需要利用先進手段和技術方法來主動評估系統運行安全風險水準，如基於機理或仿真模型的安全風險水準估計方法與基於監測故障事件的估計方法。

在系統安全風險水準不能滿足要求時，需要對其進行安全風險控制，即根據安全風險評估結果，採取對應的措施來規避已知安全風險，並對潛在的安全風險加以預防，以提升系統的運行安全性。

安全風險控制的本質是給出應對安全風險的最優措施，即根據部件安全風險重要度的優先級，選擇對提高系統的安全風險水準貢獻最大的部件來實施風險控制。在運行過程中，安全風險控制主要是在系統安全風險預警後所採取的一系列控制事故發生或減小事故後果的行為（包括應對、規避、轉移、接受等），具體實施步驟如下。

① 收集安全風險相關數據。廣泛收集安全風險相關數據，用於計算系統的安全風險重要度，主要包括部件壽命分布和故障數據、系統結構資訊、運行過程中的後果事件數據等。

② 構建系統安全風險結構模型。風險結構模型是計算安全風險優先級的基礎，主要根據安全風險監控資訊提取及描述方法來確定風險結構。

③ 計算安全風險優先級。根據安全風險相關數據和安全風險結構模型，確定系統安全風險優先級，用於定量描述安全風險等級和程度。

④ 實施安全風險優先級分析與安全風險控制。對系統所有部件當前的安全風險優先級進行排序，以便於選取安全風險優先級較大的部件實施安全風險水準控制，透過多種控制措施提升系統的安全風險水準。

6.2.4 系統運行安全風險建模

系統運行安全性評估是在安全風險分析、評估的基礎上，以安全風險模型為支撐定量地給出過程對象的安全性程度，即定量地衡量系統可用或敢用性程度，評估系統的危險性是否可以被接受。系統運行安全性評估比較多的方法主要有兩種，一種是概率安全性評估法（Probabilistic safety assessment，PSA）或稱概率風險評估（probabilistic risk assessment，PRA），另一種是狀態監測評估法。

狀態監測評估法是目前大型工業過程和複雜裝備系統領域應用廣泛的一種方法，其基本思想是採用測量到的過程參數和狀態參數對系統安全性進行在線評估，是及時獲取運行系統狀態資訊的重要手段，有效地克服了傳統的安全性評估法的實時性問題。狀態監測評估法需要充分利用安全風險模型對動態系統運行的重現，透過系統運行安全域構建，運行安全性指數定義、安全指數求解，迭代評估等步驟，獲取動態系統運行安全性的實時動態評估結果。

需要注意的是，狀態監測評估法是一類在線計算方法，其實時性和有效性取決於評估方法，風險模型的準確程度以及計算資源的效率，在風險相關資訊維度和數量規模較大時，可能會導致「過估計」的情況，評估結果不能正確反映系統實際情況。因此，通常在評估之前，也需要對用於評估的參數進行篩選和預處理。

一般地，現有大型工業過程和複雜裝備系統的運行過程常常會運行在不同的工況下，研究表明監測系統運行工況的訊號在較為寬泛的條件下，可視為一種服從混合高斯分布（Gaussian mixture model，GMM）的隨機變量，即若將一個測量值看成許多個隨機獨立因素影響的結果，則其量測過程應漸進地服從高斯分布。

幾乎所有的大型工業過程和複雜裝備系統都有依據工藝參數指標設計的安全閾限或安全邊界，當系統處於安全閾限以內時，工業過程運行是安全的。若將這些安全閾限描述為約束方程組，則可在超高維度空間中構建描述運行安全的超曲面。如圖 6-2 所示，當過程變量處於第 m 個局部工況時，其監測變量服從第 m 個高斯分量的分布，當系統出現安全問題時，過程變量必有一定的概率變化至安全界限以外(需要注意的是，由於工藝參數的不同，致使依據安全閾限設置的約束方程組而構建的安全邊界面，將是一個不規則的形狀，需要取最小化切面作為最終的臨界安全面)。

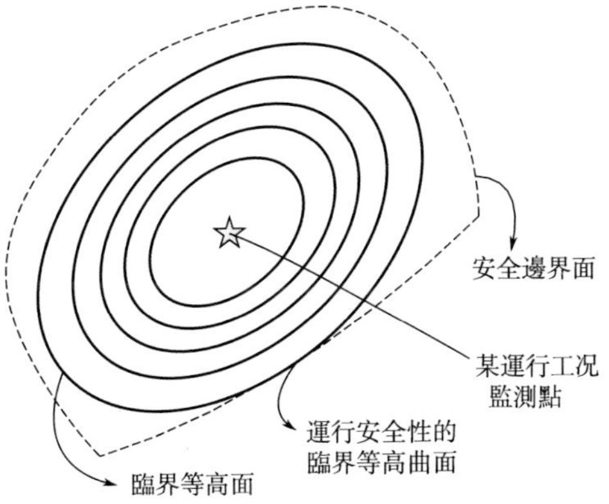

圖 6-2 局部工況下，概率密度的等高面（實線）與安全邊界面（虛線）示意

假設系統的運行安全性的臨界等高曲面為 D_m，而處於 D_m 以內的區域被規則的各變量臨界等高面所包圍，其積分可得到精確的閉合解，作為安全邊界以內積分的保守估計，將運行安全性指數定義為

$$SI_m = \Pr\{X \leqslant D_m\} \tag{6-3}$$

但是式(6-3) 仍然是一個定性描述，無法進行實時計算。根據已有研究成果，變量空間中服從高斯分布，其概率密度函數值主要取決於$(X-\mu_m)^{\mathrm{T}} Cov_m^{-1}(X-\mu_m)$，某點到中心點的馬氏距離表示為（根據實際情況可採用其他距離的計算方法，如歐式距離等）

$$d_Q = \sqrt{(X-\mu_m)^{\mathrm{T}} Cov_m^{-1} (X-\mu_m)} \tag{6-4}$$

其中，μ_m、Σ_m 分別為均值和協方差矩陣；d_Q 為距離矩陣。由式(6-4) 所示，概率密度等高面轉化為馬氏距離的等高面，即等高面上的點到中心的馬氏距離相等。若令 δ 表示臨界等高面上的點到中心的馬氏距離最小值，則安全指數可重新定義為：

$$SI_m = \Pr\{d_Q(X, \mu_m) \leqslant \delta\} \tag{6-5}$$

由式(6-5) 可知，便可將安全指數的求解問題轉化為參數 δ 的最小值求解問題。

$$\min \quad J = \sqrt{(X-\mu_m)^{\mathrm{T}} Cov_m^{-1} (X-\mu_m)}$$

$$s.t. \quad g_i(x)=0 \tag{6-6}$$

其中，$g_i(x)$ 為所考察的第 i 個監測變量安全閾限約束方程。若令 X^* 為式(6-6) 最小值優化後的解，則可將安全性指數簡化為

$$SI_m=\Pr\left\{d_Q(X,\mu_m)\leqslant\sqrt{(X^*-\mu_m)^{\mathrm{T}}Cov_m^{-1}(X^*-\mu_m)}\right\} \tag{6-7}$$

由式(6-7) 可知，在不同的運行工況下，其監測到的變量參數 X 是動態變化的變量，因而優化的 X^* 解也是實時計算且動態變化的，因此計算後的系統運行安全性指數也動態變化。在實際應用中，需要實時計算運行工況的後驗概率，而 $X^{(t)}$ 屬於第 m 個高斯工況的後驗概率，表示為

$$p(C_m\mid X^{(t)})=\frac{\omega_m p_m(X^{(t)}\mid\mu_m,Cov_m)}{\sum_{m=1}^{M}\omega_m p_m(X^{(t)}\mid\mu_m,Cov_m)} \tag{6-8}$$

式中，ω_m 為各工況的先驗概率，且滿足 $\sum_{m=1}^{M}p(C_m\mid X^{(t)})=1$，$\mu_m$，$Cov_m$ 為均值和協方差。透過對後驗概率的加權求和，將監測點 $X^{(t)}$ 的實時運行安全性指數表示為

$$SI(X^{(t)})=\sum_{m=1}^{M}SI_m p(C_m\mid X^{(t)}) \tag{6-9}$$

已有研究表明，可將 $d_Q^2(X,\mu_m)$ 視為統計量，且服從自由度為 k 的 χ^2 分布，則式(6-5) 的概率可根據 χ^2 分布的規律計算得到，為

$$\begin{aligned}SI_m&=\Pr\{d_Q(X,\mu_m)\leqslant\delta\}\\&=\Pr\{d_Q^2(X,\mu_m)\leqslant\delta^2\}\\&=\Pr\{\chi^2(k)\leqslant\delta^2\}\end{aligned} \tag{6-10}$$

由於 $\sum_{m=1}^{M}p(C_m\mid X^{(t)})=1$，且 $0\leqslant SI_m\leqslant1$，且 $SI(X^{(t)})$ 的值域為 $[0,1]$，將式(6-8) 代入式(6-9)，可得

$$SI(\mathrm{X}^{(t)})=\frac{\sum_{m=1}^{M}\omega_m\exp(-d_m^2/2)SI_m\left|\det(Cov_m)\right|^{-1/2}}{\sum_{m=1}^{M}\omega_m\exp(-d_m^2/2)\left|\det(Cov_m)\right|^{-1/2}} \tag{6-11}$$

式中，d_m 為 $X^{(t)}$ 與 μ_m 間的馬氏距離。

由此可見，對動態系統運行過程的安全性指數的計算，實際上就是將系統運行的各監測點透過一個連續的非線性映射，再透過加權求和的方式，將每個監測點映射至一個表徵風險的安全域超曲面中，以此形成安全性評估模型。

6.3 系統運行安全分析

動態系統安全會隨著運行時間和危險源的變化而不斷變化，在這個轉變過程中，安全狀態可能將不斷趨近事故狀態。因此，需要及時獲取和掌握系統安全性的變化資訊和系統安全風險狀態資訊，明確系統安全狀態的演化。本節從系統動態安全分析和系統運行過程安全分析兩方面出發，從運行過程的角度，分析不同的危險源在不同的運行條件下對系統運行安全狀態的影響；從系統的暫態穩定性的角度，介紹系統動態安全分析方法，分析系統受到大擾動後過渡到新的穩定運行狀態的能力。

6.3.1 系統動態安全分析方法

系統動態安全分析是評價系統受到大擾動後過渡到新的穩定運行狀態的能力，是對預想事故後系統的暫態穩定性進行評定，著眼於分析系統在受到大擾動中有無失去穩定的危險。典型的系統動態安全分析方法有能量函數法、動態安全域法和分岔分析法等。

(1) 能量函數法

能量函數法是一種基於 Lyapunov 穩定性理論的方法。該方法認為由故障激發並在故障階段形成的暫態能量包含動能（kinetic energy）和勢能（potential energy）兩個分量。這種暫態能量可用狀態變量表示，當故障發生時，系統對應暫態能量的動能分量和勢能分量會顯著增加，當故障切除時，系統對應暫態能量的動能分量會開始減少而勢能分量繼續增長。

故障從發生到清除的過程中，暫態能量隨著故障狀態的變化而呈現不同的變化趨勢。由能量守恆定律，系統出現故障並切除後，系統的動能會轉化為勢能。在能量轉化過程中，如果剩餘動能能夠被系統有效吸收，那麼系統是穩定的；反之，如果系統剩餘動能不能被系統完全吸收，則系統不穩定。在臨界時間下，假設系統所能達到的最大勢能為 V_{cr}，故障清除時刻系統暫態能量為 V_{cl}。透過比較 V_{cr} 與 V_{cl}，可以獲得系統的暫態穩定性[2]。定義 V_{cr} 與 V_{cl} 的差為能量裕度 ΔV，也稱穩定裕度（stability margin），其表達式如下：

$$\Delta V = V_{cr} - V_{cl} \tag{6-12}$$

動態系統出現故障時，可按照發生過程分為故障前、故障時和故障後三個階段。對應的描述這三個過程的狀態方程表達式分別如式(6-13)～式(6-15)所示。故障發生前，由式(6-13) 可知，系統穩定運行於平衡點，處於穩定狀態；t_0 時刻故障發生，τ 時刻故障切除，這段時間段系統處於故障狀態；τ 時刻後，系統受到故障影響會失去穩定或者仍保持穩定。由於故障前動態系統處於穩定狀態，假設該穩定平衡點為 x_0，於是式(6-13)～式(6-15) 可以簡化為式(6-16)、式(6-17)。

$$\dot{x}(t)=f_0(x),-\infty<t<t_0 \tag{6-13}$$

$$\dot{x}(t)=f_{\mathrm{f}}(x),t_0<t<\tau \tag{6-14}$$

$$\dot{x}(t)=f_{\mathrm{p}}(x),\tau<t<+\infty \tag{6-15}$$

$$\dot{x}(t)=f_{\mathrm{f}}(x),t_0<t<\tau \quad x(t_0)=x_0 \tag{6-16}$$

$$\dot{x}(t)=f_{\mathrm{p}}(x),\tau<t<+\infty \tag{6-17}$$

動態系統的運行安全較為關注非線性系統漸進穩定問題，主要針對系統在發生故障後的暫態穩定性分析，考慮為系統在故障結束時的狀態量 $x(\tau)$ 為起始狀態的情況下，在 $t\to\infty$時能否收斂至穩定點 x_{s} 的問題。當利用能量函數法對動態系統進行安全性分析時，通常需要對故障後的系統定義一個暫態能量函數，並計算故障結束時刻系統的暫態能量，計算出穩定域局部邊界上的主導不穩定平衡點處的暫態能量，以求解臨界故障切除時間。

透過比較故障結束時系統的暫態能量函數的值與故障類型的暫態能量函數臨界值，可以對系統的穩定性進行判斷。當 V_{cl} 小於臨界值 $V(X)$ 時，系統處於暫態穩定狀態；當 V_{cl} 大於臨界值 V_{cr} 時，系統處於暫態不穩定狀態。同理，當 V_{cl} 等於 V_{cr} 時，系統處於臨界狀態，系統暫態穩定裕度可以用 $V_{\mathrm{cr}}-V_{\mathrm{cl}}$ 定量描述。實際中通常採用規格化的穩定裕度 ΔV_{n}，通常定義為：

$$\Delta V_{\mathrm{n}}=\frac{V_{\mathrm{cr}}-V_{\mathrm{cl}}}{V_{\mathrm{k|c}}} \tag{6-18}$$

$V_{\mathrm{k|c}}$ 表示故障切除時刻系統的動能。暫態能量裕度能夠提供系統穩定裕度對系統關鍵參數或運行條件變化的靈敏度分析，可用於快速計算極限參數，快速掃描系統暫態過程。在實際應用中，採用規格化的穩定裕度 ΔV_{n} 比採用 $V_{\mathrm{cr}}-V_{\mathrm{cl}}$ 作為暫態穩定裕度的一般性和可比性更強。當 $\Delta V_{\mathrm{n}}>0$ 時，可認為受擾後系統是暫態穩定的。利用靈敏度概念可快速導出受暫態穩定支配的系統極限參數，分析判斷系統的動態安全特性。

(2) 動態安全域法

① 動態安全域的定義　在傳統的系統安全性分析方法中，主要關注的參量是變量之間的穩態關係，對於系統的動態因果關係僅停留在定性的描述層面上，缺乏從動態穩定性角度出發的描述。而在系統的實際運行和操作中，系統動態穩定性對系統的影響非常重要，使用動態安全域（dynamic security region，DSR）的概念能充分針對上述缺陷。動態安全域法的基本思想是，當系統出現故障時，

找到系統動態穩定區域的邊界，系統動態穩定性區域邊界內是安全的[3]。

考慮系統受到一個大擾動後，系統的結構會隨著擾動的改變發生變化。用動力吸引微分方程組描述系統結構事故前、中、後三個階段，具體公式如式(6-19)～式(6-21) 所示。

$$\dot{\boldsymbol{x}}_0(t)=f_{\mathrm{i}}(\boldsymbol{x}_0,y),-\infty<t<0 \tag{6-19}$$

$$\dot{\boldsymbol{x}}_1(t)=f_{\mathrm{F}}(\boldsymbol{x}_1,y),0<t<\tau \tag{6-20}$$

$$\dot{\boldsymbol{x}}_2(t)=f_{\mathrm{j}}(\boldsymbol{x}_2,y),\tau<t<+\infty \tag{6-21}$$

式中，$\boldsymbol{x}_0$、$\boldsymbol{x}_1$、$\boldsymbol{x}_2$ 均為系統的狀態變量，事故前、事故中和事故後的網路結構分別用 i、F、j 表示，事故中的 F 可由事故前的網路結構 i 和事故後的網路結構 j 得到，y 表示注入功率，τ 為事故清除時間。對於穩態系統 i，式(6-19) 退化為潮流方程，式(6-20) 描述了系統發生事故的瞬間 ($t=0$) 到事故清除時刻 ($t=\tau$) 這一時間段系統 F 的動態，式(6-21) 描述了事故後系統 j 的動態。

當系統發生事故後，如果事故後系統的解能夠從初始狀態漸進穩定至動力吸引微分方程的平衡點，那麼認為系統是暫態穩定的，此時系統動態安全。在此基礎上，事故前系統的動態安全域可以用系統發生事故後的暫態穩定域來定義，具體定義如下：設功率注入空間上的集合為動態安全域 $\boldsymbol{\Omega}_{\mathrm{d}}(\mathrm{i},\mathrm{j},\tau)$，當且僅當事故前系統 i 的注入 y 位於該集合內時，事故前系統 i 在受到持續時間為 τ 的事故後，事故後的系統 j 不會失去暫態穩定。即：

$$\boldsymbol{\Omega}_{\mathrm{d}}(\mathrm{i},\mathrm{j},\tau)\triangleq\{y\mid x_{\mathrm{d}}(y)\in\boldsymbol{A}(y)\} \tag{6-22}$$

式中，x_d 表示故障清除時刻的狀態；$\boldsymbol{A}(y)$ 表示系統注入 y 決定的故障後，狀態空間中穩定平衡點周圍的穩定域；$\partial\boldsymbol{\Omega}_{\mathrm{d}}(\mathrm{i},\mathrm{j},\tau)$表示 $\boldsymbol{\Omega}_{\mathrm{d}}(\mathrm{i},\mathrm{j},\tau)$的邊界。在系統運行中，各節點注入功率存在一定的上下限約束，一般而言，定義存在上下限的注入功率約束集為：

$$W_1\triangleq\{y\in\boldsymbol{R}^n\mid y^{\min}<y<y^{\max}\} \tag{6-23}$$

式中，$y^{\min}$、$y^{\max}$ 表示系統注入 y 的上限和下限。此時，動態安全域的定義結合注入功率的約束可以得到進一步修正：

$$\begin{aligned}\boldsymbol{\Omega}_{\mathrm{d}}(\mathrm{i},\mathrm{j},\tau)&\triangleq\{y\mid x_{\mathrm{d}}(y)\in\boldsymbol{A}(y)\}\cap\boldsymbol{W}_1\\&\triangleq\{y\mid x_{\mathrm{d}}(y)\in\boldsymbol{A}(y),y^{\min}<y<y^{\max}\}\end{aligned} \tag{6-24}$$

在應用動態安全域進行動態系統安全分析時，確定系統是否安全的方法通常是透過判斷系統注入 y 是否位於 $\boldsymbol{\Omega}_{\mathrm{d}}$ 內，目前多數的研究工作主要集中在分析動態安全域邊界 $\partial\boldsymbol{\Omega}_{\mathrm{d}}$ 的性質和描述動態安全與邊界的構成上。

② 實用動態安全域　動態穩定區域的邊界確定是基於動態安全域的安全分析方法的關鍵之處。在實際的動態系統中，動態安全域臨界表面具有如下性質：

在有功功率注入空間上，保證暫態功角穩定性的臨界點所形成的動態安全域邊界 $\partial\boldsymbol{\Omega}_{\mathrm{d}}(\mathrm{i},\mathrm{j},\tau)$，可由分別對應於不同失穩模式的極少數幾個超平面描述，這種形式的動態安全域稱為實用動態安全域（practical dynamic security region，PDSR）。

典型的確定實用動態安全域臨界面的方法包含擬合法以及解析法。使用這兩種方法求取臨界面時，都需要確定暫態穩定臨界點，這種臨界點存在一個或多個的可能。具體的臨界點搜索方法主要包含兩個步驟。第一，需要給出具體的事故及對應的事故清除時間 τ。第二，在給定注入功率 y 的情況下，判斷當前注入是否是臨界注入點（具體的判斷方法可採用數值仿真法）。如果當前注入經判定屬於臨界注入點，則結束本次臨界點搜索；否則需要重複判斷過程。對應的重複過程中注入功率 y 也隨之改變。在搜索出大量的暫態穩定臨界點後，擬合法可透過最小二乘法擬合得到實用動態安全域臨界面的超平面方程，具體方程表達式如下：

$$\sum_{j=1}^{n} a_i P_i = a_1 P_1 + a_2 P_2 + \cdots + a_i P_i = c \tag{6-25}$$

式中，$a_i(i=1,2,\cdots,n)$為待求超平面方程的係數；$P_i(i=1,2,\cdots,n)$是保證系統暫態穩定的臨界有功功率；n 為注入節點的維數；c 為觀測變量，一般取 1。

作為求解實用動態安全域臨界面的基本方法，擬合法在求取過程中，為了使結果具有一定的精度，必須搜索大量的臨界點，加大離線工作量。而在實際應用場景中，系統結構複雜且會隨時間發生變化，且事故具有多樣性，因此，必須加快動態安全域的計算速度才能適應在線應用的需求。透過解析法求取動態安全域臨界面，需要先利用數值仿真求解出一個基本臨界注入點，透過對系統不同階段進行有功功率的小擾動分析，確定出臨界面的法線方向，結合點式法可進一步求解動態安全域臨界面的超平面方程。上述方法結合仿真計算和解析推導，具備解析法計算速度快的優點，同時又透過數值仿真得到基本臨界點，有效彌補純粹解析法計算精度的不足。

③ 動態安全域的拓撲性質　透過對動態安全域邊界超平面的近似描述可簡化系統暫態穩定性的分析過程，動態安全域微分拓撲性質對動態安全域的實用化提供了可行依據。現有的理論研究成果分析了域本身的拓撲學性質，給出了系統動態安全域的大範圍定性性質，並證明了安全域的緊致性、稠密性以及無扭擴性。具體而言，稠密性和無扭擴性為透過直接分析注入功率 y 和安全域邊界的相對位置來判別系統的動態安全性提供了可能，即只透過分析節點注入與動態安全域邊界的相對關係，即可確定系統安全與否。同時，動態安全域的邊界也可用有限個子表面的並集來表示其具體範圍。

(3) 分岔分析法

分岔分析法是非線性科學研究的一個重要分支，主要研究系統的拓撲結構隨參數（如動力學系統中平衡點和極限環個數及穩定性、週期解等）改變引起的解的結構及穩定性發生改變的情況。在一個結構不穩定的系統中，將其拓撲結構受微小擾動而發生突變的現象稱為分岔現象，在動態系統運行狀態發生變化時易出現，並導致系統結構失穩並出現振盪或極限環現象。實際事故與理論分析表明，分岔是系統振盪的因素與動態系統的運行安全性存在關聯關係，因此可透過分岔分析法對系統的動態安全性進行判定[4]。

動態系統一旦發生分岔現象，說明運行狀態發生了轉變，分岔分析的基本思想是研究動力學系統的拓撲結構會隨參數值的改變而發生變化的方法。當系統發生分岔現象時，系統會出現不穩定的振盪或者極限環現象，研究分岔現象，能從一定程度上分析系統的動態穩定性和安全性。眾所周知，動態系統實際上是高維非線性的，其動態特性可透過微分動力學進行描述。對分岔現象進行分析時，常採用如下連續動力系統模型：

$$\dot{x}(t)=F(x,u), x\in D, D\in R^N, u\in U, U\in R^T \tag{6-26}$$

式中，D、U 是開集；x 為狀態變量；u 為運行控制參數（亦稱分岔參數）。

當動態系統處於穩態情況時在某個平衡點（不動點）(x_0, y_0, μ_0) 處運行。當系統在處於小範圍擾動時，需確定兩個最基本的問題：平衡點 (x_0, y_0, μ_0) 是否處於穩定狀態；平衡點的穩定性隨著控制參數 μ 的緩慢變化的變化情況。

當系統處於穩態時，系統運行在某一平衡點處。當系統受到擾動時，需要確定平衡點的穩定性以平衡點穩定性在參數變化下的情況，一般可以透過 Lyapunov 穩定性理論對平衡點的穩定性進行判定，主要對系統運動穩定性進行研究，考慮動態系統當前的運行狀態受擾動影響後的運動行為。對平衡點的穩定性隨著控制參數 μ 變化情況的確定，主要對系統結構穩定性進行研究，即研究動態系統在受到輕微擾動時其拓撲結構保持不變的性質。

當參數 u 連續變動時，如果系統［式(6-26)］在 $u=u_0$ 時失去結構穩定性，即拓撲結構發生突變，則稱此系統在 $u=u_0$ 處出現分岔，u_0 稱為分岔值。由全體分岔值組成的集合稱為該系統在參數空間的分岔集。以電力系統為例，其參數空間的分岔集為其靜態電壓穩定域和微小擾動穩定域的邊界，其中影響較大的拓撲結構變化包括：平衡狀態和極限環數目及穩定性的變化，週期運動中週期的變化等，這些都是可能影響系統安全性的因素。根據動力學知識可知，系統的動態穩定性完全由狀態矩陣的特徵值決定。透過分析狀態矩陣特徵值的變化即可判斷系統是否發生分岔，並確定系統的分岔類型。

(4) 系統動態安全分析方法的選擇

在系統動態安全分析方法的選擇中，需考慮方法的適用性和系統特點，不同的動態安全分析方法具有不同的適用特點。其中，能量函數法的突出優點是可以定量地提供系統的穩定程度等資訊，可以給出系統的穩定裕度，並對系統暫態過程進行快速掃描；動態安全域在實際應用中具有良好的應用前景，其既能在離線的情況下計算系統的動態安全域，也能在較短的時間內判定系統是否暫態穩定並進行在線應用。需要注意的是，動態安全域是一種全新的方法論，目前仍存在一些問題亟待解決。基於分岔分析的動態安全分析方法目前仍局限於對離線的單參數分岔現象的分析，而對於實際動態系統，多參數的漂移變化十分常見，需要進一步考慮多個參數因素同時變化的情況。同時，不同的系統具有不同的工藝過程、操作過程以及運行特點，也直接影響系統動態安全分析方法的選取。

6.3.2 系統運行過程安全分析

系統運行過程安全分析主要是指在系統運行過程中，分析不同的危險源在不同的運行條件下系統的運行安全狀態。動態系統結構複雜程度高，其整體的運行過程容易受到故障和人在回路誤操作的影響。因此本節重點分析故障和人在回路誤操作下的系統運行過程安全分析方法。針對不同分系統的結構和故障特性，基於動態複雜網路分析故障傳播過程，闡述系統運行故障的傳播對系統運行安全趨勢的影響；並從人在回路誤操作與系統事故的角度出發，介紹人在回路誤操作下的系統運行過程安全分析方法。

(1) 系統運行故障的安全分析

一般動態系統是集電、機、液和控制等多個功能於一體的複雜集合體，也可以視為由設備、子系統以及零部件等大量基本單元所構成的複雜網路。由於動態系統各個組成部分之間高度關聯、緊密耦合，因此故障一旦發生，就很有可能進行傳播和擴散。如感測器系統可能將有誤差的情報資訊發送給控制中心或其他系統，從而導致控制中心下達錯誤的指令或系統採取錯誤的行動。這種情況下，原本一個局部細小的故障，透過網路進行傳播、擴散、積累和放大後，最終可能會釀成重大安全事故。

動態系統中若干部件故障後，因部件間的作用關係引發故障傳播，相關部件相繼故障，導致系統損壞或人員傷亡達到不可接受的範圍或水準，則說明系統是不安全的。由於系統中部分子系統本身結構複雜難以建立精確的數學模型，且分系統之間相互耦合，具有強非線性特性，可結合系統網路的拓撲結構特性，分析網路拓撲對故障傳播的影響，進而掌握故障發生、擴散、傳播的路徑，了解故障的傳播途徑和影響範圍[5]。

① 故障傳播過程分析　在分析故障傳播過程前，需要對動態系統進行結構分解，將系統分離成多個相互之間有一定關聯的子系統，在此基礎上，對子系統

進一步細分。首先將系統中的部件單元和元件進行抽象。具體抽象規則如下：將具體系統中的各個部件單元抽象為圖中的節點，對應地，把故障在元件之間的關聯和傳播關係抽象為連接兩個節點的有向邊。

令：

$$X=\{x_i \mid x_i \in X\} \tag{6-27}$$

式中，x_i 為系統的組成要素或單元，$i=1,2,\cdots,n,n\geqslant 2$。

假設系統中各個組成要素之間的關係用 R 表示，設 $x_i \in \boldsymbol{X}$、$x_j \in \boldsymbol{X}$，那麼 x_i 與 x_j 兩者的關係可以用式(6-28) 來表示：

$$x_j=R(x_i),x_i=R(x_j) \tag{6-28}$$

在故障診斷中，R 可用來表示故障的傳播特性。則系統 S 可以表示為：

$$S=\{\boldsymbol{X} \mid R\} \tag{6-29}$$

即透過 R 關係的集合 $\boldsymbol{X}$ 可以用來表徵系統 S。當用節點表示系統的元件，用邊表示各元件之間的故障傳播過程時，系統 S 可以用一個有向圖來表示，稱為系統的故障傳播有向圖。在實際的運算過程中，鄰接矩陣 $\boldsymbol{A}$ 表示系統結構模型，$\boldsymbol{A}$ 中的元素 a_{ij} 定義方法如式(6-30) 所示：

$$a_{ij}=\begin{cases}1,\text{元素 } i \text{ 和 } j \text{ 相鄰}\\0,\text{元素 } i \text{ 和 } j \text{ 不相鄰}\end{cases} \tag{6-30}$$

為了對故障傳播過程進行分析，可透過小世界聚類特性來描述故障傳播過程，並作如下假設：如果兩個基本單元間存在著結構連接關係，則這兩個單元間就存在著故障傳播關係。進一步，對系統採用自下而上的方式進行逐級分析，掌握故障的傳播過程。得到系統結構模型的鄰接矩陣以後，根據鄰接矩陣計算網路節點的度數，確定不同簇的聚類中心。同時，系統模型的骨幹由連接不同簇之間節點的邊構成，同一簇內的節點之間聚類係數較高。

② 故障擴散過程分析　在基於複雜網路的動態系統故障傳播模型中，網路節點是關鍵影響因素所在。其中，節點的度數越大，表示對應的傳播路徑越多，傳播範圍越大。在複雜網路中，當幾個節點具有長程連接時，其他節點會優先透過這類節點，因此，長程連接的可能性越大，故障經過這些節點快速傳播的概率越高。

通常，故障會優先經過傳播概率較大的邊，其傳播概率可從歷史故障數據中獲取，或根據系統參數進行估計。節點之間的故障傳播概率與傳播路徑長度相關，傳播路徑長度 L_k 越長，對應的傳播概率越小。一旦傳播概率低於一定閾值，則可判斷該節點處於安全狀態。在假設網路節點數以及節點之間擴散概率的情況下，可以表示故障擴散強度 I_{ij}^k：

$$I_{ij}^k=w_{\mathrm{s}}\left[w_{\mathrm{p}}P_{ij}^k+\frac{w_{\mathrm{d}}d_j^k}{\sum\limits_{j\in F_k}d_j^k}\right];i\in F_{k-1} \tag{6-31}$$

式中，P_{ij}^{k} 為在第 k 步擴散過程中故障由節點 V_i 直接傳播到 V_j 的概率；F_k 和 F_{k-1} 分別為第 k 步和第 $k-1$ 步擴散將波及的故障節點集合；w_p，w_d 分別為傳播概率和節點度數對應的權重；d_j^k 為 F_k 中第 j 個節點的度數；w_s 為跨簇傳播係數，用於強化故障跨系統傳播時的擴散強度。

故障傳播過程由節點和邊構成的複雜網路進行描述，透過優化方法可以計算出對故障傳播有促進作用的邊和節點，進而分析出系統的薄弱環節，掌握故障傳播對系統安全性的影響。相關的優化方法有蟻群算法、粒子群優化算法、遺傳算法等。透過以上過程的計算，可求出基於複雜網路的動態系統故障傳播模型中擴散能力最強的故障傳播路徑。

③ 故障下系統安全性分析　在故障發生時動態系統安全性分析，重點考慮系統故障導致的異常在系統體系中的傳播效應有關的安全性分析。在獲得動態系統中可能的故障傳播路徑後，結合運行的故障數據，可依次獲得網路中各故障傳播路徑上各節點最可能發生的故障模式集，以及傳播停止後網路中各傳播路徑的發生概率。

實際系統中，部件的每種故障模式所導致的系統故障後果是不同的，對系統安全性的影響程度存在較大差異，結合故障數據以及節點故障模式集，分別得到各故障路徑上各節點發生相應故障模式所對應的系統故障後果集。系統故障後果的嚴重程度劃分通常是已知的且由相關領域專家給出。針對不同的系統，系統故障後果量化取值以及系統安全性閾值的選取標準、方法及結果也是不同的。其中，系統故障後果的量化取值和系統安全性閾值可以是確定值，也可以是區間數。

動態系統的內部耦合關係複雜，但其導致系統安全性變化的初始原因均是部件。底層節點故障後果由數據獲得，中間層計算節點故障後果到路徑故障後果，頂層計算由各路徑故障後果到系統安全性結果。對於底層節點故障後果，其量化取值通常是由相關領域專家與研究人員共同確定，主觀影響因素大，客觀性有待驗證；其次，系統中的同一部件由於所處的運行工況等不同，導致故障傳播具有並發性和多樣性，可能出現同一部件的同一種故障模式對應不同的系統故障後果。因此，需要降低主觀因素和不確定性影響。

對於中間層各路徑故障後果，部件故障後所導致的系統故障後果，是以故障數據與現場專家經驗為基礎獲得的。其考慮的是該部件故障後，引起相應的故障傳播，進而對系統造成損失或人員傷害的綜合評估結果。對於頂層系統安全性，系統由於其複雜性，多條故障路徑並發的可能性較大。某些導致系統故障後果較嚴重的路徑發生後，系統處於不安全狀態，需要關注影響程度較高的因素。得到系統的頂層安全性測度後，將其與所設定的安全性閾值比較，如果大於閾值，則表明系統不安全，反之則表示系統是安全的。

(2) 人在回路誤操作的安全分析

動態系統運行過程中按照設定流程會涉及部分人工手動操作，由於人工操作多具有不確定性，易出現誤操作導致系統運行狀態的變化。因而，在進行系統安全性分析時，必須要考慮與人工誤操作相關的失效。圖 6-3 揭示了人在回路誤操作與事故之間的關係。

由圖 6-3 可知，人的內部因素和環境因素都會對人（操作者）的操作行為產生重要影響。人的內部因素是指人受自身因素的影響，如當員工受到溫度、照明、氣溫、噪聲等外界條件干擾時，可能會引起操作失誤；或者受身體條件和心理影響，造成體力不支、疲勞和記憶與判斷的失誤。環境因素指社會環境與工作環境，包括社會文化環境、人文環境等，也可能導致操作者失誤。從操作者的角度看，操作者在生產操作中，執行操作行為時一般經歷感覺、識別判斷、操作執行三個階段。當這三個階段判斷正確、動作執行無誤時，那麼出現人為失誤的可能性就較小；但如果其中某個環節出現失誤或誤判，則工作可能出現失誤。從系統角度看，行為失誤的原因不僅僅限於人本身的問題，還包括環境因素，如社會環境、管理決策、人機界面設計不協調等。

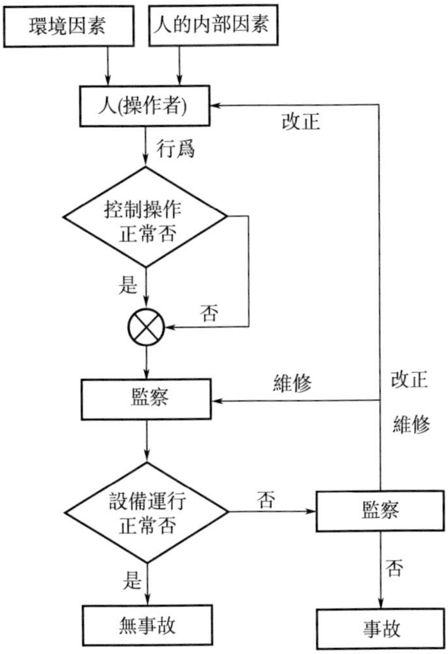

圖 6-3 人在回路誤操作與事故之間的關係

假設操作系統由相互獨立的一系列操作組成，並與其他設備操作獨立。設該操作有 n 個關鍵操作($n=1,2,\cdots,N$)，即 $op_1, op_2, \cdots, op_n$。關鍵操作直接與操作系統是否發生危險事故有關，只要其中某個關鍵操作無失誤則系統不會出現事故，而 n 個關鍵操作同時出現失誤時，系統導致事故。一般而言，人失誤概率表示為人失誤次數與可能發生失誤總數的比值。如果失誤過程與歷史狀況相互獨立，那麼人失誤概率則服從典型的卜瓦松分布。

假設單個關鍵操作出現的次數服從卜瓦松分布，那麼在某段時間 T 第 i 個關鍵操作出現 k_i 次失誤的概率[6]：

$$P_i^1=[N(T+s)-N(s)=k_i]=\mathrm{e}^{-\lambda_i T\frac{(\lambda_i T)^{k_i}}{k_i!}} \tag{6-32}$$

其中，P_i^1 中 1 表示誤操作，i 代表第 i 個關鍵操作，λ_i 為單位時間內第 i 個關鍵操作出現失誤的平均次數，$N(s)$ 表示時間 s 內出現操作失誤的次數。那麼在一段時間 T 第 i 個關鍵操作不出現失誤的概率為：

$$P_i^0=P_i^1[N(T+s)-N(s)=0]=\mathrm{e}^{-\lambda_i T\frac{(\lambda_i T)^{k_i}}{k_i!}}=\mathrm{e}^{-\lambda_i T} \tag{6-33}$$

P_i^0 中 0 表示不失誤狀態。

系統要發生事故須 n 個關鍵操作在某一個時間點同時發生失誤，此時時間較短，發生 2 次失誤的概率為 0，即任一關鍵操作在非常短的時間內最多只能發生 1 次失誤。在此假設下，在非常短的時間 T 內，該系統出現事故的概率為：

$$\begin{aligned}P_q^1&=\prod_{i=1}^{n}P_i^1[N(T+s)-N(s)=1]\\&=\prod_{i=1}^{n}\mathrm{e}^{-\lambda_i T\frac{(\lambda_i T)^1}{1!}}\\&=\prod_{i=1}^{n}\lambda_i T\mathrm{e}^{-\lambda_i T}\end{aligned} \tag{6-34}$$

假設該設備的操作系統由 m 個操作人員執行操作。由於由操作者在不同時間執行這些操作，如果關鍵操作在時間 t 時出現失誤的概率分別為 $p_{1t}, p_{2t}, \cdots, p_{nt}$，那麼系統在時間 t 時出現危險事故的概率為：

$$P_t=p_{1t}p_{2t}\cdots p_{nt} \tag{6-35}$$

式中，在時間 t 時第 i 個關鍵操作 op_i 的概率為 p_{it}。由於操作人員能夠調整自己的操作行為，則在下一個操作時間，該操作可能從失誤狀態轉變為無失誤狀態，或者從不失誤狀態轉化為失誤狀態，同理，用「1」表是失誤狀態，「0」表示不失誤狀態。在時間 t 時第 i 個關鍵操作失誤與否的狀態轉移方程為：

$$\boldsymbol{S}_i=\begin{bmatrix}s_{00}^i & s_{01}^i\\ s_{10}^i & s_{11}^i\end{bmatrix} \tag{6-36}$$

根據假設，每個關鍵操作均相互獨立，那麼在一段長時間內，每個關鍵操作為一個 Markov 鏈，則在相當長的一段時間內第 i 個關鍵操作的狀態，有：

$$\boldsymbol{S}_i=\begin{bmatrix}1-h_i & h_i\\ k_i & 1-k_i\end{bmatrix} \tag{6-37}$$

式中，$h_i=s_{01}^i$，$k_i=s_{10}^i$。則根據 Markov 鏈的性質，第 i 個關鍵操作的 n 步轉移概率方程，有：

$$\boldsymbol{S}_i^n=(\boldsymbol{Q}_i\boldsymbol{D}_i\boldsymbol{Q}_i^{-1})^n \tag{6-38}$$

式中，$\boldsymbol{Q}_i=\begin{bmatrix}1 & -h_i\\ 1 & k_i\end{bmatrix}$，$\boldsymbol{D}_i=\begin{bmatrix}1 & 0\\ 0 & 1-h_i-k_i\end{bmatrix}$。

從而 $\boldsymbol{M}_i=\lim\limits_{x\to\infty}\boldsymbol{S}_i^n=\begin{bmatrix}\dfrac{k_i}{k_i+h_i} & \dfrac{h_i}{k_i+h_i}\\ \dfrac{k_l}{k_i+h_i} & \dfrac{h_l}{k_i+h_i}\end{bmatrix}$。

則第 i 個關鍵操作的狀態概率為：

$$(1-p_i,p_i)=(1-p_{it},p_{it})M_i \tag{6-39}$$

令 $t=0$，則第 i 個關鍵操作在穩定狀態的失誤概率為：

$$p_i=\frac{h_i}{k_i+h_i} \tag{6-40}$$

在長時間內設備系統出現事故的概率為：

$$P=\prod_{i=1}^{n}\frac{h_i}{k_i+h_i} \tag{6-41}$$

另外，對於該設備操作系統，失誤與不失誤是每一個操作存在的兩種狀態。那麼在時間 t 時系統中處於失誤狀態的操作數為 n 個關鍵操作的期望值，即 $n_1(t)=\left[\sum\limits_{i=1}^{n}p_i\right]$，則處於不失誤狀態的操作數為 $n_2(t)=n-n_1(t)$。那麼下一個操作時間段，從不失誤狀態轉移到失誤狀態的操作數為：$R_1(t)=\left[\sum\limits_{j=1}^{n_2(t)}\dfrac{h_j}{k_j+h_j}\right]$。從失誤狀態轉移到不失誤狀態的操作數為：$W_0(t)=\left[\sum\limits_{i=1}^{n_1(t)}\dfrac{h_i}{k_i+h_i}\right]$。則時間 $t+1$ 時系統中處於失誤狀態的操作數為：

$$n_1(t+1)=n_1(t)+R_1(t)-W_0(t) \tag{6-42}$$

則該設備系統的一系列操作中，處於狀態的操作數所占總操作數的百分比為：

$$V=\frac{M[n(t+1)]}{n}\times 100\% \tag{6-43}$$

式中，$M[\cdot]$ 表示取上界整數。V 的大小作為衡量指標用以確定該設備出現事故的狀態。相關設備系統的事故風險等級如表 6-3 所示。

表 6-3　設備系統的事故風險等級

風險值	風險等級	風險狀態	處理措施
<0.10	無警	0 級	無須關注，正常操作

續表

風險值	風險等級	風險狀態	處理措施
0.10～0.20	輕警	1級	關注,調整行為
0.21～0.30	中警	2級	重點關注,監察、改正操作行為
0.31～0.40	重警	3級	密切重視,監督指導,改正操作行為
＞0.40	巨警	4級	非常重視,停止生產並檢查,改正操作行為

6.4 系統運行安全評估

動態系統在運行過程中需要面臨人為失誤、外部原因、技術故障、設備或子系統故障等多類因素的考驗，前面章節討論了分析這些因素的技術方法，為了準確地發現各類事故因素對動態系統運行安全性的具體影響程度，為保障手段提供決策，需要實施科學的安全性評估手段，本節主要對其中指標體系、評估體系構建和評估計算模型進行簡要的介紹。

6.4.1 系統運行安全評估體系構建

在動態系統的運行中，由多類設備、多重流程所構成的龐大體系存在著大量的未知規律，影響安全性的誘因多，系統失效模式相當複雜，誤操作、運行參數超限和系統故障等危險因素隨時可能出現，人們希望充分了解這些因素對整體安全性的影響。因此準確的系統運行安全性評估對運行安全性的保障顯得尤為重要。其中，首要工作是針對系統本身特性和安全需求建立以運行安全為目標的安全性評估指標體系，為對各種危險因素做出分析和評估提供基礎。

（1）系統運行安全指標體系的構建

透過分析誤操作、故障傳播和事故演化對系統行為的影響，可以確定系統中的危險因素和危險過程，以及構建包括系統中的故障、誤操作、異常工況和參數超限等構成系統安全的評價要素集。同時，透過系統運行監測數據，分析數據和安全要素之間相關關係，選取系統運行過程中可表徵運行安全的相關參數/過程變量，得出安全指標變量集，建立起運行工況下的動態系統安全性實時評估量化指標；利用系統或設備的額定參數指標，以事故演化機理為支撐，分析安全評價要素與額定參數之間的映射關係，構建出較為完整的安全性指標體系。

（2）系統運行安全評價體系的構建

分析動態系統在各個危險過程中存在的安全事故類型，針對不同事故類型如設備損壞以及引發的二次事故等，應用模糊分析等計算事故的嚴重程度，建立基於運行事故嚴重程度的安全性評估等級。針對工況異常和危險因素如故障、誤操作等，篩選指標體系中相同層級的評價指標進行聚合處理。結合誤操作、設備故障和工藝參數異常下的安全性預測技術，應用層次分析量化各指標的相對重要程度，應用統計分析建立各指標的重要性區間和相應的置信度分布，從而構建系統運行安全性評價體系。

（3）運行安全性評估方法的確定

透過選擇合適的系統異常工況的識別與預警、運行安全性的在線分析與運行安全性實時評估的理論和方法，是運行安全性評估的關鍵。具體做法是充分考慮動態系統的危險運行階段中出現的物質、能量密集流動的特點，利用系統運行工況的安全關鍵參數，建立危險指標集和相應的指標範圍，針對系統故障和誤操作下系統的異常運行，結合運行事故演化模型以及運行工況與危險因素關聯模型，為識別系統運行過程中發生的危險因素提供方法。基於運行工況異常區間模型，以系統運行監測的數據為基礎，實時計算系統當前危險因素下各指標的系統安全性等級。

6.4.2 系統運行安全評估指標體系及評價體系

（1）指標體系

在安全評估中，指標是反映評估對象基本面貌、特徵、層次劃分等屬性的重要指示標誌。透過對評估目標和評估內容的初步調研，對評估對象的關聯資訊進行收集整理，進而構建一套滿足評估要求的指標體系，是進行安全評估的保障。有助於運行安全性量化評價，從而進一步明確安全風險的演化趨勢及危害性後果。例如針對電力系統的運行安全評估中，為了保證其在突發故障擾動下的穩定供電能力，將節點電壓、線路潮流、線路傳輸功率等設為指標，基於故障集量化故障對系統造成的影響程度，再透過其影響度進行緊急程度的排序，從而完成指標體系的構建。

① 構建指標體系的基本原則　指標體系的構建是實施系統運行安全評估的先決工作，需要遵循的具體原則如下。

a. 整體一致，指標通用性良好。在構建系統運行安全評估指標體系時，需要確定一個涵蓋體系內全部指標的評價系統對象。在各指標的遴選上，要保證其既能表現所屬子系統的運行安全性，又能夠在對象總體的運行安全評估中體現重要作用。

b. 可建立關聯性。在實施評價指標體系構建工作時，由於系統各個部分或過程相互耦合交叉，單一指標不能完整描述，因此，需要在指標選擇上既考慮其自身獨立性，又兼顧和其他指標存在的關聯性。

c. 狀態可量化。為了實現評估工作的準確性，評價指標體系中的所有指標必須是可以被測量或量化計算的。並且在前後研究的數據來源必須保持一致，且必須保證指標的數據來源在研究工作時的環境一致性。

② 構建指標體系的思路　構建評估指標體系是為了方便對具體系統運行安全評估的成果量化與準確性保證。在具體實施上，主要基於以下兩點進行考量。

a. 方便研究工作的效率提升。在一個動態系統中，其運行過程涵蓋了大量可用作指標進行運行安全評估的數據。為了避免指標數目過多、層次關係過於複雜造成運行安全評估的數值計算在運算資源上的負荷過重，反而影響到最終結果的準確性與及時反饋，需要根據具體的研究對象，構建既能充分展現系統運行狀態，又具備典型代表性的指標體系，以確保最終結果的準確性。

b. 有助於操作流程的規範。在系統的運行過程中，需要充分考慮指標體系中對於操作規範性和便攜性的考量，系統操作人員正確的指令輸入和執行流程也是系統運行安全的重要保證。合理的指標體系對於輔助參與人員保持操作正確性，保證系統運行安全具有重要的意義。

指標體系的建立是進行系統運行安全評估的先決條件，透過詳細地調研考察，合適地選擇指標，清晰地劃分層次之後建立的指標體系有助於實施準確快速的評估計算，以滿足安全需求。

(2) 評價體系

在評估工作中，評價體系的作用在於整合各類評估指標數據，確定評價標準，得到合理可靠的綜合評估結果，並透過對評估指標數據的二次篩選與分析，附以恰當的評價準則，構建一套滿足評估要求的評價體系。例如在針對複雜裝備系統進行安全評估時，在將設備故障率、平均故障間隔時間、維修度及維修密度、修復率、精度壽命等指標作為指標的基礎上，結合數理統計及概率預測的方法，對製造設備當前運行狀況建立有效的評價體系，最大限度地保證其處於生產產品符合要求、設備運行不存在停機故障的「隨時可用」狀態。

系統運行安全評價體系的建立，有助於判斷系統結構穩定性和推斷系統抵禦風險的能力，需要從以下兩個方面展開。

① 構建評價體系的基本原則　評價體系的構建總體目標是確保評價工作的標準科學，保證評價結果的準確可靠。對系統運行安全評估構建評價體系時，應考慮與應用對象和工作時間的匹配和關聯需求。

a. 與應用對象相匹配。在構建系統運行安全評價體系時，需要分析評估工作面向的應用場景，根據具體的安全評估需求對已篩選出的安全評估指標進行整合，確保評價體系與應用對象相關場景不相悖。

b. 考慮評估工作的時間或精度要求。評估體系的側重會為評估方法帶來響應時間或計算精度上的差異。故而在時間要求和精度要求上需要偏重處理。

② 構建評價體系的思路　構建評價體系是為了整合指標數據，確定評價標準，從而及時得到準確科學的綜合評估結果。在具體實施上，主要基於以下兩點進行考量。

a. 保證研究工作的準確可行。動態系統運行安全指標體系與其本身結構和監測數據的規模密切相關。為避免規模效應影響到最終評估結果的準確性或實時性，需要根據相關應用場景，在計算資源有限的客觀條件下確定合適的評價體系。

b. 致力於操作流程的優化。系統操作流程的合理性是系統運行安全的重要保證。合理的評價體系可以及時向系統操作人員提供可作為決策依據的系統狀態評估結果，從而輔助系統操作人員優化操作流程。

6.4.3　運行安全性評估計算方法

考慮到動態系統運行時各過程變量之間的耦合關係複雜的背景，過程中影響安全性的因素在發生位置、類型、幅度等多個屬性上呈現差異，故而故障對動態系統也將造成更加複雜的影響。透過運行安全性評估，對各類型故障進行檢測、識別、診斷，及時發現系統運行時變量或特性出現的非正常偏離，進而對其造成的影響做出準確判斷，實現對故障資訊的及時準確反饋，使操作人員能根據準確資訊選擇合適的措施進行補救，消除或減小故障對運行過程的影響或威脅，保證系統的運行安全性。針對此，學術界與工業界基於解析數學模型和知識、定性模型提出了一系列評估計算方法。

(1) 解析數學模型

在系統運行安全性評估中的解析數學模型是指基於研究對象運行過程中的物理化學現象中所蘊含的平衡關係（如能量平衡、汽液平衡等）建立的變量之間的數學關係。以低溫加注系統的儲罐絕熱問題為例，針對其分別以真空多層纏繞絕熱形式與真空粉末絕熱形式儲存的液氫、液氧，其透過外界的漏入熱量分別如式(6-44)、式(6-45) 所示。

$$Q_d=\lambda_m S_m(T_0-T_i)/\delta \qquad (6\text{-}44)$$

$$Q_f=K_m S_m(T_0-T_i)/\delta \qquad (6\text{-}45)$$

式中，Q_d 為外界透過液氫儲罐絕熱層漏入的熱量；Q_f 為外界透過液氧儲罐絕熱層漏入的熱量；λ_m 與 K_m 為液氫、液氧儲罐絕熱層的表觀熱導率；S_m 為絕熱層的平均表面積；δ 則為儲罐絕熱層在垂直方向上測量得到的厚度；T_0 與 T_i 分別為儲罐結構中外罐和內罐的溫度。如此便依據加注系統儲罐中的漏熱現象及科學公式，建立了其中各參數的數學關係式，便於進行諸如儲罐漏放氣條件下材料絕熱性能判定的運行安全性評估。如 Q_f 超過上限表明液氧儲罐絕熱層厚度異常，由此便可對故障進行基本定位。

(2) 知識/定性模型

在系統運行安全性評估中，知識/定性模型是在指系統運行中獲取到的一些定性資訊和模糊規則。例如在針對某化工生產系統的運行過程安全性評估之前，首先根據專家經驗建立運行狀態規則表，根據專家經驗構建了化工生產系統不同運行過程下的狀態映射知識模型，便於劃分安全性評估層次結構。

以解析數學模型與知識/定性模型為代表的各類運行安全性評估模型均存在各自的優勢、劣勢及適用範圍，都不足以應對種類繁多的應用環境，在實際應用中需要根據對象特徵以及時間限制、經濟成本等實際需求綜合考慮，選擇合適的模型及方法。

運行安全性評估不僅是實現工業運行過程「安全優先，預防為主」策略的重要手段，也是企業在工業運行過程中實現科學化、規範化管理的基礎。此外，運行安全性評估在具體實施時必須依賴於某類具體對象，從相應的觀測數據或狀態中獲得有價值的資訊。一般來說，運行安全性評估可以涵蓋的範圍包括工業應用材料、運行設備；在環節上包括系統開發及系統運行與測試；同時還會考慮到運行過程的人因因素及外部環境因素。本節簡要介紹了幾類典型的運行安全性評估方法。

6.4.4 典型評估方法——層次分析方法

層次分析方法多用於研究一類問題狀態清晰、決策風險明確的評估問題。其主要對屬性層次結構的分析，採用相應建模方法構建決策模型。該方法在面對複雜度較大或層級較多的多屬性問題時具有應用優勢。

層次分析法的決策步驟主要有以下四個環節[7]：

① 研究因素間的關聯關係，確定整體層次結構；

② 對處於同一上層元素關聯下的同層元素進行重要性權值量化，建立上下層元素之間的關聯評價矩陣；

③ 將單個元素代入對應關聯評價矩陣中，計算該元素在對應關聯關係下的相對權重；

④ 依據相對權重，結合總體系統或總體目標進行組合權重計算，再根據具體情況實施升序或降序排序。

在層次區分上，根據結構設定及具體功能的差異，將其主要分為三類，結合具體問題，可在三類層次基礎上做進一步的細分，如圖 6-4 所示。

對於任一集合 E，若其中所有元素都滿足自反性、對稱性及傳遞性，則可將

E 稱為有序集；若其中有任一元素不符合完備性，則又將其稱為局部有序集。

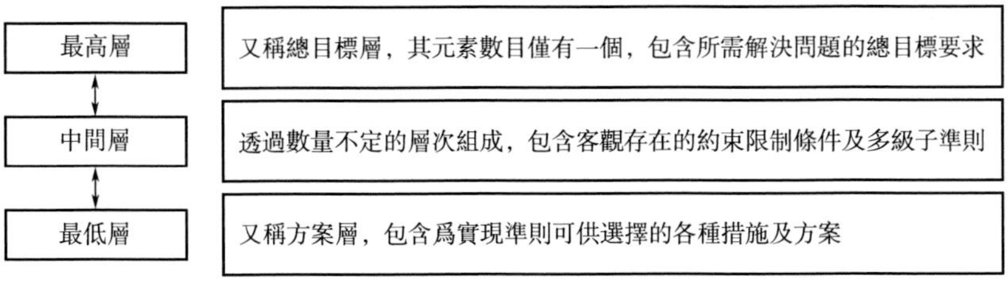

圖 6-4　層次分析法三層結構及其具體含義

集合性質的定義如表 6-4 所示。

表 6-4　集合性質的定義

集合關係	定義
對稱	$(x,y)\in \boldsymbol{A}\Rightarrow(y,x)\in \boldsymbol{A}$
非對稱	$(x,y)\in \boldsymbol{A}\Rightarrow(y,x)\notin \boldsymbol{A}$
反對稱	$(x,y)\in \boldsymbol{A},(y,x)\in \boldsymbol{A}\Rightarrow x=y$
自反	$(x,x)\in \boldsymbol{A},\forall x\in \boldsymbol{X}$
非自反	$(x,x)\notin \boldsymbol{A},\forall x\in \boldsymbol{X}$
傳遞	$(x,y)\in \boldsymbol{A},(y,z)\in \boldsymbol{A}\Rightarrow(x,z)\in \boldsymbol{A}$
反向傳遞	$(x,y)\notin \boldsymbol{A},(y,z)\notin \boldsymbol{A}\Rightarrow(x,z)\notin \boldsymbol{A}$
完備	$(x,y)\in \boldsymbol{A}$ 或 $(y,x)\in \boldsymbol{A},\forall x\neq y$
強完備	$(x,y)\in \boldsymbol{A}$ 或 $(y,x)\in \boldsymbol{A},\forall x,y\in \boldsymbol{X}$

對於任一有序集 $\boldsymbol{E}$，任選其中元素 x 與 y，記

$$\boldsymbol{X}^{-}=\{y\mid x \text{ 占優於 } y,y\in E\}$$

$$\boldsymbol{X}^{+}=\{y\mid y \text{ 占優於 } x,y\in E\}$$

設帶有唯一最高元素 c 的有限的局部有序集為 $\boldsymbol{H}$，如果它滿足：

① 存在 $\boldsymbol{H}$ 的一個劃分 $\{\boldsymbol{L}_k\}$（$k=1$，2，3，…，m），其中 $\boldsymbol{L}_1=\{c\}$，每個劃分 $\boldsymbol{L}_k$ 便稱為一個層次；

② 對於每個 $x\in\boldsymbol{L}_k$，其中 $1\leqslant k\leqslant m-1$，$\boldsymbol{X}^{-}$ 非空且 $\boldsymbol{X}^{-}\subseteq\boldsymbol{L}_{k+1}$；

③ 對於每個 $x\in\boldsymbol{L}_k$，其中 $2\leqslant k\leqslant m$，$\boldsymbol{X}^{+}$ 非空且 $\boldsymbol{X}^{+}\subseteq\boldsymbol{L}_{k+1}$。

則稱 $\boldsymbol{H}$ 為一個遞階層次。

建立遞階層次是不同上下層級之間元素隸屬關係建立的重要環節，是實現不同層級元素之間關聯關係量化的首要基礎。遞階層次建立完成後，令頂層元素為 x_0，並將其作為該分析問題的準則，其引申的下一層次的元素為 x_1，x_2，…，

x_n，其元素與準則 x_0 透過兩兩相較的方法計算出相對重要性權重 w_1，w_2，…，w_n。此時，需要對兩兩元素做出重要性判斷（例如針對 x_0 的下級層次元素 x_1 與 x_2），且對其進行量化。量化數值基於表 6-5 給出。以此類推，下層 n 個被比較元素構成了一個兩兩比較判別矩陣。

$$\mathbf{A}=[a_{ij}]_{n\times n} \tag{6-46}$$

式中，a_{ij} 為元素 x_i 與 x_j 相對於 x_0 的重要性的 1～9 標度量化值。

表 6-5　重要性標度表

重要性標度	兩兩相較重要性定義	含義
1	兩者同樣重要	兩者對目標的貢獻相同
3	前者比後者稍顯重要	經驗和判斷偏向認為前者重要於後者
5	前者比後者明顯重要	經驗和判斷強烈認為前者重要於後者
7	前者比後者更加重要	有實際數據證實,更加強烈認為前者重要於後者
9	前者比後者極為重要	有最肯定的證據表明前者遠遠重要於後者
2,4,6,8	表示相鄰判斷的中間值	兩者對目標的貢獻相同
有理數	按標度成比例轉換	

在得到了判別矩陣後，需要依據該矩陣求出 n 個元素對於準則 x_0 的相對權重向量 $\boldsymbol{w}=(w_1, w_2, \cdots, w_n)^{\mathrm{T}}$，並對其做出一致性檢驗。

在構造判別矩陣時，因為事物複雜程度高、認知不完全等多種局限條件，判別結果經常存在誤差，使得最終判別結果難以呈現完全一致性。在已有的理論研究中，針對這類結果的一致性問題給出瞭如下的檢驗步驟[8]。

步驟 1：計算一致性指標 $C.I.$（consistency index）。

$$C.I.=\frac{\lambda_{\max}-n}{n-1} \tag{6-47}$$

其中，$\lambda_{\max}$ 為方陣 A 絕對值最大的特徵值。

步驟 2：查詢相對應 n 的平均隨機一致性指標 $R.I.$（random index）。

透過隨機算法將 1～9 標度的 17 個標度值$\left(\frac{1}{9},\frac{1}{8},\cdots,1,2,\cdots,9\right)$隨機抽樣填滿 n 階矩陣的上三角或下三角陣中的$\frac{n(n-1)}{2}$個元素，形成隨機正互反矩陣，再以特徵根算法求出最大特徵根，再以一致性指標計算法求出 $C.I.$，最後經過多次重複計算，取得一個平均值，即為平均隨機一致性指標 $R.I.$。

步驟 3：計算一致性比例 $C.R.$（consistency ratio）。

$$C.R.=\frac{C.I.}{R.I.} \tag{6-48}$$

一般認為，若 $C.R.<0.1$，則判定該判別矩陣一致性可以接受，反之則需要對判別矩陣做適當調整從而維持其一致性處於可接收區間。

以上計算求解的是一組元素對其上一層中某個元素的權重向量，而最終的組合權重則需要以下方式予以計算。

設已求出的第 $k-1$ 層上第 n_{k-1} 個元素相對於總準則的合成權重向量 $\boldsymbol{w}^{(k-1)}=[w_1^{(k-1)},w_2^{(k-1)},\cdots,w_{n_{k-1}}^{(k-1)}]^{\mathrm{T}}$，而第 k 層上 n_k 個元素對第 $k-1$ 層上第 j 個元素為準則的單權重向量為 $\boldsymbol{P}^{j(k)}=[P_1^{j(k)},P_2^{j(k)},\cdots,P_{n_k}^{j(k)}]^{\mathrm{T}}$，其中若該權重元素不受 j 支配，則其值便為 0。合成權重 $\boldsymbol{P}^{(k)}=[P^{1(k)},P^{2(k)},\cdots,P^{n_{k-1}(k)}]_{n_k\times n_{k-1}}$，表示 k 層上 n_k 個元素對 $k-1$ 層上各元素的合成權重，那麼 k 層元素對頂層總準則的合成權重向量 $\boldsymbol{w}^{(k)}$ 由下式給出：

$$\boldsymbol{w}^{(k)}=(w_1^{(k)},w_2^{(k)},\cdots,w_{n_k}^{(k)})^{\mathrm{T}}=\boldsymbol{P}^{(k)}\boldsymbol{w}^{(k-1)}$$

$$w_i^{(k)}=\sum_{j=1}^{n_{k-1}}P_{ij}^{(k)}w_j^{k-1},i=1,2,\cdots,n_k \tag{6-49}$$

由遞推公式可得

$$\boldsymbol{w}^{(k)}=\boldsymbol{P}^{(k)}\boldsymbol{P}^{(k-1)}\cdots\boldsymbol{w}^{(2)} \tag{6-50}$$

同理可得，若已求出以 $k-1$ 層上元素 j 為準則的一致性指標 $C.I._j^{(k)}$，平均隨機一致性指標 $R.I._j^{(k)}$，一致性比例 $C.R._j^{(k)}$，則 k 層的綜合指標如下所示：

$$\boldsymbol{C.I.}^{(k)}=[C.I._1^{(k)},C.I._2^{(k)},\cdots,C.I._{n_{k-1}}^{(k)}]\boldsymbol{w}^{(k-1)} \tag{6-51}$$

$$\boldsymbol{R.I.}^{(k)}=[R.I._1^{(k)},R.I._2^{(k)},\cdots,R.I._{n_{k-1}}^{(k)}]\boldsymbol{w}^{(k-1)} \tag{6-52}$$

$$\boldsymbol{C.R.}^{(k)}=\frac{\boldsymbol{C.I.}^{(k)}}{\boldsymbol{R.I.}^{(k)}} \tag{6-53}$$

6.4.5 典型評估方法——灰色評估決策方法

灰色評估決策來源於灰色理論，其主要思路為基於局部已知資訊進行分析篩選，得到價值權重高的資訊，根據結果結合數學方法模型實現對系統演化規律的描述與對未來演化趨勢的預測[9]。

在確定範圍的被研究事件集合稱為事件集，記為

$$\mathbf{A}=\{a_1,a_2,\cdots,a_n\}$$

其中 a_n 為第 n 個事件，相應的所有可能的對策全體成為對策集，記為

$$\mathbf{B}=\{b_1,b_2,\cdots,b_m\}$$

其中 b_m 為第 m 種對策。

事件集與對策集的笛卡兒積為

$$A \times B = \{(a_i, b_j) \mid a_i \in A, b_j \in B\} \tag{6-54}$$

式(6-54) 稱為決策方案集，記作 $S = A \times B$。對於任意的 $a_i \in A$，$b_j \in B$，稱 (a_i, b_j) 為一個決策方案，記作 $s_{ij} = (a_i, b_j)$。

(1) 灰色關聯決策

決策方案的效果向量的靶心距是衡量方案優劣的一個標準，而決策方案的效果向量與最優效果向量的關聯度可以作為評價方案優劣的另一個準則。

設 $S = \{s_{ij} = (a_i, b_j) \mid a_i \in A, b_j \in B\}$ 為決策方案集，$u_{(i_0 j_0)} = [u^{(1)}_{(i_0 j_0)}, u^{(2)}_{(i_0 j_0)}, \cdots, u^{(s)}_{(i_0 j_0)}]$為最優效果向量，相應的 $s_{i_0 j_0}$ 稱為理想最優決策方案。灰色關聯決策可按下列步驟進行。

步驟 1：確定事件集 $A = \{a_1, a_2, \cdots, a_n\}$和對策集 $B = \{b_1, b_2, \cdots, b_m\}$，構造決策方案集 $S = \{s_{ij} = (a_i, b_j) \mid a_i \in A, b_i \in B\}$。

步驟 2：確定決策目標 $1, 2, \cdots, s$。

步驟 3：求不同決策方案 s_{ij} 在 k 目標下的效果值 $u^{(k)}_{(ij)}$。

步驟 4：求 k 目標下決策方案效果序列 $u^{(k)}$ 的初值像。

步驟 5：由第四步結果可得決策方案 s_{ij} 的效果向量。

步驟 6：求理想最優效果向量。

$$u_{(i_0 j_0)} = [u^{(1)}_{(i_0 j_0)}, u^{(2)}_{(i_0 j_0)}, \cdots, u^{(s)}_{(i_0 j_0)}] \tag{6-55}$$

步驟 7：計算 $u_{(ij)}$ 與 $u_{(i_0 j_0)}$ 的灰色絕對關聯度 ε_{ij}。

步驟 8：計算次優效果向量 $u_{(i_1 j_1)}$ 和次優決策方案 $s_{i_1 j_1}$。

(2) 灰色發展評估決策

灰色發展評估決策並不注重單一評估決策方案在目前的效果，而注重隨著時間推移方案效果的變化情況。

設 $A = \{a_1, a_2, \cdots, a_n\}$為事件集，$B = \{b_1, b_2, \cdots, b_m\}$為對策集，

$$S = \{s_{ij} = (a_i, b_j) \mid a_i \in A, b_i \in B\} \tag{6-56}$$

為決策方案集，則稱

$$u^{(k)}_{ij} = [u^{(k)}_{ij}(1), u^{(k)}_{ij}(2), \cdots, u^{(k)}_{ij}(h)] \tag{6-57}$$

為決策方案 s_{ij} 在 k 目標下的效果時間序列。

設 k 目標下對應於決策方案 s_{ij} 的效果時間序列 $u^{(k)}_{ij}$ 的 GM(1,1) 時間響應累減還原式為

$$\hat{u}^{(k)}_{ij}(l+1) = [1 - \exp(a^{(k)}_{ij})]\left[u^{(k)}_{ij}(1) - \frac{b^{(k)}_{ij}}{a^{(k)}_{ij}}\right]\exp(-a^{(k)}_{ij} l) \tag{6-58}$$

當 k 目標為效果值越大越好的目標時，若 $\max\limits_{1 \leqslant i \leqslant n, 1 \leqslant j \leqslant m} \{-a^{(k)}_{ij}\} = -a^{(k)}_{i_0 j_0}$，此時 $s_{i_0 j_0}$ 為 k 目標下的發展係數最優決策方案：若 $\min\limits_{1 \leqslant i \leqslant n, 1 \leqslant j \leqslant m} \{\hat{u}^{(k)}_{ij}(h+l)\} =$

$\hat{u}_{i_0 j_0}^{(k)}(h+l)$，則稱 $s_{i_0 j_0}$ 為 k 目標下的預測最優決策方案。

類似地，可以定義效果值越小越好或適中為好的目標發展係數最優決策方案和預測最優決策方案。

6.4.6 典型評估方法——模糊決策評價方法

在實際應用中，精確描述對象或過程相對困難（維度可能非常高）。諸如數據缺失、採集誤差、認知局限性、計算複雜度等多重因素都會造成描述的差異。由此帶來的描述差異便體現了評價的模糊性。模糊評價基於模糊數學理論，存在要素模糊性、結果模糊性兩大基本特徵。

① 要素模糊性：問題的構成要素無法透過簡單賦予權值的方式給予量化參數，其內部涵義與外沿邊界給予研究背景的不同也會存在一定範圍的變化波動。

② 結果模糊性：計算結果多以置信區間方式呈現，但基於一定條件可以透過數值化處理轉變為確定性結果。

模糊評價方法通常有基於無偏好資訊、基於有屬性資訊、基於有方案資訊的多種評價方法。本書重點介紹基於無偏好資訊下的模糊樂觀型評價法與模糊悲觀型評價法。

(1) 模糊樂觀型評價方法

模糊樂觀型評價以方案的優勢指標作為切入點，以「優中選優」作為篩選原則，在結果上僅將最優指標作為求解目標進行計算。在實際應用中，可根據不同評價方式施行不同的權重分配方法，從而保證計算結果的準確性[10]。

步驟 1：集中所有模糊指標值矩陣，對其進行歸一化處理。

步驟 2：對於方案 A_i 的右模糊極大集

$$\widetilde{M}_{iR}=\mathrm{m\widetilde{a}x}_R(\widetilde{r}_{i1R},\widetilde{r}_{i2R},\cdots,\widetilde{r}_{inR}) \tag{6-59}$$

存在隸屬函數

$$\mu_{\widetilde{M}_{iR}}(r_i)=\sup_{r_i=\{r_{i1}\vee r_{i2}\vee\cdots\vee r_{in}\}}\min\{\mu_{\widetilde{r}_{i1R}}(r_{i1}),\mu_{\widetilde{r}_{i2R}}(r_{i2}),\cdots,$$
$$\mu_{\widetilde{r}_{inR}}(r_{in})\},(\widetilde{r}_{i1},\widetilde{r}_{i2},\cdots,\widetilde{r}_{in})\in R^n$$

步驟 3：根據右模糊集與右模糊極大集之間的 Hamming 距離進行計算。

$$d_R(\widetilde{r}_{ijR},\widetilde{M}_{iR})=\int_{s(\widetilde{r}_{ijR}\cup\widetilde{M}_{iR})}|\mu_{\widetilde{r}_{ijR}}(x)-\mu_{\widetilde{M}_{iR}}(x)|\mathrm{d}x \tag{6-60}$$

步驟 4：設 $\widetilde{r}_i^{\max}=\min\{d_R(\widetilde{r}_{ijR},\widetilde{M}_{iR})\}$。

步驟 5：確定 $\widetilde{r}_{iR}^{\max}$ 的右模糊極大集 $\widetilde{M}_R$。

$$\widetilde{M}_R=\mathrm{m\widetilde{a}x}_R(\widetilde{r}_{1R}^{\max},\widetilde{r}_{2R}^{\max},\cdots,\widetilde{r}_{mR}^{\max}) \tag{6-61}$$

存在隸屬函數

$$\mu_{\widetilde{M}_R}(r)=\sup_{r_i=\{r_1\vee r_2\vee\cdots\vee r_m\}}\min\{\mu_{\widetilde{r}_{1R}^{\max}}(r_1),\mu_{\widetilde{r}_{2R}^{\max}}(r_2),\cdots,\mu_{\widetilde{r}_{mR}^{\max}}(r_m)\},$$
$$(r_1,r_2,\cdots,r_m)\in R^m \tag{6-62}$$

步驟 6：根據 $\widetilde{r}_{iR}^{\max}$ 與 $\widetilde{M}_R$ 求解計算 Hamming 距離。

$$d_R(\widetilde{r}_{iR}^{\max},\widetilde{M}_R)=\int_{S(\widetilde{r}_{iR}^{\max}\cup\widetilde{M}_R)}|\mu_{\widetilde{r}_{iR}^{\max}}(x)-\mu_{\widetilde{M}_R}(x)|\mathrm{d}x \tag{6-63}$$

其中，若 A 是實數域上的模糊集，$S(A)$ 表示滿足隸屬函數 $\mu_{\widetilde{A}}(x)>0$ 的所有屬於實數域的 x 的普通集合，且 $\widetilde{r}_{iR}^{\max}\cup\widetilde{M}_R=\max\{\widetilde{r}_{iR}^{\max},\widetilde{M}_R\}$。

步驟 7：按照計算出的 Hamming 距離從小到大排列 A_i 的優劣次序，並將最優方案記為 $A_{\max}^{+}$。

(2) 模糊悲觀型評價方法

模糊悲觀型評價方法從方案中的劣勢指標入手，透過「劣中選優」的篩選原則進行模糊評價。其計算以左模糊極大集為基準，以 Hamming 距離為尺度，先確定每一個方案中相對劣勢指標，再從劣勢指標中選擇相對優先者，從而確定最佳方案。

步驟 1：集中所有模糊指標值矩陣，對其進行歸一化處理。

步驟 2：對於方案 A_i 的左模糊極大集

$$\widetilde{M}_{iL}=\widetilde{\max}_L(\widetilde{r}_{i1L},\widetilde{r}_{i2L},\cdots,\widetilde{r}_{inL}) \tag{6-64}$$

存在隸屬函數

$$\mu_{\widetilde{M}_{iL}}(r_i)=\sup_{r_i=\{r_{i1}\vee r_{i2}\vee\cdots\vee r_{in}\}}\min\{\mu_{\widetilde{r}_{i1L}}(r_{i1}),\mu_{\widetilde{r}_{i2L}}(r_{i2}),\cdots,\mu_{\widetilde{r}_{inL}}(r_{in})\},$$
$$(\widetilde{r}_{i1},\widetilde{r}_{i2},\cdots,\widetilde{r}_{in})\in R^n \tag{6-65}$$

步驟 3：根據左模糊集與左模糊極大集之間的 Hamming 距離進行計算。

$$d_L(\widetilde{r}_{ijL},\widetilde{M}_{iL})=\int_{s(\widetilde{r}_{ijL}\cup\widetilde{M}_{iL})}|\mu_{\widetilde{r}_{ijL}}(x)-\mu_{\widetilde{M}_{iL}}(x)|\mathrm{d}x \tag{6-66}$$

步驟 4：設 $\widetilde{r}_i^{\min}=\max\ \{d_L\ (\widetilde{r}_{ijL},\ \widetilde{M}_{iL})\ \}$。

步驟 5：對於 $\widetilde{r}_{iR}^{\max}$ 的左模糊極大集

$$\widetilde{M}_L=\widetilde{\max}_L(\widetilde{r}_{1L}^{\min},\widetilde{r}_{2L}^{\min},\cdots,\widetilde{r}_{mL}^{\min}) \tag{6-67}$$

存在隸屬函數

$$\mu_{\widetilde{M}_L}(r)=\sup_{r_i=\{r_1\vee r_2\vee\cdots\vee r_m\}}\min\{\mu_{\widetilde{r}_{1L}^{\max}}(r_1),\mu_{\widetilde{r}_{2L}^{\max}}(r_2),\cdots,\mu_{\widetilde{r}_{mL}^{\max}}(r_m)\},$$
$$(r_1,r_2,\cdots,r_m)\in R^m \tag{6-68}$$

步驟 6：根據 $\widetilde{r}_{iL}^{\min}$ 與 $\widetilde{M}_L$ 求解計算 Hamming 距離。

$$d_L(\widetilde{r}_{iL}^{\min},\widetilde{M}_L)=\int_{S(\widetilde{r}_{iL}^{\max}\cup\widetilde{M}_L)}|\mu_{\widetilde{r}_{iL}^{\min}}(x)-\mu_{\widetilde{M}_L}(x)|\mathrm{d}x \tag{6-69}$$

其中，$\widetilde{r}_{iL}^{\max} \cup \widetilde{M}_L = \max\{\widetilde{r}_{iL}^{\max}, \widetilde{M}_L\}$。

步驟7：對 A_i 進行優劣次序排序，排序按 Hamming 距離升序排列，並記最優方案為 $A_{\min}^{+}$。

6.4.7 典型評估方法——概率安全性評估方法

概率安全性評估是計算子單元、子系統的事故發生概率，獲取整個動態系統發生事故的概率。如透過基於事故場景的方法分析來研究實際的系統，能夠對系統的危險狀態和潛在的事故的發生概率進行明確描述，對多種安全性分析方法進行綜合應用，從而鑒別出事故可能發生的後果，同時計算出每種危險因素可能導致事故發生的概率。總體而言，概率安全性評估建立在概率論的基礎上，又充分考慮對象自身結構特徵的方法。

(1) 概率安全性評估的過程

概率安全性評估是一個透過集成運用多種安全性分析方法的綜合過程。雖然對不同系統進行概率安全性評估時其範圍、時間和流程等具體的要求不完全相同，但應包括表 6-6 所示的步驟。

表 6-6 概率安全性評估的基本步驟

步驟	步驟名稱	操作內容
步驟 1	熟悉系統	熟悉系統的設計以及運行過程和運行環境
步驟 2	初始事件分析	採用初步危險分析、檢查表、FMEA、HAZOP 等方法對初始事件進行分析
步驟 3	事件鏈分析	針對系統的不同響應而造成事件鏈的不同發展過程進行分析，一般採用事件樹進行分析
步驟 4	事件概率評估	對頂事件展開故障樹分析，進而得到事件鏈初始事件或中間事件發生的概率
步驟 5	後果分析	分析不同環境條件下的後果
步驟 6	風險排序和管理	針對同一後果的不同危險因素的風險進行排序

(2) 概率安全性評估的實現

基於貝氏網路的安全評估方法是概率安全性評估的一種主要評估方法，在處理具有複雜網路結構的系統安全性評估問題中具有較好的效果。

在貝氏網路中，對於給定節點的聯合概率分布目前已經存在比較成熟的計算算法，因此當一個系統成功地構建了貝氏網路之後，便可以對其進行概率安全評估，主要是對各個底事件的重要度以及各個後果的概率進行計算[11]。

① 後果發生的概率　可以透過聯合概率分布對貝氏網路中的後果 j 的發生

概率進行直接計算，不需要對割集進行求解，這裡計算方法如式(6-70) 所示。

$$P(outcome=j)=\sum_{E_1,\cdots,E_M}(E_1=e_1,\cdots,E_M=e_M,outcome=j) \quad (6\text{-}70)$$

式中，$j\in O$，O 是葉節點 $outcome$ 的狀態空間，對應於貝氏網路中的非葉節點的是節點 $E_i(1\leqslant i\leqslant M)$，$M$ 是非葉節點的數目，此外，節點 E_i 對應的事件是否發生由 $e_i\in(0,1)$來表徵。

② 分析底事件的重要度　分析底事件的重要度是概率安全性評估中的一項關鍵流程。它透過對後果發生概率跟隨故障樹底事件概率的變化趨勢開展分析，進一步減小風險概率。

節點 E_i 對應的底事件在貝氏網路中對於後果的重要度能夠透過下式獲得，主要是對相應的條件概率分布以及聯合分布進行計算：

a. risk reduction worth（RRW）重要度：

$$I_{E_i}^{\mathrm{RRW}}(j)=\frac{P(outcome=j)}{P(outcome=j\mid E_i=0)} \quad (6\text{-}71)$$

b. fusel-vesely（FV）重要度：

$$I_{E_i}^{\mathrm{FV}}(j)=\frac{P(outcome=j)-P(outcome=j\mid E_i=0)}{P(outcome=j)}=1-\frac{1}{I_{E_i}^{\mathrm{RRW}}(j)} \quad (6\text{-}72)$$

c. risk achievement worth（RAW）重要度：

$$I_{E_i}^{\mathrm{RAW}}(j)=\frac{P(outcome=j\mid E_i=1)}{P(outcome=j)} \quad (6\text{-}73)$$

d. birnbaum measure（BM）重要度：

$$\begin{aligned}I_{E_i}^{\mathrm{BM}}(j)&=P(outcome=j\mid E_i)=1-P(outcome=j\mid E_i=0)\\&=P(outcome=j)\left(I_{E_i}^{\mathrm{RAW}}(j)-\frac{1}{I_{E_i}^{\mathrm{RAW}}(j)}\right)\end{aligned} \quad (6\text{-}74)$$

③ 其他結果分析　在節點 E_j 對應的事件發生的前提下，節點 E_i 對應事件發生的後驗概率也可以利用貝氏網路得到，計算方法如下所示：

$$\begin{aligned}&P(E_i=1\mid E_j=1)\\&=\sum_{E_1,\cdots,E_{i-1},E_{i+1},\cdots,E_{j-1},E_{j+1},\cdots,E_N}P(E_k=e_k,E_i=1,E_j=1)/P(E_j=1)\end{aligned} \quad (6\text{-}75)$$

式中，$1\leqslant k\leqslant N$，$k\neq i$，$k\neq j$。貝氏網路中的節點由 E_k（$1\leqslant k\leqslant N$）表示，節點的數目為 N，節點 E_k 對應的事件是否發生由 $e_i\in\{0,1\}$表示。如果 E_j 的後代節點是 E_i，那麼可以利用這些資訊實現推理。如果 E_i 的後代節點是 E_j，那麼便能夠實現診斷。因此，基於貝氏網路的概率安全性評估方法和傳統的事件樹/故障樹比較而言，具有更加強大的建模以及分析的能力。

④ 計算步驟　根據前面的描述，貝氏網路的概率安全性評估計算步驟可總結為下面的幾個方面，如表 6-7 所示。

表 6-7 基於貝氏網路的概率安全性評估方法的計算步驟

序號	描述	操作
步驟 1	事件樹轉化得到對應的貝氏網路 EBN	①建立事件樹的每個事件 E_i 對應的兩狀態節點 VE_i； ②建立對應事件樹的各個後果的狀態葉節點 *outcome*，同時 *outcome* 節點連接了 VE_i； ③根據事件樹的分支邏輯關係建立 *outcome* 的條件概率分布
步驟 2	故障樹轉化得到事件 E_i 對應的貝氏網路 FBN_i	①建立故障樹的每個事件 E_{ij} 對應的兩狀態節點 VE_{ij}； ②確定貝氏網路節點的連接關係； ③建立貝氏網路的定量描述
步驟 3	對貝氏網路的整合	將 FBN_i 整合到 EBN 中，在保持連接關係不變的前提下疊合相同的節點，進而得到網路 $EFBN$
步驟 4	概率安全評估	計算概率 $P(outcome)$ 和底事件的重要度

參考文獻

[1] Srinivas Acharyulu P V, Seetharamaiah P. A framework for safety automation of safety-critical systems operations [J]. Safety Science, 2015, 77: 133-142.

[2] 陳敏維，張孔林，郭健生，等．基於改進能量函數法的暫態穩定評估應用研究[J]. 電力與電工，2011，31(1)：7-10.

[3] 曾沅，常江濤，秦超．基於相軌跡分析的實用動態安全域構建方法[J]. 中國電機工程學報，2018(7)：1905-1912.

[4] Ye L, Fei Z, Liang J. A method of on-line safety assessment for industrial process operations based on hopf bifurcation analysis[J]. Industrial & Engineering Chemistry Research, 2011, 50(6): 3403-3414.

[5] 李果，高建民，高智勇，等．基於小世界網路的複雜系統故障傳播模型[J]. 西安交通大學學報，2007，41(3)：334-338.

[6] Liu S. Risk assessment based on the human errors in the petroleum operation [J]. Disaster Advances, 2012, 5(4): 182-185.

[7] 智文書，馬昕暉，趙繼廣，等．基於層次分析法的低溫加注系統安全風險評估[J]. 低溫工程，2013，196(6)：31-35.

[8] 徐玖平，吳巍．多屬性決策的理論與方法[M]. 北京：清華大學出版社，2006.

[9] 劉思峰，謝乃明，等．灰色系統理論及其應用[M]．第 6 版．北京：科學出版社，2013.

[10] 李榮鈞．模糊多準則決策理論與應用[M]. 北京：科學出版社，2002.

[11] 古瑩奎．複雜機械系統可靠性分析與概率風險評價[M]. 北京：清華大學出版社，2015.

第7章

動態系統安全運行智慧監控關鍵技術及應用

動態系統安全運行的本質是防止事故的發生，資訊化、物聯化、智慧化、大數據等技術為實現動態系統安全運行的監測管控和決策提供了手段，以期及時準確地辨識出安全方面的薄弱環節和隱患，綜合、完善地掌握動態系統運行過程中的整體與局部安全性，為操作者、管理者的決策提供指導依據，衡量動態系統「是否可用，是否敢用，是否能用」，實現安全風險監控與防範。本章以此作為切入點，結合筆者十多年來的工程實踐經驗，從需求分析、功能架構、數據處理三個方面闡述動態系統安全運行智慧監控的關鍵技術，以實現動態系統的安全分析、狀態監測、健康管理、維護管理、數據與資源管理等功能，並討論了構建監測管控與決策系統的技術和方法，以航天發射飛行安全控制智慧決策作為實際案例，給出系統安全運行控制決策的實施內容。

7.1 動態系統安全運行監控資訊化需求

安全性是動態系統運行過程中首要關注的問題，涉及系統工況異常、人為操作失誤、外部環境干擾、內部部件間影響等[1]，但安全性並不能直接檢測，需要透過監控與其相關的過程、參數、變量等來實現。動態系統主要分為大型工業過程和複雜裝備系統兩類，多具有部件組成豐富、工藝連續繁瑣、結構關係龐雜、處理數據密集的特徵，對動態系統進行安全監測管控與決策需要用到大量的基礎數據和運行數據[2]。一方面，人們希望利用先進的資訊化手段、透過大量的在線數據和歷史離線數據來揭示裝備及系統安全運行性規律，及時發現和處理各類不利於安全的因素；另一方面，大規模的監控數據資訊又會導致安全決策的計算量劇增，無法兼顧計算算法的時效性和準確性[3-5]。

針對此難點，結合前述各章節的描述，本節將針對動態系統安全運行監控資訊化需求進行分析，並討論在構建監測管控與決策系統軟體應用中的需求規格。

(1) 制定安全運行監控資訊化準則

能夠表徵系統動態安全的特徵量和參數有很多，在一般的安全決策中，會從中遴選出適合的且權重較大的進行決策。這對動態系統安全運行監控資訊化提出了基本要求，即：對於特定的系統對象，根據系統的特點，在參考通用安全運行準則的基礎上，結合具體領域行業安全生產運行規範，制定其安全運行監控規範和準則。安全運行監測管控與決策系統是資訊化應用的載體，參考資訊化系統建設基本規律和要求，安全需求、數據需求、應用需求等內容均是需要完善的內容，這些準則是構建系統應用的基礎，體現為各類基本運行流程、數據集、算法、數據結構、基礎配置項等，這些要素在構建系統之前必須確定，以支持各系統功能模塊的邏輯關係。

（2）確定安全運行要求

確定動態系統運行所要達到的安全目標和要求，是一個動態系統運行的定量指標，也是對安全運行監控資訊化準則的具象化，即，根據具體的系統運行工藝規程和功能設計定義各參數的配置項和限制項。在軟體系統應用中體現為不同技術過程、不同安全要求、不同運行環境等條件下動態系統運行參數的上下限、閾值、特定目標等限制性數據指標的集合，該類集合包含了應對不同安全運行準則的指標和指標評價體系。

（3）確定安全性指標

安全性指標是對動態系統進行安全分析的目標和風險管理決策的依據，是判定動態系統運行是否安全的徵兆指標，該類指標綜合反映了安全運行要求（若干項安全運行要求會形成一組或多個安全性指標，對應到動態系統運行過程中可能出現的風險、潛在事故）。由於安全性指標與事故發生可能性、事故後果嚴重性緊密相關，因此在軟體系統應用中需採用可能性參數、後果嚴重性、時間緊迫程度等參數作為安全性能指標。同時，考慮到動態系統由多個分系統組成，其功能、結構、機理、效能均有所不同，因此分系統對系統的風險貢獻以及風險接受等級等也是安全性指標的重要組成部分。上述指標直接影響到系統安全性的度量。

（4）安全分析

安全分析分為初步安全分析和系統安全分析兩個步驟，用於從局部到整體對動態系統的運行安全計算分析，但並不給出直接的安全分析結果，而是以分析報告的形式為安全決策提供素材。其中初步安全分析根據安全性指標進行的基本數據處理、分析，該項工作通常會生成初步安全分析報告和危險追蹤報告並輸出；在軟體系統應用中表現為運行監測數據的基本處理功能，如數據指標比對、風險性數據統計等。而系統安全分析是以動態系統為對象，全面地在各個層級進行安全分析工作，要求能夠輸出完整的系統安全分析結果、分析報告和危險追蹤報告；該功能在軟體系統應用中需要充分考慮系統各部分之間的接口關係，從全系統的角度來實現運行監測數據的分析和挖掘。

(5) 安全風險評價

安全風險評價是判斷動態系統是否安全的最終功能部分，分為定性和定量兩類。定性評價方法包括安全風險評估指數法、總風險暴露指數法[5,6]；定量方法為概率風險評價法等[6,7]。在軟體系統應用中的安全風險評價，主要以圖形、列表、報告、文件等多種方式輸出風險結果。

由上述分析，可以將動態系統安全運行監控資訊化的基本流程和任務明確為如下部分。

第一，根據動態系統對象的特點和運行要求，劃分任務階段。對每個階段進行具體的任務分析，然後按照系統結構、系統功能，建立系統的主邏輯圖模型。

第二，對主邏輯圖模型的頂級事件展開分析，得到動態系統可能的初始事件集合。配置不同的動態安全性建模方法進行建模，得到動態安全模型。

第三，對所建立的模型展開分析，得到動態系統中所有的事故發展路徑、事故發生概率定性或定量的描述、後果的嚴重性等級或期望損失。

第四，透過安全運行評估，獲取系統運行過程中的安全風險狀態及其變化趨勢。

最後，根據安全運行評估結果進行安全控制與決策。這也是動態系統安全運行監測管控與決策的根本任務和目標[8]。

需要注意的是，動態安全性分析進行的階段不同，安全決策也有所不同[5-7]。運行階段決策最主要的是根據系統當前的安全水準以及技術和費用與獲益等諸因素，來決定選取何種控制策略[9]。在軟體系統應用中，重點關注對動態系統安全性因素的採集、處理、分析、呈現等內容，與決策相關的功能按控制與否作為區分，通常以輔助決策為主。

圖 7-1 表現了用於動態系統安全監測管控與決策系統的流程與任務。

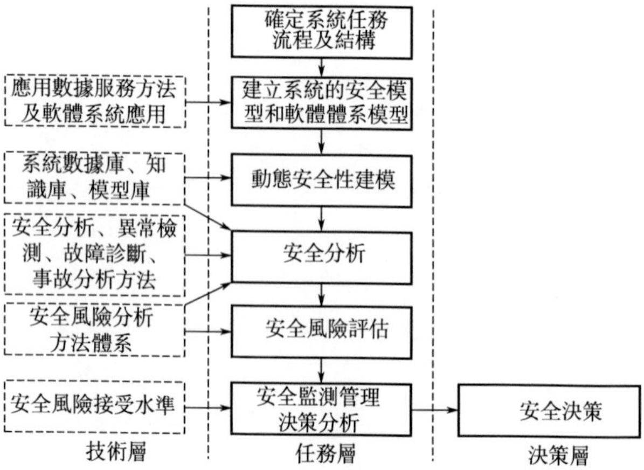

圖 7-1 動態系統安全運行監測管控與決策流程與任務

7.2 動態系統運行實時監測數據處理技術分析

在大型工業過程和複雜裝備系統中，獲取的實時在線數據和歷史離線數據表現出運行模態多樣化的特徵[8]。這些數據的來源眾多且分布在不同空間位置，數據採樣和傳輸頻率不統一。不同系統的數據在時間維度上具有耦合交叉，使得準確地挖掘出數據中有關安全運行關鍵參數及指標的難度較大。考慮到表徵工況的多類數據規則各有設定，為確保安全監控過程中對於動態系統狀態認知的準確性，通常按照空間位置、功能、子系統、時序等作為區分，對各類數據進行實時監測並處理。

前述章節對危險及安全事故分析、運行監測訊號處理、異常工況識別、故障診斷、安全性分析評估、安全運行監控資訊化等動態安全運行性分析的基礎理論和技術方法進行了闡述，而在軟體系統應用中，還需要結合 7.1 節中討論的資訊化需求，重點解決在監測數據處理方面的 3 個方面的問題：

① 如何統籌管理並應用實時監測數據和資訊？

② 如何儲存這些海量的監測數據以使其便於調用？

③ 如何將監測數據轉換為易於決策的資訊？

針對上述問題，以動態系統安全運行監控資訊化準則和監測管控與決策的流程和任務，對相關的數據監測和處理的關鍵技術進行分析。

7.2.1 動態系統安全監測管控系統構建技術

針對動態安全監管任務多模態和監測數據時空關聯的特徵[5]，面向不同應用對象和場景需要多系統協同參與的需求[2]，充分考慮多層級系統結構、多數據時序交叉、分布式業務邏輯為數據服務帶來的影響[8]，需要實現多層級數據資源調度服務系統設計方法、分布式多模態數據整合方法、時空關聯數據資源共享方法、服務可拓展的決策數據管理方法等。

(1) 多層級數據資源調度服務系統設計方法

動態系統在功能和流程上是一類典型多層級結構，表述層級間關係需要集成大規模的、分布在不同資源上的運行數據。針對此，設計一個雲服務平臺來儲存和整合所有動態系統層級的資訊數據，不同層級數據運行狀況和服務均匯集於管理機構的客户端，以分布式的調度平臺反饋層級間的數據處理機制和負載，透過負載性能分析來動態調度和分配處理資源，在不改變數據資源分布物理結構和層次邏輯結構的前提下，實現對源於不同層級的大規模數據的統一調度。該方法是動態系統安全監測管理系統構建技術的基礎，如圖 7-2 所示。

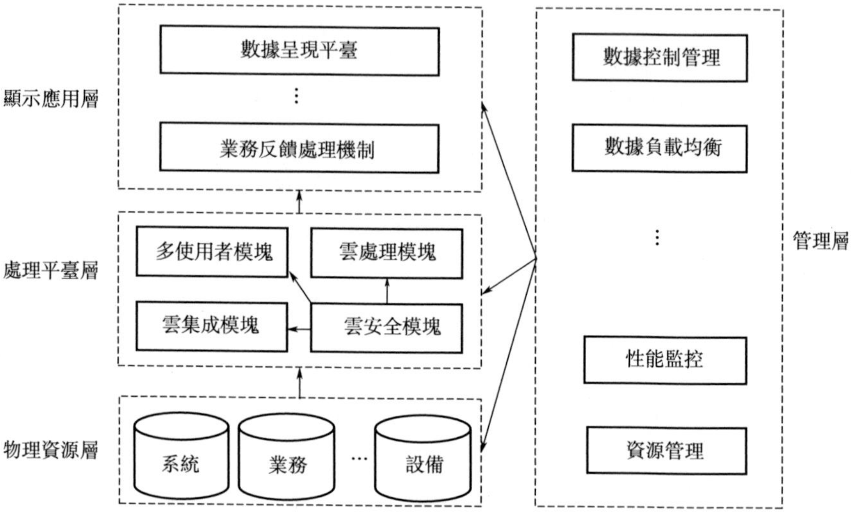

圖 7-2 多層級數據資源調度服務系統設計方法

(2) 分布式多模態數據整合方法

針對動態系統運行過程中源自不同系統但業務邏輯上統一的多模態數據整合的需求，將多個不同層級的資訊平臺相互關聯至多個資訊終端上。各資訊平臺中屬於相同或關聯業務邏輯的數據按照模態區分儲存，形成數據交互需要的資訊流，這些交互資訊流在使用者界面上透過類型分析轉化為與具體業務相關的流程模型和數據列表，映射到不同數據源中不同模態的數據上，使其整合成為該業務流程的組成部分，以便於對特定安全運行目標的認知和決策，提升同類型但不同模態數據間的邏輯整體性，如圖 7-3 所示。

(3) 時空關聯數據資源共享方法

針對動態系統監測數據接口差異和功能模塊連接固定等問題，以業務邏輯為區分，以時空關聯的業務數據為對象，按照業務邏輯劃定時序串聯的記錄體系，定義用於時空數據交互請求列表的資源共享模塊；並制定共享模塊間的通訊協議、資訊流向、配置集成服務接口、對外通訊接口，按業務的運行規範整合各服務功能之間的數據流向，透過集中管理層調配服務並發送至資源共享模塊，形成集中式的資源共享架構，實現按業務區分對多分布多時序交叉數據源的復用。

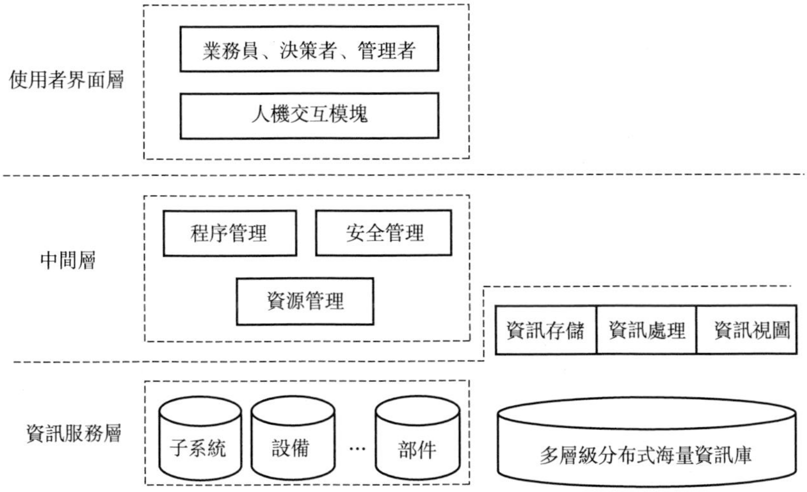

圖 7-3　分布式多模態數據整合方法

(4) 服務可拓展的決策數據管理方法

針對傳統安全監管軟體系統平臺在功能模塊之間連接性過強、軟體架構整體性高、具有面向過程設計的局限性等問題，定義數據源層、雲計算訪問協議層、服務封裝層、集成接口層、服務調用層、服務需求處理層、表示層等，將動態系統運行過程和功能模型封裝成獨立業務類，各個子系統和功能模塊與實際運行數據剝離，僅與動態系統實際運行業務相關聯，應對於不同的業務流程。該方法透過服務模塊發現、服務模塊匹配和服務模塊組裝，將決策數據服務應用集成於頂層的安全監管決策服務上，如圖 7-4 所示。

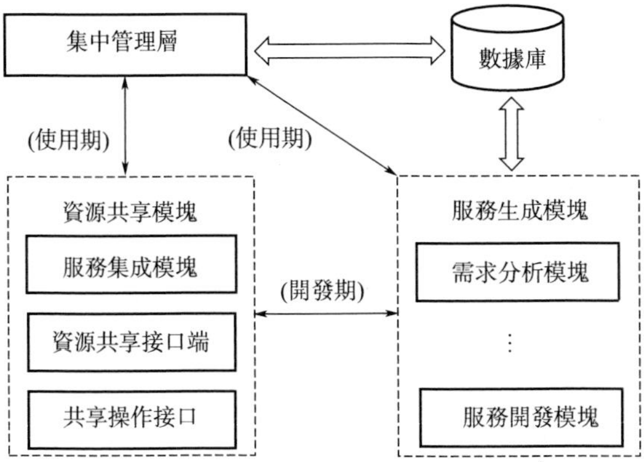

圖 7-4　服務可拓展的決策數據管理方法

7.2.2 動態系統安全監測數據組織處理技術

動態系統運行過程中在受限條件下存在數據組織和儲存障礙，為解決大規模多模態、多衝突、多時序關聯的數據在實時決策目標下的儲存、檢索、備份等難題，需要專門對動態系統安全監測數據進行組織和處理，以提升運行安全分析的準確性和實時性，並為運行安全管控與決策提供完備的基礎數據支持。

(1) 基於時效和重要度區分的數據儲存方法

動態系統運行監測數據具有實時涌現和異步異構的特性，對多分布數據源的處理需要耗費大量計算儲存資源，通用的關係型數據儲存結構又難以兼顧交互操作的實時性和效率。鑒於此，以數據產生和調用的速率以及規模作為時效和重要度區分，跨越數據本身含義進行劃分，形成「業務處理數據暫駐緩存＋實時數據常駐內存＋時效型數據形成二進制文件＋歷史數據儲存關係型數據庫」的儲存模式，並結合相應的數據協同處理算法，使用兼顧實時和歷史訪問的多元數據池，以解決多模態、多採樣、多衝突的大規模運行數據在儲存、組織、調用過程中存在的時延和擁塞等難題，如圖 7-5 所示。

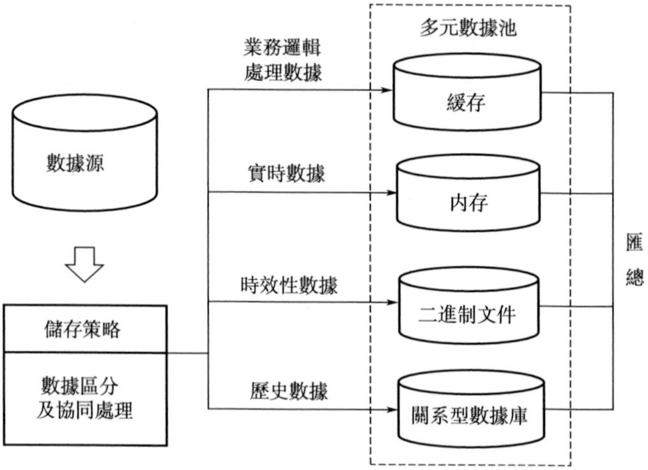

圖 7-5　基於時效和重要度區分的數據儲存方法

(2) 高負荷分布式數據均衡儲存及索引方法

動態系統運行監測數據在交互儲存中受多分布和持續產生的影響，極易出現儲存資源非線性不均衡分配的情況，導致決策支持穩定性和時效性效率大幅下降。針對此，需要對數據檢索進行優化，該方法在後臺服務器端持續生成並存放包含基礎資訊的索引數據集，各分布式終端存放詳細數據資訊，將原始數據、儲存地址、接收地址等資訊封裝成元數據包，地址資訊封裝為路由資訊以供交互，配置按需調用運行數據的策略，將數據均勻分布儲存在不同介質中，將訪問壓力平均分散各個終端，為大規模運行監測數據持續產生時的區分儲存和索引提供基礎依據，如圖 7-6 所示。

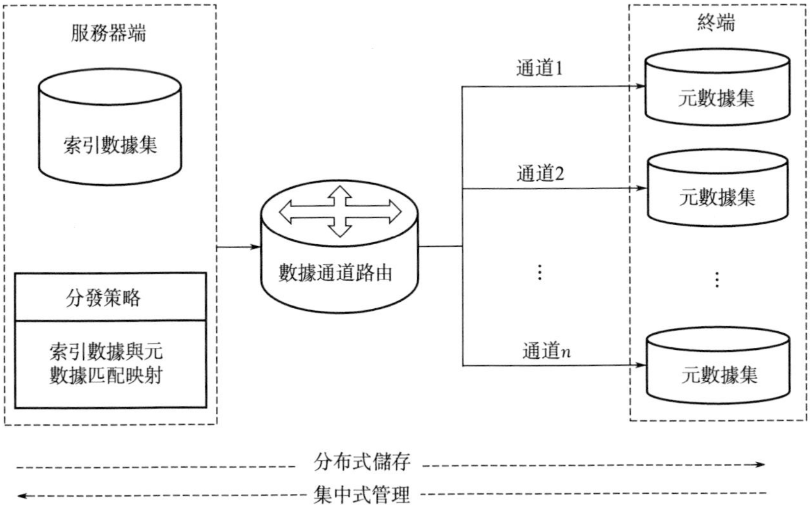

圖 7-6　高負荷分布式數據均衡儲存及索引方法

(3) 多分布時序數據實時同步記錄方法

受動態系統運行監測數據多分布的影響，在儲存過程中無法預知下一時刻所獲取的數據，而且不同終端因其儲存介質差異會造成分布式儲存效率波動，需要對數據記錄的同步進行優化。該方法以一個主數據服務器作為數據中心、多個從數據服務器作為數據節點，相互之間採用偶連接方式，按照時間序列的區分採用增量同步的方式進行記錄，確保相同類型的數據記錄於同一數據節點；採用相異記錄策略，將數據按時效分別記錄於內存表、暫態表、恆久表中，保證熱度更高的數據位於更快的儲存通道中，以提升監測數據儲存的數據交互效率和服務響應速度，如圖 7-7 所示。

(4) 大規模監測數據的可靠檢索和備份方法

動態系統運行監測數據和用於安全分析的數據若位於同一終端，大規模的實時調用會造成數據擁塞，而受限於儲存介質的容量和速度差異，又易導致CRUD 操作中的數據紊流現象。針對此，在前述的儲存模式上考慮針對大規模監測診斷數據的可靠檢索和備份方法，包括進程實際平均執行時間反饋優化估算、數據索引分類協同優化檢索、特定數據結構的連續資訊片段壓縮、應急性爆發數據可靠備份及實時分析、按時序和數據本體變化的備份和恢復等，以解決非週期涌現大規模數據的儲存和調用效率低下與耗時波動的問題。相關方法在動態分配儲存空間、異構數據實時分類檢索、關鍵過程特徵數據發現與表徵、數據通道平穩暢通、異構數據的備份和恢復等方面保障安全分析的性能。

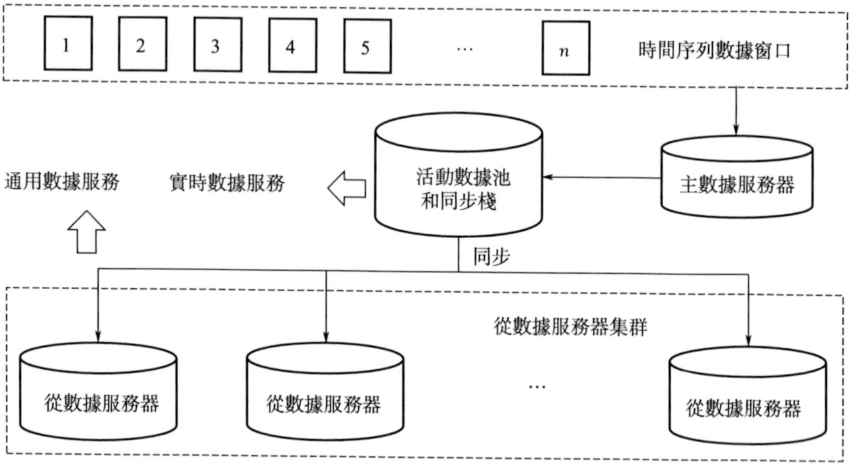

圖 7-7　多分布時序數據實時同步記錄方法

7.2.3 動態系統安全監測決策數據呈現技術

實現動態系統的安全決策必須要對運行監測數據進行深度關聯的直覺呈現，而傳統基於設計和工藝的系統模型難以完整展現動態系統運行的過程，在實現「局部-全局」的視角轉換時存在著認知偏差。

（1）運行任務進程分段模塊化及功能模型化方法

從大量動態系統運行監測數據中甄別出表徵當前運行工況的關鍵參數和流程時，必須對不同類型數據按照系統運行過程和功能的差異進行區分。鑒於此，以對動態系統運行業務流程可視化建模為目的，針對運行過程動態特性，透過學習運行數據的主要關聯特徵來實現冗餘數據的降維和線性化。根據系統參數與過程的關聯度分析，甄別出當前運行階段的關鍵參數，作為任務進程分段的依據，提取並輸出為標準數據格式。按照不同任務進程的區分將這些數據和相關的操作進行封裝，成為獨立的模塊化類和函數，映射為具體的功能模型，在此基礎上進行「任務-過程-參數-數值」多層級的數據配置，為數據可視化提供開放的流程和完備的結構，如圖 7-8 所示。

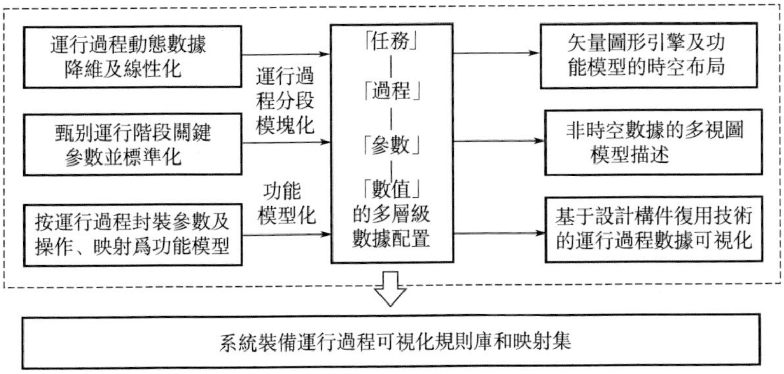

圖 7-8 運行任務進程分段模塊化及功能模型化方法

(2) 基於事件驅動的可視化映射集及多視圖模型

動態系統運行監測數據主要分為時空類和非時空類，需要透過關鍵事件映射為時空標量或抽象形態來表現對象的變化關係。針對此，對時空類數據採用正則化方式規範，映射於標量場中的圖元（如何縮放向量圖形、腳本繪製畫布），以事件作為驅動模型將其作用於可視化引擎上，完成多要素功能模型的時空布局；針對非時空數據的多層次結構關係，按照（1）的方法將事件驅動可視化模型進行模態變更，形成突出有用資訊的多視圖呈現模型，並基於設計構件復用的運行過程數據標準可視化方法，針對各類功能模型的業務層級，定義統一的數據接口和協議，將過程運行數據與邏輯、方法、屬性獨立開，搭建出可有效重複利用圖形組件庫，具備可擴展性和可移植性，如圖 7-9 所示。

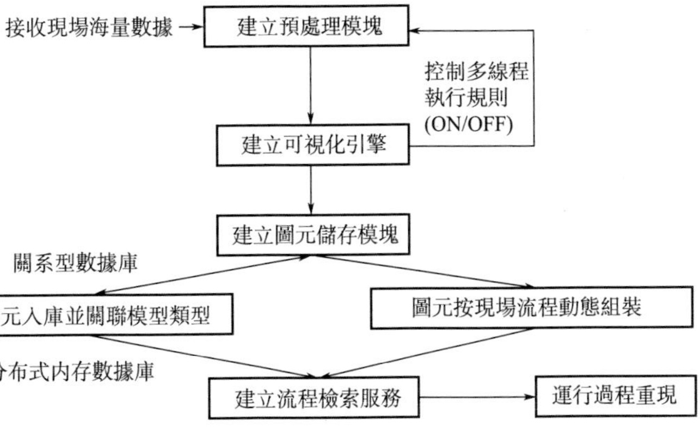

圖 7-9 基於事件驅動的可視化映射集及多視圖模型

(3) 基於監測數據的運行業務流程重現可視化方法

動態系統任務流程重現多採用模擬動畫和生產流程示意圖，但模擬動畫不具備良好的可操作性和交互性，而生產流程示意圖在針對動態環節和複雜流程時無法兼顧細節。針對此，結合（1）和（2）確定動態系統運行中各個流程的關鍵工藝參數，按進程和事件來區分多維交叉的監測數據，以發現流程之間的時空關係和連接點；使用（2）中的可縮放矢量圖形、腳本繪製畫布等對業務流程生成可視化模型（如動畫、時間軸、圖形統計報告等）；使用多視圖模型建立有效數據之間的關係模型，並透過聚類分析區分有效數據；按照動態系統運行流程的時空關係進行配置劃分，與可視化呈現模型相對應，將所有與可視化相關的服務進行組裝，完成動態可視數據的異步數據更新和交互功能，如圖 7-10 所示。

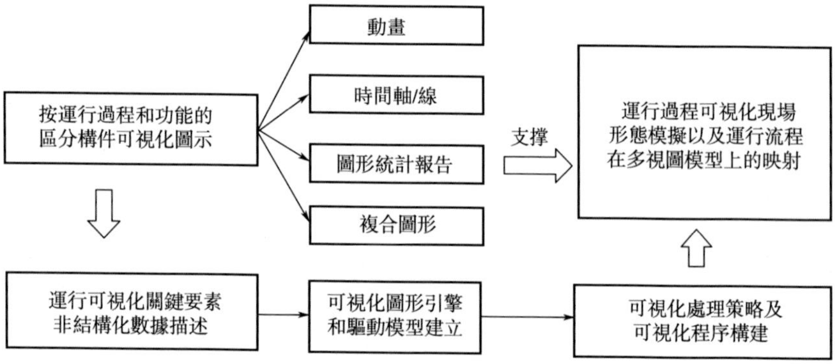

圖 7-10 基於監測數據的運行業務流程重現可視化方法

(4) 動態系統關鍵進程動態可視方法

動態系統運行過程中的整體變化狀態與其關鍵進程和參數具有高相關性，針對不同任務進程中行為、屬性、構成參數等的差異，將運行過程和功能模型映射為（3）中所述的動畫、時間線、圖形統計報告、複合圖等多種基本圖形；基於（1）提取出進程的關鍵參數、交互模式、事件驅動腳本、里程碑等，以非結構化數據描述；指定各基本元素的交互對象和呈現度，應用於圖形引擎規則和驅動模型，基於（2）和（3）形成與實際運行過程並行的可視化程序。該方法是前述 3 個方法的集合，將複雜不可觀的動態系統運行業務流程映射於多視圖模型之上，以數據驅動方式還原現場流程，呈現參數變化情況和不同參數之間的對比情況，實時反映現場的形態，以便於直覺掌握運行過程安全狀況。

7.3 動態系統安全運行監測管控系統功能分析

動態系統的運行隨時間變化，其狀態變量是時間函數。因此系統狀態變量隨時間變化的資訊（按時間區分採集的監測數據）可以反映動態系統運行的狀況，也包括了運行安全資訊。人們希望藉助於大量的實時動態監測數據，經過數據處理、挖掘、分析、和呈現等技術手段，從多方面反映與系統安全有關的資訊和知識。從廣義的過程自動化角度來看，則希望透過軟體系統的應用，將安全分析、評價與提高安全性的調節措施集成到自動控制系統中，在識別不安全運行狀態之後能自動採取措施或及時告警故障等方式消除不利影響，提高安全運行性。

一般地，動態系統安全運行監測管控工作分為對歷史工作狀態的安全評價和對系統現階段運行過程的安全分析。由於安全分析具有較高的時效性，特別是在動態系統中，適時且完善的安全分析結果將有助於決策者及時地發現潛在隱患威脅，並指導現場操作和管理人員採取適當有效的措施，保證系統健康安全地運行。

按照上述需求，在動態系統安全運行監測管控系統的架構組成上主要包括數據資源管理、監測數據分析處理、動態系統安全分析、健康管理功能 4 部分，其涵蓋的具體功能需求如圖 7-11 所示。

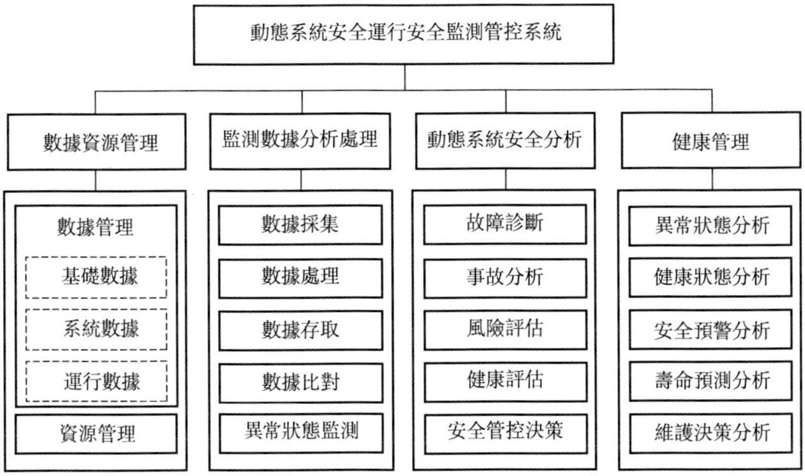

圖 7-11　動態系統運行過程安全監測管控功能結構圖

7.3.1 數據資源管理需求

動態系統安全性建模和風險評估需要數據、知識和模型支持，該項功能要求對安全性分析所需的所有資訊進行管理和維護，為安全性分析提供必需的基礎數據支持[10]。相關數據主要包括如下。

① 系統數據：描述系統及分析使用者有關配置的數據，其中又分為領域知識數據和系統專用知識。其中領域知識與具體動態系統應用對象密切相關，用於描述對象基本特徵（如應用對象的類型、組成部件、基本功能），通常是固定數據；而系統專用知識與應用對象無關，是電腦、軟體、自動化等學科方面的領域知識，用於支撐系統應用的正常運行。

② 基礎數據：與動態系統運行安全性有關的但非系統數據的各類數據，這類數據從各個角度描述或表徵系統安全性，如系統運行的環境參數（溫度、溼度、壓力等）、系統制造材料的結構強度、電子元器件的有關閾值、安全分析基礎數據、標準和規範等。一般對於這類數據透過事先的區分形成配置項，用專門的數據結構進行記録儲存，若非存在變動調整，這類數據常為固定值。基礎數據和系統數據最大的區别在於描述對象不同。

③ 運行數據：表徵應用對象運行的相關數據，包括當前安全性分析的輸入數據、中間結果數據和最終結果數據，是隨時間或空間變化而變化的數據（即廣義的狀態參數）。從產生源來看，可分為對象源產生數據和加工產生數據。其中對象源產生數據是各類感測器對應用對象的監測採集所獲取的原始數據以及這些原始數據經過處理（如歸一化、位數對齊、數據集映射）後的數據，直接對應系統運行的安全狀況；加工產生數據是在對對象源產生數據進行分析處理（如統計分析、趨勢分析、分布分析）後形成的新數據，間接地對應系統運行的安全狀況。需要注意的是，運行數據僅與應用對象有關，與系統應用程序無關。

同時，需要根據應用對象的差異專門編制對這些數據、知識和模型按安全資訊資源進行統一管理、維護和自動調度的程序，這是一種對動態系統安全運行監測管控基礎數據的基本管理操作。

7.3.2 監測數據分析處理功能

監測數據基本處理實質是對表徵系統安全性的各類運行數據的採集、處理、存取、比對以及特定數據監測（通常是與已知的異常數據進行比對）等。按照動態系統的時變特性，在安全分析時採用時序數據作為狀態監測的基本資訊，用一個完整的狀態監測數據記録來表示，其中包含採集數值以及相應的採集時間點，對象工作運行狀態在一個採集週期內的變化情況。

因此，本項功能相關的工作需要對採集到的動態系統各個層級的運行數據進行狀態識別（包括各個系統級、分系統級、子系統級、設備級、部件級等感測器採集的數據和人工調試設置的數據），並對數據來源的編號、型號以及數據採集時間等進行記錄，以確認異常數據的來源（包括產生的對象、產生的具體時間範圍以及可能導致異常的環境等內容）。

通常地，狀態監測數據空間中的一個數據點由特定的監測設備在一個特定的採集時間點的一個特定狀態參數的採集數構成，而一個採集週期內一個狀態參數的若干採集數值組成了該狀態參數的狀態監測數據集，狀態監測的目標即是完成這些數據集從產生到儲存的系統性操作。

7.3.3 動態系統安全分析決策功能

動態系統安全分析包括故障診斷、事故分析、風險評估、健康評估、安全決策等內容，該項工作要求能夠從監測數據集中探析出與安全直接相關的資訊和知識，為決策者提供安全控制決策知識，是動態系統安全運行監測管控系統中最重要的部分。

具體地，需要在完成安全運行準則制定、安全運行要求確定、安全性指標創建等多項工作後進行安全分析，這些是在構建系統之初就必須完成的配置項，並非是系統應用程序在運行過程中的交互性操作，包括系統數據集的定義和記錄、基礎數據的採集和記錄等。

當系統應用程序投入使用後，需要根據安全分析的要求選擇安全性指標，結合數據管理系統中的基礎數據和系統數據，分析系統歷史數據和現階段實時運行數據，得到初步的安全分析結果，再在分系統級對設備進行安全分析，並考慮各分系統之間的接口關係，從全系統的角度來進行安全分析，全面綜合分析後輸出系統安全分析結果、分析報告和危險追蹤報告。

① 故障診斷和事故分析需要在系統在線運行階段和離線階段評估系統在運行過程中各類影響安全性的不利因素，並作為風險評估的支撐內容，以便於系統操作人員在系統運行狀態變化時及時有效地採取各種應對措施。

② 風險評估需要為安全性分析提供風險評價技術方法並評價事故場景的風險，獲得定性和定量的風險結果，再以各種形式進行呈現，使相關安全分析結果能夠直覺地送達決策人員。

③ 健康評估需要透過系統運行監測數據，基於數據處理分析這些數據與健康指標之間的相關關係，選取系統運行過程中可表徵健康狀態的相關參數，再根據健康指標進行權重分析得出健康狀態指標變量集，建立動態健康評估模型，提出適應於研究對象系統特點的健康狀態評估方法，利用各種算法評估被監測系統

的健康狀態（分級），最後得到系統健康的評估結果。另外健康管理（PHM）是一個相當大的系統級應用，而在本軟體系統應用中，主要服務對象是安全分析，因此僅將普遍意義的 PHM 中可以獲取和分析的「未來一段時間內系統失效可能性以及採取適當維護措施的能力」作為安全分析的參考來源，並結合故障預測完善分析結果。

安全決策是安全分析的最終目的，需要以動態系統運行數據和相關基礎數據作為基礎，經過採集、監測、處理、分析（包括本書各章節所敘述的危險及安全事故分析、運行監測訊號處理、異常工況識別、故障診斷、安全性分析評估、安全風險評估）等操作，判斷動態系統的整體運行狀況及安全狀況，為決策者提供決策建議，並在存在安全風險時發出安控指令，最終形成應用對象的安全運行報告。該項工作涉及動態系統安全分析技術中綜合性最強、難度最大、層級最高的方法體系。

7.3.4 健康管理功能

健康管理功能是以前述 3 類系統應用為基礎，在安全監測管控之上集成已有功能，相關工作需要匯聚各類基礎數據和運行數據，貫穿於動態系統長週期運行的過程（可以是對象的全生命週期），以提升系統安全性、可靠性、穩定性為目標，在既有系統應用基礎上，以現場監測數據為基本資訊源，參考離線歷史數據，開展異常狀態分析、健康狀態分析、安全預警分析、壽命預測分析、維護決策分析，以發現系統運行過程中存在的錯誤，便於對可能會引發安全事件（或已出現）的部件進行恢復或保持效能等操作。

上述 4 方面需求是動態系統運行安全監測管控系統具體功能的基礎，是針對動態系統進行安全監控的基本內容。

7.4 動態系統安全運行智慧監控決策關鍵技術

不同的應用對象對安全監測管控的功能需求各有差異，但均具有透過大量的監測數據和分析結果來反映系統安全狀況的共性。按照前述中的功能需求分析，以及考慮人機交互的便利性，筆者認為：典型的動態系統安全運行監測管控系統中，通常含有數據採集與集成、數據存取管理、智慧數據處理、狀態監測、異常預警、故障分析與定位、健康狀態評估與預測、維護決策支持、安全分析、資源管理、遠程維護、遠程協作、人機交互等功能部分，涉及智慧感知、智慧診斷、智慧決策、智慧管理等技術體系。受不同領域對象的差異，上述技術亦體現出區別。在本節的分析中，將以通用的動態系統抽象為對象在人工智慧技術的框架下開展研究，其結構如圖 7-12 所示。

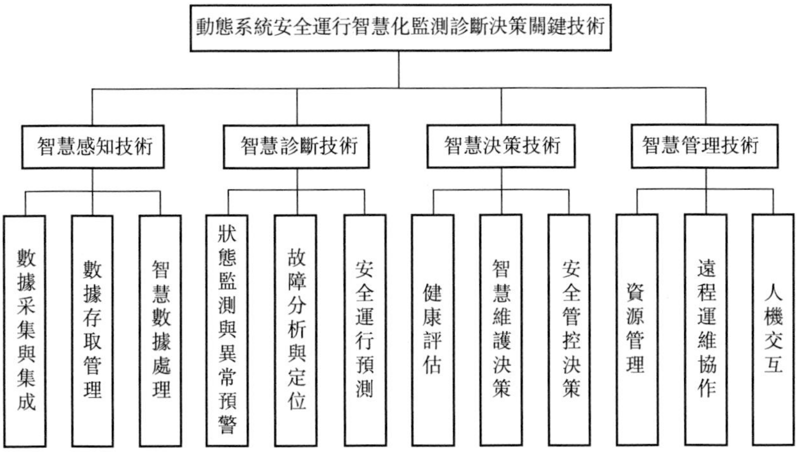

圖 7-12　典型安全運行智慧化監測診斷決策關鍵技術框圖

其中，數據採集與集成、數據存取管理、智慧數據處理、狀態監測與異常預警、故障分析與定位、健康評估、安全管控決策是動態系統安全運行分析的核心技術。

7.4.1 運行過程智慧物聯感知技術

表徵動態系統安全運行的數據量通常規模較大，因此針對大量監測數據採集、儲存處理的高效準確需求，運用系統運行過程智慧物聯感知技術，從感測器優化配置和數據庫的建立出發展開研究，透過不同任務驅動下的感測器優化配置，合理配置各類型感測器，保證系統具有較好的監測性能，採集大型複雜設備各部件的動態響應訊號；透過建立安全管理與維護數據庫，將測量數據、故障資訊以及健康管理案例、維修資訊等統一規範，並給出統一接口，為各類安全管理客户端識別和交互提供支撐。

在動態系統運行中需要採集和處理的安全數據類型有很多種，常見的有連續型、離散型、邏輯型、枚舉型、有序鍵值、混合式數據集合等，伴隨著數字技術和智慧終端技術的進步，以及網路頻寬的擴展，網路通訊量爆炸式增長給數據處理帶來了沉重負擔。對於這些問題，需要實現資源與計算能力的虛擬化，解決海量數據的管理和儲存。

（1）數據採集與集成

從動態系統安全運行狀態監測與健康管理涉及的各類數據來源以及健康評價結論的資訊回饋來看，需要與各類資訊系統進行系統集成，其中包括現場數據、本地數據庫以及遠程維護中心等。

監測參數數據庫中儲存系統的環境資訊、測試資訊以及歷史資訊。動態系統從設計製造到退役報廢的整個服役週期內，將面臨不同的環境因素的影響，包括溫度，溼度，外部環境，內部環境，部件磨損、腐蝕、老化以及其他動態環境的影響，不同的環境因素會導致系統處於不同的健康狀態[10]。測試資訊（包括出廠檢測資訊）產生於對動態系統的定期檢測與維護、不同等級轉進時的檢測，從主控軟體獲取的狀態資訊，新增採集裝置所收集的運行狀態資訊，將直接反映系統的健康狀態。而歷史資訊則是對各種狀況的累積，包括故障發生情況、預警情況、相關人員操作資訊、對各參數的調整資訊等。因此應將環境資訊、測試資訊、歷史資訊作為反映動態系統健康狀態的基本資訊連同相關數據閾值納入監測參數數據庫中。具體應該包括：在線實時設備各部件的狀態；異常及預警訊號以及相關處置措施；開機自檢記録、故障及處置措施、定期維護資訊以及對各參數的及時調整、健康狀態資訊等；相關操作人員的資訊；環境資訊。

（2）數據存取管理

動態系統大型化、複雜化，自動化程度日益提高，系統層級結構複雜，總體行為具有湧現特性，在運行過程中會時刻產生海量、異步、異構、高密度的數據資訊，蘊涵了大量可以表徵系統運行狀況但不易表述的隱性知識。傳統的集中式儲存方法難以滿足多路在線運行數據運算分析的高效準確的需求，參考 7.2.2 節中提出的方法採用分布式儲存策略。

在多層級海量數據交互儲存模式下，需要根據運行數據產生環節、用途等的區分選擇不同的儲存結構和介質，在數據量特別大時極容易出現湧現爆發的情況。因此，應該採用集中式管理模式。

在該模式下，包含基礎資訊的索引數據集中存放於服務器端，而詳細數據資訊分布於不同的終端。其中終端將原始數據、儲存地址、接收地址等資訊封裝成元數據包，其中將地址資訊封裝為路由資訊供終端與服務器端之間的通訊交互。該模式可以將訪問壓力最大限度地平均分散到連接各個終端的數據通道上，在擴充儲存通道頻寬的同時又配置了運行數據按需調用的策略，以應對海量數據爆發式湧現的情況。

另外，動態系統運行過程中產生的大量工作數據以及標識其本身的屬性和方法所需的各類異構數據，組合在一起會形成一種複雜的數據結構，而根據應用的需求，這些數據往往都是非結構化數據，為了便於決策人員對於監測數據的安全狀態表徵，必須要形成能夠被前後端調用的數據格式。

（3）智慧數據處理

在動態系統運行過程監測中，所需的數據多是對事實、概念或指令的一種表達形式，不能被決策人員或輔助決策系統直接調用，必須要經過人工或自動化裝置進行處理，經過解釋並賦予一定的意義之後，成為可用的資訊。此時，數據處理包括對數據的採集、儲存、檢索、加工、變換和傳輸等。其基本目的是從大量的、可能是雜亂無章的、難以理解的數據中抽取並推導出對於某些特定的人們來說是有價值、有意義的數據。在完成數據的採集與儲存之後，需要對數據進行處理分析，一般包括數據預處理、數據統計與分析、數據挖掘等，其目的在於對動態系統運行安全規律的挖掘。

實時數據處理是指電腦對系統現場級數據在其發生的實際時間內進行收集和處理的過程。在動態系統運行數據採集過程中通常由於機械擾動、感測器訊號傳輸等原因，會產生漂移、跳變、空值等噪聲。為了提高數據分析和故障建模的質量，要先對採集數據進行預處理。而在預處理後，監測數據結構仍然可能呈現出無序、混雜等情況，因此需要進一步地進行歸納、清洗、匯總，其方法可參考7.2.2節（常用的數據預處理方法有很多，如數據清洗、數據集成、數據變換、數據歸納等）。

7.4.2 智慧診斷技術

為持續監測動態系統的運行狀況，需要及時地對系統安全工況監測、預警、診斷。按照設定的預警策略，對超出狀態評價導則或規程規定閉值範圍的狀態量和變化趨勢，及時提醒監測人員，啓動設備健康狀態評估、故障分析與定位功能，分析設備缺陷位置和原因。智慧診斷技術即是用於發現影響安全因素的重要手段。

（1）狀態監測與異常預警

狀態監測與異常預警按照狀態量預警閾值的要求進行狀態量級別的預警，包括設備子系統監測、重點部位監測、整體態勢監測等。主要功能是將監控的設備、系統的運行狀態特徵資訊集中顯示，對故障特徵進行追蹤和對比，進一步檢測故障並隔離，提供人機交互界面，實現設備異常和故障檢測功能。包括狀態監測：數據起止時間、監測結果；狀態監測報告：監測時間、監測部件、監測結果，並以功能和子系統區分，結合異常報警預測、報警追蹤等部分，並將警告或報警記録存入本地數據庫，實現對數據異常、裝置異常、和通訊故障等不同類型的異常狀態告警。

同時，將各子系統的監測情況進行匯總，設置專門的交互界面，按層級呈現，特別注意，子系統與整體邏輯結構的統一完整，避免監測遺漏或失效。

各子系統在選出關鍵監測和預警參數以後，仍需要對以上參數的顯示方式進行設計，對其中的重要兩狀態參量設計布局合理的訊號燈，對連續型變量設計顯示層級及顯示次序。

一般認為，現場操作人員和決策希望能對導致設備性能產生重大影響的子系統進行專門的監測及預警，但優先級低於對影響設備功能完整性子系統將無法直覺展示。因此需要將針對整體和關鍵參數的界面分別設置，按需全程監測，重要概念包括：

① 在線監測參數　把影響系統功能完整性的參數作為重點監測對象，實時監測其狀態，除此之外，一些影響系統性能的重要參數以及系統狀態發生變化時的過程參數也是在線監測對象。

② 離線監測參數　把其他需要監測的參數作為離線監測參數。

③ 監測方式的轉換　某些參數需要從在線監測轉換到離線監測或者從離線監測轉換到在線監測，設置在線監測和離線監測參數的列表，將便於使用者自行從中增加參數或刪除參數，這在系統應用實現上將是一個可變的配置項集合。在數據空間初始化之後，如果狀態監測數據採集數值的三個維度不超過預設值，則可以根據事先定義的策略決定是否將監測方法進行切換，同時，亦可設定默認監測方式，集中關注重要參數。

④ 預警等級的區分　需要相關人員對各個參數做出嚴重程度的區分，即該參數對整個系統的重要程度，重要程度越高，參數預警等級越高。

⑤ 預警的可視化展示　根據異常參數確定故障的部件，透過對各個監測節點編號查找相應異常部位的位置並呈現在可視化圖示中，參考 7.2.3 節的方法，使用者可以透過圖示直覺地確定異常部位。

(2) 故障分析與定位

故障分析是動態系統安全分析的重要組成功能，不同於傳統針對靜態系統或單一設備的故障診斷機制，面向動態系統安全需求的故障分析需要根據時間特性，進行故障檢測、故障定位、故障分離、故障辨識及故障排除等。一般認為，有如下難點需要注意。

其一是傳統人工故障診斷難以應對動態系統智慧故障診斷與定位的需求。大部分監測系統功能結構較為複雜。由於在使用中的損耗以及操作失誤，或外界溫度的突然變化、長期的惡劣自然環境、保養措施不善等諸多原因，都會造成系統降低測量精度，乃至不能正常工作。因此傳統的透過人為觀察進行故障檢修和診斷，無法全面地對系統安全進行評價。

其二是單一訊號處理特徵提取方法難以應對大量監測數據融合診斷的需求。

針對動態系統運行監測數據的大型化、複雜化、測試參數樣本大等特點，傳統的透過單一的訊號來監測系統運行工況的方式，並不能準確地判斷出系統的工作狀態。而單一的監測訊號提取出的故障特徵並不能對故障進行完整的描述，導致故障診斷的準確性降低，甚至導致不能檢測出故障，從而致使系統或設備的損毀，發生事故等。

鑒於上述兩個難點，傳統的基於經驗知識的故障診斷具有不確定性、人為依賴性大，不具有移植性。因此針對動態系統建模和故障建模需求，需要分析關鍵部件和各分系統的動力學特性，結合不同運行階段與不同時序下的子系統物理特性，建立系統模型。分析故障演化過程的系統行為特徵，發展為功能故障過程中系統參數和狀態行為的特徵變化，並分別從系統網路結構、能量變化角度建立功能故障的演化模型。

在系統具有足夠測試參數的情況下，故障定位的準確度依賴於對於故障傳播路徑及機制的深入理解。因此，需要首先對動態系統設備按照部件、子系統、系統的層次結構模型分層級地分析故障的原理、不同位置對故障激勵的響應形式、不同類型故障對設備不同層級的影響分析，進而建立起故障的傳播路徑，實現對不同故障源故障徵兆的分類識別。

7.4.3 智慧健康評估及安全決策技術

在實現對動態系統的異常檢測和故障分析後，可以得出關於系統工況的多方面報告，決策人員需要全方面了解動態系統運行過程中設備當前的性能狀態，確保是否有隱患。同時，動態系統經過長時間的運行後，存在性能退化的部件隨著運行次數增多，其性能會下降，從而影響整個設備的健康度。因此就系統的整體性能進行評估，以支持針對安全運行的維護決策。

(1) 健康評估

健康評估透過選取能體現動態系統性能的參數進行長期記録，並進行分析，得到退化量與時間的關係模型，以便進行系統性能的預測。同時，還需要考察動態系統中設備的整體性能，並考慮故障類型隨時間會發生變化的部件對設備整體健康度的影響（如故障累積後發生突變的故障）。在此基礎上，分析各部件的影響量化權重，建立分層級的指標體系；建立包含「部件—子系統—系統」級別，且考慮存在壽命極限且有明確壽命判別準則、存在退化但需數據建模以及故障模式會發生轉變的部件或子系統的健康狀態評估方法。

① 健康狀態指標　針對動態系統基本特性設置健康狀態指標，也可根據任務需要選取、增加或刪除表徵健康狀態的相關參數。將這些特徵參數和有用的資訊關聯，藉助智慧算法和模型進行檢測、分析、預測，並管理系統或設備的工作

狀態。

值得注意的是，外部環境干擾會降低動態系統設備的可靠性，尤其是對機械結構和電氣系統損傷極大，是系統故障的重要原因。因此，必須監測裝備壽命週期內所經歷的環境資訊，確定環境應力與系統故障模式和使用壽命、剩餘壽命的定量關係。

② 健康狀態評估　在建模分析及計算的基礎上，需要為系統設備建立適應性的量化評價指標。健康評估模塊要求對設備各指標項進行分析評價，並最終得出設備狀態等級。要求在設備的任何一個狀態量發生變化時，啓動自動評價，且當評價結果有等級的變化時，需要在預警模塊提醒。

③ 評估報告　系統對設備進行健康狀態評估後，應能在線自動生成評估報告並導出，報告內容應包含評估時間、評估指標、健康評估等級等。

（2）安全決策

安全決策是一個集成了多項安全分析的功能，從動態系統安全分析的技術和流程層級來看，安全決策主要分為維護決策和管控決策兩部分，其基礎分別是狀態監測、故障分析與定位，以及健康評估結果，相關分析和評價結果可以在充分了解應用對象的基礎上為具體的應用對象制定安全控制決策方案。其中，維護決策用於對影響安全的隱患因素進行排除，屬於事中決策；而管控決策用於制定防範的措施和手段，屬於事後決策。

安全決策主要包括 5 項內容：

① 確定動態系統安全運行控制域；

② 制定動態系統安全運行等級以及評價方法；

③ 計算動態系統安全控制參數；

④ 制定動態系統安全決策模式及框架；

⑤ 完成動態系統安全決策。

前 4 項的功能輸出包括：安全控制域、安全等級指標體系、安全等級指標評價體系、安全控制參數集、安全決策模式及決策流程框架、安全綜合決策方法集。這 4 項需要透過一定的人機交互才能完成，第 5 項的輸出為最終安全評估報告。

7.5 動態系統安全運行控制決策——以航天發射飛行為例

動態系統安全運行控制決策是安全分析的最終目的，其透過對動態系統各類運行參數的採集、監測、處理、分析，經過危險及安全事故分析、運行監測訊號處理、異常工況識別、故障診斷、安全性分析評估、安全風險評估等操作，完整而準確地判斷動態系統的運行狀況，及時發出相應的安控指令，為決策者提供決策建議，形成系統安全運行報告。該項工作涉及了動態系統安全分析技術中綜合性最強、難度最大、層級最高的方法體系。

透過上述任務的執行，會為應用對象給出特定安全指標的最終判定，由於該判定來源於前述多項工作的研究，因此可以認為該判定為整個系統的安全決策提供了根本依據。需要說明的是，前文所述的動態系統安全運行監測管控系統需求與功能以及相關技術方法，是以具有通用性的一般動態系統為對象進行的分析，在實際工程應用中，安全分析往往會根據應用對象的差異進行不同的分析和處理，安全控制決策所涉及的 5 項內容幾乎完全無法直接應用於其他對象，而且形成這些核心內容的方法流程也各不相同，這是由於應用對象的領域特性和技術特性所決定的，亦可以認為，脫離了實際對象的安全控制決策是不具備任何意義的。

因此，本節將以一種典型動態系統——航天發射飛行為例（該對象兼顧了大型工業過程和複雜裝備系統的諸多特徵），介紹一種針對該應用對象的安全運行控制決策技術方法和任務流程，期望透過對此部分的闡述為讀者提供一種切實可行的研究思路。

7.5.1 航天發射飛行安全控制域及安全等級

安全控制是航天發射飛行中的一個重要技術。在航天發射中，需要實時計算運載火箭飛行過程中安全管道、星下點和飛行軌跡等參數，準確可靠地判斷運載火箭當前狀態，當實時數據達到或超出告警線範圍，安全控制系統要能作出相應處理和響應。

（1）航天發射飛行安全控制域的計算

安全控制域，又稱安全管道，是指運載火箭動力飛行軌跡參數偏離設計值的容許變化範圍。但是，安全管道是根據運載火箭飛行安全的落點邊界、故障運載火箭的運動特性、保護區分布和影響安全控制的各種誤差而制定的。

安全管道按照運載火箭飛行安全控制選用的軌跡參數不同，分為位置、速度和落點三種安全管道。在實際使用中，這三種安全管道都用平面曲線圖的形式標繪，並分別稱為運載火箭實時位置、實時速度和實時落點安全管道標繪圖。它們可在圖上連續繪製出來。安全管道是判斷運載火箭飛行正常與否的基本依據。計算步驟如下：

① 理論軌跡插值　對安全控制時段內的理論軌跡數據應用多項式三點內插方法，得到相應時間點的數值。

② 管道偏差計算　管道偏差是指各安控參數告警和炸毀管道相對於理論數據的誤差。對某一時刻的管道偏差按下式計算：

$$\delta=\sqrt{(k_1\delta_{gr})^2+(k_2\delta_{cl})^2+\delta_{xs}^2+\delta_{sy}^2+\delta_{sm}^2} \qquad (7\text{-}1)$$

式中，δ_{gr} 為運載火箭飛行干擾偏差數據；δ_{cl} 為測量偏差數據，計算告警管道時取高精度測量偏差，計算炸毀管道時取低精度測量偏差；δ_{xs} 為顯示誤差；δ_{sy} 為傳輸系統時延誤差；δ_{sm} 為數學模型誤差；k_1、k_2 為計算告警和炸毀管道時的係數；$\delta_{xs}^2+\delta_{sy}^2+\delta_{sm}^2$ 在計算各類管道偏差時取值為常數，落點和位置參數的偏差管道取值為 C_1，速度參數偏差管道取值為 C_2，角度參數的偏差管道取值為 C_3。

③ 炸毀、告警管道確定　用多項式三點內插公式，對計算出的炸毀線偏差 δ_{bz} 和告警線 δ_{gj}，間隔插值與插出的理論軌跡對齊，可得炸毀和告警管道 $GD_{\frac{炸}{告}}$：

$$GD_{\frac{炸}{告}}=X\pm\delta_{\frac{炸}{告}} \qquad (7\text{-}2)$$

取「＋」時，為上管道，否則為下管道，式中 X 為理論軌跡值。橫向偏差 Z 安全管道如圖 7-13 所示，安全管道計算流程如圖 7-14 所示。

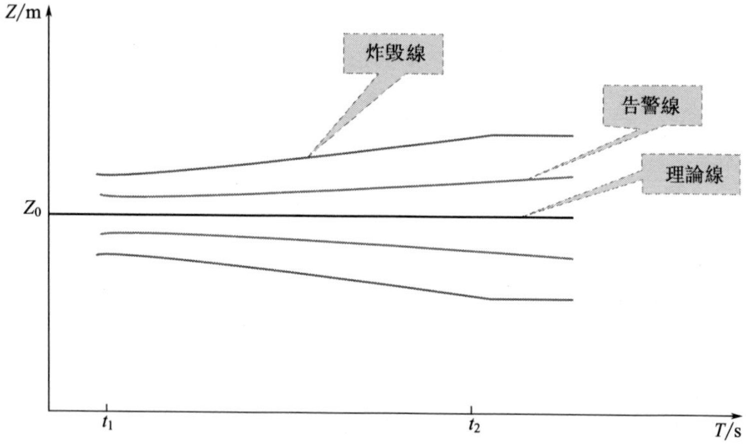

圖 7-13　橫向偏差 Z 安全管道

(2) 航天發射飛行安全等級判斷

① 安全等級判斷方法　在設計安全判斷方法時，遵循以下原則。

a. 外測與遙測，以外測為主，並充分發揮遙測的作用。

b. 軌跡落點參數與遙測參數，以前者為主，兼顧後者。

c. 落點參數與軌跡參數，以落點參數為主，軌跡參數為輔。

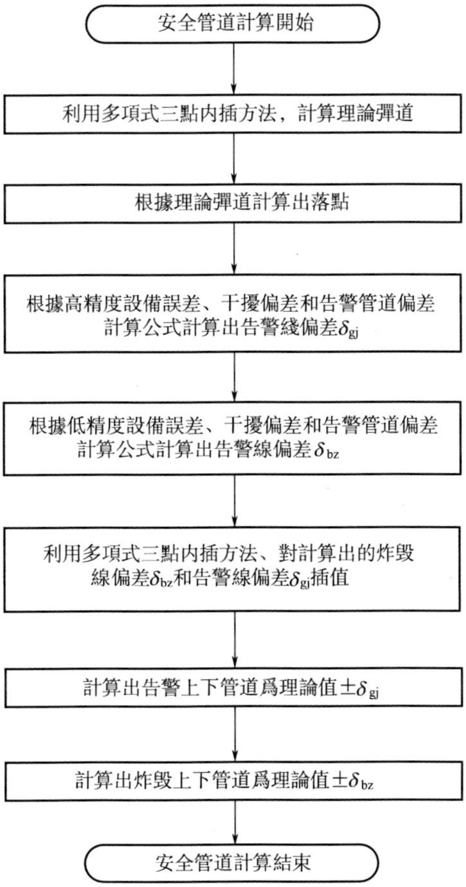

圖 7-14　安全管道計算流程圖

d. 當沒有遙測訊號時，透過提高「外測告警」的標準和外測「告警指令」，讓外測單獨判斷；當軌跡與落點出現矛盾時，以落點為主進行安全判斷。

以落點與速度參數聯合告警為例說明算法，W 為外測值，J 為告警線，S_i 為電腦內部產生的訊號，它的值為 0 或 1，V_k 為發射係速度值，β_c 為某一時刻的落點參數。

$$S_1(W,\beta_c,10,J)=\begin{cases}1,\text{當外測落點連續 10 點超越告警線時}\\0,\text{否則}\end{cases} \tag{7-3}$$

$$S_2(W,V_k,10,J)=\begin{cases}1,\text{當外測速度連續 10 點超越告警線時}\\0,\text{否則}\end{cases} \tag{7-4}$$

當 S_1 和 S_2 均等於 1 時，外測落點與速度參數聯合告警成立，即 $S_W=S_1$

$(W,\beta_c,10,J)\wedge S_2(W,V_k,10,J)=1$。在航天發射飛行過程中進行安全判斷的依據是安全判別表，見表 7-1。

表 7-1　安全判別表

類	序	曲線座標	告警線	炸毀線
外測軌跡落點	1	落點	√	√
	2	距離	√	√
	3	速度	√	√
	4	傾角	√	
	5	偏角	√	
遙測軌跡落點	6	落點	√	√
	7	距離	√	√
	8	速度	√	√
	9	傾角	√	
	10	偏角	√	
遙測姿態參數	11	俯仰角偏差	√	
	12	滾動角偏差	√	
	13	偏航角偏差	√	
遙測壓力參數	14	一級壓力 1	√	
	15	一級壓力 2	√	
	16	一級壓力 3	√	
	17	一級壓力 4	√	
	18	二級壓力	√	
…	…	…	…	…

注：符號「√」表示對此參數在這方面進行判決。

② 安全運行超界判斷　超界判斷是判斷飛行參數（狀態參數和落點參數）是否超越告警線或炸毀線。在兩線之間為未超界，在兩線之外為超界。這裡以落點告警線為例，說明如下。

對於某一時刻的落點經緯度參數 λ_c，β_c 可以找出 $\lambda_{i-1}<\lambda_i<\lambda_c<\lambda_{i+1}$，對應於 λ_i，$i=1$，…，n（理論落點經度），利用 β_{i-1}，β_i，β_{i+1}（理論落點緯度），採用拉格朗日三點內插方法，得到 λ_c 所對應的理論落點緯度 β'_c，利用安全屬性數據庫中的落點緯度告警上、下管道數據，採用同樣的插值方法，計算出對應於 λ_c 的落點緯度告警上、下管道數據 $\beta_{c告警上}$、$\beta_{c告警下}$。當 $\beta_c\in[\beta_{c告警下},\beta_{c告警下}]$成立時，認為飛行器處於告警線之內，否則為超越告警線，此時可以找出參數 β_c 與告警線之差：

$$\begin{cases}\Delta\beta_{c上}=\beta_{c告警上}-\beta_c\\ \Delta\beta_{c下}=\beta_c-\beta_{c告警下}\end{cases}\tag{7-5}$$

超越炸毀線的方法與此相同，其他曲線的判斷亦同。

③ 落點選擇　進行落點選擇時，首先由瞬時落點參數可以外推出三組落點

參數：X_{ci}，Z_{ci}，$\sin\delta_c$ 和 $\cos\delta_c(i=1,2,3)$，X_{ci}，Z_{ci} 為發射係座標，δ_c 為速度矢量在地面上投影的大地方位角；若三組落點經緯度參數 λ_c、β_c 皆符合落點選擇要求，則認為此瞬時落點符合落點選擇要求，否則不選取。

落點選擇步驟是：先進行一次落點選擇，成功則不進行第二次選擇，否則進行第二次選擇，若第二次選擇仍不成功，則說明此瞬時落點不符合落點選擇要求。透過一次落點選擇的計算，如果確定所有保護城市的保護圓均與運載火箭殘片散布橢圓相離，則不進行二次落點選擇，二次落點選擇是對不滿足一次落點選擇條件的保護城市的保護圓再次確定其是否與殘片散布橢圓有相交或相含的情況。

7.5.2 航天發射飛行安全控制參數計算

(1) 落點參數計算

落點參數計算是在航天器發射任務實施中，實時計算運載火箭在一、二級飛行中的任何一個時刻，在發生故障時落在地面上的位置，為安全控制提供依據。落點參數計算和安全控制策略密切相關，是運載火箭安全控制系統設計的主要任務。

① 輸入量　測量設備測得的數據經中心電腦處理後，用於落點參數計算的飛行軌跡參數（發射係），位置：X_k，Y_k，Z_k；速度：v_{xk}，v_{yk}，v_{zk}。

② 實時計算的輸出量　速度值為 V_k（發射係）；速度傾角為 θ_k（發射係）；偏航角為 σ_k（發射係）；當地高度為 H_k；星下點經緯度為 λ_k，β_k（地理係）；落點經緯度為 λ_c，β_c（地理係）；落點距離為 L_c；沿射向的距離為 L_x；距離偏航量為 L_z；近地點高度為 H_p。

③ 計算中常用參數　地球赤道半徑為 $a=6378140\text{m}$，地球偏心率為 $e=\frac{1}{296.257}$，地球平均半徑為 $R=6371110\text{m}$，地心引力常數為 $G_M=3.98600\times10^{14}\text{m}^3/\text{s}^2$，地球自轉角速率為 $\Omega=7.292115\times10^{-5}\text{rad/s}$。

④ 軌跡參數計算公式　從地面座標係到中間座標係的變換公式為

$$\boldsymbol{U}=\boldsymbol{M}_a X+\boldsymbol{U}_a=[u_k,v_k,w_k]^T \tag{7-6}$$

式中，X 為理論軌跡值；$\boldsymbol{M}_a$ 為發射座標係到中間座標係的變換矩陣：

$$\boldsymbol{M}_a=\begin{bmatrix}1 & 0 & 0\\ 0 & \cos\lambda_a & -\sin\lambda_a\\ 0 & \sin\lambda_a & \cos\lambda_a\end{bmatrix}\times\begin{bmatrix}\cos\beta_a & \sin\beta_a & 0\\ -\sin\beta_a & \cos\beta_a & 0\\ 0 & 0 & 1\end{bmatrix}\times\begin{bmatrix}\cos A_a & 0 & -\sin A_a\\ 0 & 1 & 0\\ \sin A_a & 0 & \cos A_a\end{bmatrix} \tag{7-7}$$

式中，λ_a、β_a 為發射點經緯度（地理係）；A_a 為發射射向。$\boldsymbol{U}_a=[u_a,v_a,$

$w_a]^T$，$u_a=[N_a(1-e^2)+h_a]\sin\beta_a$，$v_a=(N_a+h_a)\cos\beta_a\cos\lambda_a$，$w_a=(N_a+h_a)\cos\beta_a\sin\lambda_a$，$N_a=\dfrac{a}{(1-e^2\sin^2\beta_a)^{\frac{1}{2}}}$，$U_a$ 為發射點在中間座標係中的座標，h_a 為發射點的高度。

⑤ 拋物模型　在上升段，當地點高度小於 30km 時採用此模型。發射係中：

$$\begin{cases} L_x=x_k+v_{xk}\times t \\ L_z=z_k+v_{zk}\times t \\ L_c=\sqrt{L_x^2+L_z^2} \\ t=\dfrac{v_{y_{ik}}+\sqrt{v_{y_{ik}}^2+2g\times y_{ik}}}{g} \end{cases} \tag{7-8}$$

式中，$g=\dfrac{3.986005\times10^{14}}{R_k(R_k+y_{ik})}$；$R_k$ 為落點的地球半徑，取地球半徑。y_{ik}、$v_{y_{ik}}$ 可由

$$\begin{cases} \varepsilon=\dfrac{L_x+L_z}{R_k}, \beta=\arcsin\left(\dfrac{y}{R_k}\sin\varepsilon\right) \\ y_{ik}=\dfrac{R_k}{\sin\varepsilon}\sin(\varepsilon+\beta)-R_k \\ v_{y_{ik}}=v_{yk}\cos\varepsilon \end{cases} \tag{7-9}$$

計算得到。y_{ik}、$v_{y_{ik}}$ 為落點始點的地面座標係的 y 向座標、v 向速度；其他座標均為發射係座標。

落點在中間座標係中的座標：

$$\begin{cases} \boldsymbol{U}_c=\boldsymbol{M}_0\boldsymbol{X}_c+\boldsymbol{U}_a=[u_c \quad v_c \quad w_c]^T \\ \boldsymbol{X}_c=[L_x \quad 0 \quad L_z] \end{cases} \tag{7-10}$$

由落點中間座標係可得大地經緯度 λ_c、β_c。

⑥ 橢圓模型　當地點高度大於 30km 時採用橢圓模型計算落點參數，慣性座標係狀態參數的計算：正向地面座標係：X 軸的大地方位角 $\Phi=90°$的地面座標係。透過正向地面座標係可求得慣性係中的狀態參數。發射係座標中的 $\boldsymbol{V}_a$ 向正向轉換：

$$\begin{cases} \boldsymbol{V}_k=\boldsymbol{M}_k^T\boldsymbol{M}_a\boldsymbol{V}_a=[v_{xk} \quad v_{yk} \quad v_{zk}]^T \\ |\boldsymbol{V}_k|=\sqrt{v_{xk}^2+v_{yk}^2+(v_{zk}+r_k\Omega\cos\Phi_k)^2} \\ \sin\theta_k=\dfrac{v_{yk}}{|\boldsymbol{V}_k|} \end{cases}$$

$$\begin{cases} \cos\theta_k = \dfrac{\sqrt{v_{xk}^2 + (v_{zk} + r_k \Omega \cos\Phi_k)^2}}{|\boldsymbol{V}_k|} \\ \sin\delta_k = \dfrac{v_{zk} + r_k \Omega \cos\Phi_k}{\sqrt{v_{xk}^2 + (v_{zk} + r_k \Omega \cos\Phi_k)^2}} \\ \cos\delta_k = \sqrt{1 - \sin\delta_k^2} \\ \boldsymbol{M}_k^{\mathrm{T}} = \begin{bmatrix} \cos\beta_k & -\cos\lambda_k \sin\beta_k & -\sin\lambda_k \sin\beta_k \\ -\sin\beta_k & \cos\lambda_k \cos\beta_k & \sin\lambda_k \cos\beta_k \\ 0 & -\sin\lambda_k & \cos\lambda_k \end{bmatrix} \\ \sin\lambda_k = \dfrac{w_k}{r_k \cos\Phi_k} \\ \cos\lambda_k = \dfrac{v_k}{r_k \cos\Phi_k} \end{cases} \tag{7-11}$$

式中，θ_k 為速度向量與星下點大地切面的夾角；δ_k 為速度向量在地面上投影的大地方位角；$\boldsymbol{V}_k$ 為慣性係下的速度值。進而，由球面三角公式可計算落點經緯度 λ_c、β_c 和距離 L_c 參數。為了計算的準確性，需要進行相關參數的修正。

(2) 殘片散布區域參數計算

運載火箭發生爆炸時，其殘片將產生巨大的破壞力，產生各種形狀、尺寸以及以不同速度飛行的碎片，碎片的特性取決於運載火箭的結構和爆炸模式。利用測控網獲取的運載火箭遙、外測數據，結合地理資訊系統提供的地形數據，可以判斷故障箭的爆炸模式，確定其爆炸威力。根據故障箭的爆炸威力和爆炸發生前的遙、外測數據，可以求解不同特性爆炸碎片的速度、加速度等初始狀態，運載火箭爆炸碎片散布區域的計算、顯示流程如圖 7-15 所示。

① 確定運載火箭發生爆炸的狀態和模式　發生爆炸時的狀態：根據接收到的外軌跡測量數據和遙測數據，確定運載火箭發生爆炸的時刻、所處的位置、飛行的速度和剩餘的推進劑質量，這些參數均作為計算運載火箭爆炸碎片的初始條件。運載火箭爆炸模式：依據接收到的外軌跡測量數據和遙測數據，結合地理資訊系統中的地形數據，確定運載火箭發生爆炸的模式，按照確定運載火箭爆炸威力的需要，分為地面爆炸和空中爆炸兩種。

② 計算運載火箭爆炸威力　發生空中爆炸時爆炸威力的計算公式為：

$$M_{TNT} = M_{ln} \times 0.05 + M_{ll} \times 0.6 \tag{7-12}$$

發生地面爆炸時爆炸威力的計算公式為：

$$M_{TNT} = M_{ln} \times 0.1 + M_{ll} \times 0.6 \tag{7-13}$$

其中，M_{TNT} 為爆炸等效的 TNT 當量，是待求解的量。M_{ln} 為爆炸發生時運載火箭上剩餘的常規推進劑質量。M_{ll} 為爆炸發生時運載火箭上剩餘的低溫推進劑質量。確定爆炸威力後，可以獲得爆炸衝擊波的各項參數，如比衝量 i_s，側向壓力 p_s，用於確定衝擊波對碎片的加速作用。

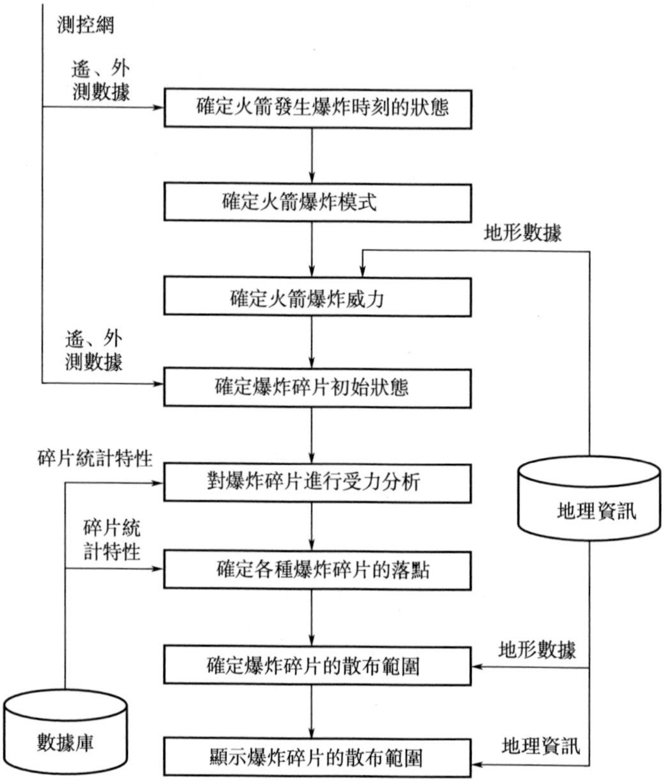

圖 7-15　運載火箭爆炸碎片散布區域計算、顯示流程圖

③ 確定爆炸碎片初始狀態　爆炸碎片在爆炸中獲得的速度來源有兩個，第一是推進劑儲箱爆裂時碎片受高壓氣體作用而加速，第二是爆炸衝擊波對碎片的加速作用。碎片受高壓氣體作用而獲得的初始速度計算公式如下：

$$\begin{cases} u=\overline{U}ka_{\mathrm{q}} \\ \lg\overline{U}=1.21\lg\overline{P}+0.91 \\ \overline{P}=\dfrac{(p-p_0)V_0}{m_{\mathrm{c}}a_{\mathrm{q}}^2} \\ k=\dfrac{1.25m_{\mathrm{p}}}{m_{\mathrm{c}}}+0.375 \end{cases} \tag{7-14}$$

式中，u 為碎片受高壓氣體作用而獲得的速度，是需要求解的量；$\overline{U}$、$\overline{P}$、k 為中間變量；a_q 為爆炸產生的氣體中的音速；p 為推進劑儲箱的耐壓；p_0 為爆炸發生位置的大氣壓力；V_0 為推進劑儲箱的容積；m_c 為推進劑儲箱的質量，m_p 為所計算碎片的質量。利用已知條件及常數解上述方程組即可求得碎片受高壓氣體作用而獲得的速度 u。

碎片受爆炸衝擊波作用而獲得的速度計算公式如下：

$$v=\frac{p_0 i_s C_D A}{m_p p_s} \tag{7-15}$$

式中，v 為碎片受衝擊波作用而獲得的速度，是需要求解的量；p_0 為爆炸發生位置的大氣壓力；i_s 為爆炸衝擊波的比衝量；C_D 為碎片的阻力係數；A 為碎片的受力面積；m_p 為碎片的質量；p_s 為爆炸衝擊波的側向壓力。利用已知條件代入上述方程即可求解碎片受衝擊波作用而獲得的速度 v。

確定了碎片受高壓氣體作用而獲得的速度 u、碎片受衝擊波作用而獲得的速度 v 和爆炸發生時刻運載火箭的飛行速度 V，即可按矢量合成向不同方向投射出去的碎片速度 $\mathbf{V}_p$。按矢量合成速度的公式如下：

$$\mathbf{V}_p=\mathbf{V}+\boldsymbol{u}+\boldsymbol{v} \tag{7-16}$$

④ 爆炸碎片受力分析及落點計算　對爆炸碎片進行受力分析，考慮碎片速度方向在 OXY 平面的情況，可列出碎片飛行的微分方程組如下：

$$\begin{cases} \ddot{X}=-\dfrac{AC_D\rho(\dot{X}^2+\dot{Y}^2)}{2m_p}\cos\alpha+\dfrac{AC_L\rho(\dot{X}^2+\dot{Y}^2)}{2m_p}\sin\alpha \\ \ddot{Y}=-g-\dfrac{AC_D\rho(\dot{X}^2+\dot{Y}^2)}{2m_p}\sin\alpha+\dfrac{AC_L\rho(\dot{X}^2+\dot{Y}^2)}{2m_p}\cos\alpha \end{cases} \tag{7-17}$$

式中，$\ddot{X}$ 為碎片飛行時在 x 方向的加速度；$\dot{X}$ 為碎片飛行時在 x 方向的速度；$\ddot{Y}$ 為碎片飛行時在 k 方向的加速度；$\dot{Y}$ 為碎片飛行時在 y 方向的速度；A 為碎片的受力面積；C_D 為碎片的阻力係數；C_L 為碎片的升力係數；ρ 為碎片的密度；m_p 為碎片的質量；α 為碎片飛行時的攻角。由於爆炸發生後碎片的初始位置、初始速度已知，因此可以用迭代法求解碎片飛行中各個時刻的位置$(x_t,y_t,0)$，並與地理資訊系統中的地形數據$(x_l,y_l,0)$進行比較，當迭代計算出 $y_t=y_l$ 時停止迭代計算，碎片已落到地面，碎片的落點座標為$(x_t,y_t,0)$。

⑤ 計算、顯示爆炸碎片的散布範圍　分別確定各種碎片在爆炸發生後的初始速度，並按不同的方向進行速度合成，反覆進行迭代計算求解並記錄其落點，最後對記錄的落點進行統計，確定爆炸碎片的散布範圍，在地理資訊系統中顯示出來。

(3) 燃料洩漏的擴散參數計算

液體推進運載火箭墜落爆炸範圍的確定，中國國內及國外均採用縮比試驗的方式進行，其試驗結果只適用於火箭在發射臺上爆炸的情況，對於火箭在空中墜落爆炸的情況則無法確定。本方法是透過試驗數據分析，建立數學模型，結合航天器發射飛行時的風速、主導風方向等氣象資訊和落點地理空間資訊，完成複雜地形上空的風場和隨時間變化的毒氣擴散濃度的計算和毒氣擴散仿真，如圖 7-16 所示。

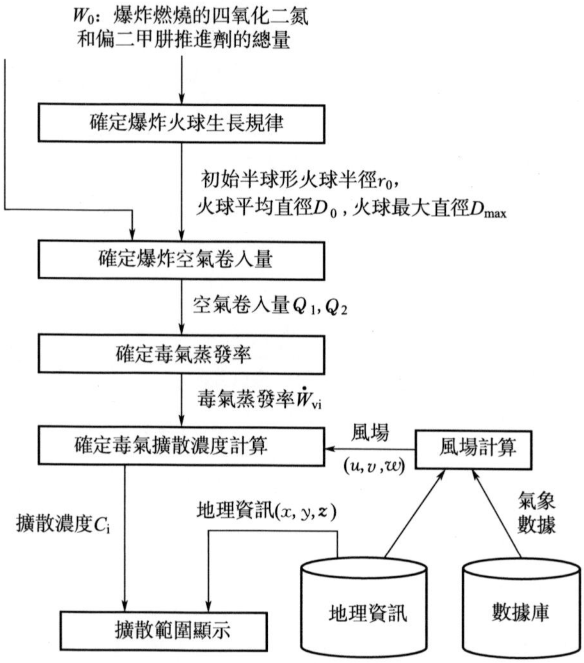

圖 7-16 毒氣散逸計算模型

① 初始化 初始化運載火箭飛行航區的氣象數據(U, T, α)、位置(X, Y, Z)和飛行時間 t_q。其中，U 為平均風速，T 為空氣絕對溫度，α 為主導風的方向。

② 確定推進劑源強 確定推進劑源強，即要確定毒氣蒸發速率，毒氣蒸發速率是確定毒氣擴散濃度的輸入條件。液體推進劑運載火箭爆炸火球的生長規律主要由初始半球形火球半徑和火球平均直徑確定，初始半球形火球半徑 r_0 由下式確定：

$$r_0 = 0.156 D_{max} \tag{7-18}$$

火球平均直徑 D_0 由下式確定：

$$D_0 \approx 0.75 D_{max} \tag{7-19}$$

式中，D_{max} 式為火球最大直徑：

$$D_{max} = 2.32 W_0^{0.32} \tag{7-20}$$

W_0 為參與爆炸燃燒的 N_2O_4 和偏二甲肼推進劑的總量：

$$W_0 = W - U(t_q + 1.5) - W_e \quad 0 \leqslant t \leqslant 60\text{s} \tag{7-21}$$

式中，W 為運載火箭中常規雙組元推進劑 N_2O_4 和偏二甲肼的加注量；U 為運載火箭起飛後 60s 內 N_2O_4 和偏二甲肼的秒消耗量；t_q 為距運載火箭起飛零秒時間。

③ 確定爆炸空氣卷入量　液體推進運載火箭爆炸火球升離地面前的空氣卷入量 Q_1 為

$$Q_1 = Q_{11} - Q_{12} \tag{7-22}$$

$$Q_{11} = \int_0^{t_0} \pi \left\{ r^2 - \left[\sqrt{r^2 - \left(\int_0^{t_{r_0}} \frac{2}{3} g t \, dt \right)^2} \right]^2 \right\} \frac{2}{3} g t \, dt \tag{7-23}$$

$$Q_{12} = \frac{1}{243} \pi g^3 \left(t_1^6 - \frac{9}{2g} r_0 t_1^4 + \frac{27}{g^2} r_0^2 t_1^2 - \frac{81}{g^3} r_0^3 \ln \frac{r_0 + \frac{1}{3} g t_1^2}{r_0} \right) \tag{7-24}$$

式中，t_0 為初始半球形火球生成的時間，$t_0 = 0.3329 W_0^{0.16}$；t_{r0} 為初始半球形火球停止生長的一段時間，$t_{r0} = 0.1437 W_0^{0.16}$；$t_1$ 為火球由半球形逐漸生長成球形所經歷的時間，$t_1 = \left[\frac{(3D_0 - 6r_0)}{2g} \right]^{\frac{1}{2}}$；$g$ 為重力加速度，其值近似為 9.8m/s^2；π 為圓周率；t 為火球爆炸後所經歷的時間；W_0 為參與爆炸燃燒的 N_2O_4 和偏二甲肼推進劑的總量；D_0 為火球平均直徑；r_0 為初始半球形火球半徑。

液體推進運載火箭爆炸火球上升階段的空氣卷入量 Q_2 為

$$Q_2 = \int_0^{t_2} \pi r^2 \left(V_{fbt} - \frac{1}{3} V_r \right) dt \tag{7-25}$$

式中，t_2 為火球開始上升至上升膨脹成最大直徑階段經歷的時間；r、V_r 分別為火球開始上升至上升膨脹成最大直徑階段的半徑和徑向速度；V_{fbt} 為火球體上升的速度；t 為火球體上升的時間，$0 \leqslant t \leqslant t_2$；$\pi$ 為圓周率。

④ 確定運載火箭推進劑爆炸後的毒氣蒸發速率　確定蒸發速率分兩種情況，即基於推進劑爆炸事故發生時環境溫度 T（已知）在沸點上和沸點下的情況，分別對應急驟蒸發速率和平穩蒸發速率。

急驟蒸發速率為

$$W_f = k_f \rho_{air} (Q_1 + Q_2) \tag{7-26}$$

式中，k_f 由空氣中氧的比例和化學反應分子式確定，對 N_2O_4 為 0.02028，對偏二甲肼為 0.009566；Q_1、Q_2 分別由式(7-22) 和式(7-25) 確定；ρ_{air} 為空

氣密度。

平穩蒸發速率為

$$\dot{W}_{vt}=\dot{W}_{v0}e^{-\frac{\dot{W}_{v0}}{W_f}t} \tag{7-27}$$

式中，$\dot{W}_{vt}$ 為液體推進運載火箭爆炸後毒氣平穩蒸發速率；t 為蒸發經歷時間；$\dot{W}_{v0}$ 為運載火箭推進劑初始蒸發速率。

$$\dot{W}_{v0}=0.03305k_m m_f W_f G_f \tag{7-28}$$

式中，$\dot{W}_f$ 為火球中富餘的推進劑重量，由式(7-26) 求出。

⑤ 生成複雜地形網格　為了模擬不同垂直分布的氣流在複雜地形上空的輸送或者擴散過程，將地形表面作為一個網格面，這樣正確地反映了地形的真實效應，可模擬過山波動、地形的阻塞、分支和繞流、地形尾流區流場狀態（即背風坡渦旋）等。在發射座標係（x,y）水平平面上空間採用等步長分布，而在 Z 方向採用隨地形的垂直座標變換，輸出為物面擬合的貼體座標 x，y，$\overline{Z}$。它充分反映了地形的起伏，為確定複雜地形上空的風場輸入地形網格數據，可構成複雜地形上空的貼體曲線座標網格，適用於山區地形。網格由式(7-29) 確定。

$$\overline{Z}=H\frac{Z-Z_g}{H-Z_g} \tag{7-29}$$

式中，H 為此點所要考慮的頂部高程；$Z_g=Z_g(x,y)$為地面的起伏高度數據；Z 為笛卡兒座標係中(x,y,z)的垂直座標；$\overline{Z}$ 為變化後的高程座標，根據式(7-29) 可以得到 $\overline{Z}$ 的值域為：$\overline{Z}=[0,H]$。

如果在區間 $[0,H]$ 上的 $\overline{Z}$ 的分割確定以後，則可確定 Z 為

$$Z=Z_g+\frac{\overline{Z}(H-Z_g)}{H} \tag{7-30}$$

⑥ 確定複雜地形上空的風場　我們知道，濃度的擴散是在風的作用下完成的，風場在擴散方程求解中是一個非常重要的輸出量，它是整個毒氣擴散問題求解的基礎。風場由式(7-31) 和式(7-32) 確定。

$$\begin{cases}\dfrac{\partial E}{\partial t}+\boldsymbol{u}\dfrac{\partial E}{\partial x}+\boldsymbol{v}\dfrac{\partial E}{\partial y}+\boldsymbol{w}\dfrac{\partial E}{\partial z}=k_{mz}\left[\left(\dfrac{\partial \boldsymbol{u}}{\partial z}\right)^2+\left(\dfrac{\partial \boldsymbol{v}}{\partial z}\right)^2\right]+\dfrac{\partial}{\partial x}(\dfrac{k_{mh}}{\sigma_E}\times\dfrac{\partial E}{\partial x}) \\ \qquad +\dfrac{\partial}{\partial y}\left(\dfrac{k_{mh}}{\sigma_E}\times\dfrac{\partial E}{\partial y}\right)+\dfrac{\partial}{\partial z}\left(\dfrac{k_{mh}}{\sigma_E}\times\dfrac{\partial E}{\partial z}\right)-\varepsilon \\ \dfrac{\partial \varepsilon}{\partial t}+\boldsymbol{u}\dfrac{\partial \varepsilon}{\partial x}+\boldsymbol{v}\dfrac{\partial \varepsilon}{\partial y}+\boldsymbol{w}\dfrac{\partial \varepsilon}{\partial z}=\dfrac{\partial}{\partial z}\left(\dfrac{k_{mz}}{\sigma\varepsilon}\times\dfrac{\partial \varepsilon}{\partial z}\right)+\dfrac{\partial}{\partial x}\left(\dfrac{k_{mh}}{\sigma\varepsilon}\times\dfrac{\partial \varepsilon}{\partial x}\right)+\dfrac{\partial}{\partial y}\left(\dfrac{k_{mh}}{\sigma\varepsilon}\times\dfrac{\partial \varepsilon}{\partial y}\right) \\ \qquad +c_{1\varepsilon}\dfrac{\varepsilon^2}{E}k_{mz}\left[\left(\dfrac{\partial \boldsymbol{u}}{\partial z}\right)^2+\left(\dfrac{\partial \boldsymbol{v}}{\partial z}\right)^2\right]-c_{2\varepsilon}\dfrac{\varepsilon^2}{E}\end{cases} \tag{7-31}$$

$$k_{\mathrm{mz}}=c_u\frac{\varepsilon^2}{E} \tag{7-32}$$

式中，$(\boldsymbol{u},\boldsymbol{v},\boldsymbol{w})$為發射座標係中的三個風速向量，是需要求解的量；$(x,y,z)$為發射座標係的經式(7-29) 和式(7-30) 變換得到的三個分量，為已知的地理資訊；E、ε 分別為主導風能量和動量，由主導風的風向和風速確定；$c_{1\varepsilon}$、$c_{2\varepsilon}$ 分別為二階和四階耗散係數；k_{mh}、k_{mz} 分別為水平和大地高程方向風場係數。利用擬壓縮時間相關法求解發射座標係中的三個風速向量 $(\boldsymbol{u},\boldsymbol{v},\boldsymbol{w})$。

⑦ 確定毒氣擴散範圍及濃度　液體推動運載火箭推進劑爆炸後的有毒氣體在大氣中擴散，在得到推進劑源強推進劑爆炸後的有毒氣體擴散速率、發射座標係中的三個風速向量 $(\boldsymbol{u},\boldsymbol{v},\boldsymbol{w})$ 後，解擴散方程，得出液體推動運載火箭推進劑爆炸後的時間 t 時有毒氣體隨發射座標係(x,y,z)的擴散濃度 c_i，為擴散範圍顯示提供濃度場數據。毒氣擴散濃度由式(7-33) 確定。

$$\frac{\partial c_i}{\partial t}+\frac{\partial}{\partial x}(uc_i)+\frac{\partial}{\partial y}(vc_i)+\frac{\partial}{\partial z}(wc_i)=D_i\left(\frac{\partial^2 c_i}{\partial x^2}+\frac{\partial^2 c_i}{\partial y^2}+\frac{\partial^2 c_i}{\partial z^2}\right)$$
$$+R_i(c_i,T)+\dot{W}_{vi}(x,y,z,t) \tag{7-33}$$

式中，t 為運載火箭推進劑爆炸後的時間；c_i 為待求擴散濃度；D_i 為已知第 i 種毒氣成分的分子擴散係數；R_i 為已知第 i 種成分的化學反應生成率；$\dot{W}_{vi}$ 為已知第 i 種毒氣成分的毒氣蒸發速率；T 為絕對溫度；(u,v,w)為發射座標係中的三個已知風速分量。

7.5.3 航天發射飛行安全控制決策模式及框架

綜合外測遙測參數對運載火箭超越告警線和炸毀線的判斷方法，透過分析得到運載火箭飛行軌跡參數是否正常的處理結果，並獲取運載火箭飛行安全的判斷規則。

(1) 航天發射飛行安全控制知識規則設計原則

① 當外測軌跡參數中落點參數超越安全管道時，以遙測姿態控制系統的遙測參數作為綜合判決依據。

② 當外測軌跡參數中距離參數超越安全管道時，以遙測姿態控制系統和動力系統的遙測參數作為綜合判決依據。

③ 當外測軌跡參數中空間位置參數超越安全管道時，以遙測姿態控制系統的遙測參數作為綜合判決依據。

④ 當外測軌跡參數中運載火箭飛行速度參數超越安全管道時，以動力系統的遙測參數作為綜合判決依據。

(2) 運載火箭飛行安全判斷規則

根據以上知識規則設計原則，在運載火箭軌跡參數出現異常並超越告警線時，將提供告警訊號形成的原因，即是由哪幾個軌跡參數異常所引起的。下面以外測落點參數、距離參數及速度參數超界為例說明運載火箭飛行安全知識規則。

實時飛行狀態 Φ_k 可表示為：$\Phi_k=\{S_1,S_2,S_3\}$。

① 落點參數超界判斷　落點參數超越告警線定義為 $S_1(k)$：

$$\begin{cases}S_1(k)=\{S_{11}(k),S_{12}(k),\cdots,S_{17}(k)\}\\ S_{11}(k)=W_{\beta_c}\\ S_{12}(k)=\beta_c\\ S_{13}(k)=T_{\beta_c}\\ S_{14}(k)=J_{\beta_c}\\ S_{15}(k)=\alpha\\ S_{16}(k)=\beta\\ S_{17}(k)=\gamma\end{cases} \tag{7-34}$$

式中，W_{β_c} 為外測落點參數超界告警；β_c 為外測落點；T_{β_c} 為外測落點連續超界時間；J_{β_c} 為外測落點超界告警線；α 為運載火箭飛行俯仰角；β 為火箭飛行偏航角；γ 為運載火箭飛行滾動角。

落點變化與控制系統姿態參數有關，結合對遙測參數對運載火箭飛行狀態的影響的分析結果，應對遙測中的一、二級控制系統參數作綜合判斷，為了進一步保證安全判斷結果的可靠性，確定當落點參數超界時至少有同時段兩個或以上控制系統參數異常，則確定落點參數超界為真實狀態。

② 距離參數超界判斷　距離參數超越告警線定義為 $S_2(k)$：

$$\begin{cases}S_2(k)=\{S_{21}(k),S_{22}(k),\cdots,S_{27}(k)\}\\ S_{21}(k)=W_{L_c}\\ S_{22}(k)=L_c\\ S_{23}(k)=T_{L_c}\\ S_{24}(k)=J_{L_c}\\ S_{25}(k)=P\\ S_{26}(k)=\theta_1\\ S_{27}(k)=\theta_2\end{cases} \tag{7-35}$$

式中，W_{L_c} 為外測距離參數超界告警；L_c 為距離；T_{L_c} 為外測距離連續超界時間；J_{L_c} 為外測距離超界告警線；P 為運載火箭發動機燃燒室壓力；θ_1 為運載火箭速度正俯仰角；θ_2 為運載火箭速度負俯仰角。

透過分析，運載火箭射程同其飛行瞬時速度和姿態相關，因此，對運載火箭距離參數的綜合判斷主要包括動力系統、控制系統和運載火箭俯仰角的變化情況，考慮動力系統參數和運載火箭俯仰角的變化。當運載火箭推力偏小時，距離偏近；推力偏大時，距離偏遠；飛行俯仰角接近 45°時距離偏遠，反之偏近；在系統判斷中，當距離參數超越告警線時，首先計算實際距離與理論距離相比是偏遠還是偏近，同時計算飛行俯仰角的變化是更接近 45°還是更偏離 45°，並處理相應的遙測動力系統參數是有利於運載火箭推力增加還是減小，當遙測俯仰參數或動力系統參數中有一類情況同運載火箭距離偏離方向一致時，則確定距離超界為真實狀態，否則將取消距離超界的判斷結論。

③ 速度參數超界判斷　速度參數超越告警線定義為 $S_3(k)$：

$$
\begin{cases}
S_3(k)=\{S_{31}(k),S_{32}(k),\cdots,S_{37}(k)\}\\
S_{31}(k)=W_{V_k}\\
S_{32}(k)=V_k\\
S_{33}(k)=T_{V_k}\\
S_{34}(k)=J_{V_k}\\
S_{35}(k)=P_1\\
S_{36}(k)=P_{yx}\\
S_{37}(k)=P_{rx}
\end{cases}
\tag{7-36}
$$

式中，W_{V_k} 為外測速度參數超界告警；V_k 為飛行速度；T_{V_k} 為外測速度連續超界時間；J_{V_k} 為外測速度超界告警線；P_1 為運載火箭發動機推力室壓力；P_{yx} 為氧化劑儲箱壓力；P_{rx} 為燃燒劑儲箱壓力。

速度參數的變化主要與動力系統參數變化相關，同樣，當運載火箭推力偏小時，速度偏小；推力偏大時，速度偏大。當速度參數超越告警線時，首先計算實際速度處理結果與理論速度相比是偏大還是偏小，同時處理相應的遙測動力系統參數是有利於運載火箭推力增加還是減小，動力系統參數判斷結果同運載火箭速度偏離變化趨勢方一致時，則確定速度超界為真實狀態，否則將取消速度超界的判斷結論。

(3) 基於最小損失的安全控制實時決策

安全控制決策是一種基於空間資訊處理和損失估計的有反饋安全時機決策。反饋的決策控制策略是非常有意義的，其目的是在實施安全控制時，透過電腦對落區事故地點空間資訊的處理，尋求損失最小地點的時機，如圖 7-17 所示。

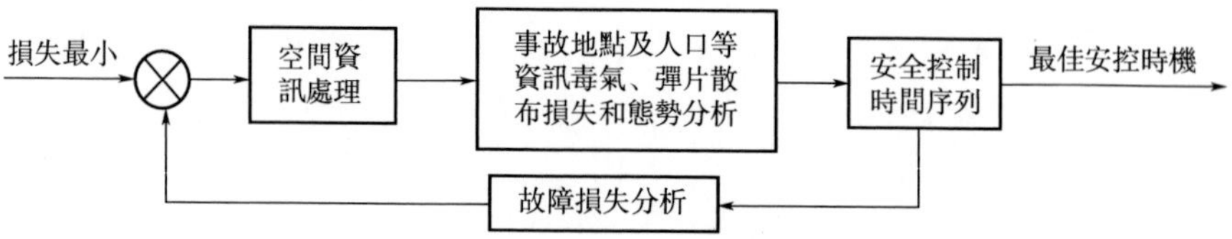

圖 7-17 安全控制決策框架

實時決策是一種廣義的電腦處理與控制，它是對被控參數的瞬時值進行檢測，並根據輸入進行分析，決定下一步的控制過程。在故障箭的爆炸現場，透過空間地理分布特徵，可以初步確定殘片散布範圍和毒氣散逸範圍，反映事故動態變化的特性，做出事故危害性的估計，透過地理資訊系統（GIS）將事故的狀況和發展態勢及時以可視化的方式呈現給決策者，包括事故所處的位置、發生事故造成什麼樣的影響以及到達事故地點的最短路徑等。

根據運載火箭飛行航區的星下點軌跡，結合地理空間資訊，綜合預測落點地理位置、事故危害等影響運載火箭安全控制的因素，得到運載火箭飛行安全控制的時間序列：

飛行時刻 k：1，2，…，N。

落點 D：D_1，D_2，…，$D_N \in \boldsymbol{D}_i(x_i, y_i)$，$i=1$，2，…，$N$。

殘片散布 R：$R_{1,h1}$，$R_{2,h2}$，…，$R_{N,hN} \in \boldsymbol{R}_{i,hi}$ $(x_i,\ y_i)$，$i=1,2,\cdots,N$。

毒氣狀態 C：C $(h<h_0)$。

人口分布 $\boldsymbol{P}$：$\boldsymbol{P}=\rho\boldsymbol{R}_{i,hi}(x_i,\ y_i)$，$\rho$ 為在落點座標的人口密度。決策值為 $\min(P)$。

重要目標 $\boldsymbol{\sigma}$：$\boldsymbol{\sigma}(x_i, y_i) \cap \boldsymbol{R}_{i,hi}(x_i, y_i)=\boldsymbol{Q}$。$\boldsymbol{\sigma}=\{$大型設施、江河、湖泊$\}$，$\boldsymbol{\sigma}(x_i, y_i)$為在 (x_i, y_i) 處有保護目標。決策值為：$\boldsymbol{Q}=\text{null}$ 或 $\boldsymbol{Q}=\min$ $(\boldsymbol{Q})$。

在運載火箭飛行過程中的各種狀態，其實質是每一時刻描述飛行過程的特徵參數的狀態集合，唯一地確定了運載火箭的飛行狀態，下式表示了飛行特徵參數與其狀態的對應關係：

$$\boldsymbol{\Phi}_k=\{\boldsymbol{S}_1, \boldsymbol{S}_2, \boldsymbol{S}_3 \mid t=t_k\}=[\boldsymbol{S}_1(k), \boldsymbol{S}_2(k), \boldsymbol{S}_3(k)]$$

$$\boldsymbol{S}_j(k) \in [\boldsymbol{S}_{j1}(k), \cdots, \boldsymbol{S}_{jn}(k)] \tag{7-37}$$

式中，$\boldsymbol{\Phi}_k$ 為運載火箭在 t_{k} 時刻的飛行狀態；$\boldsymbol{S}_j(k)(j=1,2,3)$為 t_{k} 時刻描述飛行狀態的特徵參數，分別為三維位置座標和飛行姿態參數；$\boldsymbol{S}_{jl}$ (k) $(l=1$，…，$n)$ 為 $\boldsymbol{S}_j(k)$ 的一個取值。在 t_k 時刻飛行的特徵參數的集合 $\boldsymbol{S}_j(k)$ 就唯一地描述了該時刻過程的狀態 $\boldsymbol{\Phi}_k$。

將運載火箭飛行的座標和姿態參數分解為各個參數下的特徵狀態體。將包含式(7-37) 所示的運載火箭飛行實時狀態的特徵狀態體，按優先級和常規級分別儲存於知識庫中，該特徵狀態體可以被描述為一個三元組：

$$\boldsymbol{T}=\langle\boldsymbol{\Phi},\boldsymbol{Q},\boldsymbol{\varphi}\rangle \tag{7-38}$$

式中，$\boldsymbol{\Phi}$ 是一組飛行實時特徵的有限集合 $\boldsymbol{\Phi}=\{s_1,s_2,s_3\}$；$\boldsymbol{Q}$ 為運載火箭飛行正常狀態資訊的值域集 $\boldsymbol{Q}=\{q_{s1},q_{s2},q_{s3}\}$，$\boldsymbol{q}_{si}=[q_{si,1},q_{si,2},\cdots,q_{si,n}]$；$\boldsymbol{\varphi}$ 為當前運載火箭飛行工作時間在狀態 $\boldsymbol{Q}$ 的飛行安全值域範圍集 $\boldsymbol{\varphi}_s=\{\varphi_s(q_{s1}),\varphi_s(q_{s2}),\varphi_s(q_{s3})\}$。

式(7-38) 稱為「規則基-特徵狀態體」，規則基定義為結論為真的基本資訊集。其包含的 3 個關鍵參數為：運載火箭飛行特徵 $\boldsymbol{\Phi}_k$、正常飛行狀態 $\boldsymbol{Q}$、當前運載火箭飛行時間的正常取值範圍 $\boldsymbol{\varphi}$，當實時飛行狀態 $\boldsymbol{\Phi}_k$ 在 $\boldsymbol{Q}$ 所描述的正常取值範圍 $\boldsymbol{\varphi}$ 內時，運載火箭飛行正常。

在空間安全決策與應急決策中，「目標-規則基-特徵狀態體」的領域知識表示模型可以分解為目標、結論為真的基本資訊集（規則基）、事實特徵，這三者包括不同事實特徵的修正量形成了領域規則。

安全應急決策是一種突發事件已經發生時基於空間資訊處理的應急決策，是為了有效保護事故地點人民生命財產安全和減少損失而需要採取的應急處理行為。一旦出現故障，根據運載火箭軌跡數據和相關地理資訊，提取故障點人口、城鎮設施、氣象、地形、環境等空間和屬性資訊，根據故障火箭的狀態資訊（大小、攜帶燃料多少和是否有毒等），實時直覺地確定故障爆炸點及殘片和毒氣散布區域與影響區域，進行損失估計和現場態勢分析，綜合應急數據庫、預案庫和安全應急處理模型，為應急指揮決策提供支持。

7.5.4 航天發射飛行安全智慧應急決策

本節將以運載火箭的飛行安全評估和控制決策為例，對系統運行安全性動態評估技術的應用進行詳細闡述。在航天發射過程中，進行運載火箭發射飛行安全的仿真模擬和現場態勢分析，建立運載火箭、衛星發射場完善的組織救援體系和故障處置方案與應急措施，提高安全應急保障能力和實時決策的手段，將有著重要的意義。

(1) 智慧應急決策預案的表示

透過研究基於大規模實時運行監測數據的網路化、智慧化運載火箭發射飛行應急決策方法，將仿真和空間資訊處理相結合實現故障點周圍情況及故障區域範圍的描述，提供事故應急和數據管理的技術決策支持，解決運載火箭發射和飛行的安全保障。

預案是針對未來某種情況的假設或「想定」條件而預先做出的決策方案，是隱式規則。採用向量空間的方法描述預案，然後採用面向對象基於框架的方法來表示預案。將預案表示成：＜問題描述，解描述＞或＜問題描述，解描述，效果描述＞。利用主要特徵點（屬性）來描述預案，預案特徵向量表示如下。

假設預案空間為 $\boldsymbol{S}$，問題空間為 $\boldsymbol{P}$，條件空間為 $\boldsymbol{T}$，決策空間為 $\boldsymbol{R}$，預案庫為 $\boldsymbol{CB}$。預案庫 $\boldsymbol{CB}$ 可表示為：$\boldsymbol{CB}=\{cs_1, cs_2, \cdots, cs_k\}$。其中，$k$ 為預案庫中實例的數目，$cs_i \in \boldsymbol{CB}$。每條預案 cs 由特徵向量 $\boldsymbol{c}$ 和決策向量 $\boldsymbol{r}$ 組成：$cs_i=(\boldsymbol{c}_i, \boldsymbol{r}_i)$，其中，$cs_i \in \boldsymbol{CB}$，$c_i \in \boldsymbol{T}$，$r_i \in \boldsymbol{R}$ 分別為預案 cs_i 的特徵向量和決策結果向量。決策的問題描述分為三種類型：特徵屬性描述，標記為 a^e；主題屬性描述，標記為 a^s；環境屬性描述，標記為 a^c。

一個預案的特徵向量 $\boldsymbol{c}$ 可表示為有限個屬性及其屬性值的集合，即：

$$\begin{aligned}\boldsymbol{c} &= \{(a_i^e, v_i^e), (a_j^s, v_j^s), (a_k^c, v_k^c)\} \\ &= \{(a_1^e, v_1^e), \cdots, (a_l^e, v_l^e), (a_1^s, v_1^s), \cdots, \\ &\quad (a_m^s, v_m^s), (a_1^c, v_1^c), \cdots, (a_n^c, v_n^c)\}\end{aligned} \tag{7-39}$$

式中，l、m、n 分別為預案的特徵屬性、主題屬性和環境屬性數目，v 為各屬性值。

設問題 p 與預案 $cs_i \in \boldsymbol{CB}$ 的相似度為：$\delta_i=f(cs_i, p)$。對問題 $q \in \boldsymbol{P}$，將 q 映射到條件空間 $\boldsymbol{T}$ 上，得到問題特徵向量 $p \in \boldsymbol{T}$，將 p 與預案 $cs_i \in \boldsymbol{CB}$ 的條件向量部分 $\boldsymbol{c}_i$ 逐一匹配，得到相似度 δ_i，選擇相似度最大（比如 δ_j）並大於閾值的預案 cs_j 對應的決策向量 $\boldsymbol{r}_j$ 決策結果。

在本節研究的基於預案的抽象描述中，一條具體的預案應該由以下幾個部分組成。

① 類型：航天發射飛行事故可能出現的各種突發性事件。

② 決策條件：決策條件即預案的問題描述，包括特徵條件、專有條件和公有條件。特徵條件對應於問題屬性中的特徵屬性，是該決策預案的特徵描述，採用關鍵字來實現。專有條件對應於問題屬性中的主題屬性，是不同事故應急所需的特殊的決策條件，例如洩漏有毒氣體的類型、氣體的濃度、氣體的物化性質等。公有條件對應於問題屬性中的環境屬性，是事故發生時的環境資訊的描述，如運載火箭的飛行時間、爆炸點經緯度、風力、風向等。

③ 方法和措施：根據事故類型和決策條件做出的決策。由各特徵對決策的屬性影響不同可定義不同的權重。

(2) 智慧應急決策推理方法

基於預案推理是透過檢查出預案庫中預先建立的同類相似問題從而獲得當前問題的解決方案。因此，在輸入目標問題後，需要在預案庫中查找與各決策條件最相似的預案。

① 相似性的度量　在案例的相似度評估中，需要建立一個相似性計算函數，對當前決策問題與預案決策條件進行比較。

設相似函數「$sim: \boldsymbol{U} \times \boldsymbol{CB} \rightarrow [0,1]$」。$\boldsymbol{U}$ 為對象域即目標預案集合，$\boldsymbol{CB}$ 為預案庫中的預案集合。用 $sim(x,y)$ 表示目標預案 x 與源預案 y 的相似程度。其中，$x \in \boldsymbol{U}$，$y \in \boldsymbol{CB}$。

顯然有如下特性：

$$\begin{cases} 0 \leqslant sim(x,y) \leqslant 1 \\ sim(x,x)=1 \\ sim(x,y)=sim(y,x) \end{cases} \tag{7-40}$$

一條預案所包含的問題屬性在計算相似度時所起的作用是不一樣的。因此應根據不同的問題屬性賦予不同的權重。設一條預案中含有 n 個問題屬性時，則有

$$g_1+g_2+\cdots+g_j+\cdots+g_n=1 \tag{7-41}$$

式中，$0 \leqslant g_j \leqslant 1$，$j=1,2,\cdots,n$，$g_j$ 為第 j 個屬性的權值。

假設某條預案的問題描述包含了 n 個屬性，分別記為 $A_1,A_2,\cdots,A_n$，它們的值域記為 $dom(A_1),dom(A_2),\cdots,dom(A_n)$。用向量：$V_{\mathrm{t}}=(a_{\mathrm{t}i})$，$a_{\mathrm{t}i} \in A_i$，$i=1,2,\cdots,l$；$V_{\mathrm{r}}=(a_{\mathrm{r}j}),a_{\mathrm{r}j} \in A_j,j=1,2,\cdots,m$，分別代表決策問題 T 和預案庫中預案 R 的各屬性。計算兩資訊實體的相似度：

$$\begin{aligned} sim(V_{\mathrm{t}},V_{\mathrm{r}})=sim[(a_{\mathrm{t}i}),(a_{\mathrm{r}j})]=sim(a_{\mathrm{t}1},a_{\mathrm{r}1})g_1 \\ +sim(a_{\mathrm{t}2},a_{\mathrm{r}2})g_2+\cdots+sim(a_{\mathrm{t}n},a_{\mathrm{r}n})g_n \end{aligned} \tag{7-42}$$

式中，$g_i[i=1,2,\cdots,n,n=\min(l,m)]$代表各屬性的權重。

常用的相似度量函數有以下幾種類別：

a. Tversky 對比匹配函數：這是基於概率模型的度量方法；

b. 改進的 Tversky 匹配法：考慮了屬性集中的各屬性段對於兩個案例具有不同的權值；

c. 距離度量法或最近鄰算法：透過計算兩個對象在特徵空間中的距離來獲得兩案例間的相似性。

在基於案例的推理（CBR）推理中，大多數的範例檢索都使用最近鄰算法。除此之外，還有局部相似技術、基於模糊集相似性的計算方法等，在本節中採用距離度量法。

② 距離度量法的計算　距離度量法或最近鄰算法是透過計算兩個對象在特徵空間中的距離來獲得兩預案間的相似性。為解決屬性相似度計算的問題，首先必須對每個屬性定義其值域，使其取值規範化，特別是其值域為符號集合時，然後對屬性值的差異實行量化。

首先引入距離 $dist$：

$$dist: dom(A_i) \times dom(A_j), 0 \leqslant dist(a_{\mathrm{t}},a_{\mathrm{r}}) \leqslant 1 \tag{7-43}$$

採用基於閔考斯基（Minkowski）距離度量法，其定義如下：

$$dist(X,Y)=\sqrt[r]{\sum_{i=1}^{n} | X_i - Y_i |^r \omega_i{}^r} \tag{7-44}$$

式中，X_i 和 Y_i 分別為預案 X 和預案 Y 的第 i 個屬性值；r 為指數；ω_i 為權值。

距離和相似性都可以描述兩預案間的相似程度，兩者之間的關係可表示為：

$$sim(X,Y)=\frac{1}{1+dist(X,Y)} \tag{7-45}$$

③ 智慧應急決策推理預案的求解匹配　由於預案跟實際問題的吻合不可能完全準確，因此需要設置一個閾值 t，只要兩者相似度大於這個閾值 t，則選出作為候選預案，即當滿足：$sim_i > t$，$t \in (0,1)$。

預案問題屬性不同，對應的權重也各不相同。因此，可能會出現預案整體相似性低，但個別屬性的相似程度高的情況。在其匹配過程中，需要將整體上相似性最高和一些整體相似性不高但個別屬性相似性高的預案都檢索出來，為預案的改寫和決策提供更加完善的資訊。檢索匹配的流程圖如圖 7-18 所示。

④ 智慧應急決策推理預案修正的實現　預案的修改和調整在預案推理中相當重要，當預案庫中沒有預案與問題完全匹配的時候，只能找到一個和待求問題比較相似的最佳預案，然後透過適當調整，使其能夠適應新情況，從而得以求解。修正技術可以簡單地理解為把決策方案的一部分用其他的內容替換或者修改整個決策方案。以下兩種情況需要進行預案的修正。

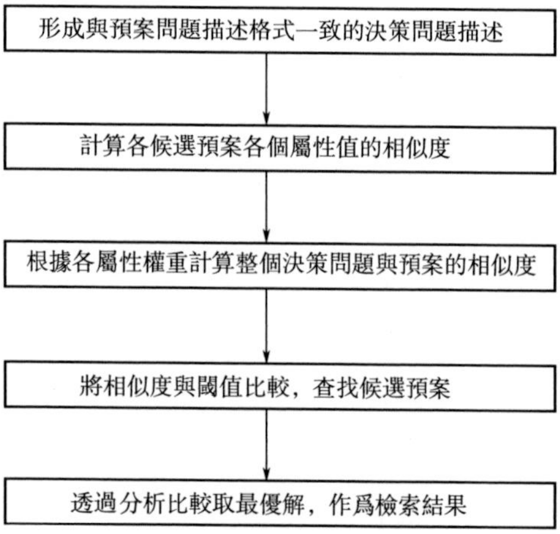

圖 7-18　檢索匹配的流程圖

a. 透過最近鄰檢索匹配法得到的預案總體相似度較高，但個別屬性相似度很低，特別是權重大的屬性的相似度很低。可以透過對其他總體相似度不高，但屬性相似度值最大預案的分析，提取相應部分的決策內容，替換需要修正預案的相應內容。

b. 透過檢索匹配沒有找到能夠滿足要求的預案。可透過查找相關案例知識，並透過相關預案生成模板，生成新的應急預案。案例庫中包含了大量事實知識，這些案例庫中的資訊比預案庫中的資訊更加完整。因此，可以作為案例修正的知識來源。

航天發射飛行安全判斷推理包括兩個步驟：一是對安全判斷參數是否真正異常（超界）的推理過程；二是依據各類安全判斷參數的狀態形成各類安控指令推理過程。

在判斷某一安判參數是否存在超界情況時，首先按照安判參數超界處理的一般方法進行計算。如果處理結果超界，根據反向推理機制，則以此為可能超界的結論。然後以這些結論為假設，進行反向推理，再尋找支持這個假設的事實。

對於安控指令形成的推理過程，我們建立了三個數據表：安判參數表、規則元表和規則表，三個表之間也並不是相互獨立的。圖 7-19 說明瞭各表之間的關係，同時也反映了安判知識的邏輯組織形式。

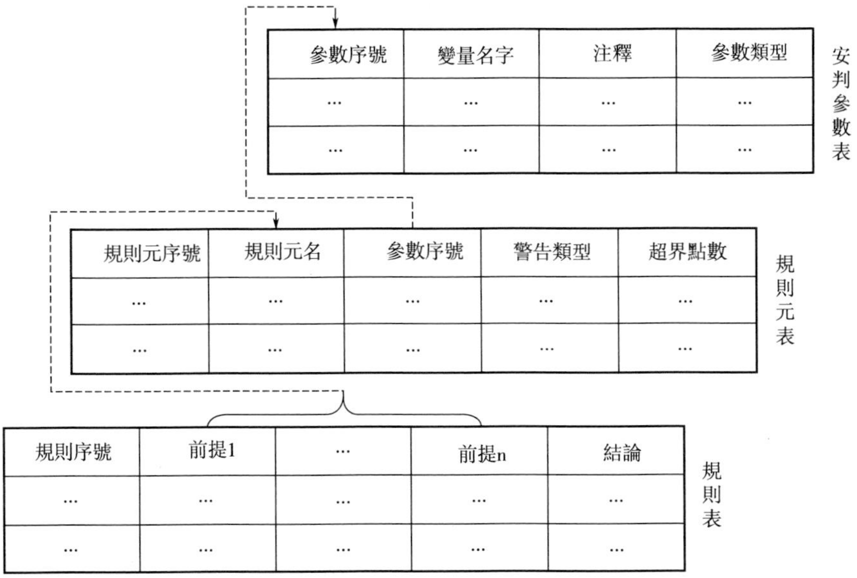

圖 7-19　安判知識庫中各數據表中的關係圖

(3) 推理決策網路的實現

根據安判知識的產生式表示形式，引入樹的概念建立起相應的安判推理決策網路。此外，以「綜合告警」的模型為例來建立決策網路，將每一條知識作了如下約定：知識前提可以多於兩個；前提之間組合關係全用邏輯與和邏輯或來表示；知識結論僅為一個。因此，在安全控制決策過程中，問題的求解過程可以用一個與/或樹來表示。圖 7-20 為一個「綜合告警」決策網的結構，其中 S_n 表示第 n 條決策知識，「+」表示「或」關係，「·」表示「與」關係。

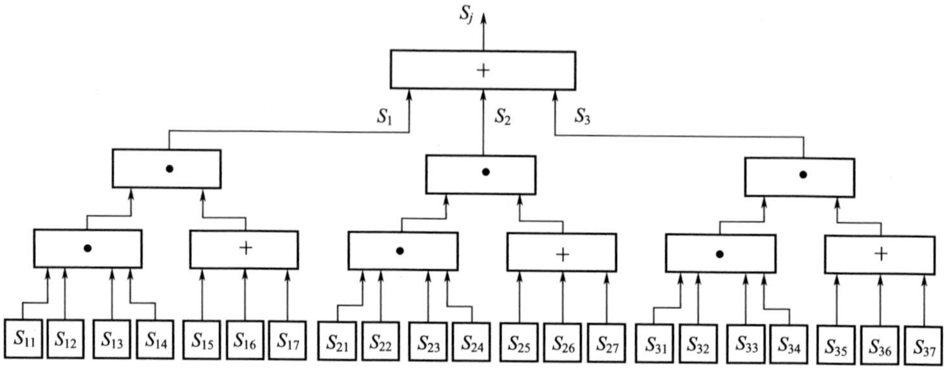

圖 7-20 「綜合告警」推理決策網

(4) 推理控制策略

推理過程是一個思維的過程，即如何求解問題。問題求解的品質不僅依賴於所採用的求解的方法，而且還依賴於求解問題的策略，即推理的控制策略。推理的控制策略主要包括推理方式、衝突解決策略和搜索策略等。

推理過程中系統不斷地用當前已知事實與知識庫中的知識進行匹配，可能同時有多條知識的前提條件被滿足，即這些知識都匹配成功，形成衝突，具體選擇哪一條規則執行成為衝突解決策略的主要內容。在安判決策中，每一條規則對安判結果都起著非常重要的作用，不能忽略任何一個規則對結果的影響。因此凡是規則的前提條件匹配時，就激活此規則，然後對所有的觸發啓用規則應用衝突解決方法進行消解。

搜索是安全控制決策中的一個基本問題，是安全決策推理中重要的部分，它直接關係到智慧系統的性能與運行效率。所謂搜索策略是指在推理方式一定的情況下，尋求最佳推理路徑的方法，它分為盲目性搜索和啓發式搜索。依據圖 7-20 所示的「綜合告警」決策推理模型，在決策樹寬度較大且深度一定的情況下，採用寬度優先搜索，由下至上逐層進行；反之，則採用深度優先遍歷的方式。在對上一層的任一節點進行搜索之前，必須搜索完本層的所有結點，其過程如圖 7-21 所示。

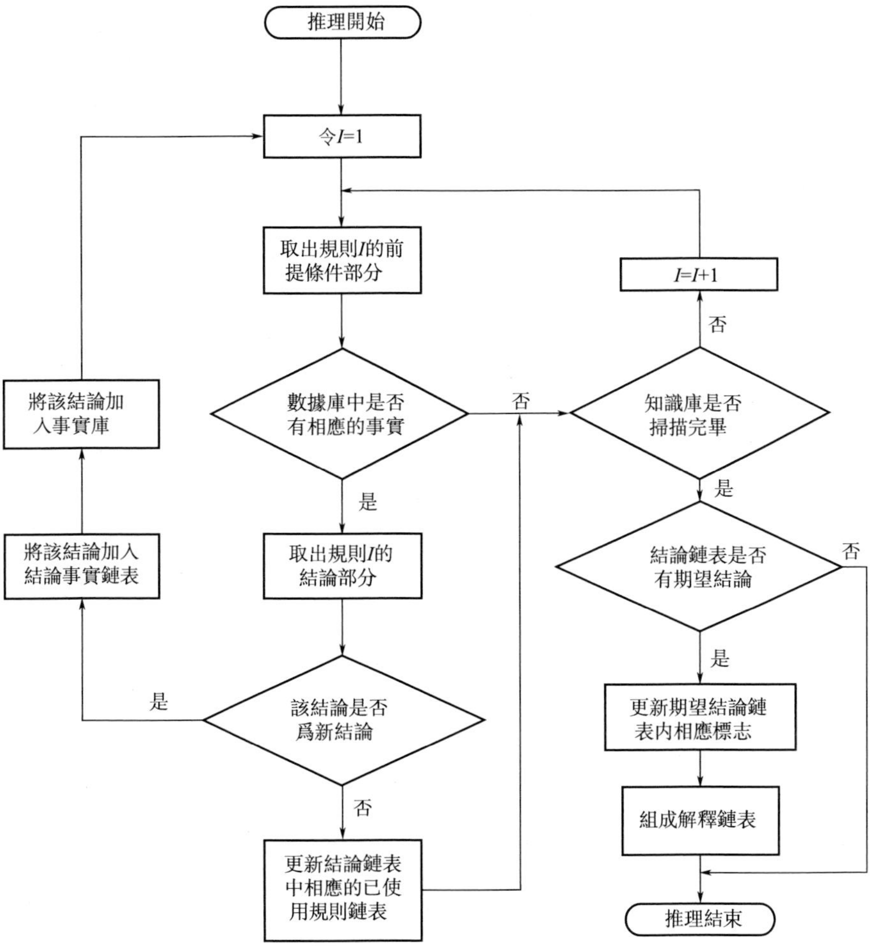

圖 7-21　推理程序框圖

(5) 推理解釋機制

輔助決策系統與傳統邏輯軟體的執行行為存在很大的差異。在傳統軟體系統應用中，程序順序執行，因此透過順序追蹤，人們便可以了解系統的行為，排除隱藏的錯誤。但是在輔助決策系統中，由於知識庫與推理機的分離性，系統啓動哪一條規則，需要由當時的前提條件和推理機共同決定，這樣推理知識的執行順序是不可預見的。為了對基於知識推理的航天發射安全控制過程有個清晰的了解，需要專門提供推理解釋部分。

系統提供的解釋機制是：系統在安全判斷模塊執行中，輸出推理結果的同時，輸出和儲存相應的推理解釋。在系統中，推理解釋的內容包括了推理運行日期與時刻、推理結論、推理所用的基本事實等資訊，以數據文件、數據庫、臨時文件等形式儲存。當經過推理得到某一特定結論時，如果使用者要了解推理解釋結論是如何得到的，則該解釋機制給出導致該結論的推理解釋，表明這個結論從何而來，以提高使用者對系統推理結果的了解；同時也增加系統的透明性，使使用者易於接受推理結果。如果使用者是領域專家，則推理過程的顯示可以幫助他了解知識庫的工作情況和合理性，有利於系統的維護工作。

7.5.5 系統應用

在航天發射飛行過程中，針對運載火箭安全控制及應急保障的需要，透過運載火箭飛行軌跡數據與地理資訊可視化仿真和空間資訊處理相結合的方式，描述飛行軌跡、落點及其範圍，在故障情況下提取故障點人口、城鎮設施、氣象、地形、環境等空間和屬性資訊，綜合故障箭的狀態資訊（大小、攜帶燃料多少和是否有毒等），在可視化界面上實時地確定故障爆炸點及殘片和毒氣散布區域與影響區域。在構建的應急數據庫、預案庫和安全應急處理模型的基礎上，進行運載火箭飛行安全的仿真模擬和現場態勢分析，利用推理技術在預案庫中匹配與各決策條件最相似的預案，提供事故應急控制處理和管理的決策支持。

圖 7-22 利用殘片散布區域計算模型模擬在運載火箭發生爆炸後，描述爆炸殘片中心點及殘片散布區域的仿真。系統給出了殘片中心點的座標和範圍（矩形區域）等資訊。

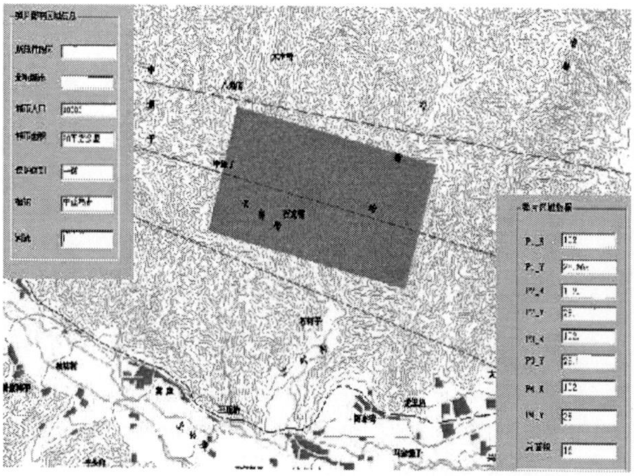

圖 7-22　殘片散布地點和範圍仿真

圖 7-23 為模擬運載火箭出現故障採取安控措施後，燃料洩漏散逸的濃度等

值線分布和相關仿真資訊，其中地圖中各種顏色區域的圓弧邊界曲線為燃料散逸濃度等值線。

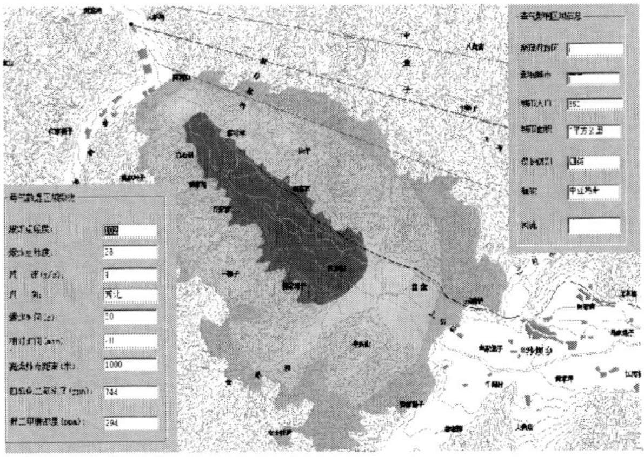

圖 7-23　燃料洩漏散逸的濃度等值線和範圍仿真

圖 7-24 為模擬運載火箭預示落點地點和範圍仿真。系統給出了落點的座標和範圍（橢圓區域）等資訊。

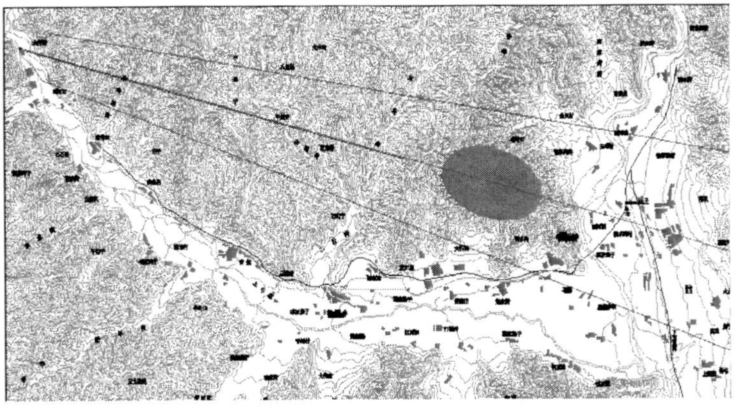

圖 7-24　預示落點地點和範圍仿真

針對航天發射的特點，透過將智慧決策支持技術和 GIS 技術相結合，描述運載火箭飛行過程中安全管道、預示落點、飛行參數和飛行軌跡利用故障狀態下殘片散布模型和毒氣洩漏擴散模型，實時準確地描述殘片散布範圍和燃料洩漏散逸的濃度場危害範圍，實現了運載火箭飛行安全的仿真模擬、現場態勢分析和智慧化應急控制決策，如圖 7-25 所示。

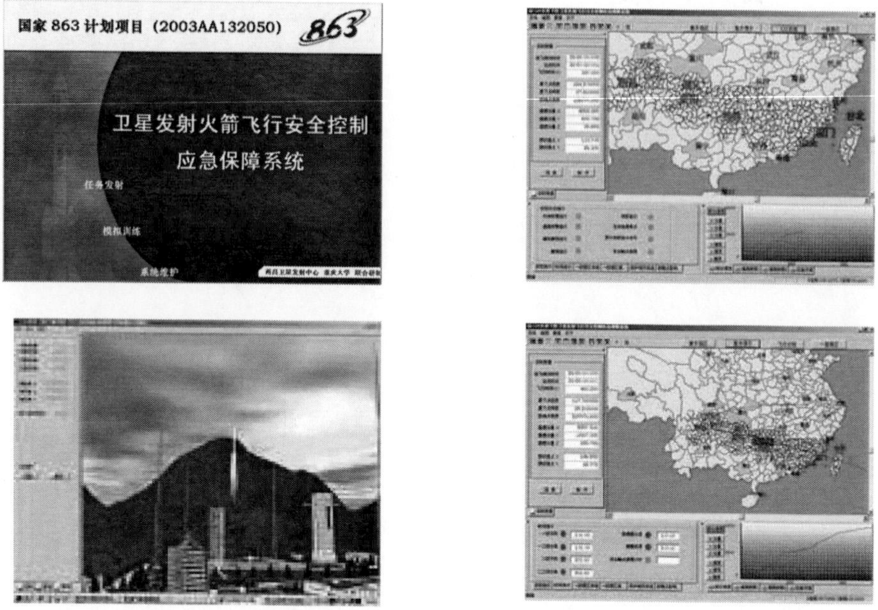

圖 7-25 系統實際運行部分結果

參考文獻

[1] Moore D A. Security risk assessment methodology for the petroleum and petrochemical industries[J]. Journal of Loss Prevention in the Process Industries, 2013, 26(6): 1685-1689.

[2] Acharyulu P V S, Seetharamaiah P. A framework for safety automation of safety-critical systems operations[J]. Safety Science, 2015, 77: 133-142.

[3] Wang H, Khan F, Ahmed S, et al. Dynamic quantitative operational risk assessment of chemical processes [J]. Chemical Engineering Science, 2016, 142: 62-78.

[4] Yu H. Dynamic risk assessment of complex process operations based on a novel synthesis of soft-sensing and loss function[J]. Process Safety & Environmental Protection, 2016, 105: 1-11.

[5] Ye L, Liu Y, Fei Z, et al. Online probabilistic assessment of operating performance based on safety and optimality indices for multimode industrial processes[J]. Industrial & Engineering Chemistry Re-

search, 2009, 48 (24): 10912-10923.

[6] Lin Y, Chen M, Zhou D. Online probabilistic operational safety assessment of multi-mode engineering systems using Bayesian methods[J]. Reliability Engineering & System Safety, 2013, 119: 150-157.

[7] Liu Y, Chang Y, Wang F. Online process operating performance assessment and nonoptimal cause identification for industrial processes[J]. Journal of Process Control, 2014, 24 (10): 1548-1555.

[8] Liu Y, Wang F, Chang Y, et al. Comprehensive economic index prediction based operating optimality assessment and nonoptimal cause identification for multimode processes[J]. Chemical Engineering Research & Design, 2015, 97: 77-90.

[9] Zou X, Wang F, Chang Y, et al. Process operating performance optimality assessment and non-optimal cause identification under uncertainties [J]. Chemical Engineering Research & Design, 2017, 120.

[10] 葉魯彬. 工業過程運行案例性能分析與在線評價的研究[D]. 杭州: 浙江大學, 2011.

動態系統運行安全性分析與技術

作　　者：柴毅，張可，毛永芳，魏善碧
發 行 人：黃振庭
出 版 者：崧燁文化事業有限公司
發 行 者：崧燁文化事業有限公司
E-mail：sonbookservice@gmail.com
粉 絲 頁：https://www.facebook.com/sonbookss/
網　　址：https://sonbook.net/
地　　址：台北市中正區重慶南路一段六十一號八樓 815 室
Rm. 815, 8F., No.61, Sec. 1, Chongqing S. Rd., Zhongzheng Dist., Taipei City 100, Taiwan
電　　話：(02) 2370-3310
傳　　真：(02) 2388-1990
印　　刷：京峯彩色印刷有限公司（京峰數位）
律師顧問：廣華律師事務所 張珮琦律師

- 版權聲明

本書版權為化學工業出版社所有授權崧博出版事業有限公司獨家發行電子書及繁體書繁體字版。若有其他相關權利及授權需求請與本公司聯繫。未經書面許可，不得複製、發行。

定　　價：600 元
發行日期：2022 年 03 月第一版
◎本書以 POD 印製

國家圖書館出版品預行編目資料

動態系統運行安全性分析與技術 / 柴毅 , 張可 , 毛永芳 , 魏善碧著 . -- 第一版 . -- 臺北市 : 崧燁文化事業有限公司 , 2022.03
面；　公分
POD 版
ISBN 978-626-332-113-7(平裝)
1.CST: 系統工程 2.CST: 系統分析
440　　111001498

電子書購買

臉書